纺织酶学

范雪荣　王　强　主编

中国纺织出版社有限公司

内 容 提 要

本书介绍了酶的基本知识(包括酶的特性和分类、酶的催化机制、酶催化反应动力学、酶的一般生产方法),纺织工业中常用的酶(包括淀粉酶、纤维素酶、蛋白酶、角蛋白酶、果胶酶、酯酶、氧化还原酶、谷氨酰胺转氨酶、PVA降解酶等),纺织品的酶前处理技术(退浆、精练、脱胶、漂白),纺织品的酶催化染色和脱色技术,纺织品酶整理技术(纤维素纤维织物的生物抛光整理、牛仔服装的返旧整理和羊毛织物的防毡缩整理)及纺织品的酶催化功能整理技术等内容。

本书可作为纺织工程和轻化工程专业本科生、研究生纺织生物技术、纺织酶学等课程的教学用书,也可供酶制剂开发、生产企业和纺织印染企业的工程技术人员和管理人员阅读参考。

图书在版编目(CIP)数据

纺织酶学/范雪荣,王强主编. -- 北京:中国纺织出版社有限公司,2020.6

ISBN 978-7-5180-7207-1

Ⅰ.①纺… Ⅱ.①范… ②王… Ⅲ.①酶—应用—纺织工业 Ⅳ.①TS101.4

中国版本图书馆CIP数据核字(2020)第038289号

责任编辑:范雨昕　　责任校对:寇晨晨　　责任印制:何　建

中国纺织出版社有限公司出版发行
地址:北京市朝阳区百子湾东里A407号楼　邮政编码:100124
销售电话:010—67004422　传真:010—87155801
http://www.c-textilep.com
中国纺织出版社天猫旗舰店
官方微博 http://weibo.com/2119887771
佳兴达印刷(天津)有限公司印刷　各地新华书店经销
2020年6月第1版第1次印刷
开本:787×1092　1/16　印张:18
字数:329千字　定价:98.00元

《纺织酶学》编写人员

主　编　范雪荣　王　强

编　者（各章及编写人员）

第一章　范雪荣

第二章　徐　进　范雪荣　张　颖　张　楠

第三章　王　强　余圆圆　王　平　范雪荣　张　颖

第四章　王　强　王　平

第五章　袁久刚　余圆圆　周春晓

第六章　王　平　崔　莉

前言

酶是一种生物催化剂，具有催化效率高、作用条件温和、专一性强等特点，还能催化一些在常态下难以进行的化学反应。酶在纺织湿加工中的应用历史悠久，特别是20世纪90年代以来，随着生物工程技术的发展、纺织绿色加工要求的提高以及消费者对纺织品更高品质的追求，纺织品的酶加工技术已经涉及几乎所有纺织湿加工领域，除了传统的应用于麻纤维和蚕丝脱胶、淀粉浆料的退浆外，还大量用于纺织品后整理，对纺织品精练、染色和纤维材料表面功能化改性等方面。酶制剂的种类已经从传统的水解酶扩展到裂解酶、氧化还原酶等领域，纺织酶加工理论、酶加工工艺等也有了很大发展。

本书根据酶对纺织品处理的生态性且在纺织印染中的应用越来越广泛，酶对纺织品的新型整理技术已引起人们越来越广泛的关注，纺织院校纺织工程专业和轻化工程专业普遍开设纺织生物技术课程，但没有相应教材的情况编写而成。

本书的编写具有以下特点：

(1)考虑到纺织和轻化工程专业学生酶学基础比较薄弱，加强了酶学基本知识的介绍；

(2)没有按照传统的根据酶的种类介绍其应用，而是按照纺织品的湿加工流程介绍酶的应用；

(3)除介绍了酶在纺织印染中成熟的应用技术，对一些正在研究和开发的技术，如酶催化染色技术、酶催化功能整理技术也作了必要的介绍。

由于纺织酶学方面可参考的书籍很少，这种编写体例仅是一种尝试，还有待实践检验。

本书介绍了酶的基本知识(包括酶的特性和分类、酶的催化机制、酶催化反应动力学、酶的一般生产方法)，纺织工业中常用的酶(包括淀粉酶、纤维素酶、蛋白酶、角蛋白酶、果胶酶、酯酶、氧化还原酶、谷氨酰胺转氨酶、PVA降解酶等)，纺织品的酶前处理技术(退浆、精练、脱胶、漂白)，纺织品的酶催化染色和脱色技术，纺织品酶整理技术(纤维素纤维织物的生物抛光整理、牛仔服装的返旧整理和羊毛织物的防毡缩整理)、纺织品的酶催化功能整理技术等内容。

本书可作为纺织工程和轻化工程专业本科生、研究生纺织生物技术、纺织酶学等课程的教学用书，也可供酶制剂开发、生产企业和纺织印染企业的工程技术人员和管理人员阅读参考。

本书在编写过程中参考了生物化学、酶学、酶技术和纺织染整技术等方面的许多相关专业书籍和期刊，谨向这些作者表示衷心的感谢。

本书由江南大学纺织生物技术研究室负责编写，范雪荣和王强担任主编，部分毕业和在读博士生也参与了本书的部分编写工作。江南大学纺织生物技术研究室长期从事纺织纤维酶法加工技术和纤维制品酶法功能化改性技术研究。本书的部分内容取材于该研究室的研究成果。

酶学的内容极其丰富，而且近几十年来发展迅速。酶在纺织加工中的应用领域、应用技术和理论也在不断拓展、发展和完善之中。但限于篇幅、收集资料不够广泛和编者的水平，本书的编写难以全面企及这些内容，难免挂一漏万。在内容上也可能存在不准确和不完整的地方，热忱欢迎读者批评指正。

范雪荣

2019 年 9 月于江南大学

目录

第一章 酶学基础

第一节 概述

酶是由细胞产生、受多种因素调节控制、具有催化能力的生物催化剂。随着人类生产活动的发展和科学技术的进步，人们对酶的研究越来越深入，逐渐形成专门研究酶及其催化反应的学科——酶学。酶学的产生，起源于人类的生产与生活实践。酶学的发展，主要与运用实验方法对酶进行研究密不可分。

据历史记载，我国人民早在8000多年前就开始利用酶。约4000多年前的夏禹时代，人们就已掌握酿酒技术，3000多年前的周代，人们就利用风干、磨碎的麦芽粉将淀粉降解为麦芽糖制作饴糖。春秋战国时期（公元前770—公元前221年），漆的应用已很普遍，当时所用的漆是酶（漆酶）作用于漆树树脂的氧化产物。在国外，人们对酶的认识与消化和发酵过程密不可分。公元前7000年，很多地区的人们开始利用小牛、小羊胃制取的干胃膜生产奶酪，这是由于胃膜中凝乳酶作用的结果。公元前5000年，美索不达米亚已开始栽培葡萄并酿造葡萄酒，葡萄酒的酿造正是利用了酵母细胞内酶的作用。凡此种种都说明，虽然人类祖先并不知道酶是何物，也不了解其性质，但根据生产和生活经验的积累，已广泛应用了酶技术。

1783年，Lazzaro Spallanzani用小铁丝笼盛肉喂鹰，发现食物的消化是由于胃液的作用，而不是靠机械磨碎作用，他成为利用实验进行有关酶研究的第一人。1814年，Kirchhoff发现发芽的大麦可以降解淀粉并生成糖类。1833年，Payen和Persoz将麦芽的水抽提物用酒精沉淀得到了一种对热不稳定的物质，它可使淀粉水解成可溶性的糖，他们把这种物质称之为淀粉酶（diastase）。当时他们采用最简单的抽提、沉淀等提纯方法，得到了一种很粗的淀粉酶制剂，并指出了它的催化特性和热不稳定性，已经开始触及酶的一些本质性问题，因此一般认为Payen和Persoz是最早的酶的发现者。

在发现酶的早期，人们注意到酶的作用与发酵时酵母的作用非常类似，因此用ferment（酵素）一词来称呼酶。直到1878年，Kühne才给酶一个统一的名词——Enzyme，这个词来自希腊文，意思为“在酵母中”。但“酵素”一词仍被某些国家，如德国和日本沿用。我国采用汉字“酶”，《五半集韵》称，酶，“酒母”也；《会韵》记载，酶通作“媒”，因此我国采用“酶”非常恰当，表示促进生物体内化学反应的媒介物质——催化剂。Duclaux在1898年提出，用diastase的词尾-ase加到酶所作用物质的名称的词根上，就组成该酶的英语名称。我国均以后缀“酶”表示。

早期人们对酶的研究工作，促使Berzelius在1835~1837年提出催化作用的概念，该概念的产生对酶学和化学的发展都十分重要。可见，人们对酶的认识一开始就与它具有催化作用联系在一起。1894 年，Fisher 对一些糖代谢的酶类进行深入的研究，发现酶与底物（酶作用的物质）之间的特殊关系，证明酶的专一性，预言酶的立体专一性，并提出酶与底物作用的“锁与钥匙”学说，用以解释酶作用的专一性。1903 年，Henri 提出了酶与底物作用的中间复合物学说。1913 年，Michaelis 和 Menten 根据中间复合物学说，导出了米氏方程，对酶反应机制的研究是一个重要突破。1925 年，Briggs 和 Handane 对米氏方程作了一项重要修正，提出了稳态学说。

此后，人们越来越认识到酶是蛋白质，并逐渐阐明酶的化学本质。1926 年，美国化学家 Sumner 从刀豆中获得第一个结晶的酶——脲酶（能够催化尿素水解成二氧化碳和水），并用实验方法证明脲酶是一种蛋白质。1930～1936 年，Northrop 和 Kunitz 得到了胃蛋白酶、胰蛋白酶和胰凝乳蛋白酶结晶，并用相应方法证实酶是一种蛋白质，此后酶是蛋白质的属性才普遍被人们接受。1960 年，Hirs、Moore 和 Stein 阐明了核糖核酸酶的全部氨基酸的排列顺序，这不仅为酶的蛋白质本质提供了最直接的证据，而且使人们可以用精确的化学术语来描述酶的结构。1965 年，Phillips 首次用 X 射线晶体衍射技术阐明了鸡蛋清溶菌酶的三维结构，为以后酶结构、功能以及催化机制的研究奠定了基础。溶菌酶能催化某些细菌细胞壁多糖的水解，它是由 129 个氨基酸残基组成的单肽链结构。

20 世纪 50～60 年代，很多研究工作证实酶具有相当的柔性。为此，1958 年 Koshland 提出“诱导契合”理论，用于解释酶的催化理论和酶的专一性。

1982 年 Cech 和 1983 年 Altman 分别发现具有催化功能的核糖核酸（RNA）——核酶，这一发现打破酶是蛋白质的传统观念，开辟了酶学研究的新领域。现已鉴定出 4000 多种酶，数百种酶已得到结晶，而且每年都有新酶被发现。

近几十年，酶学研究得到很大发展，一方面在酶的分子水平上揭示酶和生命活动的关系，阐明酶的起源和酶的催化机制等方面取得了进展；另一方面酶的应用研究得到迅速发展。目前，酶除了已普遍应用于食品、发酵、制革、纺织、日用化学及医药保健等行业外，在生物工程、化学分析、生物传感器及环保方面的应用也日益扩大。

酶在纺织中的应用也具有悠久的历史。我国的《诗经·陈风》中记载有“东门之池，可以沤麻”，说明我国早在 3000 多年前，已经出现类似微生物发酵进行麻纤维生产的沤渍脱胶法。战国时期就出现了和沤麻类似的真丝“水湅”法。无论麻的“沤麻”还是真丝的“水湅”，实际起作用的都是微生物产生的酶。

酶真正应用于纺织工业始于 1857 年，是用麦芽提取物去除织物上的淀粉浆料，与老的酸退浆法相比，它不但退浆效率高，而且对织物无损伤。1917 年法国的 Biodin 与 Effront 发明用枯草杆菌生产淀粉酶，因其耐热性好而取代了麦芽淀粉酶用于棉织物退浆，为微生物的工业生产奠定了基础。目前在纺织印染行业，酶除了应用于传统的麻纤维和蚕丝脱胶、淀粉浆料退浆外，还大量用于纺织品后整理，对纺织品精练、染色和纤维材料表面功能改性等方面也在研究和开发之中。

第二节 酶的特性和分类

一、酶的催化特性

酶作为生物催化剂与一般催化剂相比有其共性，都能显著改变化学反应速率，使之加快达到平衡，但不能改变反应的平衡常数，酶本身在反应后也不发生变化。这意味着酶对正、逆反应按同一倍数加速。例如A和B之间互相转化，假设在没有酶的情况下正反应的速率常数（k_1）是10^{-4}/s，逆反应的速率常数（k_2）为10^{-6}/s，平衡常数K可通过正、逆反应速率常数之比得出：

$$A \underset{k_2 = 10^{-6}s^{-1}}{\overset{k_1 = 10^{-4}s^{-1}}{\rightleftharpoons}} B \qquad K = \frac{[B]}{[A]} = \frac{k_1}{k_2} = \frac{10^{-4}}{10^{-6}} = 100$$

不论有没有酶的作用，B的平衡浓度为A的100倍。但没有酶时达到平衡需要几小时，在有酶的情况下，可能还不到1s就能使反应达到平衡。因此酶能加速反应达到平衡，但不能改变平衡常数。

酶与一般非生物催化剂相比有以下几个特点。

1. 酶的催化反应条件温和，易失活 酶是由细胞产生的生物大分子，凡能使生物大分子变性的因素，如高温、强碱、强酸、重金属盐等都能使酶失去催化活性，因此酶的催化反应往往都在比较温和的常温、常压和接近中性的条件下进行。

例如，用盐酸水解淀粉生产葡萄糖时，需在0.15MPa和140℃的条件下进行，需要耐酸、耐压设备，若用α-淀粉酶和糖化酶，则可用一般设备在常压下进行。

2. 酶具有很高的催化效率 若以分子比表示，酶催化反应的反应速率比非催化反应高10^8 ~ 10^{20}倍，比非生物催化剂高10^7 ~ 10^{13}倍。例如，过氧化氢分解反应：

$$2H_2O_2 \xrightarrow{\text{催化剂}} 2H_2O + O_2$$

若用Fe^{2+}作为催化剂，反应速率为6×10^{-4}mol/(mol$_{\text{催化剂}}$·s)，若用过氧化氢酶作催化剂，反应速率为6×10^{6}mol/(mol$_{\text{催化剂}}$·s)，可见，酶比Fe^{2+}催化效率要高出10^{10}倍。

酶能高效催化，是因为酶和其他催化剂一样，能使反应的活化能降低。例如，在没有催化剂存在的情况下，过氧化氢分解所需活化能为75.4kJ/mol，用胶态钯作催化剂时，所需活化能降低为48.9kJ/mol，当用过氧化氢酶催化时，则活化能只需8.4kJ/mol。再如，无催化剂时使蔗糖水解所需活化能为1339.8kJ/mol，用H^+作催化剂时，活化能降低为104.7kJ/mol，用蔗糖酶时只需要39.4kJ/mol。由此可见，酶作为催化剂比一般催化剂能更显著地降低活化能，催化效率更高。

3. 酶具有高度专一性 所谓高度专一性是指酶对催化的反应和反应物有严格的选择性。被作用的反应物通常称为底物。酶往往只能催化一种或一类反应，作用于一种或一类物质。而一般催化剂没有这样严格的选择性，如氢离子可以催化淀粉、脂肪和蛋白质的水解，而淀粉酶只能催化淀粉糖苷键的水解，蛋白酶只能催化蛋白质肽键的水解，脂肪酶只能催化脂肪酯键的水解，而对其他类物质没有催化作用。酶作用的专一性，是酶最重要的特点之一，也是和一般催化剂最主要的区别。

4. 酶活性受抑制剂和激活剂的影响 某些无机离子可对一些酶产生抑制，对另外一些酶产生激活，从而影响酶的活性。如一些酶需要 K^+ 活化，NH_4^+ 往往可以代替 K^+，但 Na^+ 不能活化这些酶，有时还有抑制作用。而另一些酶需要 Na^+ 活化，K^+ 起抑制作用，如蔗糖酶受 Na^+ 激活。2 价金属离子如 Ca^{2+}、Zn^{2+}、Mg^{2+}、Mn^{2+}，往往也是一些酶表现活力所必需的。它们的调节作用还不很清楚，可能和维持酶分子一定的三级、四级结构有关，有的则和底物的结合和催化反应有关。这些离子的浓度变化都会影响有关的酶活力。

一些含 Ag^+、Cu^{2+}、Hg^{2+}、Pb^{2+}、Fe^{3+} 的重金属盐在高浓度时，能使酶蛋白变性失活，在低浓度时对某些酶的活性产生抑制作用，一般可以用金属螯合剂如 EDTA、半胱氨酸等螯合除去有害的重金属离子，恢复酶的活力。

二、酶的化学本质及其组成

1. 酶的化学本质 酶除有催化活性的 RNA 外几乎都是蛋白质。到目前为止，被人们分离纯化研究的酶有数千种，经过物理和化学方法分析证明酶的化学本质是蛋白质。主要依据如下：

（1）酶经酸或碱水解后的最终产物是氨基酸，酶能被蛋白酶水解而失活；

（2）酶是具有空间结构的生物大分子，凡能使蛋白质变性的因素都可使酶变性失活；

（3）酶是两性电解质，在不同 pH 下呈现不同的离子状态，在电场中向某一电极泳动，各自有特定的等电点；

（4）酶和蛋白质一样，不能通过半透膜等胶体性质；

（5）酶也有蛋白质所具有的化学显色反应。

以上事实表明，酶在本质上属于蛋白质。但是，不能说所有的蛋白质都是酶，只有具有催化作用的蛋白质，才能称为酶。

酶的催化活性依赖于它们天然蛋白质构象的完整性，假如一种酶被变性或解离成亚基就会失活。因此，酶蛋白质的空间结构对它们的催化活性是必需的。

2. 酶的化学组成 酶作为一类具有催化功能的蛋白质，与其他蛋白质一样，相对分子质量很大，一般从一万到几十万甚至百万以上。如溶菌酶的相对分子质量为 13.93×10^3，是由 129 个氨基酸残基组成的单肽链。

按化学组成酶可分为单纯蛋白质和缀合蛋白质两类。

（1）单纯蛋白质酶类。单纯蛋白质的酶类，除了蛋白质外，不含其他物质，如蛋白酶、淀粉酶和脂肪酶等。

（2）缀合蛋白质酶类。缀合蛋白质的酶类，除了蛋白质外，还要结合一些对热稳定的非蛋白质小分子物质或金属离子，前者称脱辅酶，后者称辅因子，脱辅酶与辅因子结合后所形成的复合物称“全酶”，即全酶 = 脱辅酶 + 辅因子。

缀合蛋白质酶催化时，一定要有脱辅酶和辅因子同时存在才起作用，两者各自单独存在，均无催化作用。酶的辅因子，包括金属离子及有机化合物，根据它们与脱辅酶结合的松紧程度不同而又可分为两类，即辅酶和辅基。通常辅酶是指与脱辅酶结合比较松弛的小分子有机物质，通过透析方法可以除去，如辅酶Ⅰ（烟酰胺腺嘌呤二核苷酸，NAD^+）和辅酶Ⅱ（烟酰胺腺嘌呤二核苷酸磷酸，$NADP^+$）等。辅基以共价键和脱辅酶结合，不能通过透析除去，需要经过一定的化学处理才能与蛋白分开，如过氧化氢酶和过氧化物酶中的铁卟啉，漆酶和酪氨酸酶中的 Cu^+ 和 Cu^{2+}，都属于辅基。辅酶和辅基的区别只在于它们与脱辅酶结合的牢固程度不同，并无严格的界线。辅酶（或辅基）在酶催化中通常起着电子、原子或某些化学基团的传递作用。

三、酶的命名和分类

迄今为止，人们已发现4000多种酶。为了研究和使用方便，需要对已知的酶进行分类，并给以科学名称。1961 年以前酶的名称往往是习惯沿用的，缺乏系统性和科学性。1961 年国际生物化学学会酶学委员会推荐了一套系统命名方案及分类方法。目前，酶的命名有两种方法，一种为习惯命名法，另一种为系统命名法。

1. 习惯命名法　习惯命名法主要依据两个原则。

（1）根据酶作用的底物命名，如催化水解淀粉的酶叫淀粉酶，催化水解蛋白质的酶叫蛋白酶。有时还加上来源以区别不同来源的同一类酶，如胃蛋白酶、胰蛋白酶。

（2）根据酶催化反应的性质及类型命名，如水解酶、转移酶、氧化酶等。

有的酶结合上述两个原则命名，如琥珀酸脱氢酶是催化琥珀酸脱氢反应的酶。

习惯命名比较简单，应用历史较长，尽管缺乏系统性，但现在仍被人们使用。

2. 国际系统命名法　国际系统命名法原则是以酶所催化的整体反应为基础，规定每种酶的名称应当明确标明酶的底物及催化反应的性质。如果一种酶催化两个底物起反应，应在它们的系统名称中包括两种底物的名称，并以“：”号将它们隔开。若底物之一是水时，可将水略去不写。

如脂肪酶（习惯名称）的系统名称为“脂肪：水解酶”，催化的反应为：

$$\text{脂肪} + H_2O \longrightarrow \text{脂肪酸} + \text{甘油}$$

葡萄糖氧化酶的系统名称为“β – D – 葡萄糖：氧化还原酶”，催化的反应为：

$$\beta\text{-D-葡萄糖} + O_2 \rightleftharpoons \text{D-葡萄糖酸-}\delta\text{-内酯} + H_2O_2$$

3. 国际系统分类法及酶的编号　国际酶学委员会根据各种酶所催化反应的类型，把酶分为六大类，即氧化还原酶类、转移酶类、水解酶类、裂合酶类、异构酶类和连接酶类，分别用 1，2，3，4，5，6 表示。再根据底物中被作用的基团或键的特点将每一大类分为若干个亚类，每个亚类又按顺序编成 1，2，3，4，…。每个亚类可再分为亚亚类，仍用 1，2，3，4，…，编号。每个酶的分类编号由 4 组数字组成，每组数字间由“·”隔开。第一个数字指明该酶属于六个大类中的哪一类，第二个数字指出该酶属于哪个亚类，第三个数字指出该酶属于哪个亚亚类，第四个数字表明该酶在亚亚类中的排号。编号之前冠以 EC（Enzyme Commision 的缩写）。这种系统命名原则及系统编号是相当严格的，一种酶只可能有一个名称和一个编号。一切新发现的酶，都能按此系统得到适当的编号。从酶的编号可了解到该酶的类型和反应性质。

例如，磷酸二酯酶的 EC 编号为 EC 3.1.4.1，EC 表示酶学委员会，第一个数字 3 表示该酶属于水解酶类，第二个数字 1 表示该酶属于水解酶类中水解酯键的酶，第三个数字 4 表示该酶属于磷酸二酯水解酶类，第四个数字 1 表示该酶属于正磷酸二酯水解酶。

4. 酶的分类

（1）氧化还原酶类。氧化还原酶类（oxido－reductases）是催化氧化还原反应的酶，可分为氧化酶和脱氢酶两类。

①氧化酶类。催化底物脱氢，并氧化生成 H_2O_2 或 H_2O，反应式如下：

$$A \cdot 2H + O_2 \rightleftharpoons A + H_2O_2$$

$$2A \cdot 2H + O_2 \rightleftharpoons 2A + 2H_2O$$

例如，葡萄糖氧化酶（EC 1.1.3.4）的每个酶分子中含有两分子黄素腺嘌呤二核苷酸（FAD）作为氢受体，催化葡萄糖氧化生成葡萄糖酸，并产生 H_2O_2。

```
      O   H
       ⟍ ⟋
        C                                            COOH
        |                                             |
   H—C—OH                                        H—C—OH
        |                                             |
  HO—C—H                      葡萄糖氧化酶      HO—C—H
        |      + O2 + H2O ⇌                          |       + H2O2
   H—C—OH                                        H—C—OH
        |                                             |
   H—C—OH                                        H—C—OH
        |                                             |
      CH2OH                                         CH2OH

  β－D－葡萄糖                                     葡萄糖
```

②脱氢酶类。催化直接从底物上脱氢的反应，即：

$$A \cdot 2H + B \rightleftharpoons A + B \cdot 2H$$

这类酶需要辅酶Ⅰ（NAD^+）或辅酶Ⅱ（$NADP^+$）作为氢供体或氢受体起传递氢的作用。例如，乳酸脱氢酶（EC l.1.1.27）以 NAD^+ 为辅酶将乳酸氧化成丙酮酸。

```
       CH3                                  CH3
        |                乳酸脱氢酶           |
  HO—C—H    + NAD+   ⇌                      C=O    + NADH + H+
        |                                     |
       COOH                                 COOH

       乳酸                                 丙酮酸
```

（2）转移酶类。转移酶类（transferases）催化化合物某些基团的转移，即将一种分子上的某一基团转移到另一种分子上的反应。

$$A \cdot X + B \rightleftharpoons A + BX$$

例如，谷氨酰胺转氨酶（EC 2.3.2.13）（简称 TGase）可以催化酰基转移反应的发生。催化酰基转移反应发生时需要酰基供体和酰基受体参与，酰基供体一般多为蛋白质中谷氨酰胺剩基上的 γ－羧酰胺基。而酰基受体分为两类，一类是蛋白质多肽链上的赖氨酸剩基，另一类是带有伯氨基的氨基化合物。催化蛋白质中谷氨酰胺剩基和赖氨酸剩基上的 ε－氨基发生共价结合，可使蛋白质大分子内或分子间发生交联反应，改善蛋白质性能；催化蛋白质中谷氨酰胺剩基和伯氨基之间发生酰基转移反应，可将带有伯氨基的氨基化合物引入蛋白质中改变蛋白质的功能。

$$\text{蛋白}(-\text{Gln}-\text{C(=O)}-\text{NH}_2,\ -\text{Lys}-\text{NH}_2) + \text{蛋白}(\text{H}_2\text{N}-\text{C(=O)}-\text{Gln}-,\ \text{H}_2\text{N}-\text{Lys}-) \xrightarrow{\text{TGase}} -\text{Gln}-\text{C(=O)}-\text{NH}-\text{Lys}- + \text{NH}_3$$

(1) 自交联反应

$$\text{蛋白}(-\text{Gln}-\text{C(=O)}-\text{NH}_2) + \text{R}-\text{NH}_2 \xrightarrow{\text{TGase}} -\text{Gln}-\text{C(=O)}-\text{NH}-\text{R} + \text{NH}_3$$

(2) 接枝反应

蛋白　　伯氨基化合物

（3）水解酶类。水解酶类（hydrolases）催化水解反应，可用通式表示：

$$\text{A}-\text{B}+\text{HOH} \rightleftharpoons \text{AOH}+\text{BH}$$

水解酶类包括水解酯键、糖苷键、醚键、肽键、酸酐键及其他 C—N 键的酶，如蛋白酶、淀粉酶和脂肪酶等。

例如，磷酸二酯酶（EC 3.1.4.1）催化磷酸酯键水解。

$$\text{R}-\text{O}-\text{P(=O)(OH)}-\text{O}-\text{R} + \text{H}_2\text{O} \xrightleftharpoons{\text{磷酸二酯酶}} \text{ROH} + \text{RO}-\text{P(=O)(OH)}-\text{OH}$$

磷酸二酯　　醇　　磷酸单酯

（4）裂合酶类　裂合酶类（lyases）催化是从底物移去一个基团而形成双键的反应或其逆反应，用下式表示：

$$\text{A}\cdot\text{B} \rightleftharpoons \text{A}+\text{B}$$

胶裂解酶的作用是通过反式消除反应促使果胶中多聚半乳糖醛酸的 α－1，4－糖苷键裂解，裂解酶攻击底物的糖苷键，在邻近羧基或酯化的羧基一边发生 β 消除，即 C－4 位置上断开糖苷键，同时从 C－5 位置消去一个 H 原子，生成在非还原末端的 C－4 和 C－5 位置有不饱和键的产物。

X 为—O—时，底物为果胶酸盐；X 为—O—CH_3时，底物为果胶

（5）异构酶类。异构酶类（isomerases）催化各种同分异构体之间的相互转变，即分子内部基团的重新排列，简式如下：

$$A \rightleftharpoons B$$

例如，葡萄糖异构酶可催化葡萄糖异构为果糖：

$$\begin{array}{c} CH_2OH \\ | \\ (CHOH)_4 \\ | \\ CHO \end{array} \xrightleftharpoons{\text{葡萄糖异构酶}} \begin{array}{c} CH_2OH \\ | \\ (CHOH)_3 \\ | \\ CO \\ | \\ CH_2OH \end{array}$$

（6）连接酶类。连接酶类（ligases 或 synthatases 合成酶类）催化有腺苷三磷酸（ATP）参加的合成反应，即由两种物质合成一种新物质的反应。简式如下：

$$A + B + ATP \rightleftharpoons A \cdot B + ADP + Pi$$

例如，丙酮酸羧化酶催化丙酮酸羧化为草酰乙酸的反应如下：

$$\begin{array}{c} COOH \\ | \\ C{=}O \\ | \\ CH_3 \end{array} + CO_2 + ATP \longrightarrow \begin{array}{c} COOH \\ | \\ C{=}O \\ | \\ CH_2 \\ | \\ COOH \end{array} + ADP + H_3PO_4$$

四、酶的专一性和专一性机制

1. 酶的专一性 酶的专一性分为以下两种类型。

（1）结构专一性。有些酶对底物的要求非常严格，只作用于一种底物，不作用于其他任何物质，这种专一性称为“绝对专一性”。例如，脲酶只能水解尿素，而对尿素的各种衍生物不起作用；麦芽糖酶只作用于麦芽糖，而不作用于其他二糖，这些均属于酶绝对专一性的例子。

有些酶对底物的要求比上述绝对专一性要低一些，可作用于一类结构相近的底物，这种专一性称为“相对专一性”。具有相对专一性的酶作用于底物时，对键两端的基团要求程度不同，对其中一个基团要求严格，对另一个则要求不严格，这种专一性称为“族专一性”或“基团专一性”。例如，α－D－葡萄糖苷酶不但要求底物中具有α－糖苷键，并且要求α－糖苷键的一端必须有葡萄糖残基，即α－葡糖苷，而对键的另一端 R 基团的要求不严，因此它可催化各种α－D－葡萄糖苷衍生物α－糖苷键的水解。

CH_2OH, O, OH, HO, OH, O—R

α－葡萄苷

有些酶只会对底物中一定的键起作用，而对键两端的基团并无严格要求，这种相对专一性，称为“键专一性”。例如，酯酶催化酯键的水解，对底物 R—COOR′中的 R 及 R′基团都没有严格的要求，只是对不同酯类，水解速率不同。

（2）立体异构专一性。当底物有立体异构体时，酶只能作用其中的一种，这种专一性称为立体异构专一性。酶的立体异构专一性是相当普遍的现象。

①旋光异构专一性。例如，L－氨基酸氧化酶只能催化 L－氨基酸氧化，对 D－氨基酸无作用。

$$\text{L－氨基酸} + H_2O + O_2 \xrightarrow{\text{L－氨基酸氧化酶}} \alpha\text{－酮酸} + NH_3 + H_2O_2$$

又如，胰蛋白酶只作用于 L－氨基酸残基构成的肽键，不作用于 D－氨基酸残基构成的肽键。β－葡萄糖氧化酶仅能将 β－D－葡萄糖转变成葡糖酸，对 α－D－葡萄糖不起作用。

②几何异构专一性。当底物具有几何异构体时，酶只能作用于其中的一种。例如，琥珀酸脱氢酶只能催化琥珀酸脱氢生成延胡索酸，而不能生成顺丁烯二酸，称为几何异构专一性。

$$\begin{array}{c} CH_2COOH \\ | \\ CH_2COOH \end{array} \xrightarrow{\text{琥珀酸脱氢酶}} \begin{array}{c} HOOC—CH \\ \| \\ CH—COOH \end{array}$$

琥珀酸　　　　延胡索酸

2. 关于酶作用专一性的假说　为了解释酶作用的专一性，曾提出过不同的假说，早在 1894 年，Fisher 提出“锁与钥匙”学说，即酶与底物为锁与钥匙的关系，以此说明酶与底物结构上的互补性（图 1－1）。该学说的局限性不能解释酶的逆反应，如果酶的活性中心是“锁和钥匙”学说中的锁，那么，这种结构不可能既适合于可逆反应的底物，又适合于可逆反应的产物。1958 年，Koshland 提出“诱导契合”假说，当酶分子与底物分子接近时，酶蛋白受底物分子诱导，其构象发生有利于底物结合的变化，酶与底物在此基础上互补契合进行反应。近年的 X 射线晶体结构分析的实验结果支持这一假说，证明酶与底物结合时，确有显著的构象变化。因此人们认为这一假说比较满意地说明了酶的专一性。图1－2显示了酶构象在专一性底物及非专一性底物存在时的变化。

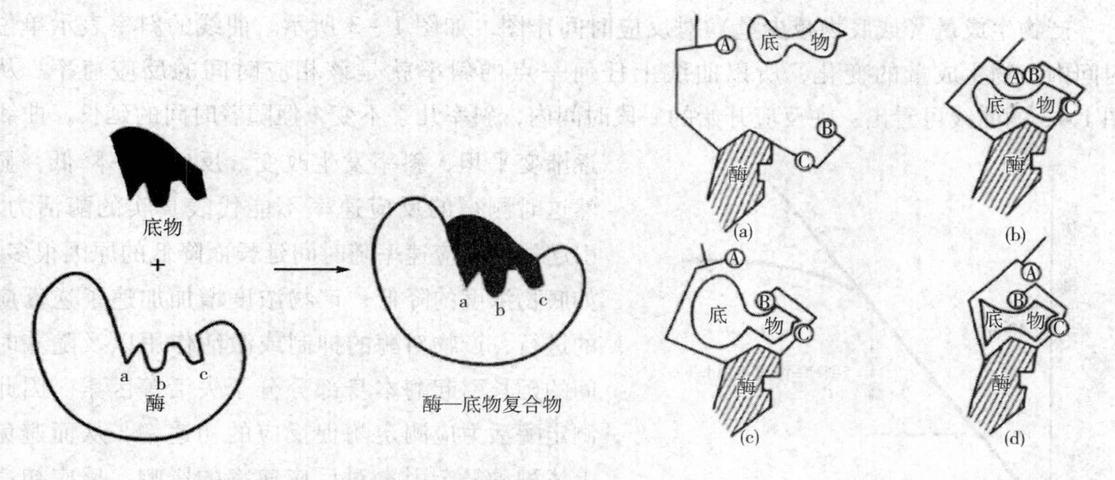

图 1－1　酶与底物的相互关系——酶与底物的锁与钥匙学说示意图

图 1－2　专一性、非专一性底物存在时，酶的构象变化模型

图 1－2 中黑线条表示带有催化基团 Ⓐ、Ⓑ及结合基团 Ⓒ的肽段，它与带斜线的“酶”

共同组成酶分子，图 1－2（a）表示底物与酶分子活性部位的原有构象，图 1－2（b）表示专一性底物引入后，酶蛋白构象改变，诱导契合，使催化基团Ⓐ、Ⓑ并列成有利于结合底物的状态，并形成酶—底物复合物。但是，如果引入了不正常的、非专一性的底物，情况就不同了。图 1－2（c）表示在底物上加入了一个庞大的基团，妨碍了酶Ⓐ、Ⓑ基团的并列，因此不利于酶与底物的结合，例如加入某些竞争性抑制剂等。图 1－2（d）表示在正常底物上切除某些基团后，酶蛋白的带Ⓑ基的肽链顶住Ⓐ基的肽链，也阻止了Ⓐ、Ⓑ基的并列，因此不利于酶与底物结合，这样，酶也不能起催化作用。

近年来，通过对酶结构与功能的研究，确信酶与底物作用的专一性是由于酶与底物分子的结构互补，诱导契合，通过分子的相互识别而产生的。

五、酶的活力及测定

酶活力也称酶活性。酶的活力测定实际上就是酶的定量测定，在研究酶的性质、酶的分离纯化及酶的应用中都需要测定酶的活力。检查酶的存在及含量，不能直接用质量或体积衡量，通常用催化某一化学反应的能力来表示，即用酶的活力大小表示。

1. 酶活力　酶活力是指酶催化某一化学反应的能力，酶活力的大小可以用在一定条件下催化某一化学反应的反应速率表示，两者呈线性关系。酶催化的反应速率越大，酶的活力越高；反应速率越小，酶的活力就越低。所以测定酶的活力就是测定酶促反应的速率。酶催化的反应速率可用单位时间内底物的减少量或产物的增加量表示。在酶活力测定实验中，底物往往是过量的，因此，底物的减少量只占总量的极小部分，不易准确测定，而相反产物从无到有，只要测定方法足够灵敏，就可以准确测定。在酶促反应中，由于底物减少与产物增加的速率相等，因此在实际酶活力测定中，一般以测定产物的增加量为准。

产物生成量（或底物减少量）对反应时间作图，如图 1－3 所示。曲线的斜率表示单位时间内产物生成量的变化，所以曲线上任何一点的斜率就是该相应时间的反应速率。从图 1－3 的曲线可看出：在反应开始的一段时间内，斜率几乎不变，但随着时间的延长，曲线逐渐变平坦，斜率发生改变，反应速率降低，显然这时测得的反应速率不能代表真实的酶活力。引起酶促反应速率随时间延长而降低的原因很多，如底物浓度的降低；产物浓度增加加速了逆反应的进行；产物对酶的抑制或激活作用以及随着时间的延长引起酶本身部分分子失活等因素。因此测定酶活力应测定酶促反应的初速率，从而避免上述种种复杂因素对反应速率的影响。反应初速率与酶量呈线性关系，因此可以用初速率测定制剂中酶的含量。

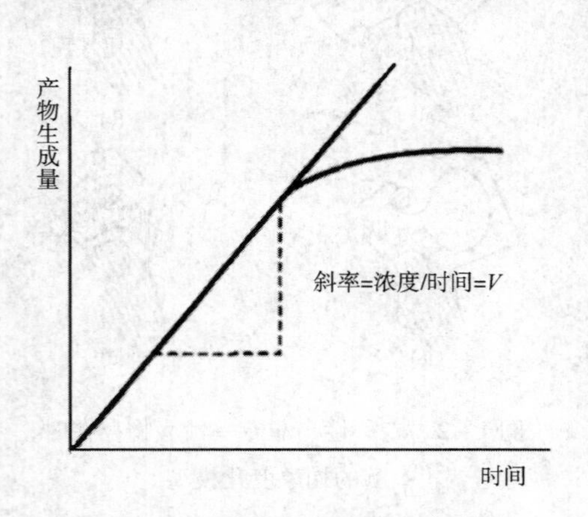

图 1－3　酶促反应的速率曲线

2. 酶的活力单位（U）　酶活力的大小即酶含量的多少，可以用酶活力单位表示，即酶单位（U）。酶单位的定义是：在一定条件下，一定时间内将一定量的底物转化为产物所需的酶量。这样酶的含量就可以用每克酶制剂或每毫升酶制剂含有多少酶单位表示（U/g 或 U/mL）。

为使各种酶活力单位标准化，1961 年国际生物化学协会酶学委员会及国际纯化学和应用化学协会临床化学委员会提出采用统一的“国际单位”（IU）表示酶活力，即在最适反应条件（温度 25℃）下，将每分钟内催化 1 微摩尔（μmol）底物转化为产物所需的酶量定义为一个酶活力单位，即 1IU = 1μmol/min。

1972 年，国际酶学委员会又推荐一种新的酶活力国际单位，即 Katal（简称 Kat）单位。即在最适条件下，将每秒能催化 1 摩尔（mol）底物转化为产物所需的酶量，定义为 1Kat 单位（1Kat = 1mol/s）。Kat 单位与 IU 单位之间的换算关系为：

$$1\text{Kat} = 60 \times 10^{6}\text{IU}$$

酶的催化作用受测定环境的影响，因此测定酶活力要在最适条件下进行，即最适温度、最适 pH 值、最适底物浓度和最适缓冲液离子强度等，只有在最适条件下测定才能真实反映酶活力的大小。测定酶活力时，为了保证测定的速率是初速率，通常以底物浓度的变化在起始浓度 5% 以内的速率为初速率。底物浓度太低，5% 以下的底物浓度变化实验上不易测准，所以测定酶的活力时，往往使底物浓度足够大，这样整个酶反应对底物来说是零级反应，对酶来说却是一级反应，这样测得的速率能比较可靠地反映酶的含量。

3. 酶的比活力　酶的比活力代表酶的纯度，根据国际酶学委员会的规定，酶的比活力用每毫克蛋白质所含的酶活力单位数表示，对同一种酶来说，比活力越大，表示酶的纯度越高。

比活力 = 活力 U/蛋白 mg = 总活力 U/总蛋白 mg

有时用每克酶制剂或每毫升酶制剂含有多少个活力单位表示（U/g 或 U/mL）。可用比活力大小比较每单位质量蛋白质的催化能力。

4. 酶活力的测定方法　可通过两种方式测定酶活力，其一是测定完成一定量反应所需的时间，其二是测定单位时间内酶催化的化学反应量。测定酶活力就是测定产物增加量或底物减少量，主要根据产物或底物的物理或化学特性决定具体酶活力的测定方法，常用的测定方法有分光光度法、荧光法、同位素测定法和电化学方法等。

第三节　酶的催化机制

一、酶的活性部位

各种研究证明，酶的特殊催化能力只局限在大分子的一定区域，即只有少数特异的氨基酸残基参与底物结合及催化作用。这些特异氨基酸残基比较集中的区域，即与酶活力直接相关的区域称酶的活性部位或活性中心。通常又将酶的活性部位分为结合部位和催化部位，前者负责与底物的结合，决定酶的专一性，后者负责催化底物键断裂形成新键，决定酶的催化能力。对需要辅酶的酶来说，辅酶分子，或辅酶分子上的某一部分结构，往往也是酶活性部位组成部分。虽然酶在结构、专一性和催化模式上差别很大，就活性部位而言有其共同特点。

（1）活性部位在酶分子的总体积中占相当小的部分，通常只占整个酶分子体积的1%～2%。已知几乎所有的酶都由100多个氨基酸残基组成，相对分子质量在10×10^3以上，直径大于2.5nm，活性部位只由几个氨基酸残基构成。酶分子的催化部位一般只由2～3个氨基酸残基组成，结合部位的氨基酸残基数目因不同的酶而异，可能是一个，也可能是数个。如溶菌酶有129个氨基酸残基，活性部位的氨基酸残基是第52位的天门冬氨酸残基和第35位的谷氨酸残基；木瓜蛋白酶有212个氨基酸残基，活性部位的氨基酸残基是第25位的胱氨酸残基和第159位的组氨酸残基。

（2）酶的活性部位是一个三维实体。酶的活性部位不是一个点、一条线，甚至也不是一个面。活性部位的三维结构是由酶的一级结构决定的，且在一定外界条件下形成的。活性部位的氨基酸残基在一级结构上可能相距甚远，甚至位于不同的肽链上，通过肽链的盘绕、折叠而在空间结构上相互靠近。可以说没有酶的空间结构，也就没有酶的活性部位。一旦酶的高级结构受到物理因素或化学因素影响时，酶的活性部位遭到破坏，酶即失活。

（3）酶的活性部位并不是和底物的形状正好互补的，而是在酶和底物结合的过程中，底物分子或酶分子，有时是两者的构象同时发生一定的变化后才正好互补的，这时催化基团的位置正好在所催化底物键的断裂和即将生成键的适当位置。这个动态的识别过程称为诱导契合，如图1－4所示。

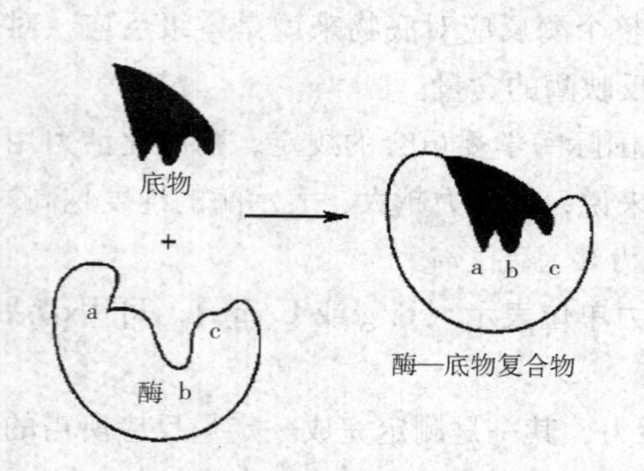

图1－4 底物和酶相互作用的诱导契合模型

在图1－4中，酶在与底物结合后改变了形状，活性部位在形状上只有在与底物结合后才与后者互补。

（4）酶的活性部位位于酶分子表面的一个裂缝内。底物分子（或一部分）结合到裂缝内并发生催化作用。裂缝内相当疏水的区域，非极性基团较多，但在裂缝内也含有某些极性的氨基酸残基，以便与底物结合并发生催化作用。其非极性性质在于产生一个微环境，提高与底物的结合能力而有利于催化。在此裂缝内底物的有效浓度可达到很高。

（5）底物通过次级键较弱的力结合到酶上。酶与底物结合成酶—底物复合物主要靠氢键、盐式键、范德瓦尔斯力和疏水基相互作用等次级键。酶—底物复合物的平衡常数在10^{-8}～10^{-2}mol/L，相当于相互作用的自由能在－50.2～－12.6kJ/mol范围内变化，而共价键的自由能变化范围为－460～－21kJ/mol。

（6）酶活性部位具有柔性或可运动性。邹承鲁对酶分子变性过程中构象变化与活性变化进行了比较研究，发现在酶变性过程中，当酶分子的整体构象还没有受到明显影响之前，活性部位大部分已被破坏，因而造成活性丧失。说明酶的活性部位，相对于整个酶分子来说更具柔性，这种柔性或可运动性，很可能正是表现其催化活性的一个必要因素。

形成活性部位要求酶蛋白分子具有一定的空间构象，因此，酶分子中其他部位的作用对于酶的催化作用来说，可能是次要的，但绝不是毫无意义的，它们至少为酶活性部位的形成提供结构的基础。所以酶的活性部位与酶蛋白的空间构象的完整性之间，是辩证统一的关系。

二、酶催化反应的独特性质

酶催化反应具有一些独特性质，概括为以下几点。

（1）酶催化反应分为两类，一类反应仅涉及电子的转移，这类反应的速率在 10^8/s 数量级，另一类反应涉及电子和质子两者或者其他基团的转移，它们的速率在 10^3/s 数量级。大部分反应属第二类。

（2）酶的催化作用以氨基酸残基侧链上的功能基团和辅酶为媒介。主要的氨基酸残基是组氨酸、丝氨酸、胱氨酸、赖氨酸、谷氨酸和天门冬氨酸。辅酶或金属离子与酶协同发挥作用，与只利用氨基酸残基侧链相比，可为催化过程提供更多种类的功能基团。

（3）酶催化反应的最适 pH 值范围通常比较狭窄。

（4）与底物相比较，酶分子很大，而活性部位通常只比底物稍大一些。这是因为在大多数情况下，只有活性部位围着底物。但巨大的酶结构对稳定活性部位的构象是必要的。

（5）酶除了具有进行催化反应所必需的活性基团外，还具有四个主要有利条件能使上述反应更有利进行，并使更复杂的多底物反应按一定途径进行。酶复杂的折叠结构使这些作用成为可能。

①在活性部位存在 1 个以上的催化基团，能进行协同催化。

②存在结合部位，底物分子可以以反应中固有的方位结合在活性部位附近。

③在有 2 个或 2 个以上底物分子参加反应的情况下，存在有 1 个以上的底物分子结合部位。

④有时，底物以某种方式被结合到酶分子上，使底物分子中的键产生张力，从而有利于过渡态复合物的形成。

三、影响酶催化反应效率的因素

酶是专一性强、催化效率很高的生物催化剂，这是由酶分子的特殊结构决定的。有多种因素可以使酶的催化反应加速，影响酶高催化效率的有关因素如下。

1. 底物和酶的邻近效应与定向效应　酶和底物复合物的形成过程即是专一性的识别过程，更重要的是使分子间反应变为分子内反应的过程。在这一过程中包括两种效应：邻近效应和定向效应。

（1）邻近效应是指酶与底物结合形成中间复合物，使底物和底物（如双分子反应）之间、酶的催化基团与底物之间结合于同一分子而使有效浓度得到极大提高，从而使反应速率显著增加的一种效应。例如在有机化学中，乙酸对硝基苯酯以咪唑催化水解的反应［图 1-5（a)］，如果将咪唑连到该化合物分子上［图 1-5（b)］，当分子间反应变为分子内反应后，因咪唑邻近羰基，亲核进攻的机会大为增加，两个速率常数之比增加24倍，也就是说使反应速率加快了24倍。

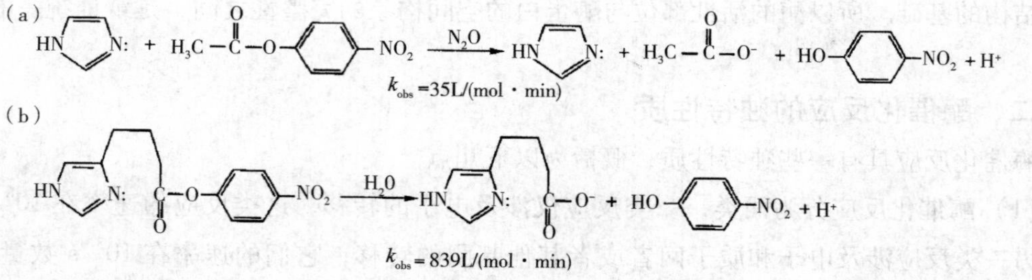

(a)

k_{obs}=35L/(mol · min)

(b)

k_{obs}=839L/(mol · min)

图1-5 催化中的邻近效应

（2）定向效应是指反应物的反应基团之间和酶的催化基团与底物的反应基团之间的正确取位产生的效应。正确定向取位在游离的反应物体系中很难解决，但当反应体系由分子间反应变为分子内反应后，这个问题就有了解决的基础。正确定向取位对加速反应的意义可通过模型实验加以说明。

如邻羟苯丙酸内酯的形成，当两个甲基取代苯环邻近碳原子上的氢，使羧基与羟基之间能更好地定向时，两个速率常数之比 $\frac{1.5\times10^{6}}{5.9\times10^{-6}}=2.5\times10^{11}$ ，反应速率可提高 2.5×10^{11} 倍。

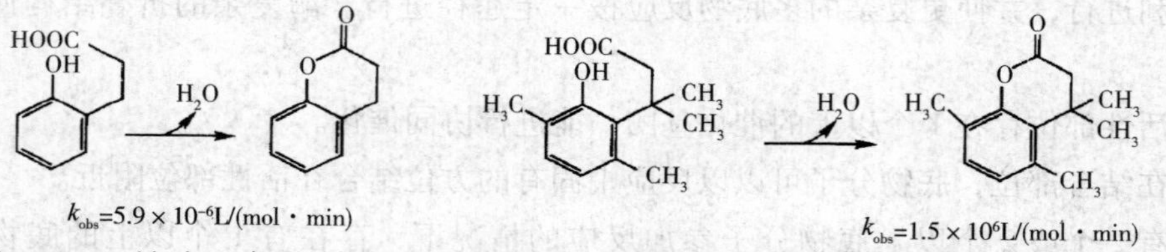

k_{obs}=5.9×10⁻⁶L/(mol · min)　　k_{obs}=1.5×10⁶L/(mol · min)

Page和Jencks认为，邻位效应与定向效应在双分子反应中起的促进作用至少可分别达 10^4 倍，两者共同作用则可使反应速率提高 10^8 倍，这与许多酶催化效率的计算是很相近的。

酶促反应是因为酶的特殊结构与功能，使参加反应的底物分子结合在酶的活性部位上，使作用基团互相邻近并定向，大大提高了酶的催化效率。

2. 底物的形变和诱导契合 当酶遇到其专一性底物时，酶中某些基团或离子可以使底物分子内敏感键中的某些基团的电子云密度增大或降低，产生“电子张力”，使敏感键的一端更加敏感，底物分子发生形变，如图1-6（a）所示，底物比较接近它的过渡态，降低了反应活化能，使反应易于发生。

例如，乙烯环磷酸酯的水解速率是磷酸二酯水解速率的 10^8 倍，这是因为环磷酸酯的构象更接近于过渡态。

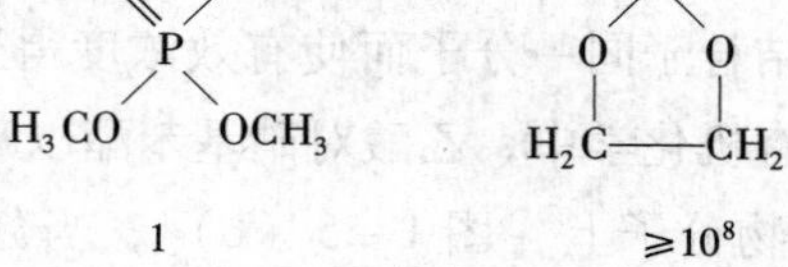

相对水解反应速率　1　≥10^8

酶与底物结合时在酶构象发生改变的同时，底物分子也发生形变，如图 1－6（b）所示，从而形成一个互相契合的酶—底物复合物，进一步转换成过渡态，大大加快了酶促反应速率。

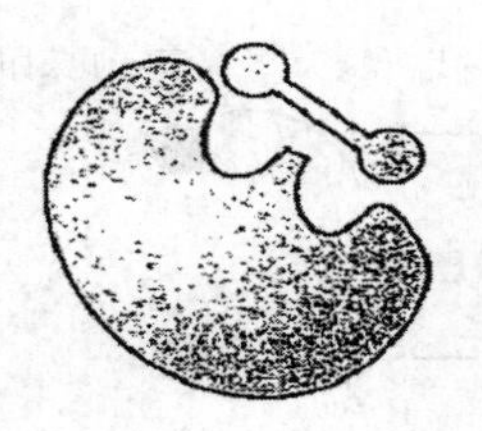
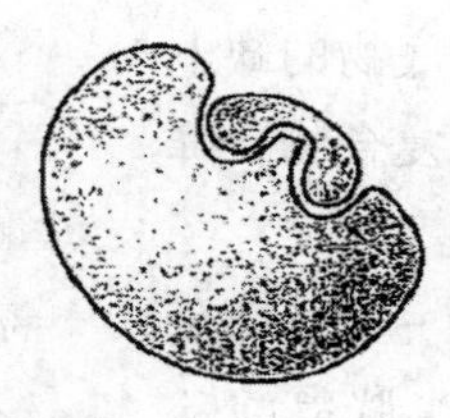

(a)底物分子发生形变

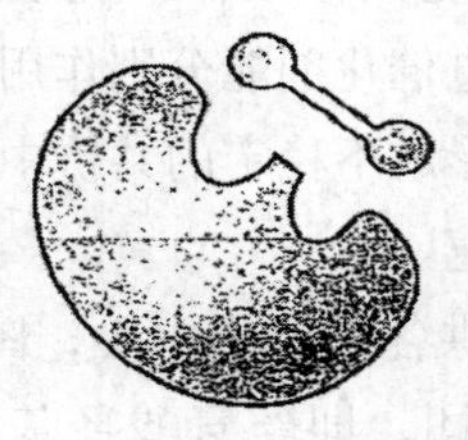
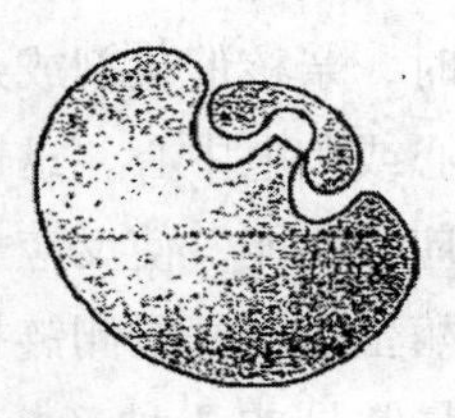

(b)底物分子和酶都发生形变

图 1－6　底物和酶结合时构象变化示意图

3. 酸碱催化　酸碱催化是通过瞬时的向反应物提供质子或从反应物接受质子以稳定过渡态，从而加速反应的一类催化机制。在水溶液中通过高反应性的质子和氢氧根离子进行的催化称为专一的酸碱催化或狭义的酸碱催化；而通过 H^+ 和 OH^- 以及能提供 H^+ 及 OH^- 的供体进行的催化称为总酸碱催化或广义的酸碱催化。

在很多酶的活性部位存在几种参与总酸碱催化作用的功能基，如氨基、羧基、巯基、酚羟基及咪唑基，它们能在近中性 pH 值的范围内，作为催化性的质子供体或受体，参与总酸或总碱催化作用（表 1－1）。总酸或总碱的催化可提高反应速率 10^2 ~ 10^5 倍。这类反应有肽和酯的水解反应等类型。

表 1－1　酶分子中可作为总酸或总碱催化的功能基团

氨基酸残基	广义酸基团（质子供体）	广义碱基团（质子受体）
Glu，Asp	—COOH	$—COO^-$
Lys，Arg	$—\overset{+}{N}H_3$	$—\ddot{N}H_2$
Tyr	$—C_6H_4—OH$	$—C_6H_4—O^-$
Cys	—SH	$—S^-$
His	C—CH HN　⁺NH C H	C—CH NH　N: C H

影响酸碱催化反应速率的因素有两个，即总酸或总碱的离解常数及质子传递的速率。在表 1－1 所列的功能基团中，组氨酸咪唑基的离解常数约为 6.0，因此在接近中性条件下，有一半以酸的形式存在，另一半以碱的形式存在，既可作为质子供体，又可作为质子受体在酶反应中发挥催化作用。同时咪唑基接受质子和供出质子的速率十分迅速，其半衰期小于 10^{-10} s。由于咪唑基有如此特点，所以在很多蛋白质中组氨酸含量虽少，却占很重要地位。推测组氨

酸很可能在进化过程中，不是作为一般的结构蛋白成分，而是被作为酶分子中的催化结构而保留下来。

4. 共价催化 共价催化又称亲核催化或亲电催化，在催化时，亲核催化剂或亲电催化剂能分别作用于底物的缺电子中心或负电中心，迅速形成不稳定的共价中间复合物，降低反应活化能，使反应加速。

酶蛋白氨基酸侧链提供各种亲核中心，图1－7是酶蛋白上最常见的3种亲核基团，即丝氨酸羟基、半胱氨酸巯基、组氨酸咪唑基。这些基团容易攻击底物的亲电中心，形成酶—底物共价结合的中间物。

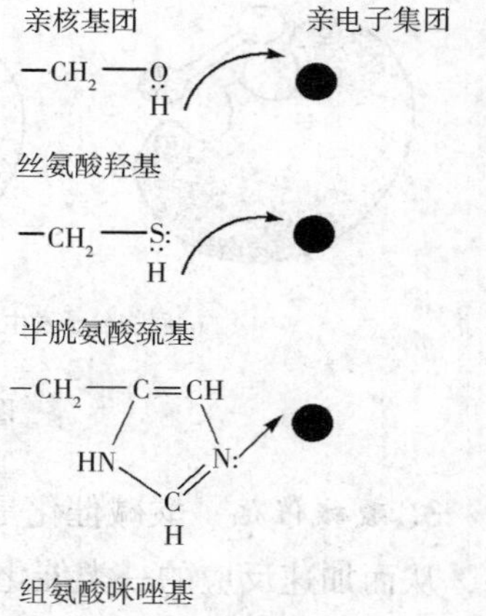

底物中典型的亲电中心如酰基，被酶上的亲核中心（X: ）攻击，形成酶—底物间共价结合中间物，所形成的共价中间物在随后步骤中被水分子或第二种底物攻击形成产物。如枯草杆菌蛋白酶中的亲核基团丝氨酸羟基攻击酰基中的亲电中心形成酰基—丝氨酸共价中间物。

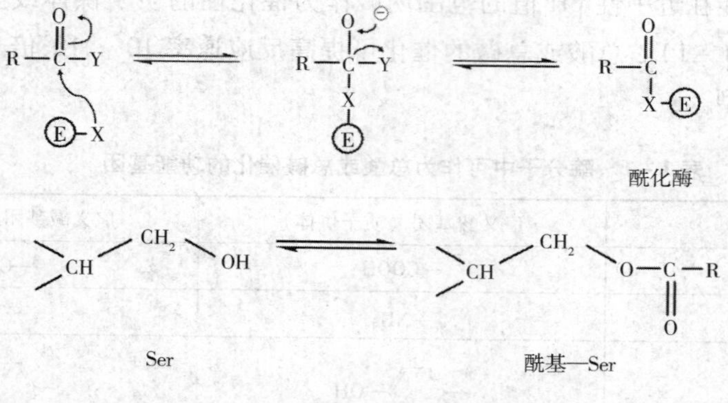

图1－7 酶蛋白上重要的亲核基团

5. 金属离子催化 金属离子在许多酶的催化反应中起重要作用，几乎1/3的酶发挥催化活性需要金属离子。可根据金属离子—蛋白质相互作用强度将需要金属的酶分两类。

（1）金属酶：含紧密结合的金属离子，多属于过渡金属离子，如 Fe^{2+}、Fe^{3+}、Cu^{2+}、Zn^{2+}、Mn^{2+} 或 Co^{3+}。

（2）金属—激活酶：含松散结合的金属离子，通常为碱和碱土金属离子，如 Na^{+}、K^{+}、Mg^{2+} 或 Ca^{2+}。

无论是与酶紧密结合的金属离子，还是松散结合的金属离子，可以不同方式参与催化，这种催化方式称金属离子催化。与酶结合的金属离子和底物之间离子的相互作用可使底物适当定向，以利于反应的发生或稳定带电荷的过渡态中间物；金属离子和底物之间弱的相互作用可释放少量自由能，这与酶—底物之间的结合能相似；金属离子氧化态的可逆变价能够介导氧化还原等反应。

6. 活性部位微环境的影响 在酶分子表面有一个裂缝，而活性部位就位于疏水环境的裂缝中。化学基团的反应活性和化学反应的速率在非极性介质与极性水介质中有显著差别。这是由于在非极性环境中的介电常数较在极性水介质中的介电常数为低。在非极性环境中，两个带电基团之间的静电作用比在极性环境中显著提高。当底物分子与酶的活性部位相结合，就被埋没在疏水环境中，这里底物分子与催化基团之间的作用力将比活性部位极性环境的作用力强得多。这一疏水的微环境大大有利于酶的催化作用。

必须指出，与酶高催化效率有关的诸因素，不是同时在一个酶中起作用，也不是一种因素在所有的酶中起作用。更可能的情况是对不同的酶，起主要作用的因素不同，各自都有其特点，可能分别受一种或几种因素的影响。

第四节 酶催化反应动力学

酶催化反应动力学研究酶催化反应的速率以及影响速率的各种因素。在研究酶的结构与功能的关系以及酶的催化作用机制时，需要动力学提供实验证据；为了发挥酶催化反应的高效率，寻找最有利的反应条件，需要掌握酶催化反应速率的规律。因此，研究酶催化反应动力学既有重要的理论意义，又具有一定的实践意义。

一、底物浓度对酶反应速率的影响

（一）中间络合物学说

1903 年，Henri 用蔗糖酶水解蔗糖，研究底物浓度与反应速率的关系。在酶浓度不变时，测出一系列不同底物浓度下的反应速率，以反应速率对底物浓度作图，得到图 1－8 所示的双曲线。

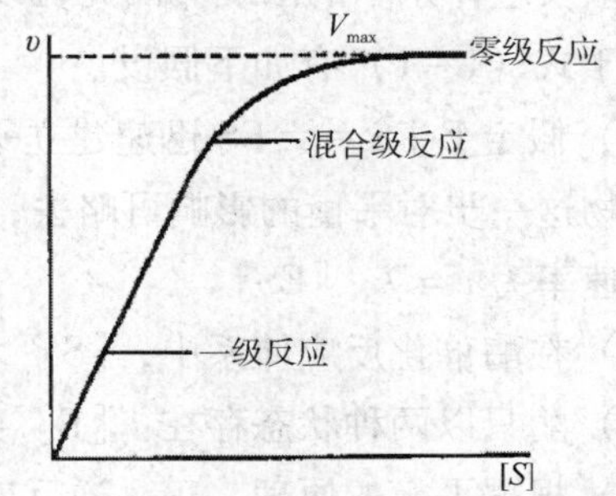

图 1－8 底物浓度对酶催化反应初速率的影响

从该曲线可以看出，当底物浓度较低时，反应速率与底物浓度呈正比关系，表现为一级反应。随着底物浓度的增加，反应速率不再按正比升高，反应表现为混合级反应。当底物浓度达到相当高时，底物浓度对反应速率影响变小，最后反应速率与底物浓度几乎无关，反应达到最大反应速率（V_{max}），表现为零级反应。根据这一实验结果，Henri 和 Wurtz 提出了酶底物中间络合物学说。该学说认为，当酶催化某一化学反应时，酶（E）首先和底物（S）结合生成中间复合物（ES），然后生成产物（P），并释放出酶。反应用下式表示：

$$S + E \rightleftharpoons ES \longrightarrow P + E$$

根据中间复合物学说，可以解释图 1－8 实验曲线，在酶浓度恒定条件下，当底物浓度很小时，酶未被底物饱和，这时反应速率取决于底物浓度。随着底物浓度变大，根据质量作用定律，ES 生成也越多，而反应速率取决于 ES 的浓度，故反应速率也随之增高。当底物浓度相当高时，溶液中的酶全部被底物饱和，溶液中没有多余的酶，再增加底物浓度也不会有更多的中间复合物生成，因此酶促反应速率与底物无关，反应达到最大反应速率。用底物浓度对反应速率作图时，就形成一条双曲线。需要指出的是，只有酶催化反应才有这种饱和现象，非催化反应无此饱和现象。

酶和底物形成中间复合物的学说，已得到许多实验证明。

（1）ES 复合物已被电子显微镜和 X 射线晶体结构分析直接观察到。

（2）许多酶和底物的光谱特性在形成 ES 复合物后发生变化。

（3）酶的物理性质，如溶解度或热稳定性，经常在形成 ES 复合物后发生变化。

（4）已分离得到某些酶与底物相互作用生成的 ES 复合物，如已得到 D－氨基酸氧化酶和底物复合物的结晶。

（5）超离心沉降过程中，可观察到酶和底物共沉降现象。平衡透析时观察到底物浓度在半透膜内外是不同的。

（二）酶促反应的动力学方程式

1. 米氏方程式的推导 1913 年，Michaelis 和 Menten 在前人工作的基础上，根据酶反应的中间复合物学说，以快速平衡法推导出一个数学方程式，表示了底物浓度与酶反应速率之间的定量关系，通常称为米氏方程式。

$$E + S \underset{k_{-1}}{\overset{k_1}{\rightleftharpoons}} ES \underset{k_{-2}}{\overset{k_2}{\rightleftharpoons}} E + P \quad (1-1)$$

式中：k_1、k_{-1}、k_2及 k_{-2}分别代表各步反应的速率常数。通常采用初速率测定酶催化反应的速率，它可以避免酶的不稳定性对催化反应速率的影响，同时反应产物对酶催化反应速率的影响可以忽略。即式（1－1）中 $ES \longrightarrow E + P$ 这一步可以不予考虑，还可以将底物浓度看作最初加入反应体系中的浓度。因此在以后讨论的酶催化反应动力学均采用的是反应初速率。

对于式（1－1）有如下假设。

（1）假定 $E + S \rightleftharpoons ES$ 迅速建立平衡，且比 ES 分解为 E 和 P 的速率要快得多，即 ES 分解为产物这一步对平衡的影响可略去，在任何时间内，反应均取决于限速的这一步。因此反应的初速率为 $v = k_2[ES]$。

（2）在酶催化反应体系中，$[S] \gg [E]$，$[S] \gg [ES]$

（3）酶只以两种状态存在：$[E]_t = [E] + [ES]$，$[E]_t$为反应 t 时刻酶的浓度。

（4）根据平衡的原理，正、逆反应速率相等。于是：

$$k_1[E][S]_{游} = k_{-1}[ES]$$

式中：$[S]_{游}$为游离底物浓度。

根据上述假设，$[E] = [E]_t - [ES]$

若：$[S] \gg [ES]$，则 $[S]_{游} = [S] - [ES] \approx [S]$

代入

$$k_1([E]_t - [ES])[S] = k_{-1}[ES]$$

所以

$$\frac{([E]_t - [ES])[S]}{[ES]} = \frac{k_{-1}}{k_1} = K_s \quad (1-2)$$

整理得

$$[ES]=\frac{[E]_t[S]}{K_s+[S]} \tag{1-3}$$

由于 $v=k_2[ES]$，将式（1-3）代入，得

$$v=\frac{k_2[E]_t[S]}{K_s+[S]} \tag{1-4}$$

式中：v 为瞬间速率，其大小取决于［ES］的浓度。当底物浓度很高时，酶被底物饱和，即所有的酶都以 ES 形式存在，所以 $[ES]=[E]_t$，这时速率达到最高值，用最大反应速率 V_{max} 表示。显然 $V_{max}=k_2[E]_t$，故式（1-4）可以改写成

$$v=\frac{V_{max}[S]}{K_s+[S]} \tag{1-5}$$

式（1-5）就是著名的米氏（Michaelis-Menten）方程。

式中：$K_s=\frac{k_{-1}}{k_1}$，为 ES 的解离常数（底物常数）；［S］为底物浓度。

人们为纪念米氏，用 K_m 代替 K_s，并称 K_m 为米氏常数。由于米氏方程引入了假设条件，且反应模式过于简单，故不能反映实际反应历程的细节。尽管如此，几十年的实践证明该方程仍有其实用价值。

2. Briggs-Haldane 修饰的 Michaelis-Menten 方程（稳态法） 1925 年，Briggs 和 Haldane 提出了稳态理论，对米氏方程做了一项很重要的修正，酶促反应分两步进行。

第一步：酶与底物作用，形成酶—底物复合物：

$$E+S \underset{k_2}{\overset{k_1}{\rightleftharpoons}} ES \tag{1-6}$$

第二步：ES 复合物分解形成产物，释放出游离酶：

$$ES \underset{k_4}{\overset{k_3}{\rightleftharpoons}} P+E \tag{1-7}$$

这两步反应都是可逆的。它们的正反应与逆反应的速率常数分别为 k_1、k_2、k_3、k_4。

由于酶促反应速率与 ES 的形成与分解相关，所以必须考虑 ES 的形成速率和分解速率。Briggs 和 Haldane 的发展就在于指出 ES 量不仅与式（1-6）平衡有关，而且还与式（1-7）平衡有关，用稳态代替了平衡态。

所谓稳态是指反应进行一段时间后，体系中复合物 ES 的浓度，由零逐渐增加到一定数值，在一定时间内，尽管底物浓度和产物浓度不断地变化，复合物 ES 也在不断地生成和分解，但是当反应体系中 ES 的生成速率和分解速率相等时，络合物 ES 的浓度保持不变的这种反应状态称为稳态，即：

$$\frac{d[ES]}{dt}=0$$

图 1-9 表示实验所得各种浓度对时间的曲线，表示底物浓度降低，产物形成及 ES 趋于稳态的过程。

在稳态下，ES 的生成速率 d[ES]/dt 与 $E+S \xrightarrow{k_1} ES$ 和 $E+P \xrightarrow{k_4} ES$ 有关。但是在反应初速率阶段，产物浓度很低，$E+P \xrightarrow{k_4} ES$ 的速率极小，可以忽略不计。因此 ES 的生成速率只与 $E+S \xrightarrow{k_1} ES$ 有关，可用下式表示：

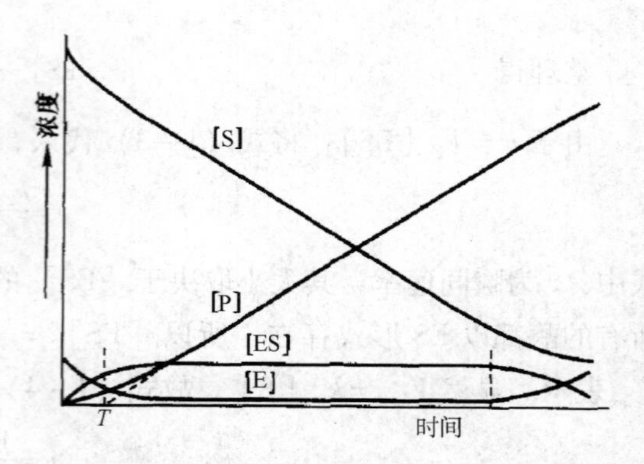

图 1-9　酶促反应过程中各种浓度与时间关系曲线（虚线之间为稳态）

$$\frac{\mathrm{d}[ES]}{\mathrm{d}t}=k_1([E]-[ES])\cdot[S] \tag{1-8}$$

式中：[E]——酶的总浓度；

[ES]——酶与底物结合的中间复合物的浓度；

[E]-[ES]——未与底物结合的游离状态酶的浓度；

[S]——底物浓度；

t——反应时间。

通常底物浓度比酶浓度大很多，即 [S] ≫ [E]，因此被酶结合的 S 量，亦即 [ES]，它与总的底物浓度相比，可以忽略不计。所以 [S]-[ES] ≈ [S]。ES 的分解速率 -d[ES]/dt 则与 $ES \xrightarrow{k_2} S+E$ 及 $ES \xrightarrow{k_3} P+E$ 有关。因此 ES 分解速率为两式速率之和。

$$-\frac{\mathrm{d}[ES]}{\mathrm{d}t}=k_2[ES]+k_3[ES] \tag{1-9}$$

在稳态下，ES 的生成速率和 ES 的分解速率相等，即 [ES] 保持动态平衡，式 (1-8) = 式 (1-9)，即：

$$k_1([E]-[ES])\cdot[S]=k_2[ES]+k_3[ES]$$

移项得：

$$\frac{([E]-[ES])\cdot[S]}{[ES]}=\frac{k_2+k_3}{k_1} \tag{1-10}$$

用 K_m 表示 k_1、k_2，k_3 三个常数的关系：

$$K_m=\frac{k_2+k_3}{k_1} \tag{1-11}$$

将式 (1-11) 代入式 (1-10)：

$$\frac{([E]-[ES])\cdot[S]}{[ES]}=K_m \tag{1-12}$$

由式 (1-12) 可得到稳态时的 [ES]：

$$[ES]=\frac{[E][S]}{K_m+[S]} \tag{1-13}$$

因为酶反应速率 (v) 与 [ES] 成正比，即：

$$v=k_3[ES] \tag{1-14}$$

将式 (1-13) 代入式 (1-14)，得：

$$v=k_3\frac{[E][S]}{K_m+[S]} \tag{1-15}$$

由于反应体系中［S］≫［E］，当［S］很高时，所有的酶都被底物所饱和形成ES，即［E］＝［ES］，酶促反应达到最大速率V_{max}，则：

$$V_{max}=k_3\ [ES]\ =k_3\ [E] \tag{1-16}$$

将式（1－16）代入式（1－15），即得：

$$v=\frac{V_{max}\cdot\ [S]}{K_m+\ [S]} \tag{1-17}$$

这就是根据稳态理论推导出的动力学方程式，为纪念Michaelis和Meten，习惯上把式（1－5）、式（1－17）都称为米氏方程。K_m称为米氏常数，是由一些速率常数组成的一个复合常数。该方程式表明在已知K_m及V_{max}时，酶反应速率与底物浓度之间的定量关系。若以［S］为横坐标，v为纵坐标作图，可得到一条双曲线（图1－10），该曲线正好与实验所得的图1－8相符。

从式（1－17）可以看出，当反应速率达到最大速率的一半时，即$v=\frac{V_{max}}{2}$时，可以得到：

$$\frac{V_{max}}{2}=\frac{V_{max}\cdot[S]}{K_m+[S]}$$

$$\frac{1}{2}=\frac{[S]}{K_m+[S]}$$

则

$$[S]=K_m$$

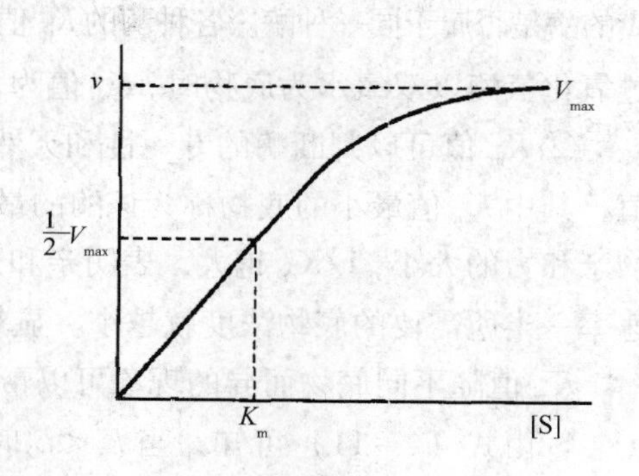

图1－10　米氏方程曲线

由此可以看出K_m值的物理意义，即K_m值是当酶反应速率达到最大反应速率一半时的底物浓度，单位是mol/L，与底物浓度的单位一样。

根据米氏方程式可以说明以下关系。

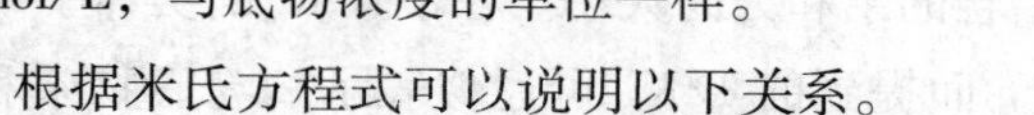

（1）当［S］≪K_m时，则式（1－17）变为：

$$v=\frac{V_{max}\cdot[S]}{K_m}$$

由于V_{max}和K_m都为常数，两者的比可用一常数K表示，因此：

$$v=\frac{V_{max}}{K_m}\cdot[S]=K[S]$$

即［S］远远小于K_m时，反应速率与底物浓度成正比，v与［S］的关系符合一级动力学。这时由于底物浓度低，酶没有全部被底物所饱和，因此在底物浓度低的条件下是不能正确测得酶活力的。

（2）当［S］≫K_m时，则式（1－17）变为：

$$v=\frac{V_{max}\cdot[S]}{[S]}$$

$$v=V_{max}$$

表示当底物浓度远大于K_m值时，反应速率已达到最大速率，这时酶全部被底物所饱和，v与［S］无关，符合零级动力学，只有在此条件下才能正确测得酶活力。

（3）当［S］$=K_m$时，由式（1－17）得：

$$v=\frac{V_{max}\cdot[S]}{[S]+[S]}=\frac{V_{max}}{2}$$

即当底物浓度等于K_m值时，反应速率为最大速率的一半。因此K_m值就代表反应速率达到最大反应速率一半时的底物浓度。

3. 动力学参数的意义

（1）米氏常数的意义。

①K_m是酶的一个特性常数。K_m的大小只与酶的性质有关，而与酶浓度无关。K_m值随测定的底物、反应的温度、pH 值及离子强度的变化而改变。因此，K_m值作为常数只是对一定的底物、pH 值、温度和离子强度等条件而言。故对某一酶促反应而言，在一定条件下都有特定的K_m值，可用来鉴别酶，例如，可以鉴别不同来源或相同来源但在不同发育阶段、不同生理状况下催化相同反应的酶是否属于同一种酶。各种酶的K_m值相差很大，大多数酶的K_m值在$10^{-6}\sim10^{-1}$mol/L。如过氧化氢酶以双氧水为底物时，K_m值为2.5×10^{-2}mol/L。

②K_m值可以判断酶的专一性和天然底物。有的酶可作用于几种底物，因此就有几个K_m值，其中K_m值最小的底物称为该酶的最适底物，也就是天然底物。$1/K_m$可近似地表示酶对底物亲和力的大小，$1/K_m$越大，表明亲和力越大，因为$1/K_m$越大，则K_m越小，达到最大反应速率一半所需要的底物浓度就越小。显然，最适底物时酶的亲和力最大，K_m最小。

K_m值随不同底物而异的现象可以帮助判断酶的专一性，并且有助于研究酶的活性部位。

③由式（1－11）可知，当$k_3 \ll k_2$时，$K_m=k_2/k_1$，即$K_m=K_s$。换言之，ES 的分解形成产物的速率为反应的限制速率时，K_m等于 ES 复合物的解离常数（底物常数），可以作为酶和底物结合紧密程度的一个度量，表示酶和底物结合的亲和力的大小。在不知K_m确实等于K_s之前，用K_m表示酶和底物的亲和力是不确切的。上面提到的$1/K_m$可近似表示酶与底物亲和力的大小，严格来说应该用$1/K_s$表示，只有当k_3极小时，才能用$1/K_m$来近似地说明酶与底物结合的难易程度。

④若已知某个酶的K_m值，就可以计算出在某一底物浓度时，其反应速率相当于V_{max}的百分数。例如，当［S］$=3K_m$时，代入米氏方程式$v=\frac{V_{max}\cdot[S]}{K_m+[S]}$，得：

$$v=\frac{V_{max}\cdot 3K_m}{K_m+3K_m}=0.75V_{max}$$

达到最大反应速率的75%时，底物浓度相当于$3K_m$。

当$v=V_{max}$时，反应初速率与底物浓度无关，只与［E_0］成正比，表明酶的活性部位全部被底物占据。当K_m已知时，任何底物浓度下被底物饱和的百分数可用下式表示：

$$f_{ES}=\frac{v}{V_{max}}=\frac{[S]}{K_m+[S]}$$

当然这是一种简单的情况，在反应经历复杂的机制时，f_{ES}并不代表酶活性部位被底物饱和的百分数。

（2）V_{max}和k_3（k_{cat}）的意义。在一定的酶浓度下，酶对特定底物的V_{max}也是一个常数。

V_{max}与K_m相似，同一种酶对不同底物的V_{max}也不同，pH 值、温度和离子强度等因素也影响V_{max}的数值。

当［S］很大时，根据式（1－17），$V_{max}=k_3$［E］。说明V_{max}和［E］呈线性关系，而直线的斜率为k_3，为一级反应速率常数，它的因次为s^{-1}。k_3表示当酶被底物饱和时每秒钟每个酶分子转换底物的分子数，这个常数又叫转换数（简称 TN），通常称为催化常数（k_{cat}）。k_{cat}值越大，表示酶的催化效率越高。

(3) k_{cat}/K_m的意义。在生理条件下，大多数酶并不被底物所饱和。在体内，［S］/K_m的比值通常为0.01～1.0。根据米氏方程：

$$v=\frac{V_{max}\cdot[S]}{K_m+[S]}$$

按照

$$V_{max}=k_{cat}[E_T]$$

式中：［E_T］为酶的总浓度。

则：

$$v=\frac{k_{cat}\cdot[E_T][S]}{K_m+[S]}$$

当［S］≪K_m时，自由酶浓度［E］＝［E_T］，故

$$v=\left(\frac{k_{cat}}{K_m}\right)\cdot[E][S]$$

即k_{cat}/K_m是 E 和 S 反应形成产物的表观二级速率常数，有时也称专一性常数。因此，当［S］≪K_m时，酶反应速率取决于k_{cat}/K_m的值和［S］。k_{cat}/K_m比值取决于k_1、k_2和k_3，当$k_{cat}=k_3$，将K_m取代后可以得出：

$$k_{cat}/K_m=\frac{k_3k_1}{k_2+k_3}$$

k_{cat}/K_m值的上限为k_1，即生成 ES 复合物的速率。换言之，酶的催化效率不能超过 E 和 S 形成 ES 扩散控制的结合速率：扩散限制了k_1的数值，在水中扩散的速率常数为10^8～10^9L/(mol·s)，因此k_{cat}/K_m值上限为10^8～10^9L/(mol·s)。对酶来说，将k_{cat}/K_m值作为酶催化效率的参数是很恰当的。事实上，许多酶的k_{cat}/K_m值都介于10^7～10^8L/(mol·s)，如以过氧化氢为底物的过氧化氢酶的k_{cat}/K_m值为3.6×10^7L/(mol·s)，说明它们都已达到酶催化效率的完美性。它们的催化反应速率只受它们与溶液中底物迁移速率的限制。如果要使催化速率进一步加快，只有减少扩散时间才有可能。可见由k_{cat}/K_m值的大小，可以比较不同酶或同一种酶催化不同底物的催化效率。

4. 利用作图法测定K_m和V_{max}值　米氏常数可根据实验数据通过作图法直接求得。先测定不同底物浓度的反应初速率，以v—[S]作图，如从图 1－10 可以得到V_{max}，再从$\frac{1}{2}V_{max}$可求得相应的［S］，即K_m值。但实际上即使用很大的底物浓度，也只能得到趋近于V_{max}的反应速率，而达不到真正的V_{max}，因此得不到准确的K_m与V_{max}值。为了方便测定准确的K_m与V_{max}值，可变换米氏方程式的形式，使它成为直线方程，然后用图解法求出K_m与V_{max}值。

（1）Lineweaver－Burk 双倒数作图法。将米氏方程式两侧取双倒数，得到以下方程式：

$$\frac{1}{v}=\frac{K_m}{V_{max}}\cdot\frac{1}{[S]}+\frac{1}{V_{max}} \tag{1-18}$$

以 $\frac{1}{v}$—$\frac{1}{[S]}$ 作图，得到一直线，如图 1－11 所示。横轴截距为 $=-\frac{1}{K_m}$，纵轴截距为 $\frac{1}{V_{max}}$。该方法的缺点是：实验点过分集中在直线的左下方，而低浓度 S 的实验点又因倒数后误差较大，往往偏离直线较远，从而影响 K_m 和 V_{max} 的准确测定。

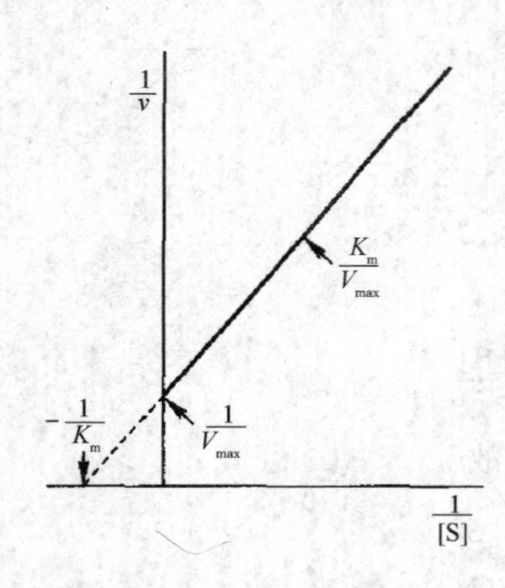

图 1－11　双倒数作图法

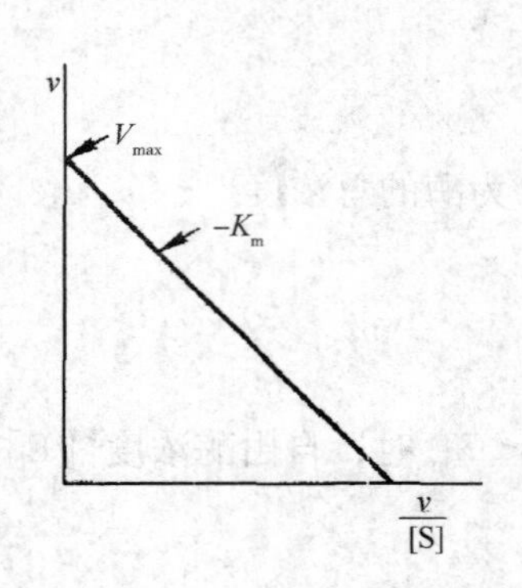

图 1－12　Eadie－Hofstee 作图法

（2）Eadie－Hofstee 作图法。将米氏方程式改写成：

$$v=V_{max}-K_m\cdot\frac{v}{[S]} \tag{1-19}$$

以 v—$\frac{v}{[S]}$ 作图，得一直线，其纵轴截距为 V_{max}，斜率为 $-K_m$，如图 1－12 所示。

（3）Hanes－Woolf 作图法。将式（1－18）两边均乘以［S］即得：

$$\frac{[S]}{v}=\frac{K_m}{V_{max}}+\frac{[S]}{V_{max}}$$

以 $\frac{[S]}{v}$—［S］作图，得一直线，横轴的截距为 $-K_m$，斜率为 $\frac{1}{V_{max}}$，如图 1－13 所示。

（4）Eisenthal 和 Cornish－Bowden 直接线性作图法。将米氏方程改写为：

$$V_{max}=v+\frac{v}{[S]}\cdot K_m$$

把［S］标在横轴的负半轴上，测得的 v 数值标在纵轴上，相应的［S］和 v 连成直线，这一簇直线交于一点，这一点的坐标为 K_m 和 V_{max}，如图 1－14 所示。直接线性作图法有其优点，不需要计算，可直接读出 K_m 和 V_{max} 值；它使人们容易识别出不正确的观测结果，这些结果出现不通过靠近共同交叉点的直线。

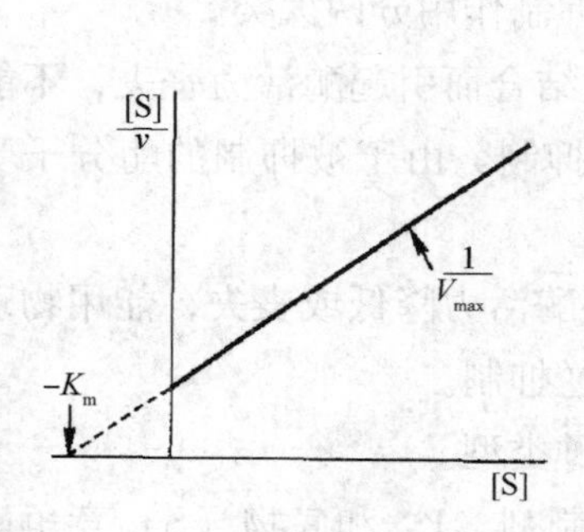

图 1-13 Hanes-Woolf 作图法

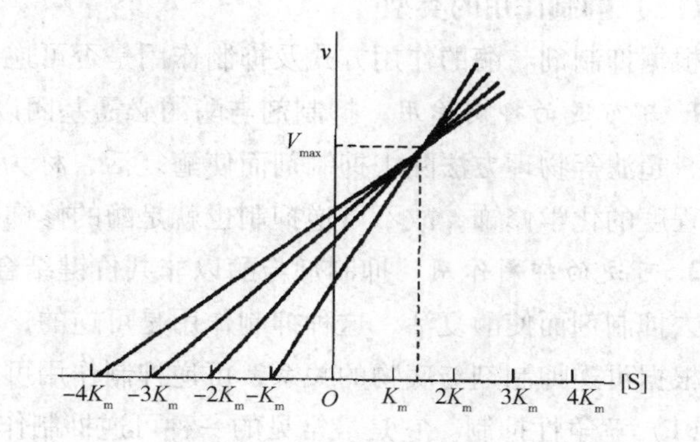

图 1-14 Eisenthal 和 Cornish-Bowden 直接线性作图法

二、酶的抑制作用

酶是蛋白质，凡可使酶蛋白变性而引起酶活力丧失的作用称为失活作用。由于酶的必需基团化学性质的改变，但酶未变性，由此引起酶活力的降低或丧失的作用称为抑制作用。引起抑制作用的物质称为抑制剂。变性剂对酶的变性作用无选择性，而一种抑制剂只能使一种酶或一类酶产生抑制作用，因此抑制剂对酶的抑制作用是有选择性的。所以，抑制作用与变性作用是不同的。

研究酶的抑制作用是研究酶的结构与功能、酶的催化机制以及阐明代谢途径的基本手段，因此抑制作用的研究不仅有重要的理论意义，在实践上也有重要的价值。

（一）抑制程度的表示方法

酶受抑制后活力降低的程度是研究酶抑制作用的一个重要指标，一般用反应速率的变化来表示。若以不加抑制剂时的反应速率为 v_0，加入抑制剂后的反应速率为 v_i，则酶活力的抑制程度可用下述方法表示。

1. 相对活力分数（残余活力分数）

$$a = \frac{v_i}{v_0}$$

2. 相对活力百分数（残余活力百分数）

$$a = \frac{v_i}{v_0} \times 100\%$$

3. 抑制分数（被抑制而失去活力的分数）

$$i = 1 - a = 1 - \frac{v_i}{v_0}$$

4. 抑制百分数

$$i = (1 - a) \times 100\% = \left(1 - \frac{v_i}{v_0}\right) \times 100\%$$

通常所谓抑制率是指抑制分数或抑制百分数。

（二）抑制作用的类型

根据抑制剂与酶的作用方式及抑制作用是否可逆，可将抑制作用分两大类。

1. 不可逆的抑制作用　抑制剂与酶的必需基团以共价键结合而引起酶活力丧失，不能用透析、超滤等物理方法除去抑制剂而使酶复活，称为不可逆抑制。由于被抑制的酶分子受到不同程度的化学修饰，故不可逆抑制也就是酶的修饰抑制。

2. 可逆的抑制作用　抑制剂与酶以非共价键结合而引起酶活力降低或丧失，能用物理方法除去抑制剂而使酶复活，这种抑制作用是可逆的，称为可逆抑制。

根据可逆抑制剂与底物的关系，可逆抑制作用可分为三种类型。

（1）竞争性抑制。它是最常见的一种可逆抑制作用。抑制剂（I）和底物（S）竞争酶的结合部位，从而影响了底物与酶的正常结合（图 1－15）。因为酶的活性部位不能同时既与底物结合又与抑制剂结合，因此在底物和抑制剂之间产生竞争，形成一定的平衡关系。大多数竞争性抑制剂的结构与底物结构类似，因此能与酶的活性部位结合，与酶形成可逆的 EI 复合物，但 EI 不能分解成产物 P，酶反应速率下降。其抑制程度取决于底物及抑制剂的相对浓度，这种抑制作用可以通过增加底物浓度而解除。这类抑制最典型的例子是丙二酸和戊二酸与琥珀酸脱氢酶结合，但不能催化脱氢。

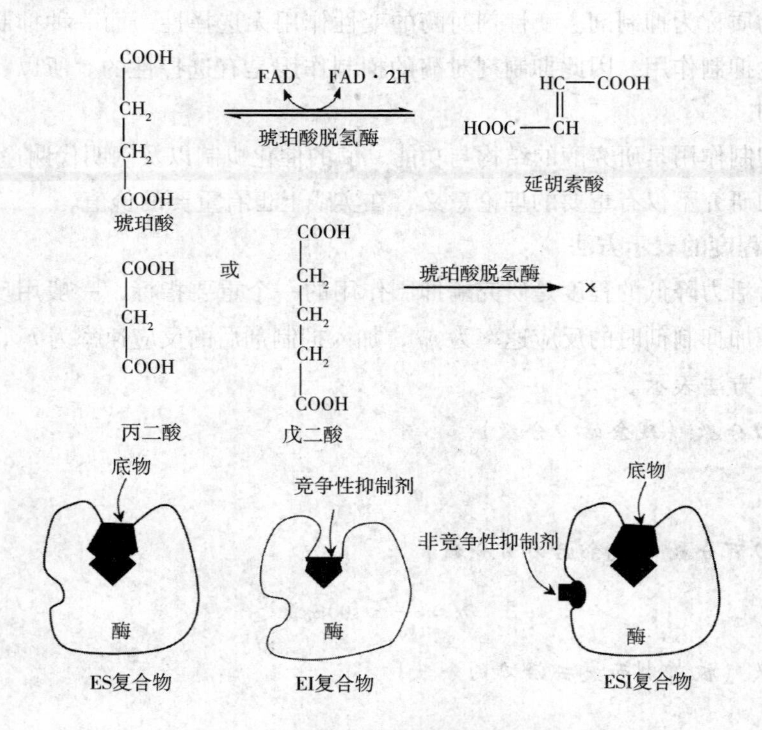

图 1－15　酶与底物或抑制剂结合的中间物

（2）非竞争性抑制。这类抑制作用的特点是底物和抑制剂同时和酶结合，两者没有竞争作用。酶与抑制剂结合后，还可以与底物结合：$EI + S \longrightarrow ESI$；酶与底物结合后，还可以与抑制剂结合：$ES + I \longrightarrow ESI$。但是中间的三元复合物不能进一步分解为产物，因此酶活力降低。这类抑制剂与酶活性部位以外的基团相结合（图1-15），其结构与底物无共同之处，这种抑制作用不能用增加底物浓度来解除抑制，故称非竞争性抑制。某些重金属离子 Ag^{+}、Cu^{2+}、Hg^{2+}、Pb^{2+} 等对酶的抑制作用属这类抑制剂。

（3）反竞争性抑制。酶只有与底物结合后，才能与抑制剂结合，即 $ES + I \longrightarrow ESI$，$ESI \xrightarrow{不能} P$。反竞争性抑制作用常见于多底物反应中，在单底物反应中比较少见。

（三）可逆抑制作用和不可逆抑制作用的鉴别

除了用透析、超滤或凝胶过滤等方法能否除去抑制剂来区别可逆抑制作用和不可逆抑制作用外，还可用动力学的方法加以鉴别。

在测定酶活力体系中加入一定量的抑制剂，然后测定不同酶浓度的反应初速率，以初速率对酶浓度作图。不在测定酶活力体系中加抑制剂时，初速率对酶浓度作图得到一条通过原点的直线（图1-16中曲线1）；当在测定酶活力体系中加入一定量的不可逆抑制剂时，抑制剂使一定量的酶失活，只有加入的酶量大于不可逆抑制剂的量时，才表现出酶活力，不可逆抑制剂的作用相当于把原点向右移动（图1-16中曲线2）；在测定酶活力体系中加入一定量的可逆抑制剂后，由于抑制剂的量是恒定的，因此得到一条通过原点，但斜率低于曲线1的直线（图1-16中曲线3）。如果在不同抑制剂浓度下，每一个抑制剂浓度都作一条初速率和酶浓度关系曲线，不可逆抑制剂可以得到一组不通过原点的平行线，而可逆抑制剂可以得到一组通过原点，但斜率不同的直线。可逆抑制作用和不可逆抑制的作用可从图1-17更清楚地看出来。

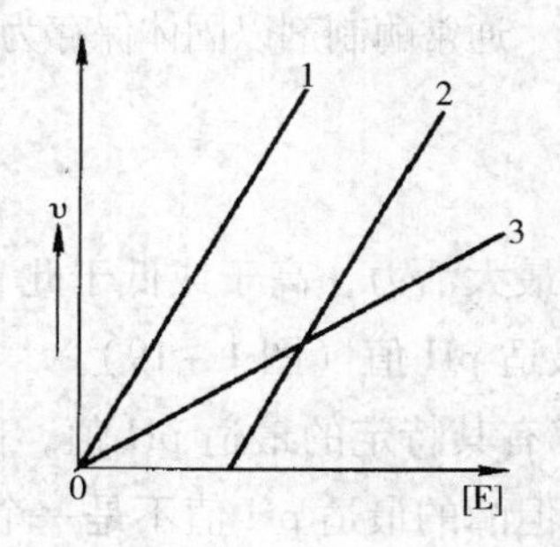

图1-16 可逆抑制剂与不可逆抑制剂的区别（一）
1—无抑制剂 2—不可逆抑制剂 3—可逆抑制剂

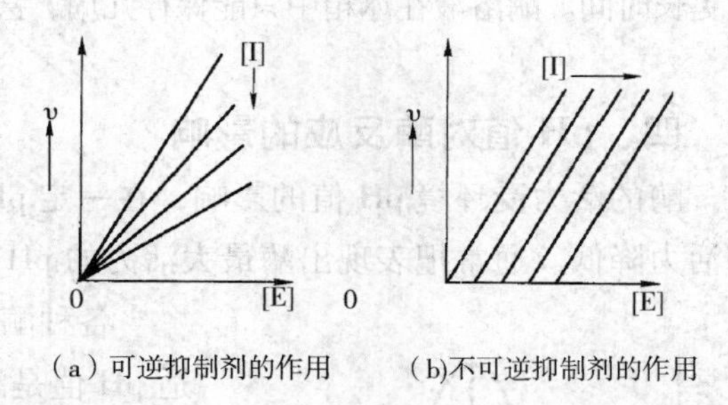

图1-17 可逆抑制剂与不可逆抑制剂的区别（二）

三、温度对酶反应的影响

大多数化学反应的速率都与温度有关，酶催化的反应也不例外。如果在不同温度下进行某种酶反应，然后将测得的反应速率相对于温度作图，即可得到如图1-18所示的钟罩形曲线。从图上曲线可以看出，在较低温度范围内，酶反应速率随温度升高而增大，但超过一定温度后，反应速率反而下降，因此只有在某一温度下，反应速率达到最大值，这个温度通常称酶反应的最适温度。每种酶在一定条件下都有其最适温度。一般来讲，动物细胞内的酶最适温度在 35~40℃，植物细胞中的酶最适温度稍高，通常在 40~50℃，微生物中的酶最适温度差别较大，如枯草杆菌 α-淀粉酶的最适温度高达 85~90℃。

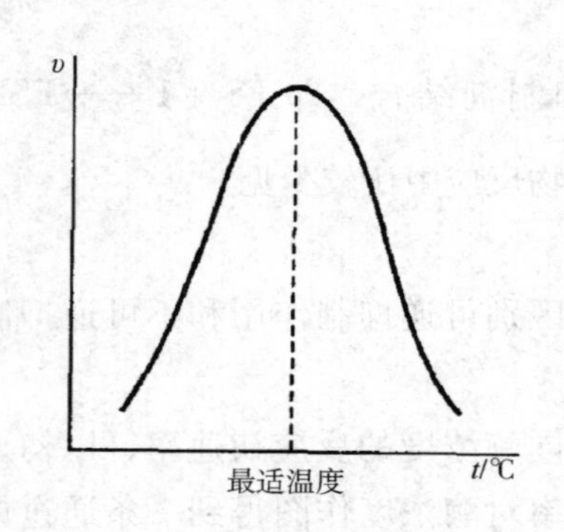

图 1-18　温度对酶反应速率的影响

温度对酶促反应速率的影响表现在两方面，一方面，是当温度升高时，与一般化学反应一样，反应速率加快。反应温度提高 10℃，其反应速率与原来反应速率之比称反应的温度系数，用 Q_{10} 表示，对大多数酶来讲，温度系数 Q_{10} 多为 2，即温度每升高 10℃，酶反应速率为原反应速率的 2 倍。

另一方面，由于酶是蛋白质，随着温度升高，酶蛋白逐渐变性而失活，引起酶反应速率下降。酶的最适温度是这两种影响的综合结果。在酶反应的最初阶段，酶蛋白的变性尚未表现出来，因此反应速率随温度升高而增加，但高于最适温度时，酶蛋白变性逐渐突出，反应速率随温度升高的效应将逐渐被酶蛋白的变性效应所抵消，反应速率迅速下降，因此表现出最适温度。最适温度不是酶的特征物理常数，常受其他条件如底物种类、作用时间、pH 值和离子强度等因素的影响而改变。如最适温度随着酶促作用时间的长短而改变，这是由于温度使酶蛋白变性是随时间而累加的。一般而言，反应时间长，酶的最适温度低，反应时间短，则最适温度就高。因此，只有在规定的反应时间内才可确定酶的最适温度。

酶的固体状态比在溶液中对温度的耐受力要高。酶的冰冻干粉置于冰箱中可放置几个月，甚至更长时间。酶溶液在冰箱中只能保存几周，甚至几天就会失活。通常酶制剂以固体保存为佳。

四、pH 值对酶反应的影响

酶的活力受环境 pH 值的影响，在一定 pH 值下，酶表现最大活力，高于或低于此 pH 值，酶活力降低。通常把表现出酶最大活力的 pH 值称为该酶的最适 pH 值（图 1-19）。

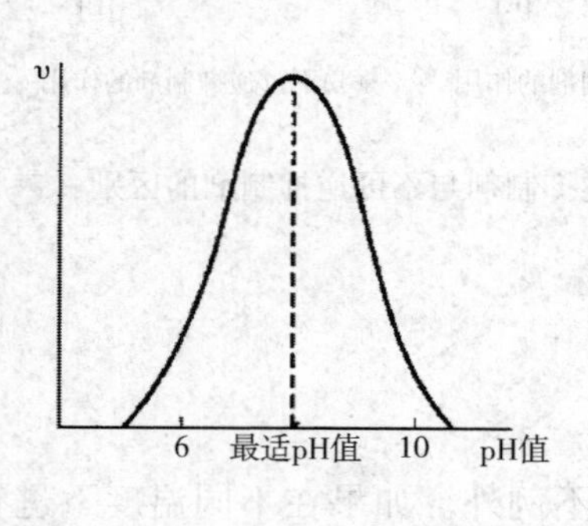

图 1-19　pH 值对酶活力的影响

各种酶在一定条件下都有其特定的最适 pH 值，因此最适 pH 值是酶的特性之一。但酶的最适 pH 值不是一个常数，受许多因素影响，如随底物种类和浓度、缓冲液种类和浓度的不同而改变，因此最适 pH 值只有在一定条件下才有意义。大多数酶的最适 pH 值在 5~8，动物体的酶的 pH 值在 6.5~8.0，植物及微生物中的酶的 pH 值在 4.5~6.5。但也有例外，如胃蛋白酶的最适 pH 值为 1.5，过氧化氢酶的最适 pH 值为 7.6，碱性磷酸酶的最适 pH 值为 9.5。

pH 值影响酶活力的原因可能有以下几方面。

（1）过酸或过碱可以破坏酶的空间结构，引起酶构象的改变，使酶丧失活性。

（2）当 pH 值改变不很剧烈时，酶虽未变性，但活力受到影响。pH 值能影响底物的解离状态，或者使底物不能与酶结合，或者结合后不能生成产物；pH 值影响酶分子活性部位上有关基团的解离，从而影响与底物的结合或催化，使酶活性降低；也可能影响到中间络合物 ES 的解离状态，不利于催化生成产物。

（3）pH 值影响维持酶分子空间结构的有关基团解离，从而影响酶活性部位的构象，进而影响酶的活性。

各种酶在最适 pH 值时所处的某一种解离状态，最有利于与底物结合并发生催化作用，活力最高，如胆碱酯酶解离成两性离子，精氨酸酶呈负离子时活力最大。

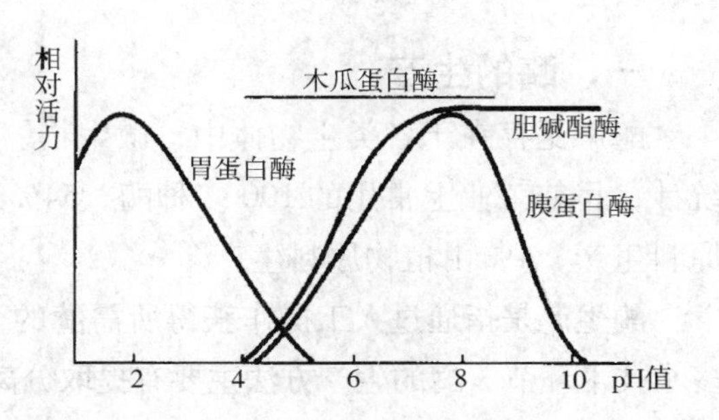

图 1－20　四种酶的 pH 值—酶活性曲线

由于酶活力受 pH 值的影响很大，因此在酶的提纯及测定活力时要选择酶的稳定 pH 值，通常在某一 pH 值缓冲液中进行。一般最适 pH 值总是在该酶的稳定 pH 值范围内，故酶在最适 pH 值附近最为稳定。虽然多数酶的 pH 值—酶活性曲线为钟罩形，但有的酶并非如此，如胃蛋白酶和胆碱酯酶为钟形的一半，而木瓜蛋白酶的活性在较大的 pH 值范围内几乎不受 pH 值的影响（图 1－20）。

五、激活剂对酶反应的影响

凡是能提高酶活性的物质都称为激活剂，其中大部分是无机离子或简单的有机化合物。作为激活剂的金属离子有 K^+、Na^+、Ca^{2+}、Mg^{2+}、Zn^{2+} 及 Fe^{2+} 等离子，无机阴离子有 Cl^-、Br^-、I^-、CN^-、${PO_4}^{3-}$ 等，它们都可作为激活剂。如 Cl^-、${NO_3}^-$、${SO_4}^{2-}$ 为枯草杆菌淀粉酶的激活剂，Co^{2+}、Mg^{2+} 和 Mn^{2+} 可以显著增加 D－葡萄糖异构酶的活力。

激活剂对酶的作用具有一定的选择性，即一种激活剂对某种酶起激活作用，而对另一种酶可能起抑制作用，如 Mg^{2+} 对脱羧酶有激活作用，而对肌球蛋白腺三磷酶却有抑制作用；Ca^{2+} 则相反，对前者有抑制作用，但对后者却起激活作用。有时离子之间有拮抗作用，例如 Na^+ 抑制 K^+ 激活的酶，Ca^{2+} 能抑制 Mg^{2+} 激活的酶。有时金属离子之间也可相互替代，如 Mg^{2+} 作为激酶的激活剂可被 Mn^{2+} 代替。另外，激活离子对于同一种酶，可因浓度不同而起不同的作用，如对于 $NADP^+$ 合成酶，当 Mg^{2+} 浓度为 $(5\sim10)\times10^{-3}$mol/L 时起激活作用，但当浓度升高为 30×10^{-3}mol/L 时，则酶活性下降；若用 Mn^{2+} 代替 Mg^{2+}，则在 1×10^{-3}mol/L 时起激活作用，高于此浓度，酶活性下降，不再有激活作用。

有些小分子有机化合物可作为酶的激活剂，例如半胱氨酸，还原型谷胱甘肽等还原剂对某些含巯基的酶有激活作用，使酶中二硫键还原成巯基，从而提高酶活性。木瓜蛋白酶和甘油醛－3－磷酸脱氢酶都属于巯基酶，在它们分离纯化过程中，往往需加上述还原剂，以保护巯基不被氧化。再如一些金属螯合剂如 EDTA（乙二胺四乙酸）等能除去重金属离子对酶的抑制，也可视为酶的激活剂。

第五节 酶的一般生产方法

一、酶的生产

酶广泛存在于各类生物体中，微生物、动物和植物都可以作为提取、制备酶的原料。据统计，目前工业上常用的100多种酶，54%由真菌和酵母生产，34%由细菌生产，8%由动物原料生产，4%由植物原料生产。

酶生产是指通过人工操作获得所需酶的全部技术过程，包括酶的生物合成、分离、纯化等多个技术环节。酶的生产方法主要有提取分离法、生物合成法（发酵法）和化学合成法三种。

（1）提取分离法。提取分离法是最早采用的酶的生产方法，现仍在使用。它是采用提取、分离、纯化技术从自然界含酶丰富的动物、植物或微生物等生物材料中将酶提取分离出来，再进行纯化精制的生产方法。动植物的酶资源非常丰富，目前许多常用的酶制剂都采用这种方法生产。如从动物的胰脏中提取胰蛋白酶、胰淀粉酶、胰脂肪酶和这些酶的混合物——胰酶；从动物的胃中提取胃蛋白酶；从木瓜中提取木瓜蛋白酶；从菠萝中提取菠萝蛋白酶。提取分离法简单、方便，但在含酶组织的生产时会受到生物资源、气候和地理环境等因素的影响，产量低，成本高，而且产品含杂多，分离纯化也比较困难。因而，随着20世纪50年代发酵法的发展，许多提取酶的生产都被发酵法替代。目前该方法仅适用于难以实现生物合成或化学合成的酶类。

（2）生物合成法（发酵法）。发酵法是20世纪50年代以来酶的主要生产方法。该法是利用细胞，主要是微生物细胞的生命活动而获得人们所需要的酶的生产方法。20世纪80年代以来，除了利用微生物发酵外，还利用植物细胞和动物细胞发酵，以得到所需要的酶。

目前，工业上应用的酶主要来源于微生物。这是因为微生物种类多，几乎所有的酶都能从微生物中找到。

（3）化学合成法。目前人们已经可以采用合成仪进行酶的化学合成。但酶的化学合成要求氨基酸单体达到很高的纯度，化学合成法的成本高，而且只能合成那些化学结构已经清楚的酶，使化学合成法的应用受到限制，难以实现工业化生产。

表1-2是常用工业酶的来源。

表1-2 常用工业酶生产所用的原料

酶的来源		酶的种类	胞内酶（I）/胞外酶（E）
动物	肝脏	过氧化氢酶	I
	胰脏	胰凝乳蛋白酶	E
	胰脏	三酯酰甘油脂肪酶	E
	皱胃	凝乳酶	E
	胰脏	胰蛋白酶	E

续表

酶的来源		酶的种类	胞内酶（I）/胞外酶（E）
植物	麦芽	α-淀粉酶	E
	麦芽	β-淀粉酶	E
	菠萝	菠萝蛋白酶	E
	麦芽	β-葡聚糖酶	E
	无花果	无花果蛋白酶	E
	大豆	脂肪加氧酶	I
	木瓜	木瓜蛋白酶	E
细菌	芽孢杆菌	α-淀粉酶	E
	芽孢杆菌	β-淀粉酶	E
	芽孢杆菌、链霉菌	木糖异构酶	I
	枯草杆菌、芽孢杆菌	枯草芽孢杆菌蛋白酶	E
	克雷伯菌、芽孢杆菌	支链淀粉酶	E
	芽孢杆菌	环糊精葡萄糖基转移酶	E
真菌	曲霉	α-淀粉酶	E
	曲霉、根霉	葡萄糖淀粉酶（糖化酶）	E
	曲霉	过氧化氢酶	I
	木霉	纤维素酶	E
	青霉	葡聚糖酶	E
	曲霉	葡萄糖氧化酶	I
	曲霉	乳糖酶	E
	根霉	三酯酰甘油脂肪酶	E
	曲霉	果胶酶	E
	曲霉	果胶裂合酶	E
酵母	酵母	蔗糖酶（转化酶）	I/E
	假丝酵母	三酯酰甘油脂肪酶	E
	酵母	葡聚糖酶	I

1. 微生物发酵产酶 经过预先设计，通过人工操作，利用微生物的生命活动获得所需酶的技术过程，称酶的发酵生产。

酶的微生物发酵生产是当今生产大多数酶的主要方法。这主要是因为微生物的研究历史较长，而且利用微生物产酶有以下优点：微生物种类多，酶种丰富，且菌株易诱变，菌种多样；微生物生长繁殖快，代谢能力强，易培养，易提取酶，特别是胞外酶；微生物培养基来源广泛，价格便宜；可以采用微电脑等新技术，控制酶发酵生产过程，生产可连续化、自动化，经济效益高；可以利用以基因工程为主的现代分子生物学技术，选育菌种、增加酶产率和开发新酶种。

（1）产酶微生物。酶发酵生产的前提之一，是根据产酶的需要，选育得到性能优良的微生物。一般来说，优良的产酶微生物应当具有下列条件：酶的产量高；产酶稳定性好；容易培养和管理；利于酶的分离和纯化；安全可靠，无毒性等。

常用菌种及其所产酶见表 1－3。

表 1－3　常用菌种及其所产酶

菌种	产酶
枯草芽孢杆菌（Bacillus subtilis）	α－淀粉酶、蛋白酶、β－葡聚糖酶、碱性磷酸酶
大肠杆菌（Escherichia coli）	谷氨酸脱羧酶、β－半乳糖苷酶、限制性核酸内切酶、DNA 聚合酶、DNA 连接酶、核酸外切酶
黑曲霉（Aspergillus niger）	糖化酶、α－淀粉酶、酸性蛋白酶、果胶酶、葡萄糖氧化酶、过氧化氢酶、核糖核酸酶、脂肪酶、纤维素酶、橙皮苷酶、柚苷酶
米曲霉（Aspergillus oryzae）	糖化酶、蛋白酶、氨基酰化酶、磷酸二酯酶、果胶酶
青霉（Penicillium）	葡萄糖氧化酶、苯氧甲基青霉素酰化酶、果胶酶、纤维素酶 C_x、5′－磷酸二酯酶、脂肪酶、凝乳蛋白酶
木霉（Trichoderma）	纤维素酶中的 C_1 酶、C_x 酶和纤维二糖酶、羟化酶
根霉（Rhizopus）	糖化酶、α－淀粉酶、转化酶、酸性蛋白酶、核糖核酸酶、脂肪酶、果胶酶、纤维素酶、半纤维素酶、羟化酶
毛霉（Mucor）	蛋白酶、糖化酶、α－淀粉酶、脂肪酶、果胶酶、凝乳酶
链霉菌（StrePtomyces）	葡萄糖异构酶、青霉素酰化酶、纤维素酶、碱性蛋白酶、中性蛋白酶、几丁质酶
假丝酵母（Candida）	脂肪酶、尿酸酶、尿囊素酶、转化酶、醇脱氢酶、羟基化酶

（2）酶的发酵生产方式。酶的发酵生产根据微生物培养方式的不同可分为固体培养发酵、液体深层发酵、固定化微生物细胞发酵和固定化微生物原生质体发酵等方法。

固体培养发酵的培养基，以麸皮、米糠等为主要原料，加入其他必要的营养成分，制成固体或者半固体的麸曲，经灭菌、冷却后，接种产酶微生物菌株，在一定条件下发酵，以获得所需的酶。我国传统的各种酒曲、酱油曲等都是采用这种方式生产的，其主要目的是获得所需的淀粉酶类和蛋白酶类，以催化淀粉和蛋白质的水解。固体培养发酵的优点是设备简单，操作方便，麸曲中酶的浓度较高，特别适合各种霉菌的培养和发酵产酶，其缺点是劳动强度较大，原料利用率较低，生产周期较长。

液体深层发酵采用液体培养基，置于生物反应器中，经灭菌、冷却后，接种产酶细胞，在一定条件下发酵而得到所需的酶。液体深层发酵不仅适合于微生物细胞的发酵，也可用于植物细胞和动物细胞的培养。液体深层发酵的机械化程度较高，技术管理较严格，酶的产率较高，质量较稳定，产品回收率较高，是目前酶发酵生产的主要方式。

固定化微生物细胞发酵是在固定化酶的基础上发展起来的发酵技术。固定化细胞是指固定在水不溶性的载体上，在一定的空间内进行生命活动的细胞。固定化细胞发酵具有如下特点：

（1）细胞密度大，可提高产酶能力；

（2）发酵稳定性好，可以反复使用或连续使用较长时间；

（3）细胞固定在载体上，流失较少，可以在高稀释率条件下连续发酵，利于连续化、自动化生产；

（4）发酵液中菌体较少，利于产品分离纯化，提高产品质量。

固定化原生质体是指固定在载体上，在一定的空间内进行新陈代谢的原生质体。固定化微生物原生质体发酵具有下列特点。

①由于固定化微生物原生质体除去细胞壁这一扩散屏障，有利于细胞内物质透过细胞膜分泌到细胞外，使原来属于胞内产物的胞内酶等分泌到细胞外，可以不经过细胞破碎和提取工艺直接从发酵液中分离得到所需的发酵产物。

②由于固定化原生质体有载体的保护作用，稳定性高，可以连续或重复使用较长时间。

然而固定化原生质体的制备较复杂，培养基中需要维持适宜的渗透压，还要防止细胞壁的再生等问题，这些都是有待研究及解决的。

无论采用何种微生物培养方式进行微生物发酵产酶，除了采用优良的菌种或原生质体外，适宜的培养基和发酵条件的科学控制非常重要。

2. 植物细胞培养产酶　20世纪80年代以来，植物细胞培养技术迅速发展，已成为生物工程研究开发的新热点。通过植物细胞培养产酶，如β-半乳糖苷酶、漆酶、过氧化物酶、β-葡萄糖苷酶、木瓜蛋白酶、木瓜凝乳蛋白酶等的研究已取得可喜进展。

3. 动物细胞培养产酶　生产动物源酶，除了从动物器官中直接提取外，通过动物细胞培养和发酵生产也是获得动物源酶的重要方法。目前，通过动物细胞培养法制备的酶有尿激酶、天门冬氨酰酶、胶原酶、胃蛋白酶、胰蛋白酶、酪氨酸脱羧酶等。

二、酶的分离和纯化

酶的分离和纯化是研究酶的第一步，只有获得纯净的、完整的、高活性的酶，才有可能对酶的结构、功能和作用规律进行深入研究。生物体内各种组织和细胞中数以千计的酶，都以非常复杂的混合物的形式存在，尽管各种不同的酶有各自不同的分离、纯化方法和步骤，但是，大多有其共同的、基本的步骤。

酶分离纯化的一般步骤如下。

（1）选取合适的原料。首先要了解所要提取的酶在各种生物中的分布状况，然后选取富含目的酶的生物作为生产、提取该酶的原料。

（2）组织和细胞的破碎。如果所需要提取的目的酶为胞内酶，一定要利用物理、化学或酶学方法将组织和细胞破碎，才能将酶释放出来。

（3）酶的抽提。抽提又称提取，是将酶从生物组织或细胞中释放到溶液中的过程，要采用简便的方法将酶从原料中抽提出来，并用离心法将细胞的亚细胞颗粒（如细胞核、线粒体、微粒体或核糖体等）和细胞碎片与溶液分开，得到富含目的酶的混合溶液。

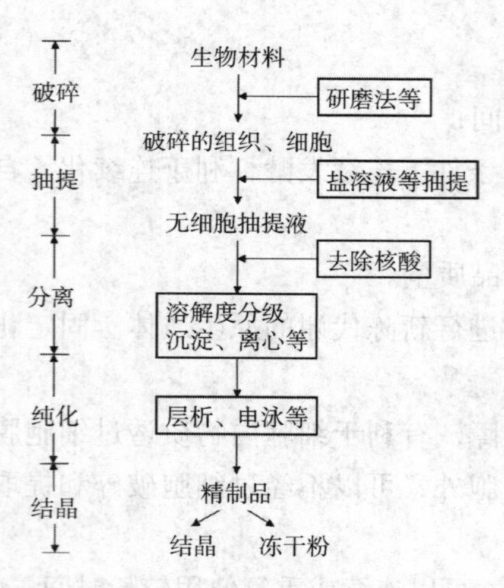

图 1－21　酶分离纯化的一般步骤

（4）分离。分离又称粗级分离，是利用简便和快速的方法，将含目的酶的混合溶液大致分成几部分，除去核酸和大部分杂蛋白，提高目的酶的浓度，得到粗分离物。常用方法有盐析法、有机溶剂分级沉淀法、离心法等。

（5）纯化。纯化又称细分级分离，是利用不同酶蛋白各种性质之间的差异，采用各种精细和高效的方法，将粗分离物中目的酶和其他剩余杂质完全分开，得到纯净的酶。常用的方法有层析法、电泳法等。

（6）结晶。在适当的条件下，使酶进一步结晶或制成冰冻干粉。

上述酶分离、纯化的一般步骤如图 1－21 所示。

1. 组织和细胞的破碎　选定产酶的原料后，抽提成为酶生产过程中的重要步骤。通常，先将酶抽提到溶液中，然后才有可能对目的酶进行分离、纯化，得到纯净的目的酶。

生物体内的酶，特别是微生物酶，按照在细胞中分布的部位，分为胞外酶和胞内酶两类。胞外酶指生物在生长过程中分泌、释放到细胞外的酶，如淀粉酶、蛋白酶、脂肪酶等水解酶，这类酶的抽提相对容易一些。对于微生物的胞外酶，只要将发酵液离心除去菌体，再将上清液分离、纯化即可。胞内酶是指分布在细胞内的酶，这类酶或者以游离状态存在于细胞内，或者与细胞膜牢固结合在一起，或者存在于细胞核内，如过氧化氢酶等。这类酶的抽提要困难一些，首先必须采用适当的方法将组织和细胞破碎，然后再进行抽提。

常用的组织和细胞破碎方法主要有以下几种。

（1）碾磨法/组织捣碎法。此法是最普通和常见的细胞破碎方法之一，既可以使用普通的高速组织捣碎机、细胞匀浆器，也可使用专门的用于微生物细胞破碎的细菌磨等设备。

（2）超声波破碎法。使用专一的超声波破碎仪，利用仪器所产生的超声波（10～15kHz）对组织细胞产生空化作用，使细胞破碎。这种方法对动物材料的破碎效果好于对微生物材料和植物材料。

（3）渗透压法（高渗或低渗处理）。先将细胞置于高渗溶液（如蔗糖溶液）中平衡一段时间，然后突然将其转入低渗缓冲液和水溶液中，细胞壁会因渗透压的突然变化而破碎。此法只适用于处理细胞壁比较脆弱的细胞。

（4）冻融法。将细胞在低温（-15℃）下冰冻，然后再在室温下融化，如此反复多次就能使细胞壁破裂。此法只适用于胞壁易破的细胞。

（5）表面活性剂处理法。在适当的温度、pH 值及低离子强度下，表面活性剂（如 SDS、吐温、TritonX）能与脂蛋白形成微泡，使膜的渗透性改变或使之溶解。此法对膜结合的酶的提取相当有效，但易使其他蛋白质变性，甚至切断肽链。

（6）丙酮法。丙酮等脂溶性溶剂可溶解细胞膜上的脂质化合物，从而使细胞膜结构破坏。一般是将细胞制成丙酮干粉，再提取酶。

（7）酶处理法。用外源的溶菌酶或细胞壁分解酶（如蛋白酶、脂肪酶、核酸酶等），在一定条件下作用于细胞使细胞壁破碎。但这种方法需外加酶制剂，可能会对后续目的酶的提取产生不利影响。

2. 酶的抽提

（1）水溶液抽提。一般来说，能溶于水溶液的酶，在细胞破碎后很容易用盐浓度和 pH 值适当的水溶液抽提。常用的水溶液有稀碱、稀酸、稀盐溶液及缓冲溶液等几种。

酶是蛋白质，属于两性电解质，也有等电点（pI）。酶在等电点时，溶解度最小，因此，可以用稀碱或稀酸溶液来抽提酶。通常，pI 在酸性范围的酶可以用稀碱溶液抽提，pI 在碱性范围的酶可以用稀酸溶液抽提。

低浓度中性盐的存在可以增加作为电解质的酶的溶解度，这是盐溶现象。因此，可以用稀盐溶液和缓冲溶液来抽提酶。稀盐溶液和缓冲溶液有利于增加酶的溶解度，并有助于稳定酶蛋白分子结构和酶的活性。抽提液的盐浓度一般控制在 0.02～0.2mol/L，常用的稀盐溶液是 0.09～0.15mol/L 的 NaCl 溶液。常用的缓冲液有 0.02～0.05mol/L 的磷酸盐缓冲液和碳酸盐缓冲液。

（2）有机溶剂抽提。对于很难溶解于水、稀碱、稀酸或稀盐溶液中的酶，可以用有机溶剂提取。常用的有机溶剂有丙酮、乙醇、异丙醇、正丁醇等。这些有机溶剂都可溶于水或部分溶于水，因此，同时具有亲脂性和亲水性。正丁醇具有较强的亲脂性和一定的亲水性，0 摄氏度时，在水中的溶解度可达 10.5%。正丁醇与酶蛋白分子中极性基团的亲和力比脂质大，正丁醇与酶结合后，能够阻止已经脱落的脂质再重新与酶结合，从而大大增加酶蛋白在水中的溶解度。

3. 酶的分离　经过细胞破碎和抽提，得到含有目的酶的无细胞提取液，一般称为粗抽提物。从粗抽提物中提取出所需要的纯净的目的酶，还要经过漫长的分离和纯化过程。实际上，分离和纯化是整个提纯、精制过程中相互衔接、难以完全分开的两个阶段。通常，分离是指利用简便和快速的方法，将含目的酶的提取液粗粗地分成几部分，除去核酸和大部分杂蛋白，提高目的酶的浓度，得到粗分离物，又称粗分级分离。纯化是采用各种精细的分离方法，将粗分离物中目的酶和剩余的其他杂质完全分开，得到纯净的酶，又称细分级分离。分离和纯化很难严格区分。

分离的方法很多，主要有离心分离法、盐析法、等电点沉淀法、有机溶剂沉淀法和共沉淀法。

（1）离心分离法。离心分离法是利用旋转运动的离心力以及物质的沉降系数或浮力密度的差异进行分离、浓缩和提纯的一项技术。普通的制备离心技术是指在分离、浓缩、提纯样品时，不必制备密度梯度而一次完成的分离技术，所使用的离心机包括常速离心机和高速离心机；制备超离心技术则是在强大的离心力场下，依据物质沉降系数或浮力密度的不同，将混合物样品中各组分分离提纯的一项技术，所使用的离心机是超速离心机。制备超离心技术已广泛用于蛋白质、酶等生物大分子的分离。

（2）盐析法。盐析法是通过添加中性盐而使溶液中酶或杂质沉淀析出的一项技术。盐析法在蛋白质和酶的分离，特别是在粗分离阶段使用非常广泛。

向蛋白质溶液中添加中性盐时，会发生两种不同的作用。当盐浓度较低时，蛋白质分子吸附某种离子后，带电表层使蛋白质分子彼此排斥，而与水之间的相互作用加强，因而溶解度提高，称为盐溶作用。

当盐浓度较高时，水分子在中性盐的作用下活度大大降低，蛋白质表面电荷被大量中和，最后破坏了蛋白质分子外表的水化膜，使蛋白质分子之间相互聚集而发生沉淀，称为盐析作用。

常用的中性盐有硫酸铵、硫酸钠、硫酸镁、磷酸钠、磷酸钾、氯化钠、氯化钾、醋酸钠和硫氰化钾等，其中用于蛋白质盐析的以硫酸铵、硫酸钠最为广泛。硫酸铵的溶解度比较大（在0摄氏度时的饱和溶解度为697g/L，在25℃时为767g/L），而且受温度的影响较小，是盐析法最常用的中性盐之一。

（3）等电点沉淀法。利用酶在pI（等电点）时溶解度最低，而各种酶又具有不同的pI来分离酶的方法称为等电点沉淀法。

蛋白质是两性电解质，所带电荷因pH值变化而变化。当蛋白质处于pI时，蛋白质的静电荷为零，相同蛋白质分子间没有静电排斥作用而趋于聚结沉淀，溶解度最低。在pI以上或以下的pH值时，由于蛋白质分子间带有相同的电荷而相互排斥，阻止蛋白质结聚成沉淀物，溶解度大。不同蛋白质具有不同的pI值，利用蛋白质在pI时溶解度最低的原理，可以把不同的蛋白质分开。经离心分离出沉淀后再用一定的缓冲液溶解，被纯化的酶蛋白仍保持其天然构象。由于蛋白质在其pI时仍有一定的溶解度，沉淀不完全，因此常需与其他方法配合使用。

该法的缺点是使用的无机酸会引起蛋白质一定程度的不可逆变性，而且等电点装置复杂；优点是分离得到的酶比较纯。

（4）PEG沉淀法。非离子型聚合物PEG（聚乙二醇）是一种具有螺旋状和强亲水性的大分子物质，当其相对分子质量大于4000Da时能够非常有效地沉淀蛋白质。PEG沉淀技术操作简便，效果良好，广泛应用于生化分离中，但PEG沉淀法的原理并不十分清楚。酶的溶解度与PEG的浓度成负相关，酶的相对分子质量、浓度、溶液的pH值、离子强度、温度及PEG的聚合度等都会影响酶的沉淀过程。

一般来说，酶的相对分子质量越大，其被沉淀下来所需的PEG浓度越低；酶浓度高，易于沉淀，但分离效果差，因此提取液中酶的浓度应小于10mg/mL；PEG的聚合度越高，沉淀酶时所需要的浓度越低，但分离效果差，一般常用的是 PEG2000～6000；PEG 对酶有一定的保护作用，因此该方法可以在常温操作，且一次可处理大量样品；溶液的 pH 值越接近酶的 pI，越易沉淀。

（5）有机溶剂沉淀法。有机溶剂（如冷乙醇、冷丙酮）与水作用能破坏酶分子周围的水膜，同时改变溶液的介电常数，导致酶溶解度降低而沉淀析出。利用不同酶在不同浓度的有机溶剂中的溶解度不同而使酶分离的方法称为有机溶剂沉淀法。有机溶剂沉淀法析出的酶沉淀一般比盐析法析出的沉淀容易过滤或离心分离，分辨力比盐析法好，溶剂也容易除去，但有机溶剂沉淀法易使酶变性，所以操作必须在低温下进行。有机溶剂沉淀法一般与等电点沉淀法联合使用，即操作时溶液的 pH 值应控制在欲分离酶的等电点附近。

4. 酶的纯化　获得含有目的酶的粗分离物后，需要采用各种精细和高效的分离方法，将粗分离物中的目的酶和剩余的其他杂质完全分开，得到纯净的目的酶。这一过程称纯化，又称细分级分离。

（1）离子交换层析。离子交换层析是以纤维素或交联葡聚糖凝胶等的衍生物为载体，在某一 pH 值下这些载体带有正电荷或负电荷，而这时若带有相反电荷的酶分子通过载体，由于静电的吸引力，遂为载体所吸附。然后用电荷量更多，亦即离子强度更高的缓冲液洗脱，通过离子交换作用使酶分子脱离载体而得以分离。

离子交换剂由基质、电荷基团和反离子构成。基质与电荷基团以共价键相连，电荷基团与反离子以离子键结合。根据其反离子或交换离子的不同，可将离子交换剂分为两种类型，即阳离子交换剂和阴离子交换剂。

阳离子交换剂的电荷基团带负电，反离子带正电，因此可以与溶液中的正电荷化合物或阳离子进行交换反应，如羧甲基纤维素等。根据电荷基团的强弱，又可将阳离子交换剂分为强酸型和弱酸型两种。其作用原理可表示如下。

阳离子交换剂：　$EXCH^{-}X^{+} + P^{+} \longrightarrow EXCH^{-}P^{+} + X^{+}$

阴离子交换剂的电荷基团带正电，反离子带负电，因此可与溶液中的负电荷化合物或负离子进行交换反应，如二乙氨基乙基纤维素等。根据电荷基团的强弱，又可将阴离子交换剂分为强碱型和弱碱型两种。其作用原理可表示如下。

阴离子交换剂：　$EXCH^{+}Y^{-} + P^{-} \longrightarrow EXCH^{+}P^{-} + Y^{-}$

两性离子如蛋白质、酶等物质与离子交换剂的结合力，主要取决于它们的物理化学性质和在特定 pH 值条件下呈现的离子状态。当 pH 值低于等电点（pI）时，它们所带正电荷能与阳离子交换剂结合；反之，pH 值高于 pI 时，它们所带负电荷能与阴离子交换剂结合。pH 值与 pI 的差值越大，带电量越大，与交换剂的结合力越强。

离子交换层析之所以能成功地把各种无机离子、有机离子或生物大分子物质分开，其主要依据是离子交换剂对各种离子或离子化合物有不同的结合力。

（2）吸附层析。吸附是指固体表面对气体分子和液体分子的吸着现象，其作用力包括物理吸附力和化学吸附力两类。吸附层析是根据待分离混合物中各种物质与吸附剂吸附力的差异将它们分开。常用的吸附剂有磷酸钙凝胶、羟基磷灰石、白土类、纤维素、活性炭等。在混杂的酶蛋白溶液中吸去不需要的蛋白质，称为负吸附，而吸附需要的目的酶称为正吸附。正吸附时，所需目的酶必须大部分吸附上去，若目的酶没有被吸附，则首先用负吸附吸去杂蛋白。

吸附后，常用高 pH 值和（或）高离子强度的磷酸缓冲液洗脱，也可采用梯度洗脱方式（即在洗脱过程中不断改变洗脱液的离子强度或 pH 值）将目的酶洗脱下来。洗脱速度一般较吸附为慢，需较长时间。

由于吸附剂与不同酶蛋白可能存在不同的吸附力，因此，利用吸附层析技术纯化酶时，往往没有共同的原则可以遵循，需要根据不同的酶采用不同的操作条件。

（3）亲和层析。一般来说，酶分子与其作用的底物、竞争性抑制剂、辅酶都有很强的亲和力，利用酶的这种性质可以很容易地把所需要的酶提纯。

亲和层析是利用生物分子间所具有的专一而又可逆的亲和力而使生物分子分离纯化的层析技术。具有专一而又可逆的亲和力的生物分子是成对互配的，如酶和底物、酶与竞争性抑制剂、酶和辅酶等。因此应用该技术分离纯化酶分子时是将适当的底物、抑制剂或辅酶等配体连在惰性的载体上，使酶溶液通过载体的层析柱后酶即吸附在配体上。那些没有同样亲和部位的蛋白质即流过层析柱，使所需要的酶得以分离。然后用浓度高的底物溶液，或亲和力更强的底物衍生物溶液洗脱，酶即脱离层析柱上的配体而解除吸附，流至柱外。原则上讲，亲和层析法可以一步把酶从粗制的抽提液中提纯出来，是纯化酶能力最强和效率最高的分离技术。

在亲和层析中，作为固定相的一方称为配基。配基必须偶联于不溶性母体（载体）上，常用的载体主要有琼脂糖凝胶、葡聚糖凝胶、聚丙烯酰胺凝胶、纤维素等。

（4）透析与超滤。透析与超滤是利用具有特定大小、均匀孔径的透析膜或超滤膜的筛分机理，在不加压（透析）或加压（超滤）条件下把酶提取液通过一层只允许水和小分子物质选择性透过的透析膜或超滤膜，酶等大分子物质被截流，从而达到把小分子物质从酶提取液中除去（透析与超滤）或同时达到浓缩酶液的目的（超滤）。这也是透析与超滤技术的最大区别之一。超滤技术需要具有加压系统的超滤仪，透析技术则不需要专一的仪器。

透析膜或超滤膜本质上都属于半透膜材料，主要有玻璃纸、再生纤维素、聚酰胺、聚砜等。不同型号的半透膜其物理特性特别是截留的相对分子质量不同，如不同型号 Diaf1o 超滤膜的截留相对分子质量分别为 XM－300：300000，XM－100：100000，PM－20：20000。因此使用前应根据实验要求做出恰当的选择。

（5）凝胶层析。凝胶层析，又叫凝胶过滤、分子筛层析、分子排阻层析或凝胶渗透色谱，主要根据多孔凝胶对不同大小分子的排阻效应不同而对物质进行分离纯化的技术。排阻效应是指大分子的物质（如酶具有较大的颗粒体积）不能进入小的凝胶微孔内部，而小分子的物质（如无机离子）具有较小的颗粒体积则可进入凝胶微孔内部的一种现象。这样含有各种组分的样品在洗脱液的作用下流经凝胶层析柱时，由于凝胶对它们的排阻效应不同，使具有不同质量的物质组分流经凝胶柱的速度产生差异，即大分子的物质流速快，小分子的物质流速慢，从而使样品中的各组分按相对分子质量从大到小的顺序依次流出层析柱，最终达到分离纯化的目的。

凝胶层析的凝胶种类很多，其共同特点是内部具有微细的多孔网状结构，其孔径大小与被分离物质的相对分子质量大小有对应的关系。常用的凝胶有聚丙烯酰胺凝胶、交联葡聚糖凝胶、琼脂糖凝胶、聚丙烯酰胺葡聚糖凝胶等。

（6）聚丙烯酰胺凝胶电泳。带电颗粒在电场中向电荷相反方向的电极移动的现象称为电泳。在外界电场的作用下，如果酶不是处于等电点状态，它们同样具有电泳现象，将向与其带电性质相反的电极方向移动。在一定条件下，各种酶带电性、带电数量以及分子的大小各不相同，其在电场中的移动速率（泳动率）也就不同，经过一定时间的电泳，就可以将它们分离开，逐渐形成各自碟状或带状的区带。如果电泳条件适当，各带会分离得非常清楚，亦即每一成分能形成各自的单带。电泳技术具有设备简单、操作方便、分辨率高等优点，目前已成为酶分离纯化的最重要手段之一。

带电颗粒在单位电场中泳动的速度称为泳动率。不同酶分子在电泳时表现出的不同泳动率是利用电泳技术分离纯化酶的根本要素。电泳时影响酶泳动率的因素很多，既有酶分子本身的因素，也有电泳条件等外在因素。酶分子本身的影响因素主要是酶所带净电荷的性质与数量、分子颗粒大小和形状等。一般而言酶分子净电荷数量越多、颗粒越小，越接近球形，泳动率越大。而外在的影响因素主要是电场强度、溶液 pH 值、溶液的离子强度、电渗现象、温度、电泳支持物的类型等。

目前在酶分离纯化中较为广泛应用的是聚丙烯酰胺凝胶电泳。聚丙烯酰胺凝胶电泳（PAGE）使用的电泳支持物为聚丙烯酰胺凝胶，它是由单体丙烯酰胺和交联剂 N、*N*－亚甲基双丙烯酰胺聚合、交联而成的三维网状结构的多孔凝胶。

三、酶的浓缩

发酵液或粗提液的体积往往很大，而有效蛋白质的浓度又很低，因此，在酶的纯化和研究中，常常需要将酶溶液浓缩。酶溶液浓缩，一方面可以减少盐析剂的用量，若酶液以有机溶剂沉淀，则可节省大量有机溶剂；另一方面可使酶的收率提高。同时，酶和蛋白质在浓溶液中的稳定性也往往比较高。酶的浓缩还影响酶制剂的纯度。

酶的浓缩方法很多，蒸发、过滤与膜分离、沉淀分离以及色谱分离等都能起到浓缩作用。各种吸水剂，如硅胶、聚乙二醇和干燥凝胶等吸去水分，也能达到浓缩的效果。常用的浓缩有真空浓缩、冷冻浓缩和超滤浓缩等方法。澄清的酶液可通过真空蒸发或超滤进行浓缩。

1. *蒸发浓缩*　蒸发浓缩是通过加热或者减压方法使溶液中的部分溶剂气化蒸发，使溶液得以浓缩的过程。由于酶在高温下不稳定，容易变性失活，故酶液浓缩通常使用真空浓缩，即在一定的真空条件下，使酶液在60℃以下浓缩。

一般的减压蒸发浓缩除了效率低、费时外，有时还要加热，并且可能产生泡沫，易使蛋白质变性失效，因此，不能用于稳定性较差的酶。同时，蒸发过程还可能出现增色现象，影响产品质量。工业生产上现在应用比较多的是薄膜蒸发浓缩，即将待浓缩的酶溶液在高真空条件下变成极薄的液膜，并使之与大面积热空气接触，让其中的水分瞬间蒸发而浓缩。由于水分蒸发能带走部分热量，所以，只要真空条件好，酶在浓缩过程中实际受到的热作用不强，因而可用于热敏性酶类的浓缩。

2. 冷冻干燥 冷冻干燥是先将待浓缩的溶液冷冻成固态，然后在低温和高真空度下使冰升华，留下干粉。冷冻干燥在低温高真空度下进行，样品不起泡、不暴沸。干粉不粘壁，易取出，而且非常疏松，极易溶于水。冷冻干燥法适于对热敏感、易变性的样品的浓缩和干燥。利用此法可以使多种酶长期保存，并能保持较高的活性。

3. 离子交换层析法浓缩 利用 DEAE – Sephadex A50（弱碱性阴离子交换剂葡聚糖凝胶）、QAE – Sephadex A50（阴离子交换剂葡聚糖凝胶）等离子交换树脂制成的层析柱，也可以进行酶的浓缩。当待浓缩的酶溶液通过柱时，酶蛋白几乎全部被吸附，然后用离子强度大的缓冲液洗脱。这时大部分蛋白质立即被洗脱下来而达到浓缩目的，其原理和操作与一般离子交换层析法相同。浓缩用的柱可比离子交换色谱用的柱短一些、粗一些。用此法可浓缩体积大的样品，浓缩倍数很高，回收率也很高，同时不影响生物活性，还能除去一些杂质。此法的缺点是浓缩液中带有大量盐，必要时还要进一步处理。

4. 凝胶过滤浓缩 凝胶过滤也可用于吸水，使样品浓缩。

交联葡聚糖凝胶（如 Sephadex G – 10、G – 15、G – 25，G 后面的数字越大，胶粒内的孔径越大）以及聚丙烯酰胺凝胶（商品名称为生物胶 – P，P 后面的数字越大，表明胶粒内的孔径越大，如 Bio – gelP – 2、P – 4、P – 6）都具有吸收水分子和小分子化合物的性能。将这些凝胶的干燥粉末和需要浓缩的酶液混在一起，干燥粉末就会吸收溶剂，再用离心或过滤方法除去凝胶，酶液就能得到浓缩。这些凝胶的吸水性能为每克干粉吸水 1 ~ 3.7mL。凝胶及稀酶液可以在室温下混合，使其充分吸水，一般需要 2 ~ 4h。这种方法很简便，且酶活不受影响，酶液中离子强度也很少改变，其缺点是凝胶表面会吸附少部分酶液而造成损失。

四、酶的剂型与保存

1. 酶的剂型 酶的剂型可根据其纯度和形态不同进行分类。

（1）依据纯度的不同可以将酶制剂分为纯酶制剂、粗酶制剂和复合酶制剂。

①纯酶制剂。指纯度和比活都非常高，除标示酶外不含任何其他酶的一类酶制剂。这类酶制剂一般价格昂贵，主要用于分析和基础研究领域，不在工业生产领域使用。

②粗酶制剂。这类酶制剂纯度和比活都不是很高，除标示酶外可能含有少量其他的酶和物质，但除标示酶外的其他的酶应该不对标示酶的正常催化功能造成明显影响。价格依据其纯度和比活的大小差异很大，但比纯酶制剂要便宜很多。纺织工业中应用的酶制剂多属于此类。

③复合酶制剂。为了适应特殊的应用，有意把几种在作用效果上有协同作用的酶复合在一起的酶制剂。

（2）依据形态的不同，可以把酶制剂分为液体酶制剂和固体酶制剂。

①液体酶制剂。液体酶制剂可以是纯酶制剂、粗酶制剂或复合酶制剂。纺织工业中使用的酶制剂一般都是液体酶制剂。由于酶在液体中比在固体时更容易失活，因此生产时液体酶

制剂中要加稳定剂，并低温保存。

②固体酶制剂。固体酶制剂可以是纯酶制剂、粗酶制剂或复合酶制剂。有的固体粗酶制剂是发酵液经过杀菌后直接浓缩干燥制成；有的是发酵液滤去菌体后喷雾干燥制成；有的则加有淀粉等填充料。固体酶制剂便于运输和保存。

2. 酶的稳定性与保存　在酶制备过程中必须始终保持酶活性的稳定，酶提纯后也必须设法使酶活性保持不变，才能使分离出来的酶的作用得以发挥。酶在离开生物体的天然保护屏障之后非常容易失活。一般而言，在保存酶制剂时应该注意以下两点。

（1）酶制剂应放置在低温、干燥、避光的环境中，尽量以固体的形式保存。尽量将纯化后的酶溶液经透析除盐后冷冻干燥成酶粉或直接结晶，在低温下保存。也可以将酶溶液用饱和硫酸铵反透析后在浓盐溶液中保存，或将酶溶液加入25%或50%的甘油后分别储存在-25℃或-50℃的冰箱中。

（2）溶液状态时，缓冲液的浓度、pH值、温度、辅助因子、活性稳定剂等种种因素都会对酶的活力造成影响。酶在配成溶液后保存时，不但应以适当的缓冲液如磷酸缓冲液来控制pH值并最好在4℃左右保存，而且应该在酶溶液中添加一定的辅助因子和活性稳定剂等，以利于酶的稳定。如可在酶溶液中加入少量的2-巯基乙醇、二硫苏糖醇等。有些酶以金属离子为辅因子，例如乙醇脱氢酶必须有两个锌离子位于活性部位的中心，构象才能得以稳定，酶溶液中必须保持微量的锌离子才不致失去活性。对α-淀粉酶而言，虽然钙离子并不是该酶真正的辅助离子，但在钙离子的存在下，该酶的稳定性特别是耐热性会提高很多。所以在酶溶液中加入适量的辅酶，有助于酶活性的保持。但酶溶液的浓度越低越易变性，切记不能保存酶的稀溶液。

主要参考文献

［1］王镜岩，等．生物化学：上册［M］．3版．北京：高等教育出版社，2002.

［2］居乃琥．酶工程手册［M］．北京：中国轻工业出版社，2011.

［3］何国庆，丁立孝．食品酶学［M］．北京：化学工业出版社，2006.

［4］胡爱军，郑捷．食品工业酶技术［M］．北京：化学工业出版社，2014.

［5］周文龙．酶在纺织中的应用［M］．北京：中国纺织出版社，2002.

第二章　纺织工业中常用的酶

第一节　酶在纺织工业清洁生产中应用概况

一、酶在纺织工业清洁生产中的应用现状

20 世纪 90 年代以前，酶在纺织上的工业化应用仅局限在淀粉酶退浆和真丝织物脱胶等少数加工，从世界范围看也基本如此。然而，这之后酶在纺织上的应用如火如荼地在全球发展起来，如牛仔服装酶洗（又称返旧整理）已取代传统的石磨洗，棉织物氧漂后过氧化氢酶分解残余的双氧水替代了传统的漂后的大量水洗处理，真丝织物的酶法砂洗取代了化学法砂洗，以果胶酶为主体的棉织物酶精练加工开始出现并得到快速发展，生物抛光整理赋予了棉织物传统化学加工无法获得的良好品质等。生物工程技术的发展、纺织绿色加工要求的提高以及对更高产品品质的追求无疑是上述酶加工技术发展的巨大推动力。

目前，纺织酶加工已经涉及几乎所有的纺织湿加工领域。酶制剂的种类已经从传统的水解酶扩展到裂解酶、氧化还原酶等品种（表 2－1），出现了一系列高性能的纺织专用酶产品。纺织酶加工理论、酶加工工艺也都有了很大发展。

表 2－1　纺织加工中使用的酶制剂

酶种类	来源	作用对象	产物特点	应用领域	目前国内外应用程度	国产化水平
α－淀粉酶	米曲霉、黑曲霉、枯草杆菌	淀粉浆料	葡萄糖（80%～90%）、寡糖和糊精	淀粉浆料的退浆	工业化应用	高
纤维素酶	黑曲霉、木霉	纤维素	纤维多聚糖和葡萄糖等	天然纤维素纤维的精练加工	半工业化应用	一般
				纤维素纤维织物生物抛光整理	工业化应用	低
				牛仔服装返旧整理（靛蓝染料的间接剥色）	工业化应用	一般
木质素过氧化物酶	白腐菌	木质素	含芳基碎片	沤麻和天然纤维素纤维的精练、柔软处理	无单独商品化制剂	无
果胶酶	黑曲霉、米根霉	果胶质	果胶甲酯酶脱去半乳糖醛酸甲酯的甲基；聚半乳糖醛酸酶水解、裂解 α－D－1，4－半乳糖醛酸苷的产物	沤麻	半工业化应用	低
				天然纤维素纤维织物的精练	实验室研究	低

续表

酶种类	来源	作用对象	产物特点	应用领域	目前国内外应用程度	国产化水平
蛋白水解酶	植物、动物、霉菌和细菌	蛋白质	低分子量肽	真丝脱胶、真丝砂洗	工业化应用	一般
				羊毛的改性、防毡缩整理、丝光等	实验室研究	低
过氧化氢酶	黑曲霉、溶壁小球菌、动物肝脏	过氧化氢	水和氧气	去除氧漂后织物上残留的双氧水	工业化应用	一般
脂肪酶	动物脏器、米曲霉和黑曲霉等	甘油三酯	甘油和脂肪酸	去除蚕丝、羊毛纤维中的油脂，天然纤维素纤维织物的退浆和精练	实验室研究	低
漆酶	植物、昆虫和微生物	酚类、芳胺类	将酚类羟基转化为苯氧自由基，引发自由基反应	牛仔布的返旧整理（靛蓝染料的直接脱色）	工业化应用	无
				染色废液的脱色等	实验室研究	无
葡萄糖氧化酶	米曲霉、黑曲霉	葡萄糖	葡萄糖酸内酯和过氧化氢	棉织物漂白	实验室研究	无
PVA降解酶	细菌	PVA	酮、酸类物质	各种含PVA浆料织物的退浆	无商品化制剂	无
角质酶	真菌、细菌	棉、毛纤维角质层中酯类物质	长链（C_{16}、C_{18}）饱和脂肪酸等	棉织物退浆羊毛预处理	无商品化制剂	无

从表2-1可知，目前可以进行酶加工并获得工业化应用的工艺还只是纺织加工的很小一部分，在纤维原料的品种适应性上也有很大限制（主要用于天然纤维）。同时，普遍较低的酶制剂国产化水平使得国内企业难以与国外大公司竞争，极大地制约了我国纺织酶加工技术的研究与应用，但同时也提供了巨大的发展空间。

纺织酶处理工艺因其具有三方面的突出优势，今后会前景广阔。

（1）生产综合成本。可节约大量的生产时间、工艺用水量、能耗、化工原料等成本，减少废水的处理费用，生产综合成本不高于传统工艺。

（2）生态环境。可大幅减少废水排放量及排放废水中盐、AOX、染料、化学药剂等的含量，显著降低废水COD值。绿色环保是酶处理工艺将来获得更广泛应用最强有力的保证，如棉织物退浆、精练加工中不再使用烧碱，羊毛防毡缩整理不再采用产生AOX的含氯氧化剂，棉织物酶法精练及羊毛酶改性可提高染料利用率等。

（3）产品品质。由于避免了强碱、氧化剂等化学药剂对纤维的损伤，使织物具有良好的手感、外观、物理机械性能及良好的染色性能，产品品质明显提高。

二、酶在纺织加工中应用存在的主要问题

虽然酶的种类很多，但在纺织印染加工中应用的主要是水解酶，如淀粉酶、纤维素酶、蛋白酶、脂肪酶、果胶酶等，也有少量的氧化还原酶如过氧化氢酶、漆酶和转移酶（如谷氨酰胺转胺酶）。

酶在印染中的应用主要在纺织品前处理中去除纤维上的天然杂质和附加杂质，其次是用于后整理，主要是对纤维表面的处理。

酶在印染中的应用有些方面非常成熟，如淀粉酶退浆、纤维素织物生物抛光、牛仔服装酶洗、真丝织物脱胶等；有些方面尽管研究了很多年，但不很成熟，还需做大量工作，如棉织物的精练、漂白等；有些方面还未开发或很不成熟，而且近期内难以突破，如 PVA 降解酶退浆、酶催化染色、酶促纤维制品功能改性等。

目前酶的应用主要集中在对天然纤维（包括再生纤维素纤维）的处理上，对合成纤维的处理还刚刚开始。主要原因在于：

（1）天然纤维，包括天然纤维上的各类杂质已在自然界中长期存在，已有相应的酶能对其作用。合成聚合物，如合成纤维、聚乙烯醇等在自然界出现的时间不长，以及其本身结构等原因，还没有相应的、合适的酶能对其作用。

（2）酶具有很强的专一性。一般来说，一种酶只能分解一种或一类物质，天然纤维除了纤维本身外，还含有多种杂质，只靠一种酶不能将其全部分解，必须要多种酶协同作用，但不同的酶的共适条件不同，从而影响酶的协同作用效果。

（3）目前已商品化的酶的品种并不多，还缺乏相应的商品酶对纤维上的许多杂质进行分解，如分解聚乙烯醇的 PVA 降解酶、分解木质素的木质素过氧化物酶等还没有商品化。有些成分的杂质，如棉蜡（主要成分是高碳数的碳氢化合物）到目前还没有相应的酶能对其进行分解。

（4）酶与纤维的作用属于液—固相作用，酶也属于高分子物质，相对分子质量很高，很难渗透到纤维内，只能在纤维表面起作用，这样会影响其作用效率。

第二节　淀粉酶

淀粉是一种多糖，分子式 $(C_6H_{10}O_5)_n$，可以看作是葡萄糖的高聚体，由玉米、木薯、甘薯和马铃薯等含淀粉的物质中提取得到。淀粉除食用外，工业上用于制备糊精、麦芽糖、葡萄糖、酒精等物质，也用于调制印花浆、纺织品经纱上浆、纸张上胶、药物片剂的压制等。

从结构上，淀粉分为直链淀粉和支链淀粉，前者为无分支的螺旋结构，后者以 24 ~ 30 个

葡萄糖残基以 $\alpha-1$，4－糖苷键首尾相连而成，在支链处为 $\alpha-1$，6－糖苷键（图2－1）。

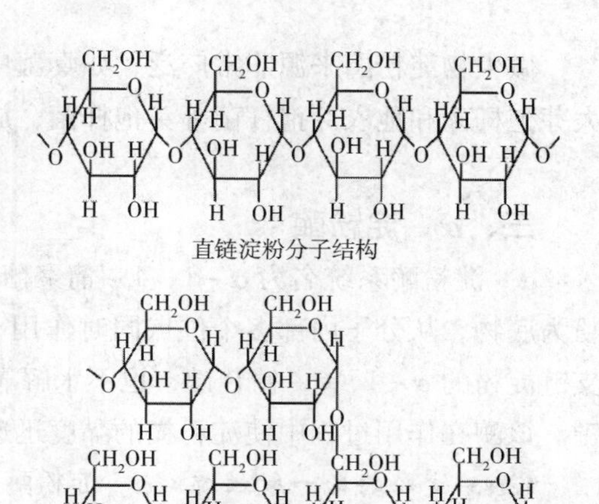

图2－1　淀粉的分子结构

淀粉酶属于水解酶类，是催化淀粉、糖原（又称动物淀粉，结构与支链淀粉相似）、糊精中糖苷键水解的一类酶的统称，广泛存在于自然界的生物体中，在动物、植物和微生物中都有分布。淀粉酶是最重要的一类酶，作用方式多样，用途十分广泛。现在淀粉酶产量占到各种酶制剂总产量的50%以上，在粮食加工、食品工业、酿造、制药、纺织以至石油开采等领域都有广泛应用。

一、淀粉酶的分类

根据淀粉酶对淀粉水解方式的不同（图2－2），可将淀粉酶分为 α－淀粉酶、β－淀粉酶、葡萄糖淀粉酶和脱支酶四大类。

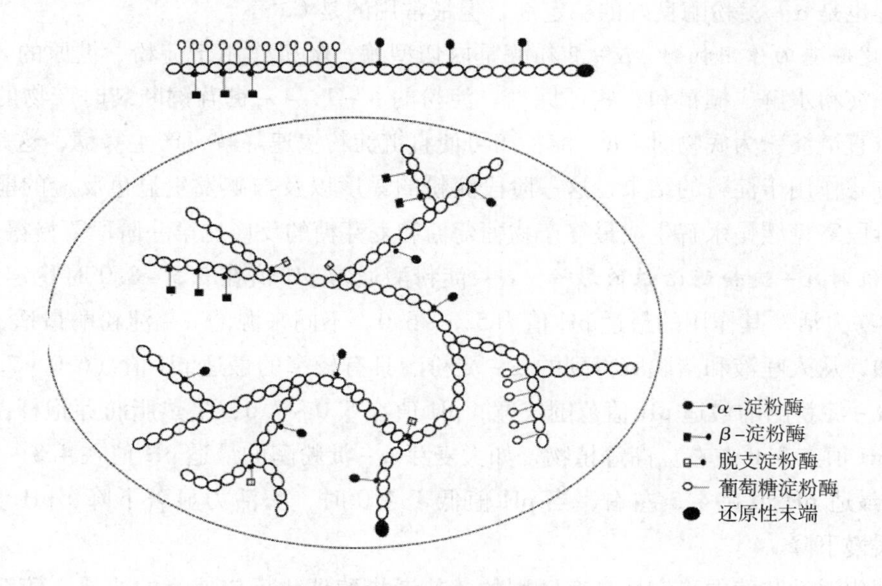

图2－2　淀粉酶对淀粉的作用方式

二、淀粉酶的来源

淀粉酶广泛存在于自然界多种生物体中。高等植物，如玉米、稻谷、高粱、甘薯、大麦、大豆、小麦等均含有 α－淀粉酶，特别是萌发的禾谷类种子中 α－淀粉酶活性最强。人及动物体内也含有 α－淀粉酶，主要存在于胰脏、肠腺、胃液、唾液等消化器官或消化液中。大多数高等植物和部分微生物细胞中也有 β－淀粉酶存在，但哺乳动物一般不含 β－淀粉酶。

微生物淀粉酶来源非常广泛，如真菌中的米曲霉和黑曲霉，细菌中的枯草芽孢杆菌、巨大芽孢杆菌和地衣芽孢杆菌等芽孢杆菌，放线菌中的链霉菌和部分酵母菌均产生淀粉酶。

三、α－淀粉酶

α－淀粉酶系统名为α－1，4－葡聚糖－4－葡聚糖水解酶（EC 3. 2. 1. 1），它以糖原或淀粉为底物，从分子内部多个位点同时作用于α－1，4－糖苷键而使底物水解。但它不能水解支链淀粉的α－1，6－糖苷键，也不水解靠近分支点α－1，6－糖苷键附近的α－1，4－糖苷键。该酶在作用过程中使淀粉糊的黏度迅速下降，故又称液化型淀粉酶。

1. α－淀粉酶的一般性质 α－淀粉酶的相对分子质量为15600～139300，通常为45000～60000。酶分子中含有巯基，是酶催化活性的必需基团。α－淀粉酶是一种金属酶，每个酶分子至少含有一个Ca^{2+}，有的多达10个Ca^{2+}。Ca^{2+}是α－淀粉酶的激活剂，它与酶分子的结合非常牢固，结合常数达到10^{12}～10^{15}mol/L，只有在低pH值和同时存在螯合剂的条件下，才能将酶分子中的Ca^{2+}除去。如果将酶分子中的Ca^{2+}完全除去，将导致酶基本失活及对热、酸或脲等变性因素的稳定性降低。虽然Ca^{2+}并没有直接参与形成酶—底物络合物，但它能帮助酶分子保持适当的构象，维持其最大的活性和稳定性。其他一些添加物如Na^+、K^+、硼砂、巯基乙醇等也是α－淀粉酶良好的稳定剂，但最常用的是Ca^{2+}。

2. α－淀粉酶的作用机制 α－淀粉酶是内切型酶，随机作用于淀粉、糖原的α－1，4－糖苷键，使淀粉水解成糊精和一些还原糖。淀粉的α－1，4－糖苷键断裂时产物的构型保持不变。当以直链淀粉为底物时，α－淀粉酶可使直链淀粉快速降解，产生寡糖，这是α－淀粉酶以随机方式作用于淀粉的结果，这一阶段淀粉的黏度以及与碘发生显色反应的能力快速下降。第二阶段寡糖缓慢水解生成最终产物葡萄糖和麦芽糖的反应比第一阶段要慢得多。

3. pH值对α－淀粉酶活性的影响 α－淀粉酶通常pH值在5.5～8.0时稳定，pH值在4.0以下时易失活，其作用的最适pH值为5.0～6.0。不同来源的α－淀粉酶最适pH值差别很大。例如，从人唾液和猪胰脏得到的α－淀粉酶具有较窄的最适pH值（6.0～7.0）。枯草芽孢杆菌α－淀粉酶的最适pH值范围较宽，pH值在5.0～7.0，嗜热脂肪芽孢杆菌α－淀粉酶的最适pH值在3.0左右。高等植物，如大麦芽α－淀粉酶的最适pH值在4.8～5.4；小麦α－淀粉酶最适pH值在4.5左右，当pH值低于4.0时，酶活力显著下降，pH值超过5.0时，活力缓慢下降。

酶的催化活性与酶的稳定性是有区别的。前者指酶催化反应速度的快慢，酶活性高，反应速度就快，反之则反应速度慢。酶在某种条件下保持相对稳定，则表示酶在此条件下具有催化活性，未失去酶活力。酶最稳定的pH值不一定是酶促反应的最适pH值；反之，在酶反应最适pH值条件下，酶也不一定最稳定。

4. 温度对α－淀粉酶活性的影响 温度对α－淀粉酶活性有很大的影响。纯化的α－淀粉酶在50℃以上容易失活，但在有大量Ca^{2+}存在的条件下，酶的热稳定性会增加。在与Ca^{2+}相结合的条件下，α－淀粉酶的热稳定性高于β－淀粉酶。α－淀粉酶的耐热性还受底物的影响，在高浓度的淀粉浆中，最适温度原为70℃的枯草芽孢杆菌α－淀粉酶在85～90℃时表现出最高活性。

α－淀粉酶是各种酶中耐热性较好的，不同来源的α－淀粉酶具有不同的热稳定性，其耐热程度一般按动物α－淀粉酶、麦芽α－淀粉酶、丝状菌α－淀粉酶、细菌α－淀粉酶的顺序而增强。曾对各种α－淀粉酶制剂的水溶液进行加热处理，每分钟升高1.5℃，直至80℃，发现各种酶的残留活性是：真菌来源的残留1%，谷物来源的残留25%，细菌来源的残留92%。

此外，可根据α－淀粉酶的热稳定性将它们分成耐热和不耐热α－淀粉酶。耐热α－淀粉酶多由芽孢杆菌产生，例如，枯草芽孢杆菌α－淀粉酶在65℃稳定；嗜热脂肪芽孢杆菌α－淀粉酶经85℃处理20min尚残存70%的酶活力，有的嗜热脂肪芽孢杆菌α－淀粉酶在110℃仍能液化淀粉；凝结芽孢杆菌α－淀粉酶在Ca^{2+}存在的条件下，90℃时的半衰期长达90min。

5. Ca^{2+}与α－淀粉酶活性的关系　α－淀粉酶是一种金属酶，每分子酶中至少含有一个Ca^{2+}，Ca^{2+}对大多数α－淀粉酶的稳定性起重要作用，能够使酶分子保持适当构象，从而维持其最大的活性与稳定性。Ca^{2+}与α－淀粉酶结合的牢固程度依酶的来源不同而有差别，一般顺序为：霉菌>细菌>哺乳动物>植物。枯草芽孢杆菌糖化型（BSA）α－淀粉酶同Ca^{2+}的结合比液化型（BM）更为紧密，向BSA中添加Ca^{2+}对酶活性几乎无影响，只用EDTA处理也不会引起酶失活，只有在低pH值条件下（pH值3.0）用EDTA处理才能去除Ca^{2+}，但若添加与EDTA等浓度的Ca^{2+}，并将pH值恢复至中性，仍然可以恢复酶的活性。

除Ca^{2+}外，其他二价碱土金属离子Sr^{2+}、Ba^{2+}、Mg^{2+}等也具有使α－淀粉酶恢复活性的能力。此外，枯草芽孢杆菌液化型α－淀粉酶的耐热性因Na^{+}、Cl^{-}和底物淀粉的存在而提高，当NaCl与Ca^{2+}共存时可显著提高其耐热性。

几种不同微生物来源的α－淀粉酶的性质见表2－2。

表2－2　几种不同来源α－淀粉酶的性质

酶来源	主要水解产物（淀粉水解度）	耐热性/℃（15min）	pH值稳定性（30℃，24h）	最适pH值	Ca^{2+}的保护作用
枯草芽孢杆菌（液化型）	糊精、麦芽糖（30%）、葡萄糖（6%）、葡萄糖（41%）	65～80	4.8～10.6	5.4～6.0	有
枯草芽孢杆菌（糖化型）	麦芽糖（58%）、麦芽三塘、糊精	55～70	4.0～9.0	4.6～5.2	无
枯草芽孢杆菌（耐热型）	糊精、麦芽糖、葡萄糖	75～90	5.0	5.0～6.0	有
米曲霉	麦芽糖（50%）	55～70	4.7～9.5	4.9～5.2	有
黑曲霉	麦芽糖（50%）	55～70	4.7～9.5	4.9～5.2	有
黑曲霉（耐酸型）	麦芽糖（50%）	55～70	1.8～6.5	4.0	有
根霉	麦芽糖（50%）	55～60	5.4～7.0	3.6	无

四、β－淀粉酶

β－淀粉酶系统名为α－1，4－葡聚糖－4－麦芽糖水解酶（EC 3.2.1.2），它能从淀粉分子的非还原性末端开始，以双糖为单位作用于α－1，4－糖苷键，逐个切下麦芽糖单位，产生β－麦芽糖，是一种外切型糖化酶。

1. β－淀粉酶的作用方式 β－淀粉酶作用于淀粉时，能从淀粉链的非还原端开始，断开α－1，4－糖苷键，顺次切下一个麦芽糖单位，生成麦芽糖及大分子的β－极限糊精。该酶作用于底物时，发生沃尔登转位反应（Walden inversion），使产物由α－型变为β－型麦芽糖，故名β－淀粉酶。β－淀粉酶不能作用于支链淀粉中的α－1，6－糖苷键，也不能绕过支链淀粉的分支点继续作用于α－1，4－糖苷键，故遇到分支点就停止作用，并在分支点残留1～3个葡萄糖残基。因此，β－淀粉酶对支链淀粉的作用是不完全的。支链淀粉经β－淀粉酶作用后，其中50%～60%转变成麦芽糖，其余部分称为β－极限糊精。当β－淀粉酶作用于高度分支的糖原时，仅有40%～50%能转变成麦芽糖。在许多情况下，β－淀粉酶能使直链淀粉的70%～90%降解成麦芽糖。

2. β－淀粉酶的来源与性质 β－淀粉酶过去主要来源于高等植物，如大麦、小麦、玉米、甘薯和大豆。麦芽粉中β－淀粉酶含量最高，大麦、小麦、大豆和麸皮中也含有大量β－淀粉酶，甘薯中含量稍低。哺乳动物中不存在β－淀粉酶。但自然界中具有β－淀粉酶活性的微生物相当广泛，近年来发现不少微生物，如巨大芽孢杆菌、多黏芽孢杆菌、蜡状芽孢杆菌、假单胞菌、链霉菌和曲霉中均有β－淀粉酶存在。

微生物β－淀粉酶在作用方式上与高等植物β－淀粉酶大体一致，但不同来源的β－淀粉酶在理化性质上有一定差异。一般来讲，植物来源的β－淀粉酶的最适温度为40～60℃，最适pH值偏酸性；微生物来源的β－淀粉酶热稳定性大都较差，最适pH值一般为中性或偏弱碱性，但蜡状芽孢杆菌例外，其作用底物的最适温度高达75℃，最适pH值为5.5。

大麦β－淀粉酶的热稳定性低于α－淀粉酶，在有Ca^{2+}存在的条件下，于70℃加热α－淀粉酶和β－淀粉酶的混合物，可使β－淀粉酶失活。这是因为β－淀粉酶的相对分子质量一般高于α－淀粉酶，Ca^{2+}能降低β－淀粉酶的稳定性，而对α－淀粉酶的稳定性有提高作用。利用这个差别，可在70℃、pH值6～7且有Ca^{2+}存在时，使β－淀粉酶失活，以纯化α－淀粉酶。当然，由于α－淀粉酶不耐酸性环境，可通过调节pH值至3.0～3.5，使α－淀粉酶失活，保留β－淀粉酶的活性。

β－淀粉酶活性中心含有巯基（—SH），因此，一些氧化剂、重金属离子以及巯基试剂均可使其失活，而还原性的谷胱甘肽、半胱氨酸对其有保护作用。不同来源β－淀粉酶的部分酶学性质见表2－3。

表2－3 不同来源β－淀粉酶的酶学性质

来源	最适温度/℃	最适pH值	等电点	相对分子质量
大麦	50	4.5～7.5	5.2～5.7	54000～59700
甘薯	50～60	4.8	偏酸性	152000

续表

来源	最适温度/℃	最适 pH 值	等电点	相对分子质量
大豆	40～50	5.0～6.0	5.2	53000
蜡状芽孢杆菌	40～60	6.0～7.0	—	80000
嗜热性硫化芽孢菌属	75	5.5	5.1	55000
多黏菌属	45	7.5	8.3～8.6	42000～70000
假单胞菌	45～55	6.5～7.5	—	37000
诺卡氏菌属	60	7.0	—	53000
仙人掌菌属	40	7.0	8.3	64000

五、葡萄糖淀粉酶

葡萄糖淀粉酶系统名为α－1，4－葡聚糖－4－葡萄糖水解酶（EC 3.2.1.3），它从淀粉分子的非还原性末端开始，以葡萄糖为单位逐个水解α－1，4－糖苷键和α－1，6－糖苷键，但水解α－1，6－糖苷键的速度较慢。无论是水解直链淀粉还是支链淀粉，该酶的终产物几乎都是葡萄糖，所以葡萄糖淀粉酶也称糖化酶。

1. 葡萄糖淀粉酶的作用方式　糖化酶是一种外切型淀粉酶，底物专一性很低，除了能从淀粉分子的非还原性末端切开α－1，4－糖苷键之外，也能切开α－1，6－糖苷键和α－1，3－糖苷键，只是后两种键的水解速度要慢得多（表2－4）。糖化酶通过单链式反应水解淀粉和较大分子的低聚糖（即完成一个分子的水解以后，再水解另一个分子）。

表2－4　黑曲霉糖化酶水解双糖速度

双糖	α－糖苷键	水解速度/生成葡萄糖 mg·(U·h)$^{-1}$	相对酶活力/%
麦芽糖	1，4－	0.2300	100
黑曲霉糖	1，3－	0.0230	6.6
异麦芽糖	1，6－	0.0083	3.6

一般来说，糖化酶水解α－1，4－糖苷键的速度随底物相对分子质量的增加而提高，但当相对分子质量超过麦芽五糖时，这个规律就不存在。作用于支链淀粉时，酶从非还原性末端顺次切下葡萄糖单位，将α－1，6－糖苷键切开后，再将α－1，4－糖苷键迅速切开，以使支链淀粉水解，故水解支链淀粉的速度受水解α－1，6－糖苷键速度的影响。

2. 葡萄糖淀粉酶的类型及菌种生产　理论上，糖化酶可将淀粉完全水解为葡萄糖，但实际上，不同微生物来源的糖化酶对淀粉的水解程度不同，一般分100%和80%水解率两大类型，前者称根霉型糖化酶，后者称黑曲霉型糖化酶。根霉型糖化酶和黑曲霉型糖化酶对分支底物的水解能力有显著差异，尤其是对β－极限糊精，根霉型糖化酶可将其完全水解，而黑曲霉型糖化酶只能水解40%。通过对残留糊精的分析，发现含较多的磷酸酯键。若能补充磷酸酯酶，则黑曲霉型糖化酶同样可将β－极限糊精水解彻底。因此这两种酶的区别在于对磷酸酯键的水解能力不同。

糖化酶只存在于微生物中，能产生糖化酶的菌种主要有曲霉、毛霉、根霉、拟内孢霉等真菌和丙酮丁醇梭状芽孢杆菌等。工业生产中的菌种主要有雪白根霉、德氏根霉、黑曲霉、泡盛曲霉、海枣曲霉、臭曲霉、红曲霉等的变异株，其中，黑曲霉是最重要的生产菌种。黑曲霉糖化酶是胞外酶，可从培养液中提取出来。黑曲霉糖化酶是唯一用150m^3大发酵罐大量廉价生产的酶，这是因为其培养条件不适于杂菌生长，杂菌污染问题较少。

3. 葡萄糖淀粉酶的酶学性质 糖化酶是一种糖蛋白，相对分子质量在69000左右，分子中含有一定量的糖类，主要为甘露糖、葡萄糖、半乳糖。不同来源的糖化酶氨基酸组成有差异，等电点也各不相同。

糖化酶最适作用温度为50～60℃，70℃以上会严重失活。不同来源的糖化酶有不同的最适温度和不同的耐热性，来源于曲霉的糖化酶最适温度为55～60℃，来源于根霉的最适温度为50～55℃，来自拟内孢霉的最适温度为50℃。红曲霉糖化酶耐热性较差，55℃以上就可致酶失活。黑曲霉糖化酶的活力随作用温度的升高而提高，但作用温度超过60℃时，酶活力随温度升高而下降。在不同温度下，酶的热稳定性不同，例如，糖化酶在50℃以下放置2h比较稳定，活性损失在5%以内；在60℃以上放置时即表现出不稳定，60℃放置2h，活力只剩下50%，70℃放置2h，活力只剩下13%。

不同pH值条件下，糖化酶热稳定性不同。例如，黑曲霉糖化酶在pH值为4.5时耐热性较强，50℃保温3h，酶活力为93.6%；60℃保温3h，酶活力只有47%。在pH值为2.5时酶液耐热性最差，50℃保温3h，剩余活力约72%；60℃保温3h，酶残余活力为13.4%。

糖化酶糖化反应的最适pH值因酶源不同而存在差异。例如，曲霉糖化酶的最适pH值为3.5～5.0，根霉糖化酶最适pH值为4.5～5.5，拟内孢霉糖化酶最适pH值为4.8～5.0。糖化酶的一般性质见表2－5。

表2－5 糖化酶的一般性质

项目	一般性质	项目	一般性质
相对分子质量	50000～112000	热稳定性	<60℃
碳水化合物质量分数	3.2%～20%	对金属离子要求	无
等电点	3.4～7.0	底物	直链淀粉、支链淀粉、糊精、糖原、麦芽糖
最适pH值	4.0～5.0	催化的化学键	α－1，4－糖苷键、α－1，6－糖苷键、α－1，3－糖苷键
最适温度	40～60℃	切开机制	外切
pH值稳定性	3.0～7.0	来源	根霉，曲霉

六、脱支淀粉酶

脱支淀粉酶系统名为支链淀粉 α-1，6-葡聚糖水解酶（EC 3.2.1.9），只对支链淀粉、糖原等分支点有专一性，只能水解糖原或支链淀粉分支点的 α-1，6-糖苷键，切下整个侧支。

1. 脱支淀粉酶的分类和作用方式 脱支淀粉酶能特异性水解淀粉中的 α-1，6-糖苷键，在氨基酸序列上与 α-淀粉酶相似，属于淀粉水解酶家族，主要存在于植物和细菌中。常见的脱支淀粉酶有两类，即普鲁兰酶和异淀粉酶。

（1）普鲁兰酶。普鲁兰酶能够专一性切开支链淀粉分支点的 α-1，6-糖苷键，从而剪下整个侧支，形成长短不一的直链淀粉。如果糖化酶与普鲁兰酶配合使用，可使淀粉完全糖化。曾先后从产气杆菌、大肠杆菌和微小链球菌以及其他菌种中分离出微生物普鲁兰酶。

（2）异淀粉酶。异淀粉酶是水解支链淀粉、糖原、某些分支糊精和寡聚糖分子 α-1，6-糖苷键的脱支酶（EC 3.2.1.68），曾先后从酵母和极毛杆菌等微生物中分离得到异淀粉酶。

异淀粉酶与普鲁兰酶的区别是，异淀粉酶对支链淀粉和糖原的活性很高，能完全脱支，但是不能从 β-极限糊精和 α-极限糊精水解由两个或三个葡萄糖单位构成的侧链，对普鲁兰多糖（由 α-1，4 糖苷键连接的麦芽三糖重复单位经 α-1，6-糖苷键连接而成的直链多糖）的活性很低。异淀粉酶只能水解构成分支点的 α-1，6-糖苷键，而不能水解直链分子中的 α-1，6-糖苷键。异淀粉酶对 α-1，6-糖苷键有高度特异性，可将最小单位的支链切除，剪下整个侧支。

2. 脱支酶的性质

（1）对底物作用的专一性。不同来源的脱支酶对于底物的专一性有所不同，这主要表现在对于各种支链低聚糖以及普鲁兰多糖的分解能力上。产气杆菌所产生的脱支酶能够分解普鲁兰多糖，因而特将这种类型的脱支酶称为普鲁兰酶。假单胞菌所产生的脱支酶则不能切开普鲁兰多糖的 α-1，6-糖苷键。

（2）pH 值、温度和金属离子对脱支酶的影响。金属离子对脱支酶活性有影响，例如，产气杆菌 10016 菌株脱支酶，在加入金属离子络合剂 EDTA 后进行反应，酶活几乎全部丧失，说明该酶反应需要金属离子激活。Mg^{2+} 与 Ca^{2+} 略有激活效应，Hg^{2+}、Cu^{2+}、Fe^{3+}、Al^{3+} 等金属离子对酶活有强烈抑制作用，Ca^{2+} 能提高脱支酶的 pH 值稳定性和热稳定性。

第三节 纤维素酶

纤维素酶是一种重要的酶制剂，由可以协同作用的多组分酶系组成，可催化纤维素水解为葡萄糖，同时，纤维素酶还具有很高的木聚糖酶活力。纤维素酶在食品、饲料、酒精、纺织等领域具有巨大的市场潜力，是继糖化酶、淀粉酶和蛋白酶之后的第四大工业酶制剂。

一、纤维素酶的分类

纤维素酶是所有参与降解纤维素生成葡萄糖的一组酶的总称。纤维素酶不是单种酶，而是起协同作用的多组分酶系，故又称纤维素酶系。根据其功能的不同可将纤维素酶分三类：β－1，4－内切葡聚糖酶、β－1，4－外切葡聚糖酶和β－葡萄糖苷酶。

1.β－1，4－内切葡聚糖酶 β－1，4－内切萄聚糖酶（EC 3.2.1.4，endo－1，4－β－D－glucanase 或1，4－β－D－glucano－hydrolase，简称 EG）。此酶又称 CMC 酶（carboxymethyl cellulase，羧甲基纤维素酶）。这种酶可以在纤维素聚合物内部非晶区沿纤维素分子链随机进行切割，水解纤维素的β－1，4－糖苷键，但对末端键的敏感性比中间键小，水解产物是不同链长的混合物，主要是纤维糊精、纤维二糖、纤维三糖等。

2.β－1，4－外切葡聚糖酶 β－1，4－外切葡聚糖酶（EC 3.2.1.91，1，4－β－D－glucancellobilhydrolase 或 exo－1，4－β－D－glucanase，简称 CBH）。这种酶只能从纤维素分子链的非还原端开始，每隔两个葡萄糖残基切断纤维素分子链中的β－1，4－糖苷键，生成纤维二糖。

3.β－葡萄糖苷酶 β－葡萄糖苷酶（EC 3.2.1.21，β－1，4－glucosidase 或 glycosidase，简称 BG）。此酶也称纤维二糖酶（cellobiase，简称 CB），专一性差，能水解纤维二糖和短链纤维寡糖生成葡萄糖，对纤维二糖和纤维三糖的水解速度很快，随葡萄糖聚合度的增加水解速度下降。

二、纤维素酶的来源

纤维素酶来源广泛，真菌、细菌、放线菌等在一定条件下都能产生纤维素酶；原生动物、软体动物、昆虫和植物的一些组织等也能产生纤维素酶。采用微生物生产纤维素酶是最为方便和有效的方法之一。

1. 微生物 大多数纤维素酶主要来自微生物。不同微生物产的纤维素酶，其组成和催化特性不同。真菌中对纤维素作用较强的多是木霉属、曲霉属和青霉属，如绿色木霉、康氏木霉、黑曲霉等。木霉属是迄今所知分泌的纤维素酶系成分最全面、活力最高的一个属。

细菌产生的纤维素酶最适 pH 值一般为中性至偏碱性，对天然纤维素的水解作用较弱，且多数不能分泌到细胞外，因此长期以来很少受重视。20 世纪 90 年代以来，随着中性纤维素酶和碱性纤维素酶在棉制品水洗整理及洗涤剂工业中的成功应用，细菌纤维素酶显示出良好的使用性能和巨大的经济价值。能产纤维素酶的细菌常见于腐殖土中，好氧性细菌如纤维弧菌属、纤维单胞菌属、噬细胞菌属等都能分解纤维素。

2. 动物 一些原生动物、节肢动物、软体动物（如白蚁、蚯蚓、线虫、福寿螺、蜗牛）等都能产纤维素酶。白蚁体内的纤维素酶异常丰富，白蚁利用自身及体内共生微生物分泌的纤维素酶降解食物中的纤维素成分，满足新陈代谢的需要。

3. 植物 纤维素酶广泛存在于植物中，在植物发育的不同阶段发挥着水解细胞壁的作用，如果实成熟、蒂柄脱落等过程均有纤维素酶的作用。

三、纤维素酶的性质

1. 纤维素酶的结构特征　纤维素酶的分子模型为蝌蚪状（图2－3），绝大多数纤维素酶具有两个独立的活性结构域，即具有催化功能的催化结构域（catalytic domain，简称CD），以及具有结合纤维素功能的纤维素结合（吸附）结构域（cellulose binding domain，简称CBD），两者中间由一段连接肽连接，该连接肽也称连接桥（linker peptide）。由于纤维素酶全酶分子呈蝌蚪状，其连接桥高度糖基化且具有较强的柔韧性，所以纤维素酶很难得到结晶。对纤维素酶分子结构和功能的研究主要是对其催化结构域和纤维素结合结构域的研究。

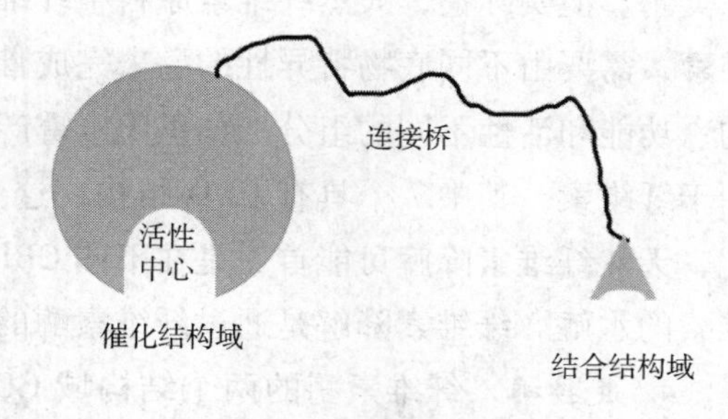

图2－3　纤维素酶蝌蚪状分子模型

2. 纤维素酶的催化结构域　催化结构域（CD）主要决定纤维素酶的催化活性以及对特定水溶性底物的特异性。虽然不同来源纤维素酶的相对分子质量差异很大，但其催化区的大小基本一致。

采用X射线衍射法对内切纤维素酶和外切纤维素酶的催化结构域的解析表明，内切酶和外切酶对底物的特异性是内切酶的活性位点位于一个开放的裂缝中，可与纤维素链的任何部位结合并切断纤维素链，而外切酶的活性位点位于一个长环所形成的隧道中，因而只能从纤维素链的非还原性末端切下纤维二糖。

3. 纤维素酶的结合结构域

（1）纤维素酶结合结构域的功能与结构。纤维素酶结合结构域（CBD）的主要功能是识别不同类型的纤维素分子并与之结合。CBD在纤维素原料降解过程中在三方面发挥作用。

①接近效应。CBD能增强酶与不溶性纤维素的可及度。CBD具有结合纤维素的功能，通过吸附作用增强酶对不溶性纤维素的可及度，扩大底物附近的酶浓度，提高酶降解的表观效率。大量的研究表明，去除CBD不影响催化域对可溶性寡糖的降解，但会大大降低其对不溶性底物的降解。一些具有高吸附性能的CBD的融合可以增强原本对不溶性纤维素没有活力的纤维素的酶活力。

②定位效应。CBD能确定酶与纤维素的结合位置。CBD的定位效应主要将酶锚定在纤维素的固定位置上。

③干扰效应。CBD能破坏纤维素规则刚性的超分子结构。有些CBD在独立存在时还表现出对纤维素超分子结构的干扰效应，以非催化方式破裂结晶纤维素，释放出小的碎片，具有疏解结晶纤维素的能力，从而提高纤维素酶对其的水解活力。

（2）纤维素酶结合结构域的意义。CBD的主要作用是识别不同类型的纤维素分子，所表现出的底物结构特异性，可以很好地解释纤维素酶对不同纤维素表现出较大的水解差异现象。天然纤维素具有非常复杂的超分子结构（水溶性、无定形、结晶型），对不同的超分子结构，纤维素酶与底物结合的效率和难度不同，导致酶对不同纤维素的水解效率不同。因此，纤维素酶对不同形态纤维素水解能力的差异，可能是由于纤维素酶结构中CBD对不同形态纤维素结合能力不同造成的。

CBD在纤维素酶系中的广泛性和多样性，可完善纤维素酶对纤维素的降解理论。传统观点认为，一个完整的纤维素酶系只需要含有作用方式不同而又能相互协同催化水解纤维素的三类酶。但实际上，天然纤维素原料中纤维素的超分子形态是多种多样的，对不同形态的纤维素，需要由不同底物特异性的酶来完成催化，因此，在每一类纤维素酶中往往会有多个结构、功能和活性不同的组分。如里氏木霉产纤维素酶系，有2个外切酶和6个内切酶直接作用于纤维素，其中7个具有CBD结构，这些CBD高度同源，但底物特异性却各有差异。因此，天然纤维素降解可能首先是在不同CBD的作用下完成酶与纤维素的结合，然后才发生纤维素的水解。纤维素降解是通过纤维素酶的不同CBD和不同CD之间的协同作用完成的。

4. 连接桥 纤维素酶的两个结构域CD和CBD通过一段高度糖基化的连接肽连接（图2-3）。连接肽的作用是保持CD和CBD之间的距离，控制两结构域间的几何构象。另外，长的连接桥具有一定的柔性，在催化过程中可保证两结构域在纤维表面的运动一致，使酶的作用表现出高效的活力。

连接桥常暴露于水相，对蛋白酶非常敏感，为了防止被蛋白酶水解，连接桥链常常被糖基化。大多数连接桥是富含Ser（丝氨酸）或Pro（脯氨酸）—Thr（苏氨酸）联合体的糖基化的肽链。不同纤维素酶连接桥的糖链和糖基化程度不同。糖基化并非纤维素酶活力所必需的。

四、纤维素酶催化纤维素降解机制

1. 纤维素的分子结构和超分子结构 纤维素是由β-D-葡萄糖剩基通过β-1，4-糖苷键连接而成的线型无分支结构的同聚多糖，所连成的线型长链“硬而直”。直链状纤维素大分子通过整齐排列，形成高度结晶的微原纤，微原纤整齐排列进一步形成原纤，众多的原纤构成纤维素。原纤中也有少数大分子分支出去与其他分支合并组成其他的原纤，原纤之间通过非整齐排列的分子联结起来形成无定形区。纤维素分子的聚合度变化很大，一般为8000~10000个葡萄糖残基，相对分子质量为1300000~1600000，棉和麻的聚合度高达10000~15000。纤维素分子内部以氢键构成平行的微晶束，约60个大分子为1束。纤维素大分子的椅式结构如图2-4所示。

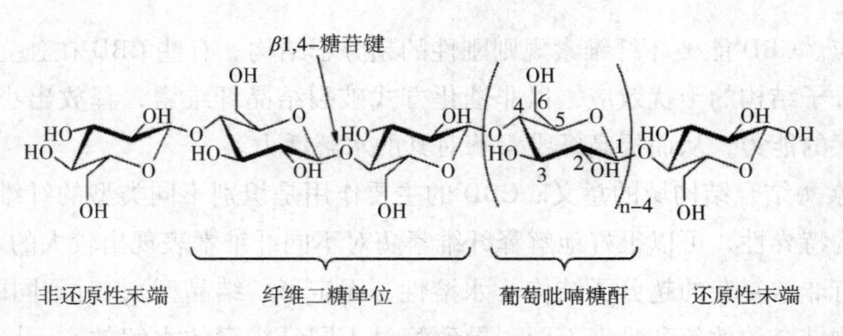

图2-4 纤维素大分子的椅式结构

天然纤维素纤维由占70% ~90%的结构紧密的结晶区和占30% ~10%的结构松散、排列不规则的非结晶区（无定形区）构成。

2. 纤维素酶催化纤维素降解机制　纤维素酶对纤维素降解时，一般需要先吸附到纤维素上。纤维素酶对纤维素的吸附与酶本身的性质以及底物特性均密切相关。吸附能力大小与酶的含糖量和疏水性有关，吸附过程是否可逆因具体酶的种类也有不同，且酶组分的吸附与相应的水解活力之间没有线性关系。目前，关于纤维素酶吸附的具体机制尚不十分清楚。

纤维素的酶降解机制有多种理论，目前被普遍接受的是协同作用理论。其主要内容是：在对纤维素非结晶区的降解过程中，内切葡聚糖酶首先进攻纤维素的非结晶区，形成可被外切纤维素酶作用的游离末端，然后外切葡聚糖酶从多糖链的非还原端切下纤维二糖单位，后者进一步被β－葡萄糖苷酶水解形成葡萄糖。

$$\text{非结晶纤维素}\xrightarrow{\text{内切葡聚糖酶}}\text{无定形纤维素或可溶性低聚糖}\xrightarrow{\text{外切葡聚糖酶}}\text{纤维二糖}\xrightarrow{\beta-\text{葡萄糖苷酶}}\text{葡萄糖}$$

在对纤维素结晶区降解的过程中，外切纤维素酶的CBD首先吸附到纤维素表面，使结晶结构的纤维素长分子链开裂，聚集结构解聚，长链分子末端部分发生游离，使纤维素易于水化，从而提高纤维素水解酶的可及性和反应性。之后，内切酶作用于经外切酶活化的纤维素，分解其β－1，4－糖苷键，产生纤维二糖、纤维三糖等短链低聚糖。在内切葡聚糖酶、外切葡聚糖酶和β－葡萄糖苷酶的协同作用下，纤维素的β－1，4－糖苷键逐步水解，形成纤维寡糖和葡萄糖。纤维素酶各组分的协同作用如图2－5所示，纤维素的酶解过程如图2－6所示。

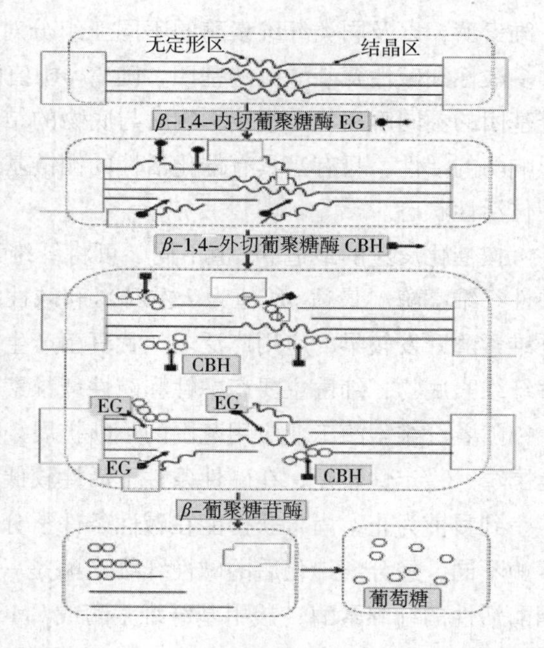

图2－5　纤维素酶各组分的协同作用

协同作用中，各组分的作用顺序不是绝对的，各酶的功能也不是这样简单固定的。如协同作用中CBH和EG都能引起纤维素的脱纤化(沿着纤维素的轴向分层，形成更薄、更细的亚纤维)，导致纤维素的结晶结构被部分破坏，使纤维素酶能深入纤维素分子界面之间。同时，水分子的介入可使纤维素分子之间的氢键破坏，利于纤维素的进一步降解。

五、纤维素酶的酶学性质

1. pH值对纤维素酶活性的影响　在影响纤维素酶水解反应速率的众多因素中，pH值是最重要的因素之一。大部分纤维素酶在最适pH值下，酶促反应具有最大速度。不同种类的

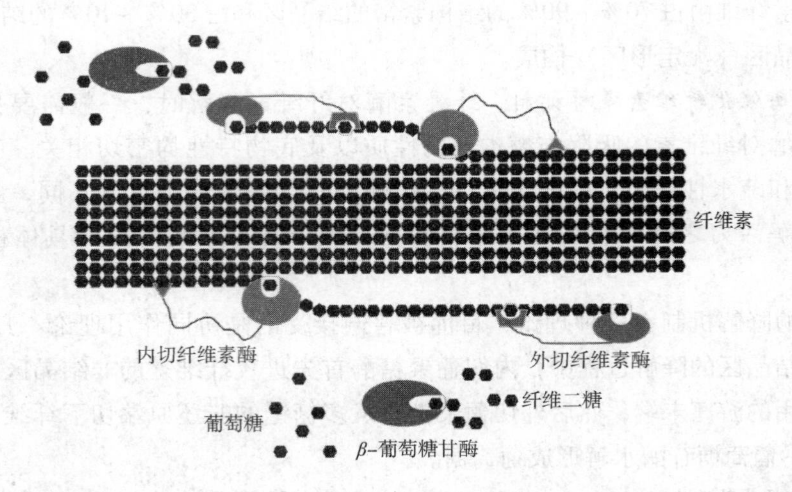

图 2-6　纤维素的酶解过程

纤维素酶，以及同类纤维素酶的不同亚组分对应的最适 pH 值有所不同。纤维素酶分子中有许多酸性和碱性氨基酸侧链基团，随着 pH 值的变化，这些基团可处于不同的解离状态。侧链基团的不同解离状态直接影响酶与底物的结合和进一步反应，或通过影响酶的空间构型而影响酶的活性。只有当具有催化活性的侧链基团处于特定的解离形式时，纤维素酶才能保持最佳活性状态。

按催化反应的最适 pH 值不同，可将纤维素酶分为酸性纤维素酶（最适 pH 值为 3～6）、中性纤维素酶（最适 pH 值为 7 左右）和碱性纤维素酶（最适 pH 值为 7～10）。其中，酸性纤维素酶开发较早，应用广泛。丝状真菌产生的纤维素酶一般在酸性或中性偏酸性条件下水解纤维素底物，细菌主要产中性和碱性纤维素酶。

随着纤维素酶工业应用范围的不断扩展，酸性纤维素酶显现诸多不足。例如，pH 值适应范围窄，稳定性较差，在碱性条件下活性较低或根本没有活性。

到目前为止，尚未获得能在碱性条件下分解天然纤维素的纤维素酶。与一般的酸性纤维素酶不同，经分离纯化后的碱性纤维素酶是一种单组分或多组分的、但只具有内切 β-葡聚糖酶活性的纤维素酶（羧甲基纤维素酶或 CMC 酶），有的还与中性 CMC 酶共存。碱性纤维素酶的最适反应 pH 值一般为 7.0～10.0，最适反应温度在 40～60℃，相对分子质量在 100000 左右，等电点在 4.4 以下。

2. 温度对纤维素酶活性的影响　温度也是影响纤维素酶活性的重要因素之一。纤维素酶作用底物的最适温度一般在 45～65℃。

目前市售的纤维素酶大多是中温菌生产的，适用应用过程中出现高温环境，因此，筛选嗜热微生物，分离具有热稳定性的纤维素酶非常重要。目前已从多种产纤维素酶的嗜热放线菌中分离得到耐高温型纤维素酶。如从食草动物粪便中筛选到的放线菌所产的耐碱纤维素酶，在 50℃、pH 值为 8.0 条件下酶活性保持最好，在 70℃时仍能保持较高的酶活，具有较高的耐热稳定性。

3. 抑制剂与激活剂对纤维素酶活性的影响　纤维素酶解反应产物和结构上与酶底物类似的一些物质可对酶产生竞争性抑制，例如，纤维二糖、葡萄糖和甲基纤维素通常是纤维素酶的竞争性抑制剂；植物中的某些酚、单宁和花色素是酶的天然抑制剂；卤化物、重金属离子和染料等也能使其失活。酶解过程中产生的纤维二糖和葡萄糖是造成酶解效率不高的主要因素。Cu^{2+}等对纤维素酶起抑制作用，Na^{+}、K^{+}、Mg^{2+}、Mn^{2+}、Zn^{2+}、Fe^{2+}、Ca^{2+}对纤维素酶活性影响不大，Co^{2+}对酶有激活作用。

第四节　果胶酶

果胶广泛存在于植物的果实、根、茎、叶中，伴随纤维素而存在，是植物合成纤维素和半纤维素的营养物质，也是细胞间质和细胞壁的重要组成部分，构成相邻细胞中间层黏结物，使植物组织细胞紧紧黏结在一起。棉纤维中含有一定量的果胶质，虽然含量较少，但对纤维性能有很大影响，需要通过精练去除。麻纤维中果胶的含量较高，生麻果胶含量更高，沤麻的主要作用即是去除果胶。

果胶是由D－半乳糖醛酸和D－半乳糖醛酸甲酯通过$\alpha-1,4-$糖苷键连接而成的线型多糖聚合物（图2－7），含有数百至约1000个脱水半乳糖醛酸（甲酯）残基，平均分子量为50000～150000。果胶中半乳糖醛酸C_6上的羧基有许多是甲酯化形式，未甲酯化的羧基则以游离酸或以钾、钠、铵、钙盐形式存在。果胶中平均每100个半乳糖醛酸残基C_6位上以甲酯化形式存在的百分数称为果胶的酯化度*DE*值（Degree of Esterification）或*DM*值（Degree of Methoxylation）。

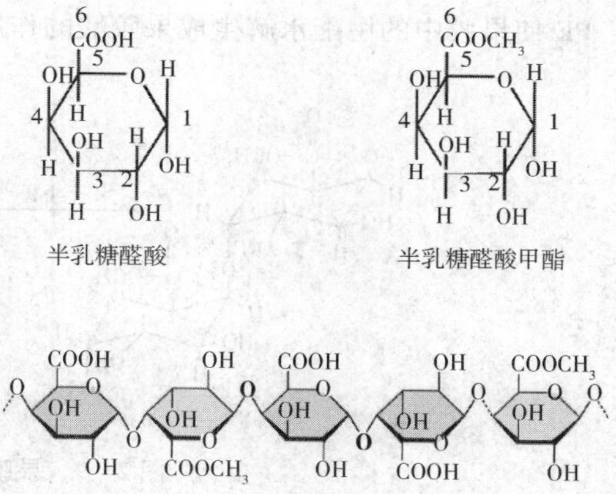

半乳糖醛酸　　半乳糖醛酸甲酯

图2－7　果胶的主要聚合单体和化学结构

果胶酶是指分解果胶或对果胶解聚和去酯化作用的一类复合酶。植物和微生物都可以产果胶酶。微生物具有生长速度快、生长条件简单等特点，已成为果胶酶的重要来源。目前，国内外对微生物果胶酶的研究已经很深入，其商品酶制剂已得到广泛应用。

一、果胶酶的分类

1. 按果胶酶对果胶的作用方式分类　根据果胶酶对果胶分子不同位点的作用（图2－8），可将果胶酶分成两大类，一类是催化果胶物质解聚的果胶质解聚酶；另一类是催化果胶分子中酯水解的果胶酯酶。

（1）果胶酯酶。果胶酯酶也称果胶甲酯酶（Pectinesterase或Pectin methyl esterase，简称

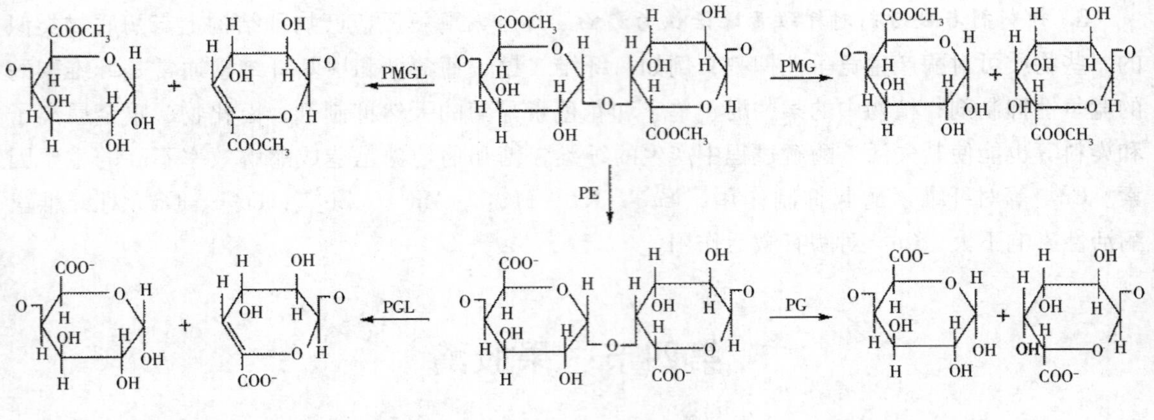

图 2－8　果胶酶对果胶的作用方式

PE，EC 3.1.1.11），它可催化果胶分子中的甲酯水解生成果胶酸和甲醇。通常酶的去酯化作用不能完全进行，当酯化度约 10% 时就会停止作用。果胶酯酶对于果胶溶液的黏度几乎没有影响。去酯化的果胶通过钙桥发生相互作用，为聚半乳糖醛酸酶（Polygalacturonase，简称 PG）、聚半乳糖醛酸裂解酶（Polygalacturonate lyase，简称 PGL）等其他果胶酶的作用创造条件。

PE 使果胶中的甲酯水解生成果胶酸的作用方式如图 2－9 所示。

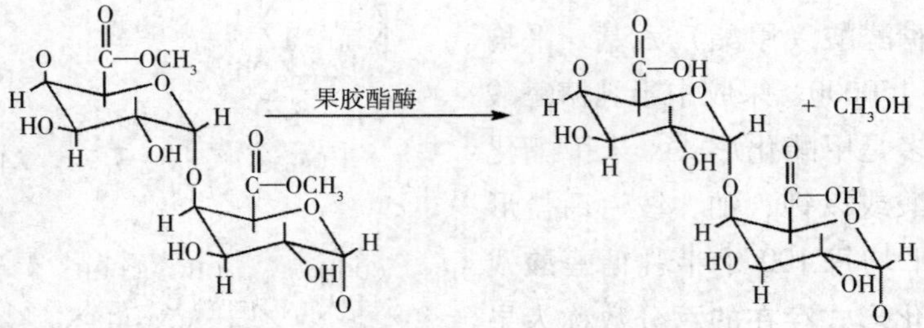

图 2－9　果胶酯酶的作用方式

（2）果胶质解聚酶。果胶质解聚酶又可分为对果胶作用的解聚酶和对果胶酸作用的解聚酶。

①对果胶作用的酶。对果胶作用的酶有聚甲基半乳糖醛酸酶和聚甲基半乳糖醛酸裂解酶两种。

a. 聚甲基半乳糖醛酸酶。聚甲基半乳糖醛酸酶（Polymethylgacturonase，简称 PMG），可分为内切聚甲基半乳糖醛酸酶（endo－PMG）和外切聚甲基半乳糖醛酸酶（exo－PMG）。endo－PMG 可随机催化果胶骨架上的 α－1，4－糖苷键的水解，使果胶的分子变小，黏度迅速下降。exo－PMG 从果胶分子的非还原末端开始，逐次水解 α－1，4－糖苷键，黏度下降不明显。

b. 聚甲基半乳糖醛酸裂解酶。聚甲基半乳糖醛酸裂解酶［Poly（methoxygalacturonide）

lyase，简称 PMGL］又称果胶裂解酶（Pectin lyase），通过反式消去作用切割 $\alpha-1$，4－糖苷键，在半乳糖醛酸非还原末端的 C_4 和 C_5 之间形成不饱和键，其作用方式如图 2－10 所示。PMGL 可以分为内切（endo－）和外切（exo－）两种作用方式。endo－PMGL（EC 4.2.2.10）随机作用于底物，exo－PMGL（EC 4.2.2.9）则从底物的非还原性末端进行催化。

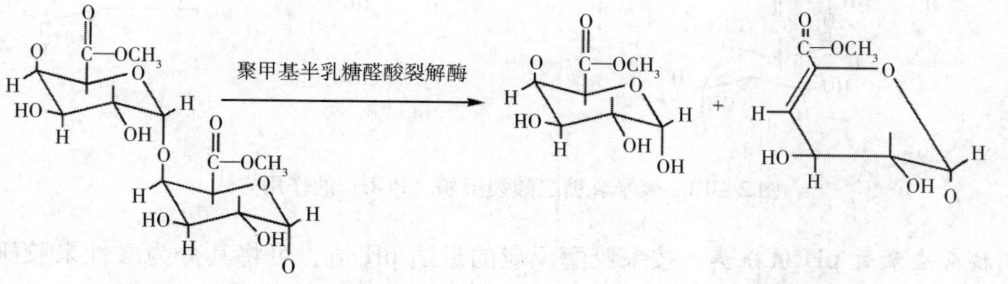

聚甲基半乳糖醛酸裂解酶

图 2－10　聚甲基半乳糖醛酸裂解酶（PMGL）的作用方式

②对果胶酸作用的解聚酶。对果胶酸作用的解聚酶有聚半乳糖醛酸酶和聚半乳糖醛酸裂解酶两种。

a. 聚半乳糖醛酸酶。聚半乳糖醛酸酶（Polygalacturonase，简称 PG），分为内切聚半乳糖醛酸酶（endo－PG）和外切聚半乳糖醛酸酶（exo－PG）。endo－PG（EC 3.2.1.15）可水解果胶酸和其他聚半乳糖醛酸分子内部的糖苷键，生成相对分子质量较小的寡聚半乳糖醛酸。exo－PG（EC 3.2.1.67）从聚半乳糖醛酸链的非还原性末端开始，逐个水解 $\alpha-1$，4－糖苷键，生成 D－半乳糖醛酸和每次少一个半乳糖醛酸单位的聚半乳糖醛酸，其作用方式如图 2－11 所示。

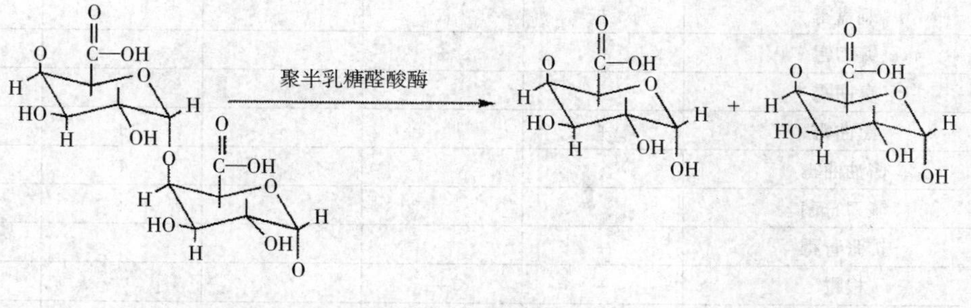

聚半乳糖醛酸酶

图 2－11　聚半乳糖醛酸酶（PG）的作用方式

b. 聚半乳糖醛酸裂解酶。聚半乳糖醛酸裂解酶（polygalacturonate lyase 简称 PGL），分为内切聚半乳糖醛酸裂解酶（endo－PGL）和外切聚半乳糖醛酸裂解酶（exo－PGL）。endo－PGL 又称果胶酸裂解酶（Pectate lyase，EC 4.2.2.2），通过反式消去作用，随机切断果胶酸分子内部的 $\alpha-1$，4－糖苷键，生成具有不饱和键的相对分子质量较小的聚半乳糖醛酸，黏度迅速下降。exo－PGL（EC 4.2.2.9）通过反式消去作用，切断果胶酸分子非还原性末端的 $\alpha-1$，4－糖苷键，生成具有不饱和键的半乳糖醛酸，使还原性增加，但黏度下降不明显，其作用方式如图2－12所示。

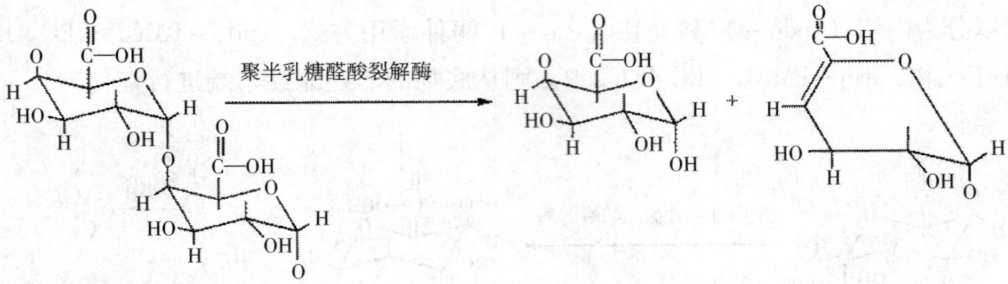

聚半乳糖醛酸裂解酶

图2－12　聚半乳糖醛酸裂解酶（PGL）的作用方式

2. 按反应最适pH值分类　按果胶酶反应的最适pH值，可将其分为酸性果胶酶和碱性果胶酶。酸性果胶酶是内切聚半乳糖醛酸酶，最适pH值在3.5～5.5，在酸性环境中有较高的酶活，在食品工业中应用广泛。碱性果胶酶一般多指聚半乳糖醛酸裂解酶，在碱性范围内酶活性较高，常用于纺织、造纸和环境治理等领域。

二、果胶酶的来源

果胶酶广泛存在于植物和微生物中（表2－6）。除蜗牛外，动物界中没有发现果胶酶的存在。目前工业应用的果胶酶都是从微生物中得到的。许多细菌和酵母都可以产生果胶酶，以曲霉和杆菌为主。

表2－6　部分微生物来源的果胶酶

来源		endo－PG	endo－PGL	endo－PMG	endo－PMGL	PE
霉菌	刺盘霉	+				
	镰刀霉	+	+			+
	臭曲霉				+	
	黑曲霉	+		+	+	+
	酱油曲霉				+	
	镰刀霉菌				+	
	扩张青霉	+				
	根霉	+	+			
酵母菌	脆壁克鲁维酵母	+				
细菌	梭状芽孢杆菌	+	+			
	节杆菌	+				
	多杆菌	+				
	软腐病欧式杆菌	+	+			
	假单胞菌	+				
	荧光假单胞菌	+				
	甘蓝黑腐病黄杆菌	+				

三、果胶酶的性质

1. 果胶酯酶　果胶酯酶是一种中等相对分子质量的酶，相对分子质量在23000～62000。例如，黑曲霉PE的相对分子质量为46000。果胶酯酶作用的最适pH值根据来源不同而有差异。霉菌PE的最适pH值处于酸性范围内（5.0～5.5），细菌PE的最适pH值则偏碱性（7.5～8.0）。PE作用的最适温度在35～50℃，温度超过55℃很容易失活。例如曲霉PE的最适温度为40℃，在55℃加热10min可使其完全失活。部分金属离子（如Ca^{2+}和Na^{+}）对果胶酯酶具有激活作用。

2. 果胶质解聚酶

（1）聚甲基半乳糖醛酸裂解酶　不同来源的PMGL具有大致接近的相对分子质量（30000左右），而它们的最适pH值差别较大。例如，曲霉产生的PMGL的最适pH值是5.5，pH值在4～7时较稳定，它的最适温度是50～55℃。从镰刀霉菌分离的PMGL的最适pH值是8.6。PMGL的酶活必须有Ca^{2+}存在，因此PMGL的酶活可被EDTA螯合剂抑制。

（2）聚半乳糖醛酸酶　不同微生物来源的PG有不同的特性。例如，霉菌PG作用的最适pH值为4.5，在pH值为4～6的酸性范围内活性稳定；而细菌PG的最适pH值较高，例如假单胞菌PG的最适pH值为5.2，芽孢杆菌在碱性培养基中产生的PG最适pH值为6.0，pH值在10～10.5时酶活稳定。

激活剂同样对PG有不同影响。例如，黑曲霉exo－PG有两种同工酶PG－1和PG－2，其中汞离子对PG－1有激活作用，其他二价阳离子对其活力无影响；此外金属离子对PG－2活性无任何影响。

不同微生物来源的PG最适反应温度也不同。绝大多数微生物PG的最适反应温度在40～60℃，但也有少数酶，例如来自地衣芽孢杆菌和番茄尖镰孢菌的PG，它们能够在较高温度下促进果胶水解。

（3）聚半乳糖醛酸裂解酶　一般而言，细菌PGL在裂解聚半乳糖醛酸时需Ca^{2+}激活，最适作用pH值为6.8～9.0。例如，梭状芽孢杆菌endo－PGL最适pH值为8.5，Ca^{2+}对该酶具有激活作用，但Zn^{2+}无作用。软腐病欧氏杆菌endo－PGL最适pH值为8.9～9.4，最适温度为35℃，Ca^{2+}对其无激活作用。

第五节　蛋白酶和角蛋白酶

蛋白酶又名蛋白水解酶（Protease或Proteolyticenzyme），是一种催化蛋白质中肽键水解的酶。角蛋白酶是能够降解角蛋白的一类特异性蛋白酶，属于蛋白酶的一个分支，也具有普通蛋白酶降解可溶性蛋白分子中肽键的特性。目前，对角蛋白酶的性质还不甚清楚，对角蛋白酶降解角蛋白的机理还没有定论。

一、蛋白酶的分类与来源

1. 蛋白酶的分类 按照不同的分类方式，可以将蛋白酶分为不同的类型。

（1）按水解多肽方式的不同分类。按照水解多肽方式的不同，可以将蛋白酶分为内肽酶和外肽酶两类。

①内肽酶。内肽酶作用于蛋白质多肽链内部的肽键，使蛋白质长链分解成短肽片段。工业生产上应用的蛋白酶主要是内肽酶。

②外肽酶。外肽酶从蛋白质分子的氨基末端（氨基肽酶）或羧基末端（羧基肽酶）逐个水解肽键，游离出氨基酸。

（2）按活性中心化学性质的不同分类。按活性中心化学性质的不同，可以将蛋白酶分为丝氨酸蛋白酶、巯基蛋白酶、金属蛋白酶和酸性蛋白酶。

①丝氨酸蛋白酶（Serine proteases）。丝氨酸蛋白酶的活性部位中含有丝氨酸残基。胰蛋白酶、胰凝乳蛋白酶、弹性蛋白酶和枯草杆菌蛋白酶都属于这类蛋白酶。由于二异丙基氟磷酸（DFP）能和丝氨酸残基中的羟基作用，因而能强烈抑制丝氨酸蛋白酶。丝氨酸蛋白酶属于肽链内切酶。

②巯基蛋白酶（Sulfhydryl proteinase）。巯基蛋白酶活性部位中含有一个或多个巯基。植物蛋白酶和一些微生物蛋白酶属于这类蛋白酶。氧化剂、烷基化试剂、重金属离子能与巯基结合，因而能抑制巯基蛋白酶。

③金属蛋白酶（Metalloprotease）。金属蛋白酶中含有 Mg^{2+}、Zn^{2+}、Mn^{2+}、Co^{2+}、Fe^{2+}、Hg^{2+}、Cd^{2+}、Cu^{2+} 和 Ni^{2+} 等金属离子。羧肽酶 A、一些氨肽酶和细菌蛋白酶属于这类蛋白酶。这些金属离子可能与酶蛋白牢固结合，但是当酶液用 EDTA 溶液透析时，它们还是能从酶蛋白中分离出去，失去金属离子后的酶也因此而失活。

④酸性蛋白酶（Acid protease）。酸性蛋白酶又称羧基酸性蛋白酶，它的活性部位中有两个羧基，其最适 pH 值一般在 2.0 ~ 4.0。胃蛋白酶、凝乳酶和许多霉菌蛋白酶在酸性 pH 值范围内具有活力，它们属于这一类酶。

（3）按来源不同分类。根据蛋白酶的来源不同，可将其分为动物蛋白酶、植物蛋白酶和微生物蛋白酶。其中，微生物蛋白酶又分为细菌蛋白酶、霉菌蛋白酶、酵母蛋白酶和放线菌蛋白酶；来自动物的蛋白酶有胃蛋白酶、胰蛋白酶、组织蛋白酶等；来自植物的蛋白酶有木瓜蛋白酶、无花果蛋白酶、菠萝蛋白酶等。

（4）按反应最适 pH 值不同分类。按蛋白酶反应的最适 pH 值，可将其分为酸性蛋白酶（最适 pH 值 2.5 ~ 5.0）、中性蛋白酶（最适 pH 值 7.0 ~ 8.0）和碱性蛋白酶（最适 pH 值 9.0 ~ 11.0）。

2. 蛋白酶的来源 蛋白酶广泛存在于动物内脏及植物茎叶、果实和微生物中。动物体内的蛋白酶主要存在于动物消化道中，植物和微生物中蛋白酶含量丰富，微生物蛋白酶主要存在于霉菌和细菌中，其次是酵母菌和放线菌。由于动植物资源有限，而微生物的培养不受场地、季节等的限制，因此，工业上主要利用枯草杆菌、栖土曲霉等微生物发酵生产蛋白酶制剂。

二、蛋白酶的催化机制

蛋白酶催化的最普通的反应是蛋白质中肽键的水解反应。

$$x-NH-CH(R_1)-C(=O)-NH-CH(R_2)-C(=O)-y + H_2O \longrightarrow x-NH-CH(R_1)-C(=O)-OH + H_2N-CH(R_2)-C(=O)-y$$

催化过程中，不同的蛋白酶对底物中 R_1 和 R_2 基团的性质等有不同的要求。例如，胰凝乳蛋白酶仅能水解 R_1 是酪氨酸、苯丙氨酸或色氨酸残基为侧链的肽键；胰蛋白酶仅能水解 R_1 是精氨酸或赖氨酸残基为侧链的肽键。另外，胃蛋白酶和羧肽酶对 R_2 基团具有特异性要求，如果 R_2 是苯丙氨酸残基的侧链，那么这两种酶能以最高的速率水解肽键。

蛋白酶不仅对 R_1 和 R_2 基团的性质具有特异性要求，而且所降解底物的氨基酸必须是 L－型。天然存在的蛋白质或多肽都是由 L－氨基酸构成的。研究还表明，蛋白酶还可以催化某些酯和酰胺键的水解、肽的合成和氨基酸的转移等。

三、蛋白酶的性质

1. 酸性蛋白酶　酸性蛋白酶适宜在酸性条件下水解蛋白质，包括胃蛋白酶、凝乳酶和一些微生物蛋白酶。酸性蛋白酶虽然具有一些共同的性质，但在酶反应底物、抑制剂、激活剂等方面均存在着一定的差异。

（1）最适 pH 值。酸性蛋白酶作用的最适 pH 值一般在 2.0～4.0，来源于不同微生物的酶稍有不同。根霉属最适 pH 值在 3.0 左右。曲霉属最适 pH 值在 3.0 以下，如宇佐美曲霉突变株 L 336 所产酸性蛋白酶的最适 pH 值在 1.8～3.0，但黑曲霉所产的 A 型和 B 型酸性蛋白酶最适 pH 值均为 3.0。青霉属最适 pH 值一般在 3.0～4.0。酵母菌所产酸性蛋白酶与黑曲霉产 A 型酸性蛋白酶的性质相近，最适 pH 值也在 3.0 左右。酸性蛋白酶对 pH 值的这种要求，可能与其酶活性中心含有羧基有关。

（2）热稳定性。酸性蛋白酶一般在 50℃以下较为稳定，但也随产酶微生物的不同而有差异。例如，根霉属所产酸性蛋白酶在 30℃下只能保持 30min，曲霉属的斋藤曲霉所产酸性蛋白酶在 50℃稳定，55℃处理 10min 才会失活。黑曲霉 V_S、V_{315} 菌株所产酸性蛋白酶在 80℃保温 2h 后仍有 90% 的酶活力存在。酵母菌所产酸性蛋白酶经 60℃处理后还表现出少许酶活力，经 70℃处理酶活力完全丧失。

（3）抑制剂对酸性蛋白酶的影响。酸性蛋白酶的抑制剂主要是重氮酮化合物和十二烷基硫酸钠。但不同种类的酸性蛋白酶的抑制剂有所不同。例如，霉菌来源的酸性蛋白酶通常并不受对溴苯的抑制，但却对 *N*－溴代琥珀酰亚胺和高锰酸钾敏感。

（4）金属离子对酸性蛋白酶的影响。Ag^+ 对酸性蛋白酶有轻度抑制作用，当其浓度为 5mmol/L 时，酶活下降 15%。Cu^{2+}、Mn^{2+} 对酸性蛋白酶有激活作用，例如当 Cu^{2+} 的浓度在 0.02mol/L 时，对酶有明显的激活作用；Cu^{2+}、Al^{3+} 和 Mn^{2+} 同时添加时，对酶有协同激活作用，可使酶活提高一倍。Ca^{2+} 本身并不抑制酸性蛋白酶的活性，但它可作为其他物质的辅助因子，对某些酸性蛋白酶产生抑制作用。

2. 中性蛋白酶 中性蛋白酶是最早被发现并广泛应用于工业生产的蛋白酶制剂，主要由微生物发酵提取而得，可用于各种蛋白质的水解处理，水解产物为氨基酸、小肽等。

大多数微生物中性蛋白酶是金属酶，一部分酶蛋白中含有锌离子，相对分子质量为35000～40000，等电点为8.0～9.0。微生物中性蛋白酶是微生物蛋白酶中最不稳定的，易自溶，即使低温冷冻干燥，也会造成相对分子质量的明显降低。

最具代表性的中性蛋白酶来自枯草芽孢杆菌，该酶在pH值6.0～7.0时稳定，超出此范围酶失活。

金属螯合剂如乙二胺四乙酸钠（EDTA）等能将金属离子从酶蛋白中分离出去，使酶失活。氰化物也能有效抑制金属蛋白酶。

3. 碱性蛋白酶 碱性蛋白酶是一类最适pH值偏碱性，适于在碱性条件下水解蛋白质肽键的蛋白酶，其最适pH值为9.0～11.0。碱性蛋白酶是一类非常重要的工业用酶，最早发现于猪胰脏中。碱性蛋白酶最适作用温度一般为50～60℃。

碱性蛋白酶要求所水解肽键的羧基侧为芳香族或疏水性氨基酸，它比中性蛋白酶水解能力更大，并具有一定的酯酶活力。大多数微生物碱性蛋白酶活性中心含有丝氨酸，属于丝氨酸蛋白酶。碱性蛋白酶的一个重要特征是当遇到能作用于丝氨酸的试剂二异丙基氟磷酸（DFP）时酶会失活。

4. 巯基蛋白酶 巯基蛋白酶的活性部位含有巯基，包括高等植物蛋白酶中的木瓜蛋白酶、无花果蛋白酶、菠萝蛋白酶和中华猕猴桃蛋白酶以及微生物蛋白酶中的链球菌蛋白酶等，巯基试剂能抑制其活性。巯基蛋白酶具有较宽的底物特异性，例如，木瓜蛋白酶和无花果蛋白酶能以大致相同的速率，水解含有L－精氨酸、L－赖氨酸、甘氨酸和L－瓜氨酸残基的底物。

（1）木瓜蛋白酶。巯基蛋白酶中最重要的是木瓜蛋白酶，存在于木瓜汁液中，相对分子质量23900。酶的一级结构和立体结构都已研究清楚，至少有3个氨基酸残基存在于酶的活性部位，它们是Cys－25、His－59和Asp－158。当Cys－25被氧化剂氧化或与重金属离子结合时，酶活力被抑制，还原剂半胱氨酸（或亚硫酸盐）和螯合剂EDTA能恢复酶的活力。显然还原剂的作用是使—SH从—S—S—键再生，而EDTA的作用是螯合金属离子。

木瓜蛋白酶在pH值为5.0时具有良好的稳定性，pH值低于3.0和高于11.0时酶很快失活。木瓜蛋白酶的最适pH值随底物不同而有变动，以蛋清蛋白和酪蛋白为底物时，最适pH值是7.0，而以明胶为底物时，最适pH值为5.0。与其他蛋白酶相比，木瓜蛋白酶具有较高的热稳定性，在pH值为7.0、70℃下加热30min，活力仅下降20%。除了水解蛋白质外，木瓜蛋白酶对酯和酰胺类底物也表现出很高的活力。木瓜蛋白酶还具有从蛋白质的水解物再合成蛋白质类物质的能力。

（2）无花果蛋白酶。无花果蛋白酶来自无花果的乳汁中，相对分子质量26000。无花果蛋白酶的作用与木瓜蛋白酶相似，但热稳定性较后者稍差，80℃下，溶液中的无花果蛋白酶将完全失活，固体酶制剂则需数小时才能失活。无花果蛋白酶在 pH 值为 3.5 ~ 9.0 内稳定，最适 pH 值为 6.0 ~ 8.0。重金属离子对无花果蛋白酶具有抑制作用。

（3）菠萝蛋白酶。菠萝蛋白酶可以菠萝的果皮、果实等为原料，经过压榨、盐析沉淀、分离等而得到。菠萝蛋白酶属于糖蛋白，约含 2% 的糖，相对分子质量约为 33000，等电点为 9.55。酶催化作用的适宜 pH 值在 6.0 ~ 8.0，适宜的反应温度为 30 ~ 45℃，并因底物的种类及浓度不同而有所改变。

四、角蛋白酶

角蛋白是一种抗性很强的硬质不溶性蛋白，是组成动物表皮、毛、角、蹄、趾、爪、羽，甚至上皮细胞等的主要蛋白质。角蛋白富含含硫氨基酸以及疏水性氨基酸，分子间通过二硫键、氢键、盐式键和其他键作用形成高度交联的三维稳定结构，化学性质极其稳定，对机体具有保护作用。如动物的爪及指甲角蛋白半胱氨酸含量高达 22%，头发、羽毛和皮肤角蛋白半胱氨酸含量达 10% ~ 14%。角蛋白根据其二级结构的不同分为 α - 角蛋白和 β - 角蛋白，α - 角蛋白如人头发、羊毛、指甲等，多肽链以 α - 螺旋结构为主，β - 角蛋白如羽毛等，多肽链以 β - 折叠结构为主。角蛋白的 α - 螺旋结构和 β - 折叠结构如图 2 - 13 所示。纤细的角蛋白纤维如羊毛、羽毛等可用于纺织工业，角蛋白废弃物经过进一步的降解或溶解，在饲料、有机肥料、化妆品、角蛋白再生材料等领域具有巨大的应用潜力。

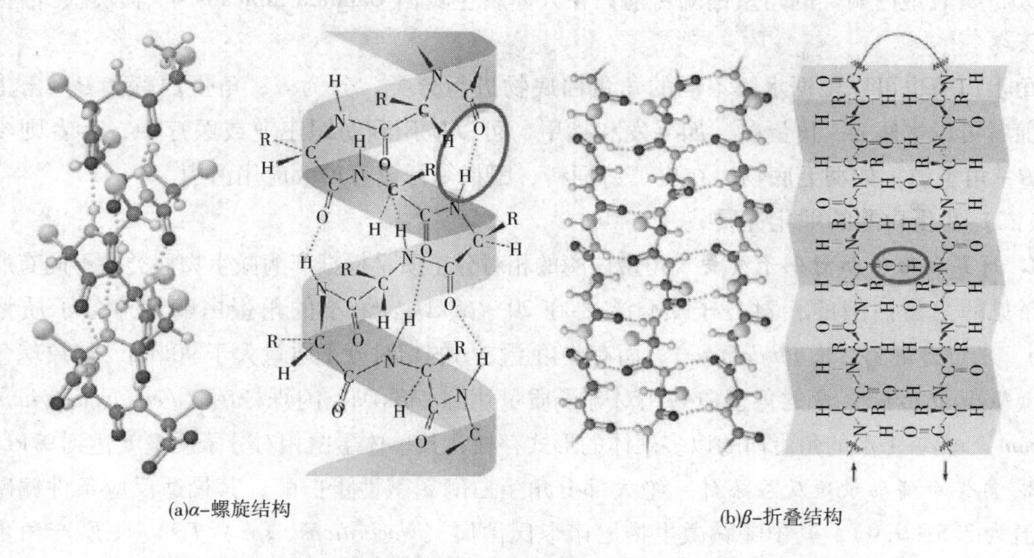

图 2 - 13　角蛋白肽链的 α - 螺旋和 β - 折叠结构模型以及分子间的作用力

自然界中的角蛋白具有不溶、二硫键含量高且肽链高度交联的特点，很难被普通的化学试剂和蛋白酶降解，大大影响了角蛋白资源的利用。角蛋白酶（Keratinase）是一种由微生物产生，可以降解角蛋白的特异性蛋白酶，在饲料、有机肥料、羊毛防毡缩整理、皮革脱毛等工业领域，甚至是皮肤病医学领域中具有非常大的应用潜力。

（一）角蛋白酶的来源和分类

1. 角蛋白酶的来源 产角蛋白酶的微生物主要有细菌、真菌和放射菌。其中，细菌最为常见，其生长周期短，所产的角蛋白酶活性高。如芽孢杆菌属所产的角蛋白酶具有安全性高、应用方便、商业开发潜力大等优势，因此地衣芽孢杆菌、短小芽孢杆菌、枯草芽孢杆菌和蜡样芽孢杆菌常常被用作产角蛋白酶的研究对象。此外，一些嗜热、嗜碱枯草杆菌因为所产角蛋白酶具有耐碱、耐热的特殊性质，也常被筛选分离并进行酶的理化性质研究。真菌是第二大类产角蛋白酶的微生物，也是被最早研究和报道的产角蛋白酶的微生物。例如具有致病性的毛癣菌属和小孢霉属（*Maniliales*）的皮肤类真菌以及非致病性的长囊头孢霉属、漆斑霉属、拟青霉属、帚霉属以及白僵菌属和弯孢属等。放线菌也是产角蛋白酶的重要微生物，产角蛋白酶的放线菌主要是链霉菌属（*Streptomyces sp.*），此类菌株可以从土壤中筛选得到，产酶能力强且分泌的角蛋白酶活性高。

2. 角蛋白酶的分类 角蛋白酶属于蛋白酶的一个分支，因此可参考蛋白酶的分类方法根据酶分子催化位点的不同分为丝氨酸蛋白酶、金属蛋白酶以及天冬氨酸蛋白酶，还有小部分的角蛋白酶归属于类胰蛋白酶的巯基蛋白酶。

丝氨酸蛋白酶类的角蛋白酶数量最多，应用也最广，主要产自细菌，催化活性中心是三联催化体 Asp、His、Ser。金属蛋白酶类的角蛋白酶在细菌、放线菌和真菌中都有报道，其活性中心含有 Zn^{2+} 等二价金属离子。一些角蛋白酶同时属于丝氨酸蛋白酶和金属蛋白酶两类酶。天冬氨酸蛋白酶类的角蛋白酶目前只在人体腐生真菌 Candida albicans 中有发现，活性中心含天冬氨酸。

角蛋白酶也可以根据水解不同的角蛋白底物进行分类，分为 α - 角蛋白酶和 β - 角蛋白酶。前者可以水解 α - 角蛋白，如毛发和指甲，可以应用到纺织工业或医疗中；后者则主要水解 β - 角蛋白，如羽毛底物，在皮革、饲料、肥料等行业有重大应用潜力。

（二）角蛋白酶的理化性质

1. 角蛋白酶的相对分子质量 角蛋白酶的相对分子质量根据产酶微生物种类的不同有所不同，常见的角蛋白酶的相对分子质量主要在 20 ~ 60kDa。最小的角蛋白酶相对分子质量为 18kDa，来自链霉菌（*S. albidofavus*），而有些角蛋白酶的相对分子质量大于 90kDa，如玫瑰色库克菌（*Kocuria rosea*）产的角蛋白酶相对分子质量达到 240kDa，闪烁杆菌（*Fervidobacterium islandicum*）AW - 1 产的角蛋白酶以多聚体的形式存在，其单体蛋白相对分子质量就达到 97kDa.

2. 角蛋白酶的最适反应条件 绝大部分角蛋白酶属碱性蛋白酶，其最适反应条件偏碱性（pH 值为 7.5 ~ 9.0），其中嗜碱微生物尼诺卡氏菌属（*Nocardiopsis sp.*）*TOA* - 1 所产角蛋白酶在强碱的环境下（pH 为值 12）才能发挥最高活性。酸性角蛋白酶比较少见，例如 *C. albicans* 和 *Trichophyton sp.* 分泌的角蛋白酶最适反应 pH 值为 4.5 ~ 5.0。一些人体腐生真菌产的角蛋白酶在酸性条件下具有最佳酶活，这可能与人体的皮肤环境为弱酸性有关。

不同角蛋白酶的最适反应温度也存在较大差异。大多数角蛋白酶的最适反应温度在 40 ~ 85℃，极端微生物 *F. ishmdicum* AW - 1 产的角蛋白酶的最适反应温度高达 100℃。这些嗜碱嗜热微生物产的角蛋白酶通常可以适应极端的环境，在工业化应用中具有巨大的市场潜力和价值。

几种来源于不同微生物角蛋白酶的酶学性质见表2-7。

表2-7　几种来源于不同微生物的角蛋白酶的理化性质

微生物	分类	相对分子质量/kDa	最适pH值	最适温度/℃
Bacillus halodurans PPKS-2 Keratinase-1	二硫键还原酶	30	11.0	60~70
Bacillus halodurans PPKS-2 Keratinase-2	丝氨酸蛋白酶	66	11.0	70
Bacillus sp.	丝氨酸蛋白酶	32	8.0	50
Bacillus sp. JB 99	丝氨酸蛋白酶	66	10.0	65
Pseudomonas sp. MS 21	丝氨酸蛋白酶	30	8.0	37
Pseudomonas aeruginosa	丝氨酸蛋白酶	33	7.0	50
Vibrio sp. Kr2	丝氨酸蛋白酶	30	8.0	55
Doratomyces microspores	—	45~70	9.0	—
Streptomyces sclerotialus	—	46	9.0	55
Streptomyces strain BA7	丝氨酸蛋白酶	44	8.5	50
Aspergillus oryzae NRRL-447	—	39.7	7	70
Penicillium sp. Ahm 1	金属蛋白酶	19	6~8	50
Penicillium sp. Ahm 2	—	40	6~11	60~65
Chrysobacterium sp. strain Kr 6	—	20	—	50-60

3. 化学试剂对角蛋白酶活性的影响　不同化学试剂对角蛋白酶的活性有着不同的影响。部分二价金属离子可以直接影响角蛋白酶的活性。例如Ca^{2+}可以提高部分角蛋白酶在高温下的活性，这可能因为钙离子可以和角蛋白酶中氨基酸残基侧链的氧原子形成稳定的键作用力，增加角蛋白酶—底物复合体的稳定性。而少部分的角蛋白酶会被Mn^{2+}抑制活性，一些重金属离子如Cu^{2+}、Pb^{2+}、Hg^{2+}等则会抑制角蛋白酶的活性，并且高浓度金属离子的抑制作用会更加明显。其他试剂，如有机溶剂、去垢剂对角蛋白酶也有着不同的抑制和促进作用，其中巯基乙醇和二硫苏糖醇等能够还原角蛋白底物中二硫键，促进角蛋白酶对角蛋白的水解，十二烷基硫酸钠（SDS）对角蛋白酶酶活性有增强作用，吐温和曲拉通等非离子表面活性剂通常也会增加角蛋白酶的活性。

4. 角蛋白酶底物的特异性　底物特异性是评价角蛋白酶性能的重要标准之一，也是评判角蛋白酶通过基因工程进行分子改造是否成功的重要标准。大多数角蛋白酶水解的底物范围宽泛，既可以降解可溶性蛋白，如牛血清蛋白和酪蛋白，也可以水解不溶性蛋白，如羊毛、角质、羽毛、弹性蛋白和胶原蛋白以及人工合成的天青角蛋白（Azure keratin）。一般来说，大量可溶性蛋白如牛乳清蛋白、蛋清蛋白、酪蛋白、血红蛋白以及经过改造的氮角蛋白等均能被角蛋白酶降解。

不同的角蛋白酶对于不溶性蛋白有着不同的降解作用，如多数细菌与放线菌来源的角蛋白酶对动物毛发有着较强的降解作用，一些人体腐生真菌所产的角蛋白酶主要降解人体皮肤表面的角质层和指甲，几乎不降解动物毛发。

由于角蛋白酶也具有普通蛋白酶降解可溶性蛋白分子中肽键的特性，因此角蛋白酶较难定义，通常用角蛋白酶分别对角蛋白底物和酪蛋白底物的水解活性的比值 K：C（角蛋白酶比酶活:酪蛋白酶比酶活）的大小来评判该酶是否属于角蛋白酶。K：C 值的测定，要求在相同环境下测定该酶水解角蛋白和酪蛋白的活性，比值大于或等于 0.5 的蛋白酶都属于有潜力的角蛋白酶。一般商品蛋白酶如胰蛋白酶、木瓜蛋白酶和蛋白酶的 K：C 值分别为 0.008、0.002 和 0.28，来自产吲哚金黄杆菌的角蛋白酶的 K：C 值可以达到 1~1.6。

第六节　酯酶

一、酯酶的来源与分类

酯酶（Esterase）广义上指具有水解酯键能力的一类酶的总称，在有水存在的条件下，能催化酯键水解，生成相应的酸和醇。反应式如下所示：

$$R—COO—R' + H_2O \xrightarrow{羧酸酯水解酶} RCOOH + R'OH$$

1. 酯酶的分类

（1）国际系统分类法。按照国际系统分类法的分类原则，根据酶促反应的性质，酯酶属于水解酶类中催化水解酯键的酶类（EC 3.1）。酯酶对底物的酸或醇部分表现为基团的催化特异性，但不是同时对两部分具有特异性要求。因此，酯酶可以进一步分为：羧酸酯水解酶类（EC 3.1.1）、磷酸单酯水解酶类（EC 3.1.3）、磷酸二酯水解酶类（EC 3.1.4）、三磷酸单酯水解酶类（EC 3.1.5）、硫酸酯水解酶类（EC 3.1.6）、硫酯水解酶类（EC 3.1.2）。其中，硫酯水解酶类是根据酶对底物酯中醇部分的特异性命名的。

（2）根据酶的来源分类。按照酶来源的不同，可将酯酶分为动物源性酯酶、植物源性酯酶和微生物源性酯酶。目前，酯酶获得主要是动物内脏，研究较多的也是动物源酯酶。研究和利用较多的微生物源性酯酶是微生物脂肪酶（Lipase），已有大量市售商品化的脂肪酶或酶制剂。

2. 酯酶的来源　酯酶普遍存在于动物、植物、真菌和细菌中。1834 年，在动物胰脏中首次发现脂肪酶，以后又陆续在微生物、植物中发现。动物胰脏酯酶和微生物酯酶是酯酶的主要来源。能产酯酶的微生物菌种十分丰富，主要是真菌，包括青霉、红曲霉、黑曲霉、黄曲霉、根霉、毛霉、酵母菌、白地霉和核盘菌等十二个属，其次是细菌，包括假单胞菌、黏质赛杆菌、无色杆菌和葡萄球菌等。此外，放线菌的一些种类也能产生一些酯酶。酯酶作为生物催化剂已经实现商品化生产，主要用于酯的合成与交换、多肽合成、立体异构体的转化与拆分等催化反应。

二、羧酸酯类水解酶

能够催化水解羧酸酯类、形成相应的羧酸和醇的酯酶，统称羧酸酯类水解酶。根据国际酶学委员会的规定，目前这类酶有几十种。常用的羧酸酯类水解酶见表2－8。

表2－8 常用的羧酸酯类水解酶及其催化的反应

EC编号	系统名	习惯名	催化的反应
3.1.1.1	羧酸酯水解酶	羧酸酯酶	羧酸酯＋水⟶羧酸＋醇
3.1.1.2	芳香酯水解酶	芳香酯酶	乙酸苯酯＋水⟶酚＋乙酸
3.1.1.3	甘油酯水解酶	脂肪酶	甘油三酯＋水⟶甘油二酯/一酯＋脂肪酸
3.1.1.11	果胶:果胶酸糖基水解酶	果胶酯酶	果胶＋n水⟶n甲醇＋果胶酸
3.1.1.20	单宁酰基水解酶	单宁酶	鞣酸＋水⟶没食子酸盐＋没食子酸
3.1.1.74	角质水解酶	角质酶	角质＋水⟶角质单体（含16个或18个碳原子的脂肪酸及其衍生物）

（一）羧酸酯水解酶

羧酸酯水解酶（Carboxylesterase，EC 3.1.1.1）即常说的酯酶，能够催化水解羧酸酯生成相应的羧酸和醇，反应底物包括脂肪酸族及芳香族酯类化合物。α－萘酚酯及对硝基苯酯类物质也是其特异性较高的底物。羧酸酯酶的活性中心含Ser、Asp、His，构成“SAH三联体结构”。已经证实，植物羧酸酯酶、微生物脂肪酶和动物胰脂肪酶的活性中心由丝氨酸、天冬氨酸和组氨酸组成。有机磷化合物（如DFP）能与活性中心丝氨酸残基的—OH形成不易分解的磷酰—氧中间复合体，从而抑制酶的催化活性。

羧酸酯酶对羧酯类化合物和硫酯类化合物具有不同程度的水解作用，特别是对丁酯类化合物的催化活性最强。催化活性随碳链长度的增加而降低，当碳链长度增加到C_8时，其活性几乎全部消失。在特定的非水相系统中，羧酸酯酶能够催化分解反应的逆反应，即酯化物的合成或转酯反应。羧酸酯酶具有水解部分甘油酯类化合物的能力，但其与脂肪酶（EC 3.1.1.3）存在质的区别。两者对底物碳链长度的要求不同，脂肪酶优先催化碳链长度大于10个碳原子的长链酯类，酯酶优先催化碳链长度小于10个碳原子的短链酯类。两者对底物物理状态的要求也不同，脂肪酶要求底物处在油—水界面才具有催化作用，而酯酶只对水溶性底物起作用。

（二）脂肪酶

脂肪酶（Triacylglycerol lipase，EC 3.1.1.3），也称甘油酯水解酶，广泛存在于动植物和微生物中。在油水界面上，脂肪酶催化三酰甘油的酯键水解，释放含更少酯键的甘油酯或甘油及脂肪酸（图2－14）。此外，该酶还可催化多种酯的水解、合成及外消旋混合物的拆分。脂肪酶反应条件温和，具有优良的立体选择性，并且不会造成环境污染，因此，在皮革、食品、医药、饲料和洗涤剂等许多工业领域具有广泛应用。

1. 脂肪酶的催化机制 脂肪酶分子由亲水、疏水两部分组成，活性中心靠近分子疏水端。来源不同的脂肪酶，尽管在氨基酸序列上可能存在较大差异，但其三级结构却非常相似。脂肪酶的结构有两个特点：第一，脂肪酶都包含同源区段His－X－Y－Gly－Z－Ser－W－Gly

$$\text{甘油三酯} \xrightarrow[\text{脂肪酶}]{H_2O \rightarrow R_3COOH} \text{甘油二酯}$$

甘油三酯

甘油二酯

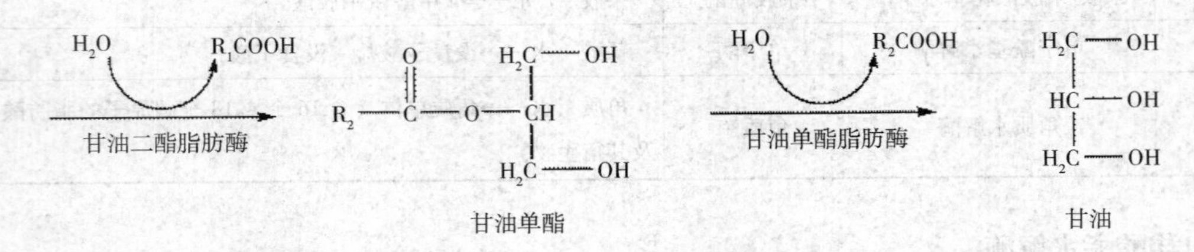

图 2 – 14　脂肪酶对甘油三酯的水解

或 Y – Gly – His – Ser – W – Gly（X、Y、W、Z 是可变的氨基酸残基）；第二，活性中心是丝氨酸残基，正常情况下受 1 个 α – 螺旋盖（又称“盖子”，图 2 – 15）保护。“盖子”的外表面相对亲水，面向内部的内表面则相对疏水。“盖子”中 α – 螺旋的双亲性会影响脂肪酶与底物在油—水界面的结合能力，其双亲性减弱将导致脂肪酶活性降低。脂肪酶的催化部位埋在分子中，当酶处于闭合状态时，活性位点被“盖子”覆盖，三联体催化部位受到保护；当存在脂质微囊时，酶的构象发生变化，“盖子”打开，暴露出含有活性部位的疏水部分，酶与底物结合，催化脂肪水解。

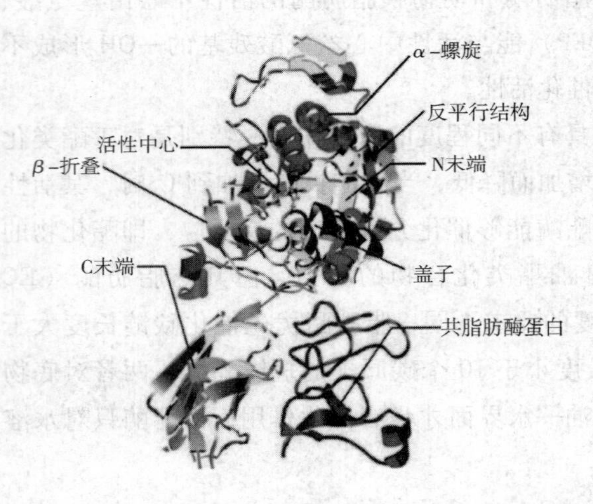

图 2 – 15　人胰腺脂肪酶的三维结构

图 2 – 15 中，活性中心在 β – 折叠中心位置，深埋在 β – 折叠内。盖子掩盖着活性中心。

从脂肪酶的结构特性可知，脂肪酶具有油—水界面的亲和力，能在油—水界面上高效催化水解不溶于水的脂类物质。脂肪酶作用于反应体系的疏水—亲水界面层，是脂肪酶区别于酯酶的重要特征。

2. pH 值、温度、激活剂和抑制剂对脂肪酶活性的影响　脂肪酶的催化活性也受 pH 值、温度的限制。脂肪酶的最适 pH 值和最适温度因底物种类和状态、脂肪酶的纯度、缓冲液的种类及测定方法不同而产生差异。

大多数脂肪酶的最适 pH 值为 8.0 ~ 9.0，但也有一些脂肪酶具有酸性的最适 pH 值。例如，胰脂酶的最适 pH 值为 8.0 ~ 9.0，但受底物、乳化剂、盐的影响，其最适 pH 值可以降至 6.0 ~ 7.0。一般情况下，牛乳脂酶的最适 pH 值为 9.0，但也有研究证明，pH 值在 4.1 ~ 6.3 时也具有活性。成熟的蓖麻豆脂肪酶最适 pH 值为 6.3。微生物脂肪酶最适 pH 值差异较大，pH 值在 5.6 ~ 8.5。

大多数植物和动物来源的脂肪酶最适温度为 30 ~ 40℃，但来源不同，性质也不同，且差异较大，也有较高最适温度的酶。如将白地霉 Y162 的脂肪酶基因克隆，并在毕赤酵母中表达，所获得的脂肪酶最适温度和最适 pH 值分别为 50℃ 和 8.0，在 pH 值 6.0 ~ 10.0 及 60℃ 以下能保持 60% 以上的酶活力。

除了底物、pH 值和温度因素外，盐类对脂肪酶的作用也有影响，例如胆酸盐等具有乳化作用的盐能提高脂肪酶的活性，重金属盐则抑制其活性。NaCl 对猪胰脂酶的活性是必需的，当浓度为 7mmol/L 时，酶的活性达最大，低浓度 NaCl 也能激发牛胰脂酶的活性。钙离子能激发大多数脂肪酶的活性，并能提高胰脂肪酶的稳定性。低浓度二异丙基氟磷酸不能使胰脂酶失活，但高浓度则使其失活。

三、角质酶

角质酶（Cutinase，EC 3.1.1.74）是人们在研究植物病菌致病机理时发现的，是植物的花粉和植物病原真菌在外界诱导时分泌出来的一种酶，是目前已知的羧酸酯类水解酶中结构最小的蛋白，也可以看作是酯酶和脂肪酶之间的过渡蛋白。

角质酶是一种丝氨酸酯酶，不仅能够水解植物角质的酯键｛植物角质是由 C_{16} 族的羟基脂肪酸［主要是 16 - 羟基棕榈酸和 9（10），16 - 双羟基棕榈酸］和 C_{18} 族的脂肪酸（主要是 18 - 羟基 - 9，10 - 环氧硬脂酸和 9，10，18 - 三羟基硬脂酸）以及它们的同系物通过酯键交联的复杂的生物聚酯｝，也能够水解各种小分子可溶性酯类物质、短链和长链甘油三酯、聚己内酯和其他聚酯类物质。此外，角质酶还能催化酯合成反应和酯交换反应，因此是一种多功能酶，在农业生产、天然产物提取、纺织、食品、洗涤剂、生物柴油及酯合成等领域具有广泛的应用前景。在棉织物染整加工中，为了使棉纤维获得优良的润湿性，可以用角质酶去除具有疏水性的棉纤维表皮层——角质层。角质酶具有类似于脂肪酶的催化活性，但脂肪酶必须在油水界面上才有催化活性，而角质酶不需要。

角质酶对角质等聚酯的水解机制如下：

$$—R—COO—(CH_2)_6—\underset{}{\overset{R}{\overset{|}{C}}}H—(CH_2)_8COO—R \xrightarrow{\text{角质酶}} —R—COOH + HO—(CH_2)_6—\overset{R}{\overset{|}{C}}H—(CH_2)_8COO—R$$

1. 角质酶的来源 按照来源，角质酶分为真菌角质酶、细菌角质酶和花粉角质酶，其中研究最为广泛的是真菌角质酶。真菌角质酶主要来源于镰刀菌属（Fusarium）、炭疽菌属（Colletotrichum）、链核盘菌属（Monilinia）、曲霉属（Aspergillus）、黑星菌属（Venturia）、链格孢菌属（Alternaria）、葡萄孢菌属（Botrytis）、壳二孢属（Ascochyta）、疫霉属（Phytopthora）等 14 属 20 多种真菌，其中研究较多的是茄病镰孢菌（Fusarium solani pisi）角质酶。细菌角质酶主要来源于链霉菌属（Streptomyces）、假单胞菌属（Pseudomonas）、嗜热裂孢菌属（Thermobifida）等。

天然角质酶主要来源于两种途径，其一，由真菌植物病原体霉菌及其他细菌、放线菌分泌产生；其二，从花粉中分离纯化得到。

2. 角质酶的酶学性质 角质酶的相对分子质量普遍较小，真菌角质酶的相对分子质量一般在 22 ~ 26kDa。但是灰霉菌 *Botrytis cinerea* 角质酶和炭疽菌 *Colletotrichum gloeosporioides* 角质酶的相对分子质量偏大，分别为 40. 8kDa 和 40kDa；*Monilinia fructicola* 中 2 个角质酶的相对分子质量偏小，分别为 18. 2kDa 和 20. 8kDa。细菌角质酶的相对分子质量较真菌角质酶略大，其中假单胞 *Pseudomonas putida* 和放线菌 *T. fusca* 角质酶的相对分子质量均为 30kDa。

真菌角质酶的最适温度较低，为 30 ~ 40℃，细菌角质酶的最适温度高于真菌角质酶，为 40 ~ 60℃。角质酶的最适 pH 值偏碱性，通常为 8 ~ 10，pH 值低于 7 时酶活急剧下降；但苹果黑星菌角质酶的最适 pH 值偏酸性，为 5 ~ 6。

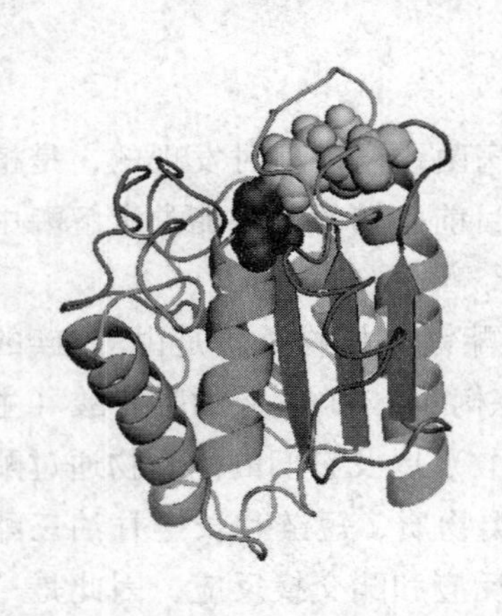

图 2 – 16 *F. solani pisi* 角质酶的三级结构图

3. 角质酶的结构 角质酶的三级结构同源性很高，*F. solani pisi* 角质酶是由 197 个氨基酸构成的紧凑型单结构域分子，属于 α/β 水解酶（图 2 – 16）。结构中心由 5 个平行的 β – 折叠链组成，两边各由 2 ~ 3 个 α – 螺旋包围，催化三角由 Ser120 – His188 – Asp175 构成，活性中心位于整个结构的顶端，并暴露于溶剂中，没有盖子结构遮挡，因此没有界面活化现象；*F. solani pisi* 角质酶有两对二硫键。环状结构（氨基酸 80 ~ 87、180 ~ 188）中含有大量的疏水氨基酸（Leu81、Gly82、Ala85、Leu86、Pro87、Leu182、Ile183 和 Val184），因此是底物结合位点的重要组成部分，角质酶和底物结合不需要主链构象的变化，仅需亲脂性侧链氨基酸（Leu81、Leu182）的重新定位即能完成。

第七节 氧化还原酶

一、氧化还原酶的概念和分类

氧化还原酶（Oxidoreductases）是催化底物进行氧化还原反应的酶，它催化电子由一个分子（还原剂，又名氢受体或电子供体）传递给另一个分子（氧化剂，又名氢供体或电子受体），如乳酸脱氢酶、过氧化氢酶、漆酶等。已知氧化还原酶的数量和水解酶相近，在生产实践中的应用也仅次于水解酶类。氧化还原酶一般属于缀合蛋白质的酶类，反应都需要辅因子参与。氧化还原酶按习惯分类法分为四个“亚”类。

1. 脱氢酶

催化反应大致为：

$$\mathrm{RH} + \mathrm{R'} \overset{\text{儿茶酚 1，2－双氧合酶}}{\rightleftharpoons} \mathrm{R} + \mathrm{R'H}$$

绝大部分脱氢酶的辅酶是烟酰胺腺嘌呤二核苷酸（NAD）或烟酰胺腺嘌呤二核苷酸磷酸（NADP），如谷氨酸脱氢酶等。

2. 氧化酶

（1）催化反应大致为：

$$\mathrm{R \cdot 2H} + \mathrm{O_2} \overset{\text{氧化酶}}{\rightleftharpoons} \mathrm{R} + \mathrm{H_2O_2}$$

这类氧化酶的特点是，第一，产物之一是 H_2O_2；第二，需要黄素核苷酸 FMN 或黄素腺嘌呤二核苷酸 FAD 为辅基。葡萄糖氧化酶（Glucose oxidase，EC 1.1.3.4）就属于这一类型，每个酶分子中包含两个 FAD 分子，催化反应为：

$$\text{葡萄糖} + \mathrm{O_2} + \mathrm{H_2O} \overset{\text{葡萄糖氧化酶}}{\rightleftharpoons} \text{葡萄糖酸内酯} + \mathrm{H_2O_2}$$

（2）催化反应大致为：

$$\mathrm{2R \cdot 2H} + \mathrm{O_2} \overset{\text{氧化酶}}{\rightleftharpoons} \mathrm{2R} + \mathrm{2H_2O}$$

这类氧化酶的作用产物之一是 H_2O，而不是 H_2O_2。抗坏血酸氧化酶（Ascorbate oxidase，EC 1.10.3.3）就是一种含铜的氧化酶，催化反应为：

$$\mathrm{L}-\text{抗坏血酸} + \mathrm{O_2} \overset{\text{抗坏血酸氧化酶}}{\rightleftharpoons} \text{脱氢抗坏血酸} + \mathrm{H_2O}$$

3. 过氧化物酶　这类酶催化以 H_2O_2 等作为氧化剂的氧化还原反应，存在于高等生物的过氧酶体中，担负 H_2O_2 和过氧化物的分解转化任务。其中有的以血红素为辅基，如辣根过氧化物酶（Horseradish Peroxidase，HRP，EC 1.11.1.7）和过氧化氢酶（Catalase，EC 1.11.1.6）。辣根过氧化物酶的催化反应为：

$$\mathrm{2RH} + \mathrm{H_2O_2} \overset{\text{辣根过氧化物酶}}{\rightleftharpoons} \mathrm{R{-}R} + \mathrm{2H_2O}$$

4. 氧合酶　和氧化酶不同，氧合酶（Oxygenase）催化氧原子直接渗入有机分子。如儿茶酚 1，2－双氧合酶（Catechol 1，2－dioxygenase，EC 1.13.11.1），催化反应如下：

$$\text{儿茶酚} + \mathrm{O_2} \overset{\text{儿茶酚 1，2－双氧合酶}}{\rightleftharpoons} \text{顺，顺－己二烯二酸}$$

氧化还原酶主要通过氧化还原的方式达到处理的目的，在纺织染整中的应用仅次于水解酶，可用于天然纤维素纤维织物前处理中的脱木质素、双氧水漂白中去除残留的双氧水、染色废水中染料的脱色、牛仔服装的酶洗（表面脱色）和纤维材料的表面功能化改性等领域，是比较有前景的酶制剂。应用的氧化还原酶主要有过氧化氢酶、漆酶、葡萄糖氧化酶、辣根过氧化物酶、木质素酶（木质素过氧化物酶、锰过氧化物酶）等品种。其中，氧化还原酶中的过氧化氢酶、漆酶已实现工业化应用。

二、过氧化物酶

（一）过氧化物酶的分类和性质

1. 过氧化物酶的分类与来源 过氧化物酶（Peroxidase，EC 1.11.1.X）是一类氧化酶，催化由过氧化氢参与的各种还原剂的氧化反应：在有氢供体参与下，催化过氧化氢分解：

$$H_2O_2 + 2AH_2 \longrightarrow 2H_2O + 2A$$

当以过氧化氢作为氢供体时，该酶称为过氧化氢酶：

$$2H_2O_2 \longrightarrow 2H_2O + O_2$$

过氧化物酶广泛分布于各种动物、植物（辣根、芜菁、无花果、烟叶等）和微生物（酵母细胞色素 C）中。对过氧化物酶的研究，最早可追溯到 1809 年用愈创树脂为底物进行的颜色反应。已知的催化反应底物已超过 200 种。

过氧化物酶可以根据其来源、辅基性质和催化底物等进行分类。

依据辅基性质，过氧化物酶分为含铁过氧化物酶和黄素蛋白过氧化物酶。含铁过氧化物酶又可分为高铁血红素过氧化物酶和绿（髓）过氧化物酶。高铁血红素过氧化物酶含有高铁血红素Ⅲ。绿（髓）过氧化物酶存在于牛乳（乳过氧化物酶）、髓细胞（绿过氧化物酶）和多种组织中。黄素蛋白过氧化物酶的辅基是 FAD。

根据催化底物特性的不同，过氧化物酶分为愈创木酚过氧化物酶、谷胱甘肽过氧化物酶、抗坏血酸过氧化物酶等类别。

根据酶的来源不同，过氧化物酶分为辣根过氧化物酶、番茄过氧化物酶、花生过氧化物酶等类别。辣根是过氧化物酶最重要的来源之一，辣根过氧化物酶（Horseradish peroxidase，简称 HRP）是迄今研究最深入的过氧化物酶之一。

2. 过氧化物酶的性质

（1）过氧化物酶催化反应的类型。过氧化物酶可以催化四类反应。

①在有氢供体存在的条件下，催化氢过氧化物或过氧化氢分解，此即过氧化物酶的过氧化活力。反应的总反应式可表示为：

$$ROOH + AH_2 \longrightarrow H_2O + ROH + A$$

式中：R 为—H、—CH_3或—C_2H_5，AH_2为氢供体（还原形式），A 为氢供体（氧化形式）。许多化合物都可以作为反应中的氢供体，如酚类化合物（对甲酚、愈创木酚和间苯二酚）、芳香族胺（苯胺、联苯胺、邻苯二胺和邻联茴香胺）、NADH 和 NADPH。

②在没有过氧化氢存在时有氧化作用，此即过氧化物酶的氧化活力。该反应需要 O_2和辅助因素，锰离子和酚。许多化合物，如草酸、草酰乙酸、丙酮二酸、二羟基富马酸和吲哚乙酸等，均能作为这类反应的底物。如：

$$\underset{\text{二羟基富马酸}}{\begin{matrix}\text{HO—C—COOH}\\ \| \\ \text{HOOC—C—OH}\end{matrix}} + O_2 \xrightarrow{\text{过氧化物酶}} \underset{\text{二酮琥珀酸}}{\begin{matrix}\text{O═C—COOH}\\ | \\ \text{O═C—COOH}\end{matrix}} + H_2O_2$$

③在没有其他氢供体存在的条件下，催化过氧化氢分解：

$$2H_2O_2 \longrightarrow 2H_2O + O_2$$

④羟基化作用，即催化一元酚和氧反应，生成邻三羟基酚，此反应必须有氢供体参加。

（2）过氧化物酶催化反应的机制。过氧化物酶催化的反应过程如下。

$$Per-Fe^{III}-H_2O+H_2O_2 \underset{k_2}{\overset{k_1}{\rightleftharpoons}} Per—Fe^{III}—H_2O_2 \underset{k_4}{\overset{k_3}{\rightleftharpoons}} \underset{\text{化合物 I}}{Per-Fe^{IV}O(\cdot +)} + H_2O$$

$$\underset{\text{化合物 I}}{Per-Fe^{IV}O(\cdot +)} + AH_2 \xrightarrow{k_5} \underset{\text{化合物 II}}{Per-Fe^{IV}OH} + AH\cdot$$

$$\underset{\text{化合物 II}}{Per-Fe^{IV}OH} + AH_2 \xrightarrow{k_6} Per-Fe^{III}-H_2O + AH\cdot$$

在第一步反应中，底物 H_2O_2 首先取代与过氧化物酶分子中血红素相结合的 H_2O，形成酶—底物络合物（$Per-Fe^{III}-H_2O_2$）。该络合物被认为是第一个直接证明的酶—底物络合物。这一步反应很快，二级反应速度常数用 k_1 表示。然后酶被 H_2O_2 氧化失去两个电子成为卟啉基正离子，酶—底物络合物进一步转变成化合物 I［$Per-Fe^{IV}O(\cdot +)$］，这一步反应的速度常数用 k_3 表示，k_3 大于 k_1。化合物 I 中含有一个额外的氧，已有充分证据证明，这个氧曾经是 H_2O_2 的一部分。当酶分子中形成氧离子时，铁的氧化态从常见的三价增加到四价。

［$Per-Fe^{IV}O(\cdot +)$ 为 $Per-Fe^{V}O$ 的一种共振形式，即铁原子并没有完全氧化到 +V 价，而是从血红素上接受了一些“支持电子”，因此，反应式中的血红素也就表示为自由基阳离子（$\cdot +$）］。

随后，化合物 I 被一个底物分子 AH_2 还原得到一个电子，成为中间化合物 II，最后中间化合物 II 又被另一个底物分子 AH_2 还原而得到一个电子，从而完成一个催化循环过程。

从化合物 I 转变成 $Per-Fe^{III}-H_2O_2$，或者从 $Per-Fe^{III}-H_2O_2$ 生成 $Per-Fe^{III}-H_2O$ 的反应速度常数用 k_4、k_2 表示，这两步反应都很慢。

化合物 I 的进一步变化依过氧化物酶的来源、本质及氢供体的不同而不同。对于来源于植物组织的辣根过氧化物酶，在过氧化反应中，化合物 I 和外源氢供体底物作用，生成化合物 II（$Per-Fe^{IV}-OH$）和 AH·自由基，这一步反应的速度常数用 k_5 表示。

化合物 II 与第二个氢供体底物作用后，酶（$Per-Fe^{III}-H_2O$）再生，同时生成第二个自由基 AH·，这一步反应的速度常数用 k_6 表示。k_6 的大小取决于氢供体底物的性质，k_5 通常是 k_6 的 40～100 倍。在过氧化反应中，化合物 II 转变成过氧化物酶的反应是整个反应的限速步骤。

在没有外源氢供体底物时，化合物 I 转变成化合物 II 以及化合物 II 转变成过氧化物酶的速度是非常缓慢的。此时，化合物 I 将直接和第 2 个 H_2O_2 分子作用，生成 H_2O、O_2 和过氧化物酶，此时酶的作用和过氧化氢酶类似。

上述反应产生的自由基能引发乙烯基单体的聚合，自由基之间也能发生偶合反应。这两种反应都能生成聚合物。

3. 过氧化物酶的底物　过氧化物酶的底物包括过氧化物和氢供体两部分。

过氧化物酶的过氧化物底物主要是H_2O_2，但高浓度H_2O_2将会因其强氧化作用造成酶失活，即使在较低的浓度范围内，H_2O_2也会影响过氧化物酶的活力。例如，辣根过氧化物酶活力在H_2O_2浓度为0.3×10^{-2}mol/L时达到最高值。

过氧化物酶对于氢供体的特异性要求很高。研究表明，不同的过氧化物酶具有不同的底物特异性，甚至不同的过氧化物酶在很多酶学特性方面都存在较大的差异。

4. 过氧化物酶的最适反应条件 过氧化物酶的最适反应条件主要包括最适pH值和最适温度。

（1）最适pH值。影响过氧化物酶最适反应pH值的因素有酶的来源、同工酶组成、氢供体底物和缓冲液等。植物来源的过氧化物酶一般都含有多种同工酶，不同的同工酶往往具有不同的最适pH值，因此，测得的过氧化物酶最适pH值往往具有较宽的范围，通常pH值在4.0～7.0。

（2）最适温度。与最适pH值相类似，过氧化物酶的最适温度也与酶的原料种类、同工酶组成、缓冲液pH值、酶的纯化程度等因素有关。植物来源的过氧化物酶的最适温度一般在35～55℃。

（二）辣根过氧化物酶

1. 辣根过氧化物酶的来源 辣根过氧化物酶（Horseradish Peroxidase，HRP，EC 1.11.1.7）来源于多年生植物辣根。当辣根根茎被切开，细胞释放多种同工酶（Isoenzyme，同工酶是指催化的化学反应相同，酶蛋白的分子结构、理化性质乃至免疫学性质不同的一组酶），辣根过氧化物酶是这些同工酶的总称，其中以辣根过氧化物酶同工酶C（HRP C）的含量最为丰富。辣根过氧化物酶至少有15种同工酶。

2. 辣根过氧化物酶的性质 HRP C是由无色的酶蛋白和棕色的铁卟啉结合而成的糖蛋白，糖含量18%～22%，相对分子质量约44kDa，其中，多肽链33890Da，血红素和钙离子大约700Da，碳水化合物或糖类大约9400Da。这些碳水化合物包括半乳糖、果胶糖、木糖、海藻糖、甘露糖、甘露糖胺和半乳糖胺。

辣根过氧化物酶溶于水，等电点为3～9，不同的同工酶等电点不同。辣根过氧化物酶pH值在5～9稳定，酶催化的最适pH值因供氢体不同而稍有差异，但多在pH值为7左右。

3. 辣根过氧化物酶的结构 HRP C是一种由单一肽链和辅基卟啉构成的血红素蛋白酶，是一种结合了氧化血红素的糖蛋白，肽链由308个氨基酸组成，含有4个二硫键，分别位于Cys11－91、Cys44－49、Cys97－301和Cys177－209。同时还有一个由Asp99和Arg123组成的盐桥。肽链主链上有9个糖基化位点（主要是天冬酰胺残基的侧—$CONH_2$、丝氨酸和苏氨酸残基的侧—OH）。HRP C含有两个不同的金属中心：原铁卟啉［高铁（Ⅲ）血红素］和两个钙离子。血红素分子中的卟啉铁离子与肽链上His170侧链的N原子配位结合，使血红素垂直连接在His170上，如图2－17所示。在血红素平面的上下两侧存在着两个钙离子，每个钙离子能同时与主肽链上Asp（天门冬氨酸）、Ser（丝氨酸）、Thr（苏氨酸）残基侧链上的羧基或羟基结合。钙离子丢失将导致HRP C酶活的热稳定性下降，还能使血红素的构型发生改变。

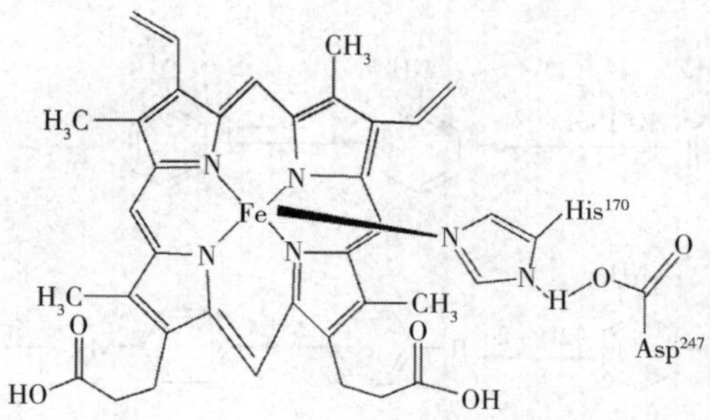

图 2－17 HRP C 酶中血红素的结构

辣根过氧化物酶的一些结构信息如图 2－18 所示。从辣根过氧化物酶的三维视图可以看到，酶的结构大部分是 α－螺旋，但其中也包含一些小的 β－折叠（图 2－18 中粗箭头所示）。血红素基团位于中心区域（图中的网状结构）。

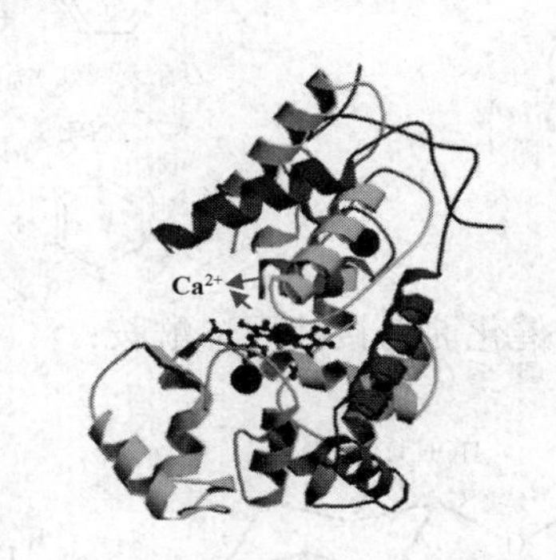

图 2－18 辣根过氧化物酶的三维视图

4. 辣根过氧化物酶的催化反应机理

（1）反应过程。HRP C（后文都简称为 HRP）催化 H_2O_2 氧化底物的反应机理已得到深入和广泛的研究，反应过程可用下式表示：

$$HRP + H_2O_2 \longrightarrow HRP\ \mathrm{I}$$

$$HRP\ \mathrm{I} + RH \longrightarrow R\cdot + HRP\ \mathrm{II}$$

$$HRP\ \mathrm{II} + RH \longrightarrow R\cdot + HRP$$

$$R\cdot + R\cdot \longrightarrow R-R$$

总反应：

$$2RH + H_2O_2 \longrightarrow R-R$$

反应过程：HRP 由 H_2O_2 氧化血红素基团中的 Fe（Ⅲ），使 Fe（Ⅲ）失去两个电子，成为四价的中间体 HRPⅠ［Fe（Ⅳ）·＋］，HRPⅠ进而氧化底物 RH，得到一个电子，转变成部分氧化的中间体 HRPⅡ，HRPⅡ再次氧化底物 RH，再次得到一个电子，RH 是供电子（或氢）单体。经过两步单电子反应，HRP 酶回到初始形态。反应中得到的 2 个自由基 R·相互反应形成二聚体，继续发生氧化链增长反应，最终得到聚合物。自由基 R·也可引发其他单体，如乙烯基单体聚合生成聚合物。如：

①催化苯基苯酚邻位聚合物的合成：

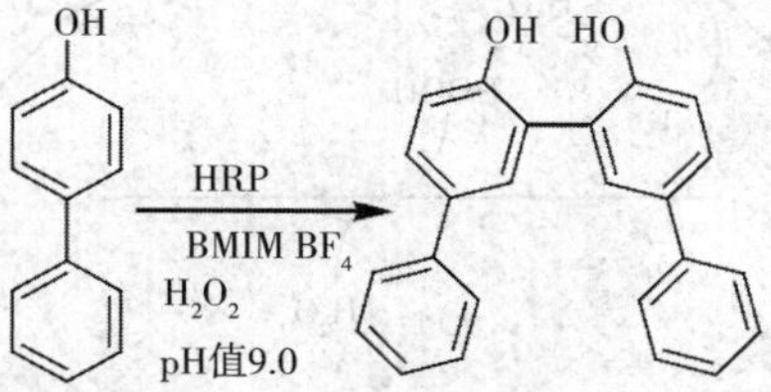

②催化水相和有机相中苯胺的聚合：

③催化淀粉接技丙烯酰胺：

（2）反应机理。辣根过氧化物酶催化氧化底物的反应过程，除了过氧化物酶的循环反应外，还包括氧化酶的催化循环反应，具体反应机理如图 2-19 所示。

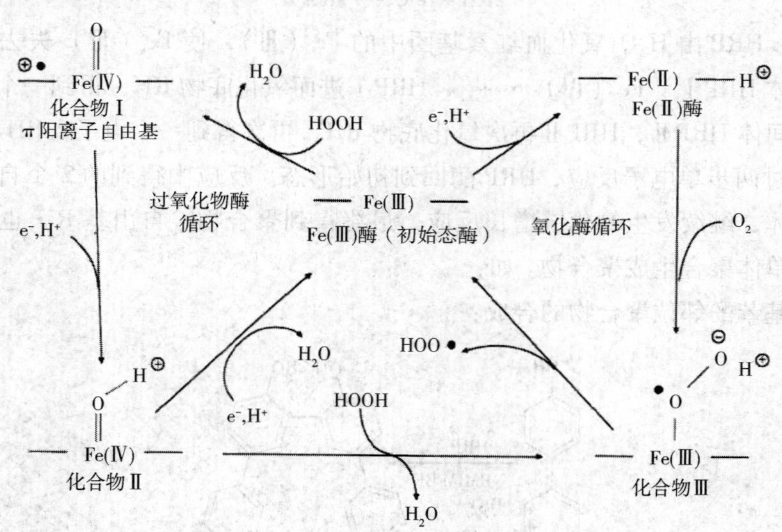

图 2-19　辣根过氧化物酶催化氧化底物的循环反应机理

e^-、H^+—由还原性底物提供

催化循环的第一步是H_2O_2和初始态酶中的Fe（Ⅲ）反应生成化合物Ⅰ（HRPⅠ），HRPⅠ是一个高氧化态的催化中间体，包含一个含氧Fe（Ⅳ）中心和一个带正电荷的卟啉。其实低温下在HRPⅠ形成的过程中还检测到另一个催化中间体（HRP0），HRP0被看成是H_2O_2—Fe（Ⅲ）的中间复合物或络合物，但是它的存在非常短暂。在正常情况下，HRPⅠ再经过两个反应回到初始态酶。第一个反应是由一分子还原性底物的加入，生成另一个含有含氧Fe（Ⅳ）中心的催化中间体HRPⅡ（化合物Ⅱ）。HRPⅠ和HRPⅡ都是强氧化剂，氧化还原电势接近+1V。第二个反应也是有一分子还原性底物参加，使HRPⅡ还原成初始态酶。

在初始态酶中加入过量H_2O_2时，会使酶部分失活，这是由于生成另外的一个催化中间体HRPⅢ（化合物Ⅲ），HRPⅢ又会引发另一系列的反应。HRPⅢ被认为是Fe（Ⅲ）超氧化物与Fe（Ⅱ）双氧化物的杂合体。

（三）过氧化氢酶

过氧化氢酶（Hydrogen peroxidase，EC 1.11.1.6）又称触酶（Catalase，CAT），是一类广泛存在于动物、植物和微生物体内的末端氧化酶。它以过氧化氢（H_2O_2）为专一底物，通过催化一对电子的转移，将过氧化氢分解为水和氧气。过氧化氢酶是一种抗氧化剂，是转换数（表示酶与底物反应速率）最高的酶之一，一个过氧化氢酶分子每秒可将数百万个过氧化氢分子转化为水和氧气。过氧化氢酶是生物演化过程中建立起来的生物防御系统中的关键酶之一，起着避免细胞遭受体内代谢物破坏的作用，在食品、医药、纺织、造纸、环保等行业具有重要应用。

1. 过氧化氢酶的分类与来源 1892年，Jacobson首次证明在动植物组织内有专一分解过氧化氢的酶存在。1900年，Oscar Loew将这种能够降解过氧化氢的酶命名为“Catalase”，即过氧化氢酶，并发现这种酶存在于许多植物和动物中。1937年，詹姆斯·B. 萨姆纳将来自牛肝中的过氧化氢酶结晶，并于次年获得了该酶的相对分子质量。1969年，测出牛肝过氧化氢酶的氨基酸序列，1981年，解析出其三维结构。

迄今为止的研究表明，几乎所有的需氧微生物中都存在过氧化氢酶，部分厌氧微生物也含有过氧化氢酶。过氧化氢酶存在于所有已知动物的各个组织中，而在肝脏中以高浓度存在。过氧化氢酶也普遍存在于植物中，但不包括真菌。

过氧化氢酶按照催化中心结构差异分为两类，即含铁卟啉结构的过氧化氢酶（又称铁卟啉酶）和含锰离子（替代铁）卟啉结构的过氧化氢酶（又称锰过氧化氢酶）。

2. 过氧化氢酶的性质 不同来源的过氧化氢酶，结构上具有高度的相似性，它们都是同源四聚体，每一个亚基含有超过500个氨基酸残基，并且每个亚基的活性位点都含有一个卟啉血红素基团，用于催化过氧化氢的分解，相对分子质量一般为200000~340000Da。

不同来源的过氧化氢酶的活性、稳定性有很大不同。肝脏过氧化氢酶在pH值为5.3~8.0时有活性，最适pH值在7左右，pH值在5.3以下时急剧失活。黑曲霉及青霉的过氧化氢酶pH值在2~7时能显示一定的活性，溶壁小球菌过氧化氢酶的最适pH值为7~9。通常植物（果蔬）中过氧化氢酶的热稳定性较高，在80℃以上才明显失活，动物和微生物中的过氧化氢酶的热稳定性较低，60℃就明显失活。

不同来源过氧化氢酶的最适 pH 值及热稳定性见表 2 – 10。

表 2 – 10　不同来源过氧化氢酶的最适 pH 值及热稳定性

来源	最适 pH 值	热稳定性
细菌	溶壁微球菌最适 pH 值在 7 ~ 9，通常活性 pH 值在 6	随来源不同而不同，如鼠伤寒沙门氏菌的过氧化氢酶可耐 80℃处理 30min
肝脏	在 pH 值 5.3 ~ 8.0 有活性，最适 pH 值在 7 左右，pH 值在 5.3 以下急剧失活	很差
植物	—	低温时较好，温度较高时较差
嗜热子囊菌	pH 值在 5 ~ 12 稳定	好
黑曲霉及青霉	pH 值在 2 ~ 7 显示一定的活性。黑曲霉的过氧化氢酶，pH 值在 3 的环境下也稳定	室温 24h 能保持其活性的 70%

图 2 – 20 为从自溶血性链球菌分离得到的过氧化氢酶的三维视图。

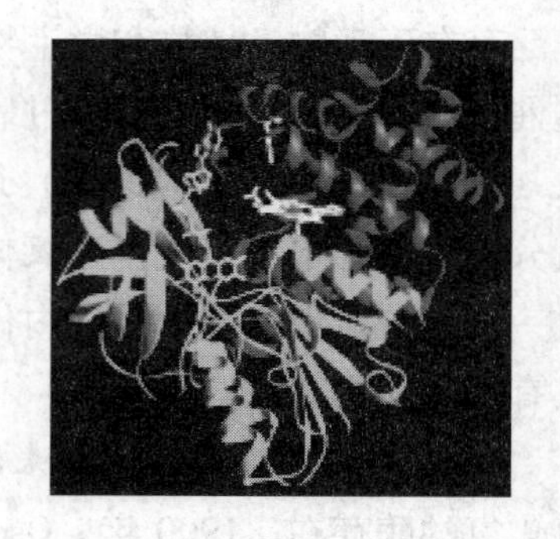

图 2 – 20　自溶血性链球菌分离得到的过氧化氢酶的三维视图

3. 过氧化氢酶的催化机制　过氧化氢酶的完整催化机制目前尚未完全了解，其催化过程被认为分两步进行。

$$H_2O_2 + Fe(Ⅲ) - E \longrightarrow H_2O + O{=}Fe(Ⅳ) - E(\cdot +)$$

$$H_2O_2 + O{=}Fe(Ⅳ) - E(\cdot +) \longrightarrow H_2O + Fe(Ⅲ) - E + O_2$$

其中，“Fe（Ⅲ） – E”表示结合在酶上的血红素基团中的中心铁原子（Fe）。Fe（Ⅳ） – E（· +）为 Fe（V） – E 的一种共振形式，即铁原子并没有完全氧化到 + V 价，而是从血红素上接受了一些“支持电子”，因此，反应式中的血红素也就表示为自由基阳离子（· +）。

反应过程中，过氧化氢进入过氧化氢酶的活性位点，并与酶 147 位上的天冬酰胺残基（Asn – 147）和 74 位上的组氨酸残基（His – 74）相互作用，使得一个质子在氧原子间互相传递。自由的氧原子配位结合，生成水分子和 Fe(Ⅳ)=O。Fe(Ⅳ)=O 与第二个过氧化氢分子反应，重新形成 Fe（Ⅲ） – E，并生成水和氧气。活性中心铁原子的反应活性可能由于 357 位上酪氨酸残基（Tyr – 357）苯酚基侧链的存在［可帮助 Fe（Ⅲ）氧化为 Fe（IV）］而得以提高。反应效率可能是通过 His – 74 和 Asn – 147 与反应中间体作用而得以提高。

三、葡萄糖氧化酶

葡萄糖氧化酶（Glucose oxidase，简称 GOD，β – D – 葡萄糖：氧 氧化还原酶，EC 1.1.3.4）是一种需氧脱氢酶，能在氧气存在的条件下，专一催化 β – D – 葡萄糖氧化成 δ – D – 葡萄糖酸内酯和过氧化氢，广泛应用于食品、医药、临床化学和分析化学等许多领域。1928 年，首次从黑曲霉细胞提取液中发现葡萄糖氧化酶，随后分别从灰绿青霉和黑曲霉中提纯得到。目前，只发现灰绿青霉、黑曲霉、米曲霉、点青霉和酵母菌能产葡萄糖氧化酶，在高等植物和动物体内尚未发现葡萄糖氧化酶。工业化葡萄糖氧化酶是将黑曲霉或金黄色青霉菌通过深层发酵制得。

高纯度的葡萄糖氧化酶为淡黄色粉末，易溶于水，完全不溶于乙醚、氯仿、丁醇等有机溶剂，一般制品中含有过氧化氢酶。

1. 葡萄糖氧化酶的底物特异性 与大多数酶一样，葡萄糖氧化酶的底物特异性非常严格，对β－D－吡喃葡萄糖表现出高度的专一性，对其他各种糖几乎没有活性作用。底物分子C_1上的羟基在酶的催化作用中起着重要作用，且羟基处在β－位时酶的活力比处在α－位时约高160倍。底物分子中的任何一点改变都会显著降低其氧化速率。当底物结构在C_2、C_3、C_4、C_5或C_6位上发生改变时，虽然在不同程度上还表现出一定的活力，但其总体活力已大幅下降。

2. 葡萄糖氧化酶的性质

（1）pH值对葡萄糖氧化酶作用的影响。葡萄糖氧化酶的最适反应pH值为5.6，pH值在4.8～6.2能保持良好的稳定性。在没有保护剂存在的情况下，酶在pH值大于8.0或小于2.0时迅速失活。底物的存在具有稳定酶活性的作用。在pH值为8.1，且无葡萄糖存在的情况下，葡萄糖氧化酶的催化活性10min内损失90%；而在相同pH值且有葡萄糖存在的条件下，40min内酶的催化活力仅损失20%。

（2）温度对葡萄糖氧化酶作用的影响。葡萄糖氧化酶的温度稳定范围较宽，为40～60℃，最适作用温度为50～55℃。该酶在低温下也具有良好的稳定性，但温度一旦高于60℃，酶活将逐渐丧失。酶的水溶液在60℃下保持30min，活力损失达80%以上。

3. 葡萄糖氧化酶的组成及其作用机制 目前，葡萄糖氧化酶的工业酶制剂主要来源于黑曲霉，黑曲霉葡萄糖氧化酶也是这类酶中研究得最为彻底的一种。黑曲霉葡萄糖氧化酶的相对分子质量在150kDa左右，如果用β－巯基乙醇裂开酶分子中的二硫键，将产生两个相对分子质量各为80kDa的亚基。葡萄糖氧化酶的辅基为黄素腺嘌呤二核苷酸（FAD），每个酶分子含两分子的FAD。

黑曲霉葡萄糖氧化酶属于糖蛋白类，从纯的黑曲霉葡萄糖氧化酶中可分离出六个组分，它们的等电点略有差别，在3.88～4.33，而以葡萄糖为底物时的K_m没有显著的差别。各组分蛋白质部分的组成相同，具有相同的C末端，但碳水化合物部分的组成不同。碳水化合物部分没有参与酶的催化作用，也没有起维持酶蛋白构象的作用。

图2－21是葡萄糖氧化酶的立体结构示意图，其氧化反应受结合于酶结构深处的辅酶[黄素腺嘌呤二核苷酸（FAD）]的制约。葡萄糖氧化酶的活性位点在辅酶的正上方，处于较深的立体结构中（图中以星号标记）。葡萄糖氧化酶像许多在细胞外发挥作用的蛋白质一样，表面被糖链覆盖（图中carbohydrate所指）。

研究表明，葡萄糖氧化酶催化的反应速度同时取决于O_2和葡萄糖的浓度。图2－22是葡萄糖氧化酶对β－D－葡萄糖的催化作用反应式。

反应式中（图2－22），氧化态酶E_{FAD}作为脱氢酶，从β－D－葡萄糖分子中取走两个氢原子，形成还原态酶E_{FDAH_2}和δ－D－葡萄糖酸内酯，随后δ－D－葡萄糖酸内酯非酶水解成D－葡萄糖酸，同时还原态葡萄糖氧化酶被分子氧再氧化成氧化态葡萄糖氧化酶，同时生成

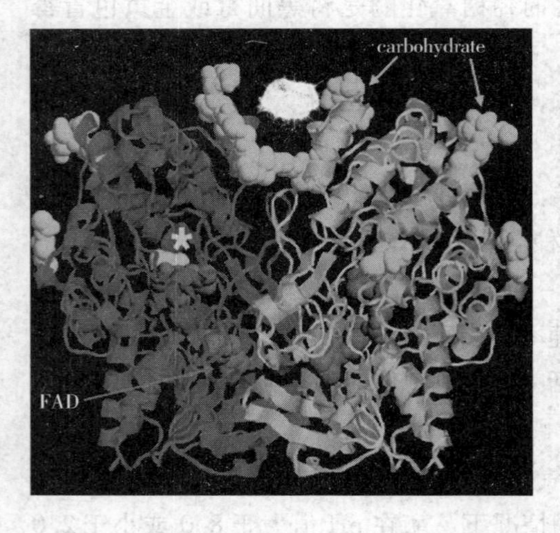

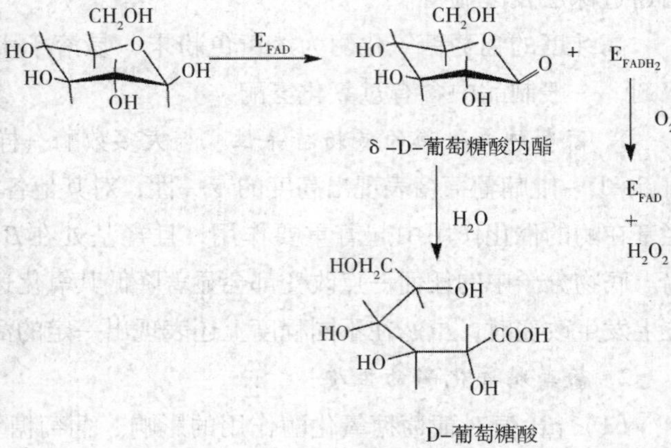

图 2-21　青霉菌葡萄糖氧化酶的三维视图

E_{FAD}　E_{FADH_2}　O_2　E_{FAD} + H_2O_2　H_2O

δ-D-葡萄糖酸内酯

D-葡萄糖酸

图 2-22　葡萄糖氧化酶催化的反应

H_2O_2，生成的 H_2O_2 可用于纺织品的漂白。如果反应体系中存在过氧化氢酶，H_2O_2 即被催化分解成 H_2O 和 O_2。

四、多酚氧化酶

（一）多酚氧化酶的分类与来源

多酚氧化酶是一种多功能的含铜离子的氧化酶，能催化氧化单酚和多酚，但其专一性不强。根据多酚氧化酶催化底物的不同以及底物中酚羟基的位置和数量，酶学界将多酚氧化酶分三大类：第一类，单酚氧化酶（酪氨酸酶，Tyrosinase，EC 1. 14. 18. 1）；第二类，双酚氧化酶（儿茶酚氧化酶，Catechol oxidase，EC 1. 10. 3. 1）或邻苯二酚氧化酶（*o*-Diphenol oxidase）、对苯二酚氧化酶（*p*-Diphenol oxidase）；第三类，漆酶（Laccase，EC 1. 10. 3. 2）。习惯上多酚氧化酶一般是儿茶酚氧化酶和漆酶的统称。

多酚氧化酶可以催化两种不同类型的反应：一是催化一元酚苯环的羟基化，生成相应的邻二酚类化合物；二是从邻二酚脱去氢，使之氧化生成邻醌。两种反应都需要有分子氧参与。多酚氧化酶最重要的天然底物主要包括儿茶素（Catechin）、3，4-二羟基肉桂酸酯（3，4-Dihydroxy cinnamate）、3，4-二羟基苯丙氨酸（3，4-Dihyciroxy phenylalanine，简称 DOPA）和酪氨酸（Tyrosine）。3，4-二羟基肉桂酸酯中的绿原酸（Chlorogenic acid，3-咖啡酰-奎尼酸）是多酚氧化酶在自然界中分布最广的底物，3，4-二羟基苯丙氨酸是多酚氧化酶催化酪氨酸羟基化的产物。

多酚氧化酶是生物界中分布极广的一种酶，广泛存在于马铃薯、梨、苹果、荔枝、菠菜、豆类、茶叶、烟草中，高等真菌以及微生物、高等动物也产此酶。

（二）酪氨酸酶

1. 概述　酪氨酸酶（EC 1. 14. 18. 1）是一种广泛存在于自然界哺乳动物、植物和微生物中含铜的金属氧化酶，具有单酚酶活性，可以催化单酚类物质生成邻二酚或将酪氨酸羟化形成L-多巴（L-DOPA），也具有二酚酶活力，可进一步将所生成的邻二酚转化成邻苯醌或将L-多巴氧化成多巴醌，所生成的这些醌类物质易于多聚化。酪氨酸酶主要参与生物体内黑色素和其他多酚类物质的形成，是生物合成黑色素的关键酶。

2. 酪氨酸酶的理化性质　到目前为止，已成功分离出酪氨酸酶的生物有真菌（包括霉菌、食用伞菌、酵母菌等）、细菌、裸子植物、被子植物、昆虫、脊椎动物、哺乳动物（包括人）。但不同来源的酪氨酸酶有不同的分子特性、相对分子质量、肽链总长度及等电点。如蘑菇酪氨酸酶反应的最适pH值在5.5~7.0，最适温度为30~35℃，酶液在4℃条件下保存7天活力下降50%，30℃条件下保存2天活力即下降50%；酪氨酸酶干粉在-20℃条件下保存1年，活力仅下降5%~10%。人体的酪氨酸酶相对分子质量60kDa、肽链总长度52.9nm、等电点6.03；鸡的酪氨酸酶相对分子质量60kDa、肽链总长度52.9nm、等电点5.71；鼠的酪氨酸酶相对分子质量60kDa、肽链总长度53.3nm、等电点5.67；链霉菌*Streptomyces lincolnensis*的酪氨酸酶相对分子质量30kDa、肽链总长度27.2nm、等电点5.33。绝大多数酪氨酸酶在60℃时，其半衰期只有几分钟，而一种从革兰氏阴性菌*Thermomicrobiumroseum*分离出的酪氨酸酶，在90℃时还有很高的活性，pH值在8.5~10。

3. 酪氨酸酶的结构和催化机制　酪氨酸酶最明显的一个结构特点就是具有两个Cu结合位点，CuA和CuB，图2-23所示是一种双核铜离子氧化酶，活性中心含有两个二价铜离子，分别与3个组氨酸残基相连，可以与分子氧及其酚类底物相互作用。

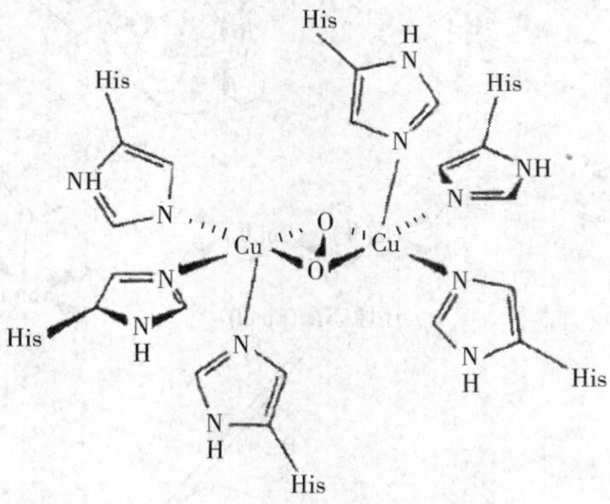

图2-23　酪氨酸酶的活性中心

酪氨酸酶是一种疏水性的膜结合蛋白，由7个α-螺旋和一些β-折叠组成，4个α-螺旋位于蛋白的核心，酶活性中心位于α-螺旋中。活性中心CuA分别与His_{90}、His_{81}和His_{57}形成配位键，CuB分别与His_{250}、His_{282}和His_{254}形成配位键。酶双铜活性中心位于由疏水氨基酸残基组成的口袋的底部。酪氨酸酶的活性中心接近酶蛋白分子表面，有利于底物与酶活性中心结合。

根据铜离子的价态及和氧分子的结合，酪氨酸酶的双核铜离子活性中心有三种不同结构，分别为还原态（E_{met}）（$Cu^{II}-Cu^{II}$）、氧化态（E_{oxy}）（$Cu^{II}-O_2-Cu^{II}$）和脱氧态（E_{deoxy}）（$Cu^{I}-Cu^{I}$）。还原态是酪氨酸酶的静息形式，含有两个反磁铜离子Cu（Ⅱ），通过一个内源桥基偶联。这种类型的酪氨酸酶通过添加过氧化物可以转换为氧化态，去除后又可逆地变为还原态；氧化态酶也含有两个铜离子Cu（Ⅱ），外源分子氧作为过氧化物及桥基与两个铜离子中心结合；脱氧态有双亚铜离子结构［Cu（Ⅰ）-Cu（Ⅰ）］。

酪氨酸酶氧化单酚（M）成为双酚（D）的活力是与双酚（D）被氧化为醌（Q）的活力同时表现的。因此人们将酪氨酸酶催化单酚氧化至醌全过程的活力称为单酚酶活力，即氧化态酶（E_{oxy}）与单酚（M）非共价结合，单酚（M）上的羟基亲核进攻释放出 H^+，生成 $E_{oxy}M$ 复合物。底物酚或酚盐进攻酶复合物，使 $E_{oxy}M$ 羟基化，生成 $E_{met}D$ 复合物，并进一步分解成醌（Q）、H_2O 和脱氧态酶（E_{deoxy}），脱氧态酶（E_{deoxy}）与氧结合转变为氧化态酶（E_{oxy}），完成单酚循环。还原态酶（E_{met}）没有单酚酶活力，当它与单酚（M）结合成 $E_{met}M$ 后，进入死胡同，不能分解出产物，必须靠反应体系中二酚的形成使之进入二酚酶的循环。

氧化态酶（E_{oxy}）和还原态酶（E_{met}）均具有二酚酶的活性，氧化态酶（E_{oxy}）与二酚（D）的结合使双酚上的羟基被亲核进攻释放出 2 个 H^+，形成复合物 $E_{oxy}D$，其后进一步分解成醌（Q）、H_2O 和还原态酶（E_{met}），后者继续结合另一分子的二酚（D）形成 $E_{met}D$ 复合物，并进一步分解成醌（Q）、H_2O 和脱氧态酶（E_{deoxy}）完成循环，双酚（D）就在此循环中被不断的氧化为醌（Q），如图 2－24 所示。

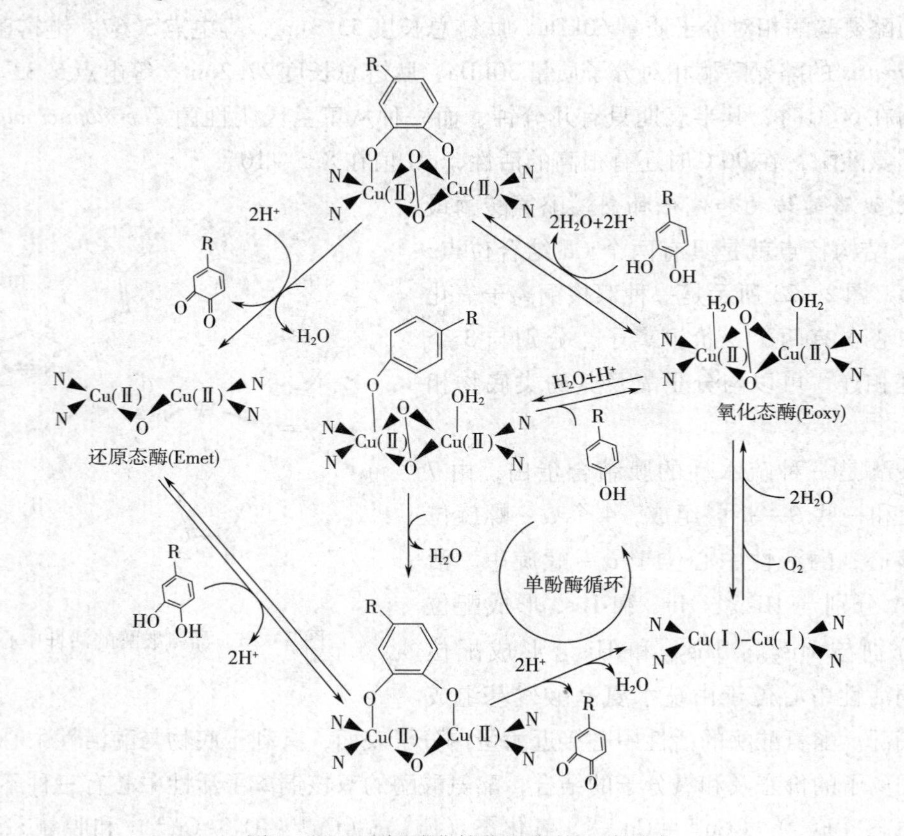

图 2－24 酪氨酸酶催化反应的三种形式

4. 酪氨酸酶催化的底物及其反应 酪氨酸酶是一种双重功能的生物催化剂，既具有单酚酶活性，又具有双酚酶活性，既能催化单酚类化合物选择性地羟基化生成邻苯二酚（单酚酶活力），又能氧化邻苯二酚脱氢生成邻苯醌（二酚酶活力）。酪氨酸酶能催化氧化酚类物质生成反应活性较高的邻醌类化合物，邻醌不稳定，可与亲核性基团如—NH_2 发生席夫碱反应或迈克尔加成反应。

酪氨酸酶作用的底物为酚类化合物，包括单酚（对甲基苯酚、酪氨酸）、邻二酚（邻苯二酚、多巴、儿茶酚、绿原酸等）、三酚，其中二酚显示出较好的酶亲和性。Espin 等对酪氨酸酶催化底物的立体异构做了研究，表明 L－构型底物比 D－构型底物对酪氨酸酶更具有亲和性；酚环上带有给电子基团的底物比带有吸电子基团的底物有更好的亲和性，芳香环上带有侧链的底物，酶催化活力随着侧链体积的增大而减小。

酪氨酸酶作用的酚类底物并不局限于低分子量酚类，还能将带有酚残基的聚合物氧化。

由于酪氨酸酶作用的底物范围广，且对底物羟基位置的高度特异性，因而在有机合成上具有重要应用价值，可利用酪氨酸酶选择性的羟基化能力，对含有苯酚结构的化合物进行定向修饰；也可利用酪氨酸酶催化氧化生成的邻醌结构作为活性中间体合成新的化合物，或对含酪氨酸的纤维如蚕丝、羊毛等进行接枝改性。

酪氨酸酶催化单酚类物质的邻位羟基化及随后的氧化以及催化邻苯二酚类物质氧化成醌的反应如下：

OH（苯酚） —邻位羟基化→ OH、OH（邻苯二酚） —氧化→ O、O（邻苯醌）

5. 酶促褐变形成色素 邻苯醌类物质比生成它的邻苯二酚类前体具有更强的反应活性，能够与酚类物质发生聚合反应，或者与蛋白质或氨基酸等其他化合物发生反应。这些反应可以产生多种多样的深色产物。

酪氨酸酶将酪氨酸邻位羟基化形成 3，4－二羟基苯基丙氨酸（多巴，DOPA），随后 DOPA 被氧化为 DOPA 醌。DOPA 醌进一步经过两种路径的反应形成真黑色素（Eumelanin）与脱黑色素（Pheomelanin）。当半胱氨酸（Cys）加合到 DOPA 醌上时，可以导致形成脱黑色素。当 DOPA 醌上的氨基基团参与闭环反应时，可以导致形成多巴色素，多巴色素可以进一步反应形成真黑色素（图 2－25）。

虽然上述反应称作酶促褐变，但是褐色色素却是通过酪氨酸酶催化氧化的产物邻苯醌的非酶促反应形成的。

（三）漆酶

1. 漆酶的来源和分类 漆酶（Laccase，EC 1.10.3.2）是一种含铜的多酚氧化酶，和植物中的抗坏血酸氧化酶、哺乳动物中的血浆铜蓝蛋白同属氧化酶蓝铜家族。1883 年，日本学者 Yoshida 在研究漆树渗出物（生漆漆液）的成分时发现这种酶成分，漆酶因而得名。1894 年，法国人 Bertrand 首次提出了 laccase 的概念并沿用至今。后来又从真菌体中发现了漆酶。目前的研究表明，漆酶广泛分布于担子菌、多孔菌、子囊菌、脉孢菌、柄孢壳菌和曲霉菌等真菌中，担子菌中的白腐菌是目前获得漆酶的主要来源。实际上漆酶广泛存在于自然界的多种植物、几乎所有的真菌体以及少数昆虫、原核生物和细菌中。

按其来源，漆酶大致分为漆树漆酶、微生物漆酶（包括真菌漆酶及细菌漆酶）和动物漆酶。白腐真菌是分泌漆酶最主要的菌种。多年来，对漆酶结构、功能和应用的研究经久不衰，

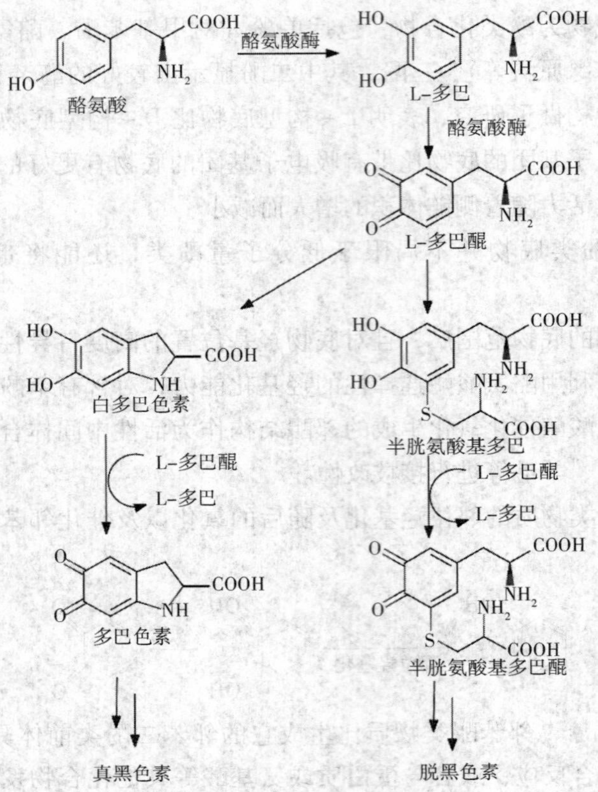

图2-25 酪氨酸酶催化黑色素的形成

一直引起人们的广泛关注和极大兴趣，涉及生物、化学、医疗、环境、食品、造纸、林产、纺织、检测等多个学科领域。

2. 漆酶的组成、主要性质和作用的底物

（1）漆酶的组成和主要性质。漆酶是一种糖蛋白，其结构主要由肽链、糖配基和铜离子三部分组成。肽链一般由500个左右氨基酸残基组成，糖配基占整个分子的10%～45%，包括氨基己糖、葡萄糖、甘露糖、半乳糖、岩藻糖和阿拉伯糖等。不同来源漆酶的差异在结构上主要体现为糖配基种类和含量不同。由于分子中糖基的差异，漆酶的相对分子质量随来源不同存在很大差异，甚至来源相同的漆酶相对分子质量也会不同。白腐菌漆酶的相对分子质量在60～80kDa，有酸性等电点，最适pH值在3.5～7.0。

漆酶的耐温性较好，最适反应温度在40～80℃，大多数漆酶在50～60℃仍能保持稳定。

（2）漆酶作用的底物。作为一种专一性较低的酶制剂，漆酶能催化氧化的底物相当广泛，据统计已达250多个，而且还在不断增加中。按底物结构可归纳为六类。

①酚类及其衍生物，约占漆酶底物总量的一半，主要是邻、对苯二酚等多元酚及其衍生物。

②芳胺及其衍生物，主要为多氨基苯及其衍生物，如邻、对苯二胺、萘胺、联苯胺、氨基苯酚等。

③羧酸及其衍生物，主要包括在芳环羧基的邻、对位连有羟基、氨基或烷氧基的芳香羧酸以及碳链上连有酚或芳胺类基团的非芳香羧酸，如对氨基水杨酸、原儿茶酸、对香豆酸、咖啡酸等。

④甾体激素及生物色素，甾体激素如雌甾二醇、α－卵胞激素、雌激素三醇、己烯雌酚等，生物色素如胆红素、茜素红、苏木色精、醌茜素、茜素蓝S等。

⑤金属有机化合物，如二茂铁Fe－H及其衍生物Fe－R等。

⑥其他特定非酚类底物，如亚铁氰化钾、抗坏血酸、1，2，4，5－四甲氧基苯、1－苯基－2－（3，4－二甲氧基苯基）乙二醇以及苯环上含有羟基、烷氧基和氨基的吲哚衍生物等。

漆酶的这一性质预示着其具有广泛的应用前景。不同来源的漆酶，结构上不尽相同，因此表现出来的催化氧化特性也有差异，即便是同一来源，其催化氧化作用有时也各不相同，这主要体现在氧化能力（氧化还原电势）、最适pH值、等电点、最适温度、底物专一性等方面。

3. 漆酶的结构和催化作用机制　漆酶的分子结构中一般含有四个铜离子，根据磁学和光谱学特征将其分为三类，其中Ⅰ型Cu^{2+}（蓝色，在614nm处有特征吸收峰）和Ⅱ型Cu^{2+}各一个，Ⅲ型Cu_2^{4+}两个（是偶合的离子对$Cu^{2+}-Cu^{2+}$，在330nm处有最大吸收峰），Ⅱ型Cu^{2+}和Ⅲ型Cu_2^{4+}形成三核铜簇，三核铜簇是双氧还原的位点。这四个铜离子处于漆酶的活性部位，由其构成的簇为漆酶的催化核心，在氧化还原反应中起决定作用，如果除去漆酶中的铜离子，漆酶将失去催化氧化功能。

漆酶的三维结构和铜离子活性中心如图2－26所示。

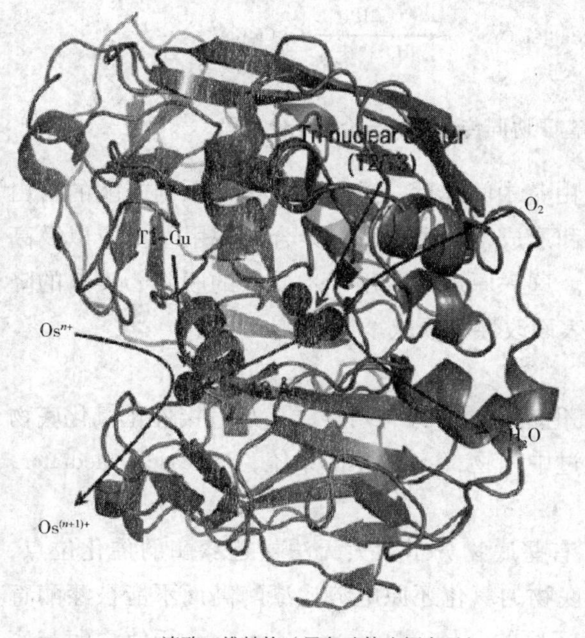

(a)漆酶三维结构（黑色球体为铜离子）

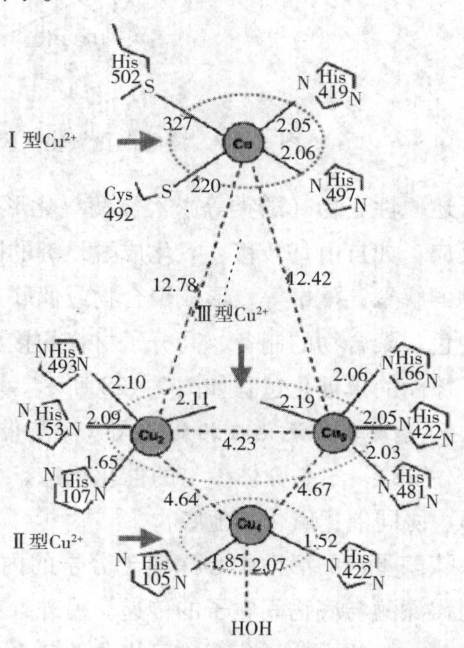

(b)*Bacillus subtilis*漆酶铜离子结构示意图

图2－26　漆酶的三维结构和铜离子活性中心

漆酶催化不同类型底物氧化反应的机理主要表现在底物自由基的形成和漆酶活性位点四个铜离子协同传递电子及价态变化实现对 O_2 的还原。

首先，还原性底物与漆酶Ⅰ型铜离子活性位点结合，Ⅰ型铜离子从还原态底物（酚类等）夺取一个电子，底物被氧化形成自由基，进而导致各式各样的非酶促次级反应，如羟化、歧化和聚合等。Ⅰ型铜离子自身由二价变为一价。

同时，该电子通过 Cys－His 途径传递到Ⅱ型和Ⅲ型铜离子的三核中心位点，使三核位点的二价铜变为一价铜，同时Ⅰ型铜离子变回二价状态。漆酶是单电子氧化还原酶，整个催化反应需要4个连续的单电子氧化作用积累电子，并通过分子内电子转移使铜离子簇充分还原，四个 Cu^{2+} 均变价为 Cu^{+}，此时漆酶呈还原态。

三核中心位点处结合有第二底物分子氧，其接受低价铜离子簇传递来的电子被还原成水，同时各铜离子位点又由 Cu^{+} 变回 Cu^{2+}，漆酶恢复到氧化态。氧还原很可能分两步进行，三个电子转移产生光活性氧中间体 $(Cu_2O)^{3+}$，并失去一分子水，该中间体在另一单电子作用下被慢还原为水，最终1分子氧被还原为2分子水的同时4个底物分子氧化产生4个自由基。铜离子协同传递电子与价态变化实现漆酶催化底物氧化和对 O_2 的还原过程可用图2－27表示。

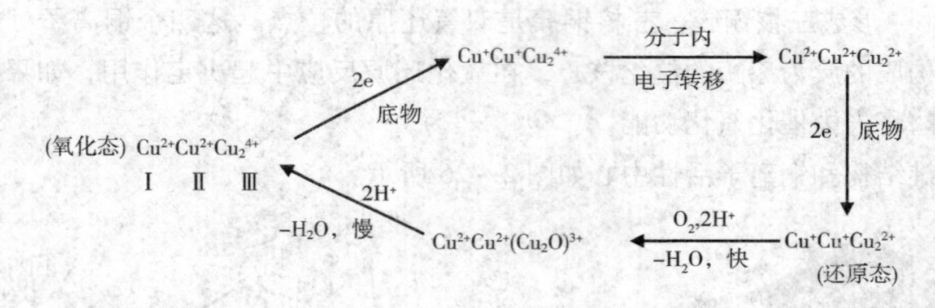

图2－27 漆酶催化氧化反应中铜离子协同传递电子与价态变化过程

还原性底物（酚类等）经漆酶氧化形成自由基中间体后，进而可发生一系列非酶的自由基反应，如自由基转移、氧化成醌、键的断裂和形成，导致偶联、聚合或脱甲基反应以及高聚物的解聚、重聚等，形成聚合物或偶联产物。这一原理可应用于木质素的脱除、染料的降解脱色、聚合物的制备、高分子材料的接枝和表面改性等领域。

漆酶简单催化过程如图2－28所示。

4. 漆酶催化氧化底物的方式 漆酶催化氧化底物的方式有两种，一是直接催化氧化底物（图2－28），二是介体参与的催化反应，是通过中间物（又称介体系统，Laccase－mediator，LMS）协同催化氧化其他底物。

漆酶蛋白的活性中心深埋于分子的内部，有些底物分子太大无法接近漆酶的催化位点，会阻碍漆酶与底物间电子的传递。另外，有些底物的氧化还原电势比漆酶高而不能被漆酶直接氧化。一些小分子化合物可以作为漆酶氧化还原的介体（Redox mediator），行使漆酶与底物间的电子梭（Electorn shuttle）功能，在漆酶与非酚类及大分子间传递电子。催化时，漆酶首先将小分子介体氧化成氧化态，然后这些氧化态的介体再与大分子的或氧化还原电位高的底物反应，从而促进漆酶活性，并使其能催化一些原本难以进行反应的物质（图 2－29），这一方式使漆酶的底物范围更加广泛。

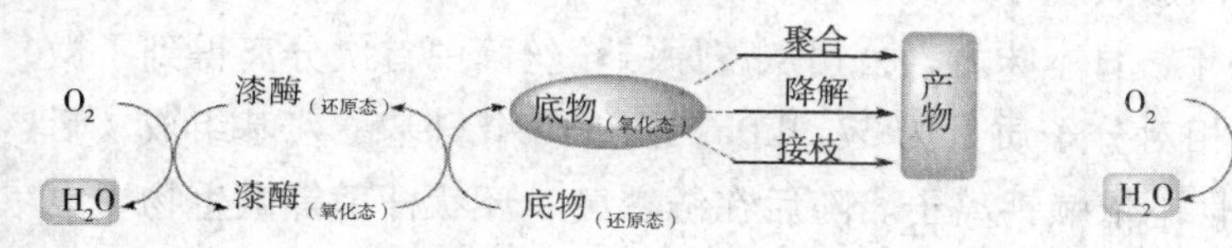

图 2－28　漆酶催化底物可能的反应机制

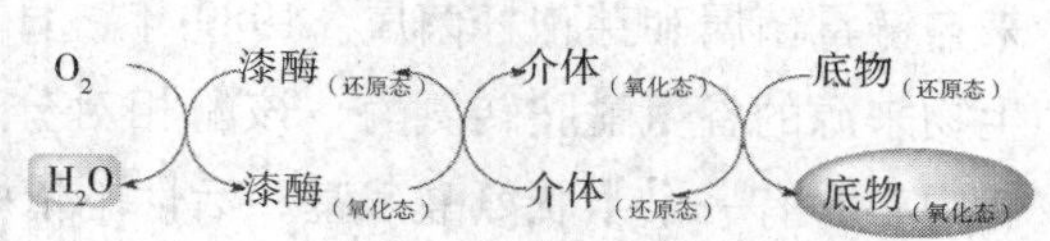

图 2－29　介体参与的漆酶催化反应

漆酶催化常用的介体是一些酚型化合物和杂环物质，目前发现的漆酶介体分子有数百种，分为天然介体和合成介体。研究较多的是 2，2′－联氮－双－3－乙基苯并噻唑啉－6－磺酸（ABTS）、1－羟基苯并三唑（HBT）、紫脲酸（VIO）、*N*－羟基－*N*－乙酰基苯胺（NHA）、2，2，6，6－四甲基哌啶（TEMPO）、吩噻嗪等杂环化合物。

第八节　谷氨酰胺转氨酶

谷氨酰胺转氨酶（蛋白质－谷氨酸－γ－谷氨酰胺转氨酶，Transglutaminase，简称 TG，EC 2.3.2.13），又称转谷氨酰胺酶或谷氨酰胺酰基转移酶，可以催化蛋白质分子内和分子间发生交联、蛋白质和氨基酸之间的连接以及蛋白质分子内谷氨酰胺基的水解，从而进一步改善蛋白质的功能性质。

一、谷氨酰胺转氨酶的来源

TG 广泛存在于自然界生物中，最初由 Waelsch 及其合作者于 1957 年从豚鼠肝脏中分离出来，随后 Clarke 等首次提出“Transglutaminase”一词，用来描述该酶的酰基转移活性。以后又陆续在鱼、鸟等动物以及微生物和植物中发现了 TG。Brookhart、Falcone 和 Yasueda 等人分别以豚鼠肝脏、向日葵组织、鱼组织为原料，通过均质、抽提、离心、离子交换、过滤、层析等分离纯化过程得到了纯化的谷氨酰胺转氨酶。

1. 动物来源的谷氨酰胺转氨酶　谷氨酰胺转氨酶几乎存在于哺乳动物的所有组织和器官中。动物源 TG 可以催化蛋白质分子内和分子间共价交联聚合，从而能够直接改变蛋白质本身以及蛋白质所附着的细胞、组织、甚至器官的特性，它与血液凝固、伤口愈合、表皮角质化等生物现象有关。

2. 植物来源的谷氨酰胺转氨酶　1987 年，首先在豌豆中发现了谷氨酰胺转氨酶的活性。随后，在菊芋、马铃薯、玉米等多种植物的不同组织（细胞质、细胞壁、叶绿体和线粒体）中发现了该酶的存在。但植物来源的 TG 分离纯化工艺复杂，酶的得率较低，目前尚未有植物来源的谷氨酰胺转氨酶用于商业化生产。

3. 微生物来源的谷氨酰胺转氨酶 最初豚鼠肝脏是商用 TG 的唯一来源，因其来源少，分离纯化复杂，导致该酶高昂的售价，限制了其在工业中的应用。随后，研究人员将目光转向微生物领域。微生物来源的谷氨酰胺转氨酶（Microbial transglutaminase，简称 MTG）主要来自链霉菌属和芽孢杆菌属。1989 年，日本味之素公司从茂原链轮丝菌中首次分离得到了微生物来源的谷氨酰胺转氨酶，该酶相对分子质量为 37.9kDa，由 331 个氨基酸残基组成，活性中心含有一个半胱氨酸残基，活性不依赖钙离子。随后在链霉菌、环状杆菌等微生物中也发现了 TG 的存在。1993 年，日本味之素公司与天野制药公司合作，成功利用微生物发酵生产了该酶制剂，投入市场即获得巨大成功，在日本酶制剂产业中，成为单一酶种类利润最高的商品酶之一。

二、谷氨酰胺转氨酶的结构

随着对谷氨酰胺转胺酶研究的深入，人们阐明了 MTG 的结构特征，如图 2－30 所示。该酶为单聚体，呈球形盘状结构，表面有一个较深的凹陷结构，是酶的活性中心。带有自由巯基的位于肽链上 64 位的 Cys（半胱氨酸）残基位于凹槽的底部，与临近的 255 位 Asp（天冬氨酸）残基和 274 位 His（组氨酸）残基正好组成催化三角区 Cys－His－Asp。利用圆二色谱法计算得知 MTG 的二维结构由 24.5% 的 α－螺旋、23.8% 的 β－折叠、21.1% 的 β－转角和 30.6% 的无规卷曲组成。

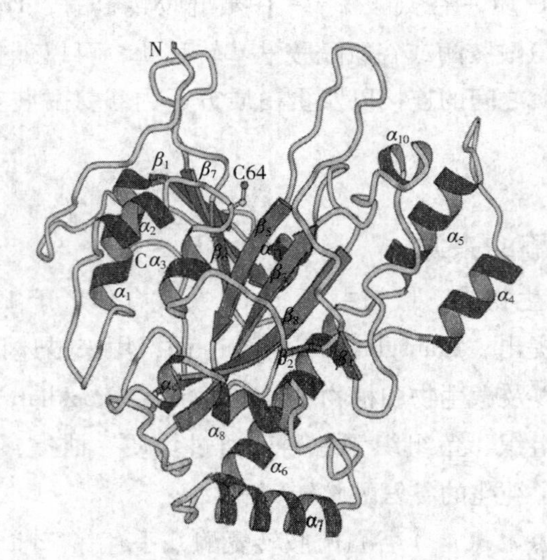

图 2－30 微生物来源的 MTG 酶的立体结构

三、谷氨酰胺转氨酶催化的反应

谷氨酰胺转氨酶是一种催化酰基转移反应的转移酶，它以肽链上的谷氨酰胺残基的 γ－酰胺基作为酰基供体，根据酰基受体不同，可以催化三种类型的反应。

（1）与多肽链中赖氨酸残基的ε-氨基形成蛋白质分子内或分子间的ε-（γ-谷氨酰基）-赖氨酸异肽键使蛋白质分子发生交联，改变蛋白质的溶解性、起泡性、乳化性等许多物理性质。

$$\text{Gln—(C=O)NH}_2 + \text{NH}_2\text{—Lys} \longrightarrow \text{Gln—(C=O)NH—Lys} + \text{NH}_3$$

（2）与伯氨基反应，形成蛋白质分子和小分子伯胺之间的连接。利用该反应可以将一些限制性或功能性氨基酸引入蛋白质。

$$\text{Gln—(C=O)NH}_2 + \text{RNH}_2 \longrightarrow \text{Gln—(C=O)NHR} + \text{NH}_3$$

（3）与水反应。当不存在伯胺时，水会成为酰基受体，其结果是谷氨酰胺残基脱去氨基生成谷氨酸残基，该反应可用于改变蛋白质的等电点及溶解度。

$$\text{Gln—(C=O)NH}_2 + \text{H}_2\text{O} \longrightarrow \text{Gln—COOH} + \text{NH}_3$$

四、谷氨酰胺转氨酶的酶学性质

来自动物、植物和微生物的TG，其氨基酸序列、相对分子质量、酶学性质均明显不同，差异很大。动物TG中以豚鼠肝脏TG为代表，人们对它的研究最为深入，该酶相对分子质量为90kDa，活性中心有半胱氨酸残基，需钙离子激活，底物特异性强；该酶热稳定性差，在50℃保温10min，酶活力剩余40%。其他动物来源的TG也同样需要钙离子激活，酶活性中心也包含半胱氨酸残基。

植物TG的活性受钙离子影响，但无钙离子依赖性；植物TG的相对分子质量与动物TG有明显不同。

微生物TG的相对分子质量在23～45kDa，多为40kDa左右，显著低于动物TG的相对分子质量。微生物TG的活力不依赖钙离子，这一点与动物TG相反。微生物TG的热稳定性比动物TG高，如来自茂源链霉菌（S. mobaraensis）的TG在50℃保温10min，酶活力剩余74%；微生物TG的pH稳定性较好，能在较宽的pH值范围内保持稳定；微生物TG的最适pH值在中性附近，最适温度一般在40～60℃。因此，与动物性来源的TG酶相比，微生物来源的谷氨酰胺转氨酶表现出很多优势，如酶活力不依赖于Ca^{2+}，对热和pH值的稳定性高，易于保存。

不同来源TG的底物专一性差异较大。一般来说，动物TG的底物专一性较高，微生物TG的底物专一性较低。例如，研究发现在体系中无二硫苏糖醇时，微生物TG可快速催化α-乳清蛋白、酪蛋白、血红素、肌浆球蛋白和大豆球蛋白发生交联反应；当体系中存在二硫苏糖醇时，微生物TG可催化β-乳球蛋白、牛血清白蛋白发生交联反应。猪红细胞的TG在体系中无二硫苏糖醇时，不催化上述7种底物发生交联反应；即使存在二硫苏糖醇，也仅催化α-乳清蛋白、牛血清白蛋白、酪蛋白、大豆球蛋白发生交联反应。

不同来源的谷氨酰胺转氨酶的理化性质见表2-11。

表 2-11 不同来源的谷氨酰胺转氨酶的理化性质

来源		相对分子质量/kDa	最适 pH 值	最适反应温度/℃	Ca^{2+}依赖性
微生物	S. ladakanum	39	5.5	40	否
	S. hygroscopicus WSH03-13	38	6~7	37~45	否
	B. circulans	45	7.0	47	否
	B. subtilis AJ1307	29	7~8.5	60	否
植物	玉米	67	—	—	否
	大豆	80	7.6	37	否
动物	豚鼠肝脏	90	6	50~55	依赖
	猪凝血因子	75	—	55	依赖

第九节 聚乙烯醇降解酶

聚乙烯醇（PVA）是一种广泛应用的水溶性高聚物，在纺织工业领域主要用于经纱上浆。但 PVA 在自然条件下不易降解，会对水体造成较大的污染，采用物理、化学等处理方法存在成本高和二次污染等问题，因此，PVA 的生物降解得到广泛关注。实现 PVA 生物降解的前提是获得具有降解 PVA 能力的微生物。目前对 PVA 生物降解的研究主要集中在生物降解微生物的筛选，PVA 降解酶的发酵法生产、提取、酶学性质和应用条件研究及生物降解机理上。对 PVA 生物降解研究较多的是日本和意大利的一些科学家。

一、降解 PVA 的微生物

能够降解 PVA 的微生物在自然界中的分布并不广泛，一般存在于被 PVA 污染的环境中。在筛选过程中必须以 PVA 作为筛选培养基的唯一碳源，以形成一个 PVA 胁迫的环境，才能筛选到 PVA 降解微生物。

Suzuki 等人于 1973 年以 PVA 为唯一碳源筛选到第一株能够产生 PVA 降解酶的细菌 *Pseudomonas* O-3。他们分别用0.5%的 PVA500、PVA1500 和 PVA2000 培养 *Pseudomonas* O-3，7~10 天后 PVA 基本降解完，TOC（总有机碳）由2700mg/L 下降到250~300mg/L。并从 *Pseudomonas* O-3 的发酵液中分离出能够降解 PVA 的酶，该酶对 PVA 的降解必须在氧气的参与下进行，并在降解过程中有 H_2O_2产生。后来的研究证明，Suzuki 等人最初纯化出来的酶是 PVA 氧化酶和氧化型 PVA 水解酶的混合物，PVA 氧化酶可以将 PVA 长链上的羟基氧化为羰基，此外还能够氧化一些仲醇类物质，如2-戊醇、2-己醇、3-己醇、3-庚醇和4-庚醇，氧化反应中脱离下来的 H^+和 O_2结合生成 H_2O_2。

Watanabe 等人从 *Pseudomonas* sp. 的发酵液中分离得到能够降解 PVA 的酶，该酶在降解

PVA 时也产生 H_2O_2。后继研究中发现该酶在降解 PVA 的过程中，H_2O_2生成一段时间后 PVA 溶液黏度才开始下降，说明 PVA 长链上羟基的氧化和 PVA 链的断裂不是同时发生的，羟基被氧化成羰基的反应发生在 PVA 链断裂之前。经过进一步的分离纯化，从初始纯化出来的 PVA 降解酶中得到了 PVA 氧化酶和氧化型 PVA 水解酶。在 PVA 的降解过程中，这两种酶协同作用，PVA 氧化酶先将 PVA 链上的羟基氧化成羰基，生成 PVA β - 双酮结构类物质，在此步骤中生成 H_2O_2，随后氧化型 PVA 水解酶对 PVA β - 双酮结构类物质水解，PVA 长链断裂，PVA 溶液黏度下降。

Sakazawa 等人于 1983 年得到能够降解 PVA 的共生细菌 *Pseudomonas* sp. VM15C 和 *Pseudomonas putida* VM15A。菌株 VM15C 必须在其共生菌 VM15A 提供生长因子吡咯并喹啉醌（PQQ）的前提下才能降解 PVA。研究同时发现，如果在 PVA 培养基中加入 PQQ，菌株 VM15C 就能单独利用 PVA 生长。

Pseudomonas sp. VM15C 对 PVA 的降解是通过其产生的 PVA 脱氢酶和氧化型 PVA 水解酶协同作用实现的。PVA 脱氢酶需要 PQQ 作为辅酶，能够催化 PVA 长链上的羟基进行脱氢氧化反应，*Pseudomonas* sp. VM15C 只能产生 PVA 脱氢酶的酶原，因此该菌只有与另一产生并分泌 PQQ 的菌株 *Pseudomonas* sp. VM15A 共生，才能进行 PVA 的降解反应。PVA 脱氢酶还能够催化仲醇的脱氢反应，对伯醇则无催化活性。

此外，还筛选到能够降解 PVA 的 *Bacillus megaterium*、*Sphingomonas sp.* SA3、红球菌、青霉和紫色杆菌等。

能够降解 PVA 的微生物基本上都是细菌，并且绝大部分是假单胞菌属。除了 *Pseudomonas* O - 3 和 *Pseudomonas vesicularis* var. *povalolyticul* PH，其余的细菌都不能单独彻底降解初始培养基中的 PVA，PVA 的不彻底降解造成 PVA 降解酶的提取困难，因为在提取过程中 PVA 和蛋白会形成一种乳白色的凝胶状物质，使 PVA 降解酶无法提取。并且这些细菌都存在培养周期长、酶活低的问题。

一些报道降解 PVA 的微生物见表 2 - 12。

表 2 - 12　降解 PVA 的部分微生物及其产酶情况

微生物	Enzyme
Pseudomonas O - 3	PVA 氧化酶，氧化型 PVA 水解酶
Pseudomonas vesicularis var. *povalolyticul* PH	PVA 氧化酶，氧化型 PVA 水解酶
Pseudomonas	PVA 氧化酶，氧化型 PVA 水解酶
Psudomonas sp. SB_{1s} + *Alcaligenes sp.* SB_{1r}	PVA 氧化酶
Pseudomonas sp. VM15C + VM15A	PVA 脱氢酶，氧化型 PVA 水解酶
Pseudomonas sp. 113P3	PVA 脱氢酶，氧化型 PVA 水解酶
Alcaligenes faecalis	PVA 脱氢酶
Pseudomonas vesicularis PD	PVA 酯酶

二、PVA 降解酶

目前已正式报道的 PVA 降解酶主要有三个种类，即 PVA 氧化酶（仲醇氧化酶，EC 1.1.3.30）、PVA 脱氢酶（EC 1.1.99.23）和氧化型 PVA 水解酶（β－双酮水解酶，EC 3.7.1.7）。此外，还发现了专一性比较强的降解低醇解度 PVA 长链上残存乙酸酯键的 PVA 酯酶以及能断裂 β－二酮基生成甲基酮和醛的醛缩酶。

1. PVA 氧化酶 PVA 氧化酶在以 O_2 为电子受体的条件下，将 PVA 氧化脱氢为酮基化合物。被氧化的 PVA 必须有暴露的羟基基团，在分子氧的参与下，羟基基团被氧化成酮基基团，并产生 H_2O_2，如图 2－31 所示。PVA 氧化酶还可以作用一些仲醇类物质，产物是酮和 H_2O_2，因此 PVA 氧化酶又叫仲醇氧化酶。

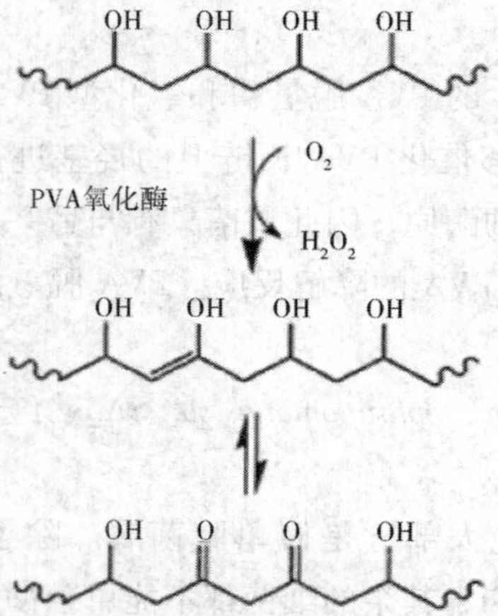

图 2－31 PVA 氧化酶的作用原理

PVA 氧化酶最初是从 PVA 降解菌 *Pseudomonas* O－3 菌株的发酵液中分离纯化出来的，该酶的最适作用温度和 pH 值分别是 9.0 和 40℃；在 5℃下该酶在 pH 值 5～11 都可以保持活性。

从另一株 PVA 降解菌 *Pseudomonas* sp. 的发酵液中也分离到 PVA 氧化酶，该酶酶活最适 pH 值为 7.0，最适温度 50℃；在 50℃下，酶活 pH 值在 4.5～9 保持稳定。该酶酶活受到 Hg^{2+}、Pb^{2+}、Zn^{2+}、邻菲啰啉和 EDTA 的轻微抑制，酶活被抑制后，往酶液中添加谷胱甘肽可以使酶活得到恢复。从 PVA 降解菌 *Pseudomonas vesicularis* var. povalolyticus PH 培养液中分离纯化的 PVA 氧化酶，其主要特点是无色，相对分子质量 75000～85000，等电点 5.7，每个酶分子含一原子非血红素铁；该酶酶活的最适 pH 值较宽，在 6.0～10.0，且在 45℃条件下可稳定 24h。酶活受到 Hg^{2+}、Fe^{2+}、Cu^{2+}、硫脲、IAA（吲哚－3－乙酸）和 EDTA 的抑制。尤为突出的是，该酶与其他已报道的 PVA 氧化酶相比，底物作用范围更宽：当所作用的底物为比 4－庚醇具更长碳链的醇时，其他 PVA 氧化酶已显示出较低的活性，而该 PVA 氧化酶却仍显示出较高的酶活性。而且该酶对环己醇和苯基醇的作用活性也比较高。

大部分 PVA 氧化酶都是胞外酶，但膜结合 PVA 氧化酶也是存在的，95%以上分布于细胞的外周质空间。

2. PVA 脱氢酶 到目前为止所发现的 PVA 脱氢酶主要是一类需要 PQQ 作为辅酶的 PVA 脱氢酶。PVA 脱氢酶在以 PQQ 为电子受体的情况下，将 PVA 氧化脱氢为酮基化合物。作用原理如图 2－32 所示。

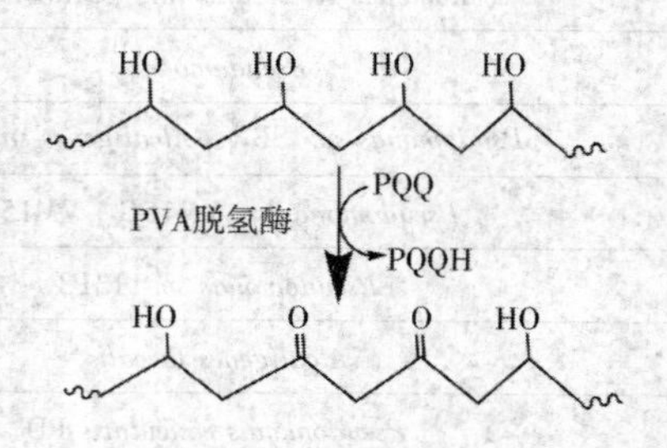

图 2－32 PVA 脱氢酶的作用原理

产生这类酶的 *Pseudomonas sp.* VM15C 需要以 PQQ 作为生长因子，因此该菌需要与另一产生并分泌 PQQ 的菌株

Pseudomonas sp. VM15A 共生，才能进行 PVA 的降解反应。该酶属膜结合酶类，主要催化 PVA 脱氢反应；同时在膜上还存在膜结合 PVA 氧化酶，其催化活性也是催化 PVA 脱氢反应，但该酶并不以 PQQ 作为辅酶。从 *Pseudomonas sp.* 113P3 的细胞膜上纯化出了以 PQQ 为辅酶的 PVA 脱氢酶，该酶在相对分子质量、PQQ 依赖性、金属离子激活特性和吸光度等方面都和从 *Comamonas testosteroni* ATCC 15667 细胞内分离出来的伯醇脱氢酶很相似。

PVA 脱氢酶属于膜结合酶，与 PVA 氧化酶的提取相比，提取 PVA 脱氢酶多了制备细胞膜的步骤。

3. 氧化型 PVA 水解酶　PVA 经 PVA 氧化酶或者 PVA 脱氢酶作用后生成酮基型 PVA（β－双酮型 PVA）。氧化型 PVA 水解酶的作用是水解该酮基型 PVA，使 PVA 长链断裂，生成小分子的降解产物，所以氧化型 PVA 水解酶又叫 β－双酮水解酶，作用原理如图 2－33 所示。

该酶最初是从以 PVA 作唯一碳源的 *Pseudomonas* 菌株发酵液中分离出来的。该酶属单肽链酶，相对分子质量大约是 38000，其 N 末端和 C 末端氨基酸分别是丙氨酸和苏氨酸，等电点 10.0，酶活最适 pH 值 6.5，最适温度 45℃；酶活受到 Hg^{2+} 的抑制，但经过还原型谷胱甘肽处理可恢复活性；从作用底物来看，该酶仅对氧化型 PVA 有催化活性，而对许多低相对分子质量酮类化合物并无催化活性。后来的试验发现，该酶可催化相对分子质量较大的酮类化合物，尤其是 4，6－壬二酮作为模型化合物，可被酶水解成丁酸和戊酮。

4. PVA 酯酶　在 *Pseudomonas vesicularis* PD 细胞内发现了专一性比较强的能够降解低醇解度 PVA 长链上残存乙酸酯键的 PVA 酯酶。该酶相对分子质量为 80000，等电点为 6.8。酶作用的最适 pH 值和温度分别为 8.0 和 45℃。该酶可以水解 PVA 链上残存的乙酸酯，还可以作用对硝基酚酯、2－萘基乙酸酯、酚基乙酸酯中的酯键，不作用脂肪族酯类化合物。该酶是丝氨酸酯酶，其作用原理如图 2－34 所示。

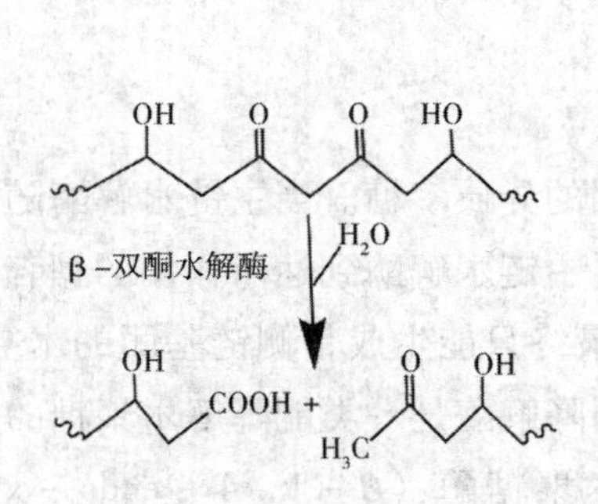

图 2－33　氧化型 PVA 水解酶的作用原理

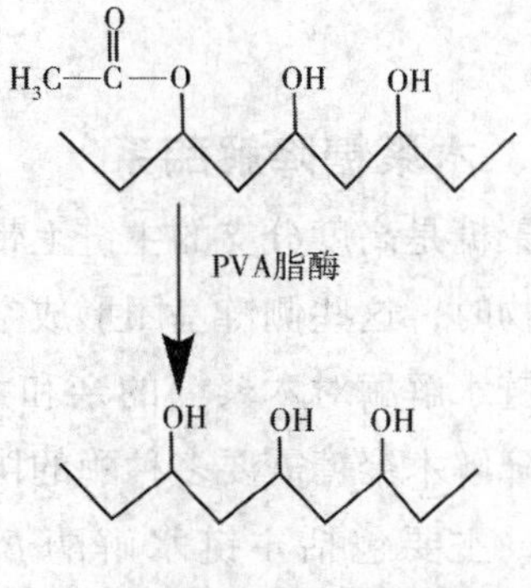

图 2－34　PVA 酯酶的作用原理

第十节　木聚糖酶

一、木聚糖

木聚糖是主要的半纤维素组分，多为复杂的杂多糖，其主链由多个 β－D－吡喃木糖单元

（Xylopyranose units）经糖苷键连接形成碳骨架（图2－35）。陆生植物中木聚糖主链主要通过β－1，4－糖苷键连接而成，而在某些海洋藻类中主要通过β－1，3－糖苷键连接形成木聚糖。这些木聚糖进一步通过侧链以共价或非共价形式与纤维素、木质素和果胶等结构性多糖相连，共同保证了植物细胞壁的刚性。大多数木聚糖侧链通常连有一种或多种取代基，如α－L－阿拉伯糖残基（α－L－Arabinofuranosyl）、4－*O*－甲基葡萄糖醛酸残基（4－*O*－Methyl－glucuronic acid，MeGlcA）、*O*－乙酰基（*O*－Acetyl）和对羟基苯丙烯酸/阿魏酸残基（Feruloy and/or β－coumaroyl）等。少数木聚糖为线性均质多聚糖，仅由木糖残基组成，但仅发现存在于少数茅草和烟草等植物中。

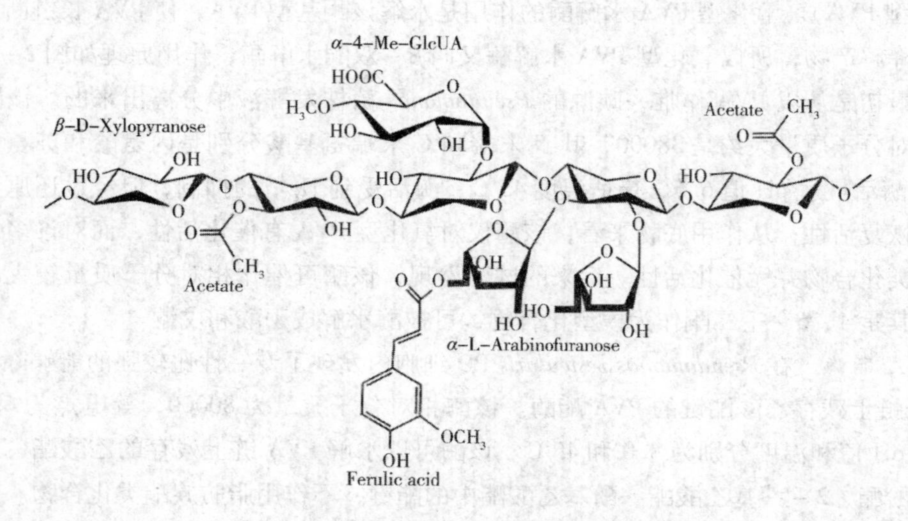

图2－35　植物细胞壁木聚糖的结构

二、木聚糖降解酶系

木聚糖是高度分支的主链上带有不同侧枝基团的异质多糖。当主链水解酶随机作用于木聚糖底物时，这些侧链基团形成空间位阻，阻碍了主链水解酶到达所作用的糖苷键，从而降低了主链水解酶对木聚糖的亲和力和水解效率，最终只能生成带侧链基团的木寡糖。因此，要完全降解木聚糖需要多种酶的协同作用。木聚糖降解酶是一类能降解木聚糖的糖苷水解酶的总称，主要包括主链水解酶β－1，4－内切木聚糖酶（β－1，4－endo－xylanase，EC 3.2.1.8）、β－木糖苷酶（β－xylosidase，EC 3.2.1.37）和侧链水解酶α－L－阿拉伯呋喃糖苷酶（α－L－arabinofuranosidase，EC 3.2.1.55）、α－葡萄糖醛酸苷酶（α－glucuronidase，EC 3.2.1.139）、乙酰木聚糖酯酶（Acetyl xylan esterase，EC 3.1.1.72）和阿魏酸酯酶（Feruloyl esterase，EC 3.1.1.73）等。

β－1，4－内切木聚糖酶能够随机切割木聚糖及长链木寡糖骨架上的β－1，4－糖苷键，进而产生长度不等的木寡糖和少量木糖，是木聚糖降解的关键酶；β－木糖苷酶主要以外切方式从非还原末端作用聚合度（DP）≥2的木寡糖，释放木糖残基。木聚糖酶解时一般由β－

1，4－内切木聚糖酶从主链内部将木聚糖随机切成不同链长的寡聚木糖，再进一步由β－木糖苷酶作用于这些木寡糖的非还原性末端；α－L－阿拉伯呋喃糖苷酶能从非还原端水解阿拉伯聚糖、阿拉伯糖基木聚糖、阿拉伯糖基葡萄糖醛酸木聚糖及阿拉伯半乳聚糖上的阿拉伯糖基侧链；α－葡萄糖醛酸苷酶能够水解主干木糖单元与侧链4－O－甲基葡萄糖醛酸残基之间的α－1，2－糖苷键。α－葡萄糖醛酸苷酶同样存在与主链水解酶的协同水解作用，木寡糖被α－葡萄糖醛酸苷酶去除4－O－甲基葡萄糖醛酸侧链后能被β－1，4－内切木聚糖酶和β－木糖苷酶彻底降解；乙酰木聚糖酯酶可以催化水解乙酰化木聚糖主链上木糖单元C_2和C_3位上的O－乙酰基，消除侧链乙酰取代基团对主链水解酶的空间的阻碍作用。

这些酶协同降解木聚糖的机理如图2－36所示。

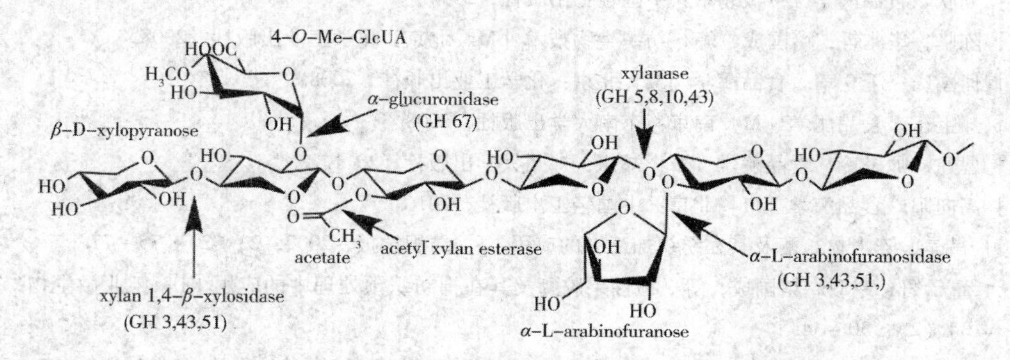

图2－36　木聚糖降解酶水解木聚糖的机理

三、β－1，4－内切木聚糖酶的性质

β－1，4－内切木聚糖酶分子只含有一个亚基，相对分子质量在8000～30000的是碱性蛋白，相对分子质量在30000～145000的是酸性蛋白。β－1，4－内切木聚糖酶的等电点为3～10.5，最适反应pH值在4.0～7.0，pH值在3.0～10.0稳定。酶的最适反应温度为40～60℃。Cu^{2+}、Zn^{2+}、Fe^{2+}和Fe^{3+}对酶有抑制作用，而Co^{2+}和Mn^{2+}能提高酶的活性。

木聚糖酶的分子结构由功能结构域和连接区构成。其中，功能结构域由催化结构域和碳水化合物结合结构域构成。许多木聚糖酶同时具有纤维素酶的活性。碳水化合物结合结构域可改变酶对可溶或不溶性底物的活力。

木聚糖酶与木聚糖的结合是通过离子间的静电作用。木聚糖含有的4－O－甲基葡萄糖醛酸带负电荷，木聚糖酶在pH值低于其等电点时带正电荷，易于与底物木聚糖结合；当pH值高于酶的等电点时则不易结合。木聚糖酶催化的反应为典型的酸碱亲核水解反应。

四、木聚糖酶的来源

木聚糖酶在自然界分布广泛，可从动物、植物和微生物中获得。例如，海洋及陆地细菌、海洋藻类、真菌、酵母菌，陆地植物组织和各种无脊椎动物中都有木聚糖酶存在。微生物来源的木聚糖酶普遍存在于自然界中，且种类繁多，应用领域广泛。目前研究和应用最多的是细菌和霉菌来源的木聚糖酶，其中，细菌可以产生碱性和酸性木聚糖酶，真菌只可产生碱性木聚糖酶。真菌中以丝状真菌分泌的胞外酶最多。目前，木聚糖酶主要利用真菌和细菌等微生物进行发酵生产。

主要参考文献

[1] 王璋．食品酶学［M］．北京：中国轻工出版社，1990.

[2] 张树政．酶制剂工业：上、下册［M］．北京：科学出版社，1998.

[3] 周文龙．酶在纺织中的应用［M］．北京：中国纺织出版社，2002.

[4] 刘欣．食品酶学［M］．北京：中国轻工出版社，2006.

[5] 陈坚，华兆哲，堵国成，等．纺织生物技术［M］．北京：化学工业出版社，2008.

[6] 何国庆，丁立孝．食品酶学［M］．北京：化学工业出版社，2008.

[7] 郑宝东．食品酶学［M］．南京：东南大学出版社，2008.

[8] 曹建，师俊玲．食品酶学［M］．郑州：郑州大学出版社，2011.

[9] 高向阳．食品酶学［M］．北京：中国轻工出版社，2016.

[10] 吕晶，陈水林．酶及其在纺织加工中的应用［J］．纺织学报，2002，23（2）：75－77.

[11] 董云舟，赵政，堵国成，等．碱性果胶酶及其在棉纺织预处理中的应用［J］．工业微生物，2004，34（2）：30－34.

[12] 王小花，洪枫，陆大年，等．脂肪酶在纺织工业中的应用［J］．毛纺科技，2005（6）：22－24.

[13] 范雪荣，王强，王平，等．可用于纺织工业清洁生产的新型酶制剂［J］．针织工业，2011（5）：29－33.

[14] 范雪荣，王强，王平，等．可用于纺织工业清洁生产的新型酶制剂（续一）［J］．针织工业，2011（6）：28－31.

[15] 段钢，刘慧娟．酶制剂在洗涤和纺织行业的应用［J］．生物产业技术，2013（2）：68－78.

[16] ERIKSSON K L，Cavaco－Paulo A. Enzyme Applications in Fiber Processing［M］. Washington：American Chemical Society，1998.

[17] Cavaco－Paulo A，Gübitz G M. Textile processing with enzymes［M］. Cambridge：Woodhead Publishing，2003.

[18] Aehle W. Enzymes in Industry：Production and Applications［M］. 3rd ed. Weinheim：Wiley－VCH，2007.

[19] Nierstrasz VA，Cavaco－Paulo A. Advances in Textile Biotechnology［M］. Cambridge：Woodhead Publishing，2010.

[20] Vigneswaran C，Ananthasubramanian M，Kandhavadivu P. Bioprocessing of Textiles Fundamentals for Applications and Research Perspective［M］. Cambridge：Woodhead Publishing，2014.

[21] Cavaco－Paulo A，Nierstrasz VA，Wang Q. Advances in Textile Biotechnology［M］. 2nd ed. Cambridge：Woodhead Publishing，2019.

[22] Kokol V，Heine E. Effective textile printing using different enzyme systems［J］. Coloration Technology，2005，121（4）：209－215.

[23] Madhu A，Chakraborty J N. Developments in application of enzymes for textile processing［J］. Journal of Cleaner Production，2017（145）：114－133.

[24] Soares J C, Moreira P R, Queiroga A C, et al. Application of immobilized enzyme technologies for the textile industry: a review [J]. Biocatalysis and Biotransformation, 2011, 29 (6): 223 - 237.

[25] Chatha S A S, Asgher M, Iqbal H M N. Enzyme - based solutions for textile processing and dye contaminant biodegradation - a review [J]. Environmental Science and Pollution Research, 2017, 24 (16): 14005 - 14018.

[26] 宋明，马会民，黄月仙，等．聚乙烯醇分析 [J]. 化学通报，1996 (9): 27 - 32.

[27] Singh N B, Rai S. Effect of polyvinyl alcohol on the hydration of cement with rice husk ash. Cement and Concrete Research [J]. 2001 (31): 239 - 243.

[28] Suzuki T, Ichihara Y, Yamada M, et al. Some characteristics of *Pseudomonas* O - 3 which utilizes polyvinyl alcohol [J]. Agricultural and Biological Chemistry, 1973 (37): 747 - 756.

[29] Watanabe Y, Hamada N, Morita M, et al. Purification and properties of a polyvinyl alcohol - degrading enzyme produced by a strain of Pseudomonas [J]. Archives of Biochemistry and Biophysics, 1976 (174): 575 - 581.

[30] Morita M, Watanabe Y. A secondary alcohol oxidase: a component of a polyvinyl alcohol degrading enzyme preparation [J]. Agricultural and Biological Chemistry, 1977 (41): 1535 - 1537.

[31] Morita M, Hamada N, Sakai K, et al. Purification and properties of secondary alcohol oxidase from a strain of Pseudomonas [J]. Agricultural and Biological Chemistry, 1979 (43): 1225 - 1235.

[32] Sakai K, Morita M, Hamada N, et al. Purification and properties of oxidized poly (vinyl alcohol) - degrading enzyme [J]. Agricultural and Biological Chemistry, 1981 (45): 63 - 71.

[33] Sakai K, Hamada N, Watanabe Y. Separation of secondary alcohol oxidase and oxidized poly (vinyl alcohol) hydrolase by hydrophobic and dye - ligand chromatographies [J]. Agricultural and Biological Chemistry, 1983 (47): 153 - 155.

[34] Sakai K, Hamada N, Watanabe Y. Degradation mechanism of poly (vinyl alcohol) by successive reactions of secondary alcohol oxidase and β - diketone hydrolase from Pseudomonas *sp.* [J]. Agricultural and Biological Chemistry, 1986 (50): 989 - 996.

[35] Sakazawa C, Shimao M, Taniguchi Y, et al. Symbiotic utilization of polyvinyl alcohol by mixed culture [J]. Applied and Environmental Microbiology, 1981 (41): 261 - 267.

[36] Shimao M, Yamamoto H, Ninomiya K, et al. Pyrroloquinoline quinone as an essential growth factor for a poly (vinyl alcohol) - degrading symbiont, *Pseudomonas sp.* VM15C [J]. Agricultural and Biological Chemistry, 1984 (48): 2873 - 2876.

[37] Shimo M. Biodegradation of plastics [J]. Current Opinion in Biotechnology, 2001, 12: 242 - 247.

[38] Masayuki S, Saimoto H, Kato N, et al. Properties and roles of bacterial symbionts of polyvinyl alcohol - utilizing mixed cultures [J]. Applied and Environmental Microbiology, 1983 (46): 605 - 610.

[39] Shimao M, Ninomiya K, Kuno O, et al. Existence of a novel enzyme, pyrroloquinoline quinone - dependent polyvinyl alcohol dehydrogenase, in a bacterial symbiont, *Pseudomonas sp.* strain VM15C [J]. Aplied and Environmental Microbiology, 1986 (51): 268 - 275.

[40] Shimao M, Onishi S, Kato N, et al. Pyrroloquinoline quinone - dependent cytochrome reduction in polyvinyl alcohol - degrading *Pseudonomonas sp.* strain VM15C [J]. Applied and Environmental Microbiology, 1989 (55): 275 - 278.

[41] Tsuyoshi MT. The gene pvaB encodes oxidized polyvinyl alcohol hydrolase of Pseudomonas *sp.* strain VM15C and forms an operon with the polyvinyl alcohol dehydrogenase gene pvaA [J]. Microbiology, 2000 , 146

(3): 649 - 657.

[42] 宋朝霞. 聚乙烯醇降解酶产生菌的筛选、发酵条件优化及酶的初步应用研究 [C]. 无锡, 江南大学, 2005.

[43] Hatanaka T, Asahi N, Tsuji M. Purification and characterization of poly (vinyl alcohol) dehydrogenase from *Pseudomonas sp.* 113P3 [J]. Bioscience Biotechnology Biochemistry, 1995 (59): 1813 - 1816.

[44] 廖劲松, 郭勇, 庄桂. 降解聚乙烯醇菌株原生质体的制备及融合 [J]. 华南理工大学学报 (自然科学版), 2004, 32 (5): 74 - 79.

[45] Kawagoshi Y, Fujita M. Purification and properties of polyvinyl alcohol oxidase with broad substrate range obtained from *Pseudomonas vesicularis* var. povalolyticus PH [J]. World Journal of Microbiology and Biotechnology, 1997 (13): 273 - 277.

[46] Hashimoto S, Fujita M. Isolation of bacterium requiring three amino acids for polyvinyl alcohol degradation [J]. Journal of Ferment Technology, 1985 (63): 471 - 474.

[47] Mori T, Sakimoto M, Kagi T, et al. Isolation and characterization of a strain of *Bacillus megaterium* that degrades poly (vinyl alcohol) [J]. Bioscience Biotechnology Biochemistry, 1996 (60): 330 - 332.

[48] Kim B C, Sohn C K, Lim S K, et al. Degradation of polyvinyl alcohol by *Sphingomonas sp.* SA3 and its symbiote [J]. Journal of Industrial Microbiology and Biotechnology, 2003 (30): 70 - 74.

[49] Tokiwa Y, Kawabata G, Jarerat A. A modified method for isolating poly (vinyl alcohol) - degrading bacteria and study of their degradation patterns [J]. Biotechnology Letters, 2001 (23): 1937 - 1941.

[50] 王银善, 庞学军, 方慈祺, 等. 共生细菌 SB1 降解聚乙烯醇的研究 I. 共生细菌 SB1 的分离及某些性质 [J]. 环境科学学报, 1991, 11 (2): 236 - 241.

[51] 李朝, 贾省芬, 刘志培, 等. 红球菌 J - 5 菌株降解聚乙烯醇的研究 [J]. 中国环境科学, 2004, 24 (2): 170 - 174.

[52] Chiellini E, Corti A, Solaro R. Biodegradation of poly (vinyl alcohol) based blown films under different environmental conditions [J]. Polymer Degradation and Stability, 1999 (64): 305 - 312.

[53] Solaro R, Corti A, Chiellini E. Biodegradation of poly (vinyl alcohol) with different molecular weights and degree of hydrolysis [J]. Polymers for Advanced Technologies, 2000 (11): 873 - 878.

[54] Corti A, Solaro R, Chiellini E. Biodegradation of poly (vinyl alcohol) in selected mixed microbial culture and relevant culture filtrate [J]. Polymer Degradation and Stability, 2002 (75): 447 - 458.

[55] Qian D, Du G, Chen J. Isolation and culture characterization of a new polyvinyl alcohol - degrading strain *Penicillium sp.* WSH02 - 21 [J]. World Journal of Microbiology and Biotechnology, 2004 (20): 587 - 591.

[56] 贾晓静. 基于木聚糖资源的乙偶姻生物合成研究 [D]. 北京: 中国科学院大学, 2017.

第三章　纺织品的酶前处理技术

第一节　纺织品的酶退浆技术

一、上浆概述

1. 上浆目的　经、纬纱在织机上交织成织物的过程中，经纱受到较大的张力和摩擦作用，易发生断裂。为了改善经纱的可织性，织造前需要对经纱进行上浆处理。上浆时，经纱浸轧浆液，部分浆液渗透到纱线内部，依靠黏附作用，使纤维间互相黏合，增强纤维的抱合作用，使纤维不易滑移、纱线不易解体，同时提高纱线的强力和耐磨性；部分浆液被覆在经纱表面，烘干后形成浆膜并与纱干牢固黏结，提高浆纱的耐磨性能，并使毛羽贴伏，从而保证织造顺利进行。

2. 纺织常用浆料的分类及其主要上浆性能　由于要求浆料既要有成膜能力，又要与纤维材料有良好的黏附性能，只有某些高分子化合物才能同时满足这两个条件。有很多高分子化合物都可以作为经纱上浆的浆料使用，事实上，在经纱上浆的发展史上，也确实使用过多种高分子化合物作为浆料，但由于考虑到其上浆性能、退浆性能以及来源、价格等因素，目前使用的浆料主要为淀粉（包括变性淀粉）、聚乙烯醇（PVA）和聚丙烯酸类三大类。

（1）淀粉及变性淀粉浆料。淀粉是水和二氧化碳通过植物的光合作用合成的碳水化合物。淀粉一般都由直链淀粉和支链淀粉两部分组成，直链淀粉是由α－D－葡萄糖通过α－D－1，4－糖苷键连接而成的链状分子。支链淀粉是一种高度分枝的大分子，主链上分出支链，各葡萄糖单元之间以α－1，4－糖苷键连接构成其主链，支链通过α－1，6－糖苷键与主链相连，分枝点的α－1，6－糖苷键占总糖苷键的4%～5%。淀粉的化学结构如图3－1所示。

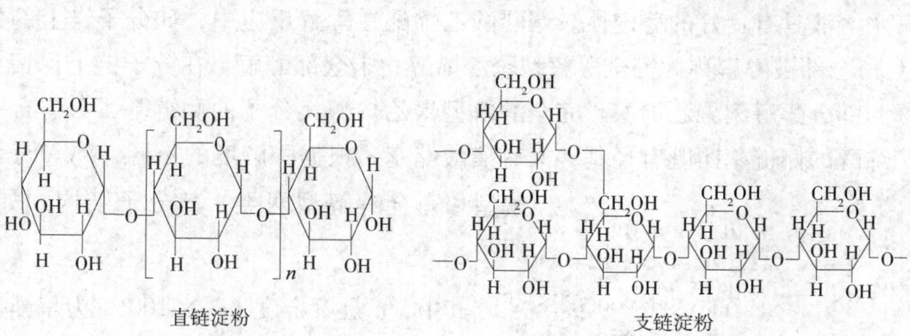

直链淀粉　　支链淀粉

图3－1　淀粉结构示意图

淀粉浆料来源广、成本低、可生物降解，一直作为经纱上浆的主浆料使用，约占浆料总用量的70%，是棉和涤棉混纺纱上浆的主要浆料之一。经纱上浆用的淀粉浆料主要为玉米淀粉、马铃薯淀粉和木薯淀粉。但由于原淀粉黏度高，浆液对棉的黏附性一般，浆膜脆硬，实际生产应用中需要对原淀粉进行变性处理。变性淀粉是以原淀粉为母体，通过化学、物理或其他方法对天然淀粉进行处理所制得的产品，包括酸解淀粉、氧化淀粉、酯化淀粉、醚化淀粉、阳离子淀粉和接枝淀粉等。淀粉变性虽然可降低原淀粉的黏度，但对原淀粉的浆膜性能改善不明显。

（2）聚乙烯醇（PVA）浆料。聚乙烯醇，简称PVA，是一种人工合成的水溶性高分子聚合物，性能介于橡胶和塑料之间，用途相当广泛。在造纸工业中，经PVA处理后纸张的强度、光泽、耐油性和印刷效果均有改善。在涂料工业中，PVA用作内外墙涂料的黏合剂具有良好的耐久性、防水性和防腐蚀等优点。在化学工业中，PVA可用作非离子型高分子聚合物合成的乳化剂和分散剂。在纺织工业中，PVA可用于织物经纱的上浆。PVA还可用作黏合剂，黏合纸盒、砂轮，与丁醛缩合后，还可黏合玻璃等。

PVA作为经纱上浆的浆料具有非常优异的上浆性能，如黏度稳定、黏着力强、对棉和涤纶的黏附性好；成膜性优良、浆膜强度较大，弹性伸长、耐磨性和耐屈曲性好，上浆性能显著优于原淀粉和变性淀粉，而且对淀粉具有很好的增塑作用，能显著改善淀粉浆料浆膜的脆性，是最重要的纺织浆料之一，约占浆料消耗量的20%。PVA于1939年实现工业规模化生产，1940年应用于纺织经纱上浆。我国PVA的生产始于20世纪60年代，并在60年代开始用于涤/棉混纺织物经纱的上浆，是目前细特高密纯棉经纱和涤棉混纺纱上浆常用的合成浆料之一。但PVA的生物降解性差，退浆废水处理困难，易对环境造成污染。我国自1996年起就开始提倡在纺织经纱上浆中少用或不用PVA，并已取得较大进展，但还不能完全实现不用PVA上浆。

工业上是通过聚醋酸乙烯酯的醇解反应制取PVA。聚醋酸乙烯酯醇解反应以氢氧化钠为催化剂，在甲醇溶液中（聚醋酸乙烯酯的浓度在22%左右）、45～48℃下进行，醇解的产物为PVA和醋酸甲酯。PVA主要以1，3－二醇键的化学结构形式存在，并含有少量（约2%）1，2－二醇键以及微量的其他形式的微结构，可以看作是在交替相隔的碳原子上带有羟基的多元醇，其水溶液具有良好的稳定性。聚醋酸乙烯酯在醇解反应中，如分子链上的醋酸酯基（$—OCOCH_3$）全部被醇解称为完全醇解型聚乙烯醇；未全部醇解，在分子链上保留有部分醋酸酯基则称为部分醇解型聚乙烯醇。完全醇解型聚乙烯醇大分子的侧链基团只有羟基，部分醇解型聚乙烯醇的侧链基团既有羟基，又有醋酸酯基。根据醇解度的不同，PVA分为部分醇解型和完全醇解型两类，其分子结构式如图3－2所示。

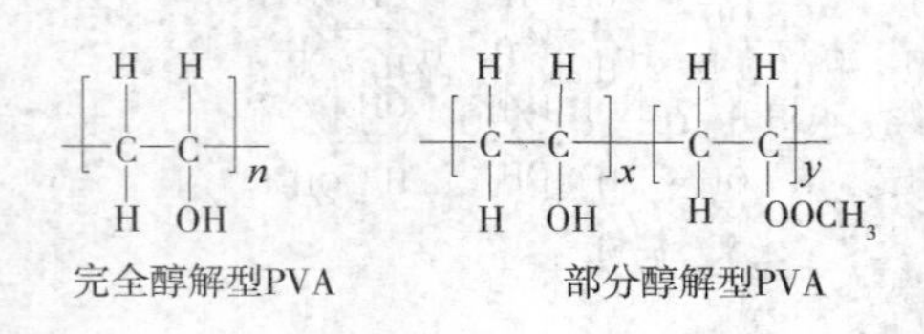

图3－2　聚乙烯醇的分子结构式

其中，n是聚合度。$\frac{x}{n}\times100\%$为聚醋酸乙烯酯醇解的摩尔分数，称为醇解度。PVA的性质主要取决于它的聚合度和醇解度，在纺织经纱上浆中以这两个规格作为PVA的主要质量指标。我国纺织经纱上浆中使用的PVA浆料的聚合度为1700和500，醇解度为99%和88%，如PVA-1799、PVA-1788、PVA-0588。

（3）聚丙烯酸类浆料（PA）。聚丙烯酸类浆料（PA）是由丙烯酸类单体，如丙烯酸、丙烯酰胺、丙烯酸酯等，通过加成聚合反应合成的大分子主链完全由碳原子组成的，用于纺织经纱上浆的均聚物或共聚物。这类浆料黏附性强，成膜性较好，易生物降解，也易于退浆，但成本较高，应用受到一定限制，一般需和其他浆料配合使用，用量约占浆料总消耗量的8%。

由上可见，每种浆料都有各自特点，从上浆效果考虑单独使用一种浆料上浆难以达到最优效果。因此在实际生产中，通常将几种浆料复配使用。棉的主要化学成分为纤维素，含有大量羟基，亲水性好，一般选择同样含有羟基的淀粉浆料上浆，对于细支高密织物，则需要混用适量PVA、聚丙烯酸类浆料上浆。涤棉混纺织物经纱则一般以淀粉和PVA混合浆料上浆。但从环保角度考虑，上浆时应尽量少用，甚至不用PVA浆料。

二、常用退浆方法及其特点

经纱上浆是为了织造的顺利进行，但织造完成后织物上浆料的存在会给后续染整加工带来困难，如坯布上的浆料会沾污染整工作液并阻碍染化料向纱线内渗透和向纤维内扩散，并使织物手感变差。因此，将织物上的浆料退净是退浆工序的主要目的。根据经纱所上浆料的不同，采用的退浆方法也不同，目前的退浆方法主要有碱退浆、酸退浆、氧化剂退浆和酶退浆。

1. 碱退浆　碱退浆以氢氧化钠为退浆剂。氢氧化钠对大多数浆料没有化学降解作用（但可使聚丙烯酸酯浆料水解成水溶性的聚丙烯酸和相应的醇），但在高温条件下，可使浆料发生溶胀，浆料分子间距增大，结构变松，与纤维间的黏着力降低，水溶性增加，再经机械作用和热水洗涤将浆料去除。在印染企业实际生产中大多使用碱退浆，其对浆料适应性强，浆料去除干净，并且可使用丝光工序的废碱液来降低成本。但是，氢氧化钠是腐蚀性很强的碱，高温下会与纤维作用，导致纤维强力下降，织物损伤；同时碱退浆能耗大，废水COD值高且不易处理，环境污染严重。

2. 酸退浆　酸退浆主要以硫酸为退浆剂，适用于淀粉类浆料，对PVA和PA无降解作用。在适当的条件下，稀硫酸能将淀粉水解成可溶性淀粉、糖类等的混合物，这些水解产物的水溶性高，易从织物上水洗去除。该方法成本低廉，退浆效果好，并可去除织物上的矿物盐。但硫酸是腐蚀性很强的酸，运输、贮藏要求高，废水也不易处理。退浆时硫酸会和棉纤维发生反应使纤维水解，所以要严格控制工艺条件，避免损伤纤维。

3. 氧化剂退浆　氧化剂退浆主要使用过氧化物作退浆剂，常用的过氧化物主要为过氧化氢和过硫酸盐，其他过氧化物如过氧乙酸、过硼酸钠等，由于来源不广、价格较贵而很少使用。在碱性条件下，氧化剂可破坏淀粉分子中的α-1，4-苷键、α-1，6-苷键和葡萄糖环，也可使PVA和PA氧化分解，浆料水溶性增大，黏度降低，再经水洗去除。氧化剂退浆适用于任何浆料的退浆，退浆效率比碱退浆高。退浆多在碱性条件下进行，甚至可将退浆、精练和漂白一步完成，缩短工艺流程，提高生产效率。但退浆的同时，纤维素也会被氧化，因此需要严格控制工艺条件，以避免损伤纤维。

4. 酶退浆 酶是一种高效、专一性强的生物催化剂，如淀粉酶能催化淀粉大分子链发生水解，生成相对分子质量小、黏度低、溶解度高的一些低分子化合物，再经水洗去除，因此淀粉酶只能对淀粉或变性淀粉浆料退浆。PVA 降解酶只能降解 PVA 浆料，但 PVA 降解酶目前还没有商品化，仅限于实验室研究。酶退浆反应条件温和，反应时间短，退浆率高达 90%以上，而且不会损伤纤维，退浆后织物手感柔软、丰满，光洁度好，适于连续生产，退浆效率高。但酶作为一种蛋白质，易受 pH 值、温度及抑制剂等因素的影响，因此需严格控制退浆工艺条件。

使用淀粉上浆的织物可采用多种方法退浆，碱、酶或氧化剂都可以将织物上的淀粉浆料退除。碱退浆成本低，适用性广，氧化剂退浆效果优良，但这两种退浆方法都会对色织物的颜色深浅和色光产生不良影响。淀粉酶退浆具有高度专一、不损伤纤维、不影响色织物颜色等优点，被广泛应用于牛仔布、衬衫面料等色织物的退浆。以淀粉为主、PVA 为辅上浆的织物，也可以采用淀粉酶退浆，但 PVA 比例高时，就不能采用淀粉酶退浆。

当今全球重视生态环保，酶技术的开发应用顺应了绿色生产加工和可持续发展的要求，酶退浆工艺被公认是一种符合环保要求的印染加工方法，是一种很有发展前景的“绿色工艺”。

三、淀粉酶退浆

淀粉酶用于纺织品淀粉浆料的退浆的历史悠久，而且退浆工艺成熟，退浆效果优良。

1833 年，法国化学家佩恩（Payen）和帕索兹（Persoz）在麦芽提取液中加入酒精沉淀得到淀粉酶。淀粉酶用于纺织品退浆始于 1857 年，是用麦芽提取物去除织物上的淀粉浆料，并长期以配制剂的形式进行工业化应用。1915 年，法国 Boiden 等开始用枯草杆菌生产细菌淀粉酶，并在工业上用于纺织品退浆。1919 年，美国的 Rapidase 系列酶制剂（α－淀粉酶）开始进入市场，该系列酶制剂能保证在工业上可接受的时间内有效地起作用，至此，酶实现了商业化应用。早期囿于生物技术水平，淀粉酶热稳定性不佳，成本较高，再加上它对其他浆料无去除作用，限制了它的应用。随着生物技术的发展，人们对生态环境的重视，酶退浆工艺又重新引起人们的关注。1965 年，我国建立了第一家利用枯草芽孢杆菌生产 α－淀粉酶的工厂——无锡酶制剂厂（产品为 BF－7658α－淀粉酶）。枯草芽孢杆菌 BF－7658α－淀粉酶是我国产量最大、用途最广的一种液化型 α－淀粉酶，其最适 pH 值在 6.5 左右，pH 值低于 6 或高于 10，酶活将显著降低；最适温度 65℃左右，60℃以下稳定。但在淀粉浆中酶的最适温度为 80～85℃，90℃保温 15min 仍保留 87% 的酶活力。1973 年，Madsen 等报道了采用地衣芽孢杆菌得到一种新的耐高温 α－淀粉酶，能在 110℃下液化淀粉，使耐高温 α－淀粉酶的研究取得突破，并投入工业应用。目前常用的宽温液体退浆酶，都是在耐高温 α－淀粉酶的基础上改进的，其使用方便，工艺适应范围更宽。

1. 用于织物上淀粉浆料退浆的淀粉酶的种类 淀粉酶是指一类能催化淀粉水解转化成葡

萄糖、麦芽糖及其他低聚糖的酶的总称。淀粉酶的分类方法较多，可根据酶的来源、酶作用方式、产物的特点等进行分类，常用的淀粉酶有α－淀粉酶（又称液化酶）、β－淀粉酶、葡萄糖淀粉酶和脱支酶等。

虽然淀粉酶的品种多种多样，但α－淀粉酶属于内切型淀粉酶，作用于淀粉时，能随机切开直链淀粉或支链淀粉分子内部的α－1，4－糖苷键，使淀粉迅速降解，淀粉黏度降低，并且来源广泛、价格低廉；β－淀粉酶和葡萄糖淀粉酶属于外切酶，最终水解产物为麦芽糖和葡萄糖，但其水解淀粉的速度很慢；脱支酶只能水解α－1，6－糖苷键，使淀粉分支程度降低，但淀粉长链数增多，直链淀粉的聚合度仍较大。因此，β－淀粉酶、葡萄糖淀粉酶和脱支酶并不适用于酶退浆。酶退浆主要使用α－淀粉酶，退浆时α－淀粉酶能使淀粉分子迅速降解，织物上的淀粉浆料被水解成可溶解状态经水洗去除，达到退浆的目的。

2. 影响淀粉酶退浆效果的因素　影响淀粉酶退浆效果的因素较多，既与上浆的配方、上浆量、织物结构相关，也与退浆工艺条件相关，还与淀粉的品种或来源有关。

（1）退浆工艺对退浆效果的影响。

①退浆温度的影响。温度对酶的反应速率影响较大，一方面随温度上升，酶的活性提高；另一方面，由于温度提高，酶蛋白会逐渐变性失活。每种酶都有其最佳反应温度，在该温度下酶活力最大。酶退浆时应选择最适宜的温度，以保证酶的活性和酶的稳定性，使其发挥最佳效果。以前退浆常用中温淀粉酶，其最佳反应温度一般在55～85℃，但目前广泛使用宽温幅淀粉酶和高温淀粉酶。

②酶浓度（活力）的影响。当酶的浓度较低时，在一定范围内，随着酶浓度的增加，退浆率几乎与酶的浓度呈正比；当酶用量超过一定值后，继续增大酶用量，退浆率将逐渐趋于平缓。因此生产时应选择既能达到较高的退浆率，同时又能节省成本的酶用量。

③pH 值的影响。酶是蛋白质，pH 值会影响酶蛋白的空间构象和酶的解离状态，从而影响酶的活性，pH 值过高或过低都会影响酶的稳定性，使酶遭到不可逆的破坏。在某一 pH 值下，酶的反应速率达到最佳值，称为酶促反应的最佳 pH 值。淀粉酶的最适酸碱条件一般为中性至偏弱酸性，pH 值在5.5～7.5，配制退浆液时可用 HAc 调节 pH 值。

④金属离子或活化剂的影响。一些金属离子，如钙离子、钠离子等，可以提高酶的活力，而微量的重金属离子如铜离子、铁离子等，则对淀粉酶的活性有阻碍作用，使酶的活力降低。

α－淀粉酶是一种金属酶，每个酶分子至少含有一个Ca^{2+}，有的多达10个Ca^{2+}。Ca^{2+}是α－淀粉酶的激活剂，它与酶分子的结合非常牢固，结合常数达到10^{12}～10^{15}mol/L。如果完全除去酶分子中的Ca^{2+}，将导致酶基本失活，对热、酸等的稳定性降低。虽然Ca^{2+}并没有直接参与形成酶—底物络合物，但是它能使酶分子保持适当的构象，从而维持其最大的活性和稳定性。所以淀粉酶退浆不必使用软水。

Ca^{2+}对α－淀粉酶活性的影响如图3－3所示。

⑤表面活性剂的影响。离子型表面活性剂对淀粉酶有抑制作用，所以退浆时要用非离子型的表面活性剂作渗透剂。加入渗透剂可以降低退浆液的表面张力，促进退浆液向织物的微孔和缝隙中渗透，使酶与底物的接触更为彻底，可提高酶的反应效率，充分将淀粉浆料分解。

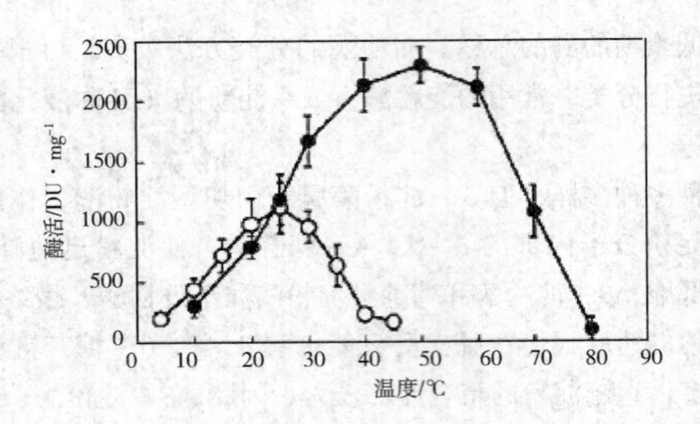

图 3-3 Ca^{2+} 对 α-淀粉酶活力的影响

○—未加 Ca^{2+} ●—添加 Ca^{2+}

⑥堆置时间的影响。酶退浆的反应从酶液接触浆料开始就发生了，但酶反应需要保温一段时间，使酶与底物有充分的时间进行反应。一般情况下，保温堆置的温度高、酶液的浓度大，堆置时间可以适当缩短一些；但如果堆置温度较低、酶液的浓度较小，堆置时间应适当延长。

⑦机械搅动的影响。浸渍法退浆时适当搅动退浆液有利于酶向织物表面扩散，也有利于酶解产物向溶液中扩散。因此，适当的机械搅动有助于提高织物的退浆效果。但是，若搅动过于激烈，则会破坏酶的三维空间结构而使其失活。

（2）淀粉浆料品种对 α-淀粉酶酶解性能的影响。生产实践发现，淀粉浆料品种对 α-淀粉酶酶解性能有很大影响。以碘—碘化钾显色法测定淀粉分解率，不同品种淀粉浆料分解率与酶用量的关系如图 3-4 所示。

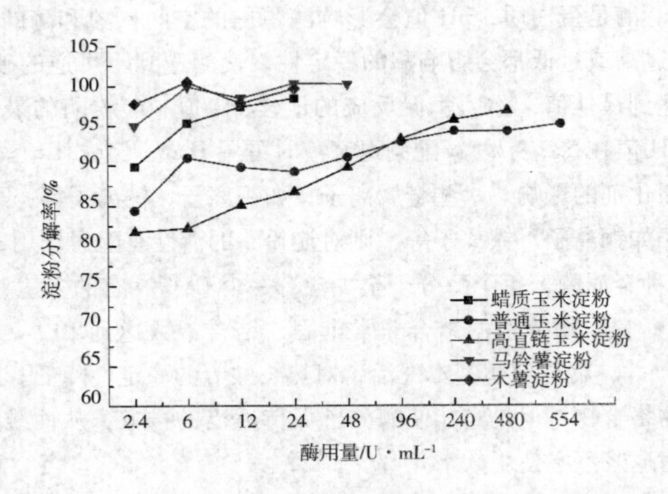

图 3-4 不同品种淀粉浆料分解率与酶用量的关系

由图 3-4 可见，不同品种淀粉浆料在达到相同分解程度时所需的酶量有很大差异。马铃薯淀粉和木薯淀粉的酶用量在 2.4U/mL 时，分解率已达到 95%，蜡质玉米淀粉需要 6U/mL，高直链玉米淀粉需要 240U/mL，玉米淀粉则需要 554U/mL。

图 3－5 是不同品种淀粉浆料的 α－淀粉酶分解速率曲线。

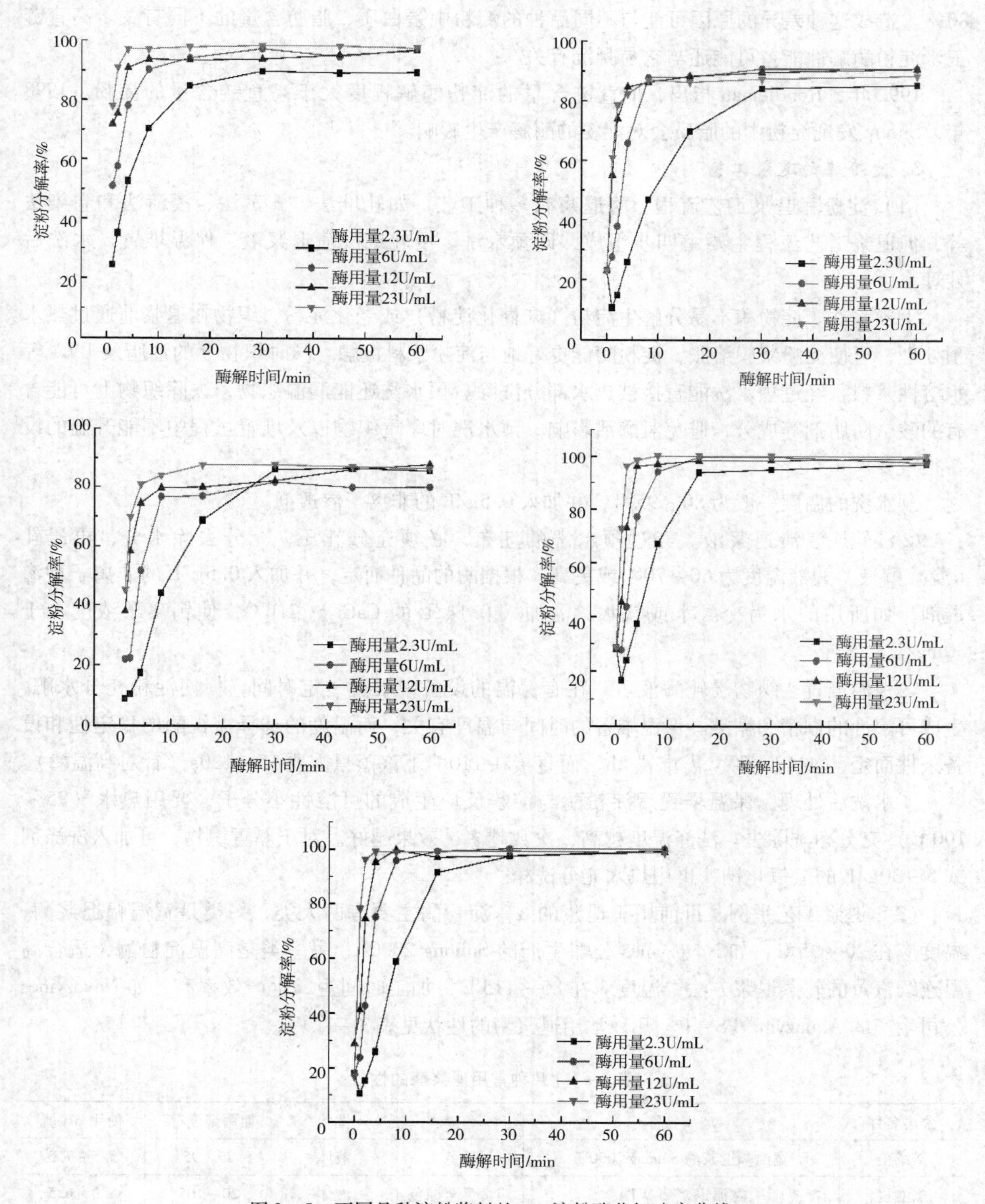

图 3－5　不同品种淀粉浆料的 α－淀粉酶分解速率曲线

由图3－5可知，在酶解60min时，不同品种淀粉的分解率有显著差异，蜡质玉米淀粉、马铃薯淀粉和木薯淀粉的分解率能达到97%，玉米淀粉达到91%，高直链玉米淀粉只能达到80%。造成这种差异的原因可能与不同品种的淀粉中蛋白质、脂肪含量的不同有关。高直链玉米淀粉酶解性能差可能还与它易凝沉有关。

1992年，Rendleman指出，低直链含量的淀粉酶解程度大于高直链含量的淀粉。1998年，Sitohy发现淀粉中的脂质会对淀粉的酶解产生影响。

3. 淀粉酶的退浆工艺

（1）淀粉酶退浆工艺流程。酶退浆有多种工艺，如轧堆法、轧蒸法、浸渍法和卷染法等，但退浆工艺流程主要由四步组成，即预水洗、浸轧或浸渍退浆液、保温堆置、水洗后处理。

①预水洗。淀粉酶不易分解生淀粉（未糊化淀粉）或老化淀粉，织物在退浆前通过热水预处理，可使淀粉浆膜溶胀，淀粉酶能更好地与淀粉浆料接触。同时织物上的油脂及PVA等水溶性浆料，经过预水洗能直接被热水部分洗除。预水洗还能润湿织物，去除织物上可能含有的酸、防腐剂等成分，避免对酶活影响。预水洗对厚重织物以及堆置过程中不能升温的设备很重要。

预水洗的温度一般为80～95℃，并加入0.5g/L的非离子渗透剂。

②浸轧或浸渍退浆液。经过预水洗的坯布，必须充分轧压，充分去除水分，再浸轧（渍）酶液。酶液温度为60～70℃或更高，根据酶的品种而定，并加入0.5g/L的非离子型渗透剂。如所用的水为冷凝水或软水，需加入0.1g/L的$CaCl_2 \cdot 2H_2O$，使钙离子浓度大于30mg/L。

③保温堆置。织物浸轧酶液后，在有保温的设备中堆置一定时间，促使淀粉充分水解，生成可溶性的糊精和糖类。保温堆置的时间与温度有关，而温度的选择需视酶的稳定性和设备条件而定，如40～50℃需堆置2h，而直接在110℃下汽蒸只需要15～120s（针对高温酶）。

④水洗后处理。保温堆置后淀粉酶与淀粉反应生成的可溶性小分子，要用热水（95～100℃）充分净洗除去。洗涤温度越高，次数越多，效果越好。对于厚重织物，可加入洗涤剂或5～30g/L的氢氧化钠，再用热水充分洗净。

（2）退浆工艺举例。目前用于退浆的α－淀粉酶主要有两大类，一类是宽温幅退浆酶，温度应在20～95℃，如Novozymes公司生产的Suhong 2000L；另一类是高温淀粉酶，适合高温连续汽蒸的轧蒸退浆方法，温度应在85～115℃，加工时间短，生产效率高，如Novozymes公司生产的Aquazym® PS－L。几种常用退浆酶的性状见表3－1。

表3－1 几种常用退浆酶的性状

公司名称	产品名称	色泽	性状	使用温度/℃	使用pH值
诺维信	宽温幅退浆酶Suhong 2000 L	棕色	液体	25～95	5.5～7.5
杰能科	宽温退浆酶WTA	淡黄色至棕色	液体	20～105	5.0～6.5
联特	宽温退浆酶CY－2000	深褐色	液体	20～100	5.5～7.5

续表

公司名称	产品名称	色泽	性状	使用温度/℃	使用 pH 值
尤特尔	退浆酶 UTA－576	棕红色	液体	60～105	5.5～6.5
福盈	中达 Jintexyme DZHL40	褐色	液体	60～105	5.7～10.7

苏宏宽温幅退浆酶 Suhong 2000L 的应用工艺举例如下。

①连续汽蒸法。工艺处方见表 3－2。

表 3－2　工艺处方#

酶用量/$g \cdot L^{-1}$	1.0～4.0	温度/℃	60～80
水的硬度/$mg \cdot L^{-1}$	≥30	非离子型渗透剂/$g \cdot L^{-1}$	0.5～2.0
pH 值	5.5～7.5		

工艺流程：预水洗（非离子渗透剂 0.5g/L，80～95℃，走 2 道）→浸轧酶液（轧液率 100%）→汽蒸（85～100℃，3～5min）→水洗（95～100℃，走 2 道，可添加 5～30g/L 的烧碱）

②轧堆法。工艺处方见表 3－3。

表 3－3　工艺处方#

酶用量/$g \cdot L^{-1}$	0.5～2.5	处理时间/min	10～30
水的硬度/$g \cdot L^{-1}$	≥30	温度/℃	60～90
pH 值	5.5～7.5	非离子型渗透剂/$g \cdot L^{-1}$	0.5～2.0

工艺流程：预水洗（非离子渗透剂 0.5g/L，80～95℃、走 2 道）→浸轧酶液（轧液率 100%）→堆置（2～4h，或低温过夜）→水洗（90～95℃，走 2 道，可添加 5～10g/L 的烧碱）

四、聚乙烯醇降解酶退浆

1. PVA 退浆中存在的问题　碱退浆方法并不适用于以 PVA 为主要浆料上浆的织物的退浆，因为碱能使 PVA 分子中的乙酰基团水解，醇解度进一步提高，溶解度降低，造成洗除困难。氧化剂退浆有脆布危险，所以含有 PVA 浆料的织物通常采用热水退浆，但热水退浆的退浆效率低。而且，无论是热水退浆还是碱退浆，都只是把 PVA 溶解在退浆液中，并没有使 PVA 降解。由于 PVA 是一种生物可降解性较低的高聚物（1mg/L PVA＝1.76mg/L COD_{Cr}，$BOD_5/COD_{Cr}=0.06$ 左右），这就导致退浆排出的废水中含有大量的 PVA。大量排放含 PVA 的废水会对环境产生严重的负面影响，而且部分醇解 PVA 具有较大的表面活性，会增加被污染水体表面的泡沫，使黏度加大，影响好氧微生物的活动，对水体的感官性能及复氧行为极为不利，从而抑制甚至破坏水生生物的呼吸。

随着人们对纺织工业清洁生产的关注，具有环保优势的淀粉酶退浆、过氧化氢酶去除氧漂后织物上残留的双氧水等技术已大量应用于纺织品的前处理。PVA 的生物降解以及用 PVA 降解酶退浆的纺织工业清洁生产技术正在成为研究的热点。如果能在退浆工序就实现对 PVA 的生物降解，不仅能大大减少含 PVA 废水的排放，还能避免氧化剂退浆过程中高温和氧化造成的棉纤维损伤。虽然应用 PVA 降解微生物和 PVA 降解酶都能使 PVA 浆料分解，但在实际应用中，酶制剂比微生物制剂更为方便和有效。因为 PVA 降解微生物在降解 PVA 时还需要有其他营养因子及氧的存在，而且降解速度比较慢，很难在纺织品退浆中应用。反之，酶制剂的反应速度较快，只要满足有限的几个条件（如温度、pH 值、离子强度等），就可以较快地降解 PVA。要达到这一目的，需要生产大量的 PVA 降解酶。

2. PVA 生物降解的机理 目前已发现的聚乙烯醇降解酶主要包括聚乙烯醇氧化酶（仲醇氧化酶）、聚乙烯醇脱氢酶和β - 双酮水解酶（氧化型聚乙烯醇水解酶）三种。研究者对 PVA 降解酶降解 PVA 的催化反应机理进行许多探索。但由于采用的菌种不同，因此所含的 PVA 降解酶的组合种类也不相同，一种组合是菌体中含有 PVA 氧化酶与氧化型 PVA 水解酶，另一种组合是菌体中含有 PVA 脱氢酶与氧化型 PVA 水解酶，因此对 PVA 降解酶催化降解 PVA 的机理也存在不同的观点。目前较为一致的看法是：PVA 须经两步酶催化过程才能降解，第一步由 PVA 氧化酶在以 O_2 为电子受体的条件下，或由 PVA 脱氢酶以 PQQ 为电子受体的情况下，将 PVA 氧化脱氢为酮基化合物。对第二步反应，一种观点认为 PVA 的羟基基团被 PVA 氧化酶或 PVA 脱氢酶催化氧化为酮基型 PVA 以后，再被氧化型 PVA 水解酶催化裂解；另一种观点则认为酮基型 PVA 的水解反应是自发进行的。还有研究者通过单独与联合使用 PVA 氧化酶和氧化型 PVA 水解酶，对 PVA 降解进行实验研究，认为氧化型 PVA 的自发水解主要是由于酮基型 PVA 分子结构不稳定造成的，但氧化型 PVA 水解酶可能加速了酮基型 PVA 的裂解反应。PVA 生物降解可能存在的途径如图 3 - 6 所示。

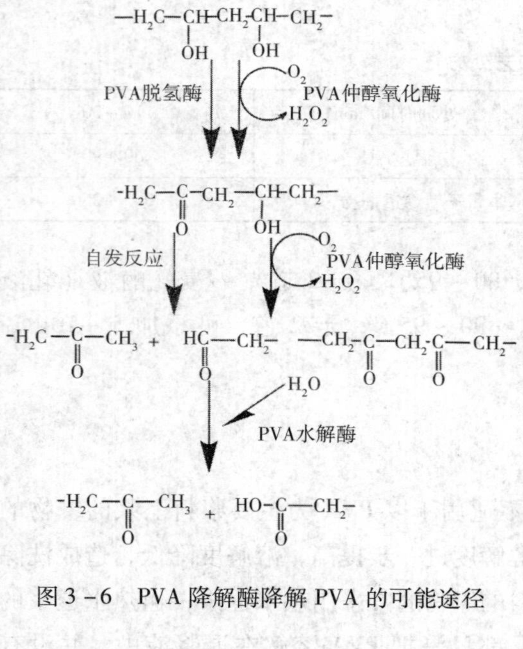

图 3 - 6 PVA 降解酶降解 PVA 的可能途径

3. PVA 降解酶对 PVA 浆料退浆的作用

（1）PVA 降解酶用于 PVA 浆料退浆存在的问题。国内外研究者对 PVA 降解酶的纯化分离已开展了一定的工作，但由于 PVA 降解酶是一个酶系，需要几种不同的酶协同作用才能彻底降解 PVA，在同一条件下同时提取这几种酶难度较大，特别是一些膜上酶，由于纯化过程中要制备细胞膜，提取难度就更大。另外，PVA 降解酶产生菌培养周期长、酶活低，加上 PVA 降解不彻底导致 PVA 降解酶无法纯化，PVA 脱氢酶辅因子 PQQ 价格昂贵等原因，所以至今还没有关于发酵法批量生产 PVA 降解酶的报道。采用PVA降解酶进行纺织品退浆目前还仅仅停留在实验室水平，包括诺维信、杰能科等大型酶制剂公司至今未推出PVA降解酶的商品酶，该市场尚处于真空状态。

（2）PVA降解酶对不同规格PVA酶解性能的差异。PVA降解酶对不同聚合度及醇解度PVA降解性能差异的研究只在由混合菌群分泌的胞外酶液中进行过，PVA1788（聚合度1700，醇解度88%）、PVA1799（聚合度1700，醇解度99%）和PVA2099（聚合度2000，醇解度99%）这三种型号的聚乙烯醇都得到一定程度的降解，降解率分别为53.3%、82.0%和77.6%。这证实在该混合菌群的胞外酶液中存在聚乙烯醇降解酶。不同的是，1788型的聚乙烯醇的降解率明显比1799和2099型的聚乙烯醇低。1788型的聚乙烯醇的醇解度为88%，即在其碳链上残留12%的酯基，而1799和2099的醇解度都为99%，在碳链上只残留1%的酯基。因而认为，1788型聚乙烯醇的降解率比1799和2099型的聚乙烯醇低是由于碳链上残留酯基的影响，即醇解度的影响。推测该混合菌群的胞外酶液中不含有水解酯基的酯酶，碳链上的酯基需要进入细胞体内进行降解，因而在只含有胞外酶的酶液中，1788型聚乙烯醇的降解率要低。另一方面，在混合菌群分泌的胞外酶液中，1799和2099型聚乙烯醇的降解率相差不大，说明相对分子质量对酶降解反应的影响并不大，而且，聚乙烯醇碳链的断裂位置很可能是随机的。

（3）PVA降解酶的退浆工艺。目前使用PVA降解酶进行PVA浆料退浆工艺的研究较少，仅在实验室范围进行。

国外研究者使用PVA混合酶进行PVA降解的最佳条件是pH值8.0，温度30~55℃。用混合酶对用PVA溶液（25g/L）上浆的棉织物在30℃和pH值8.0条件下退浆处理1h后，与使用热水（80℃，30min）的常规退浆工艺相比，检测到织物上残留的PVA量相似。当将混合酶退浆时间延长至6h时，发现织物上有最小量的PVA残留。此外，在4h后酶退浆废水中的PVA含量可忽略不计，与初始值相比，生化需氧量增加了7.4倍。

江南大学纺织生物技术课题组用含有寡养单胞菌（*Stenotrophomonas*）、假单胞菌（*Pseudomonas*）、鞘氨醇单胞菌（*Sphingopyxis*）等菌属的混合菌群发酵制备的PVA降解酶能在24h内使PVA1799浓度降低33.9%，重均分子量降低14.8%以上。由PVA降解酶和淀粉酶复配的退浆酶对棉织物上的混合浆料有较好的退浆效果，且退浆后织物的强力损伤较小。酶退浆优化工艺为淀粉酶/PVA酶浓度比1∶10、温度50℃、pH值6.0，时间为30 min。结合果胶酶精练能大大提高织物的润湿性，达到碱精练水平。

江南大学生物工程学院采用能降解PVA的混合菌系产的混合酶进行退浆实验。该体系产的混合酶以膜上酶为主，混合酶的适宜反应条件为pH=8.0，温度30℃。采用热水退浆1h可去除PVA约76%，虽然酶法退浆1h，PVA的去除率只有54%，但随着时间的延长，热水退浆PVA的去除率基本上没有大的变化，而酶法退浆PVA的去除率在6h后基本上达到了热水退浆的效果。

东华大学国家染整工程技术中心对用纯PVA上浆的棉织物（用未上浆棉织物在80g/L的PVA溶液中浸轧制备）采用传统热水退浆方法退浆0.5h，退浆率达到80%以上。采用PVA降解酶退浆（PVA降解酶的适宜反应条件为pH=8.0，温度30℃）2h，退浆液中的PVA含量为65.28%，棉织物上残留的PVA量为22.53%，退浆率达到77.47%，虽然没有达到热水退浆的效果，但是退浆液中PVA含量与棉织物上残留PVA含量之和小于100%，说明PVA降解酶在退浆的同时已将PVA降解为较小的分子，用碘—碘化钾溶液不易检测出来。

第二节　棉织物的酶精练技术

一、棉织物精练加工的目的

棉机织物经过退浆后，绝大部分浆料已被去除，但棉纤维上仍存在6%左右与其共生的果胶质、蜡质、含氮物质等天然杂质（表3-4），分布于纤维初生胞壁（位于纤维最外层，厚约0.1μm，占棉纤维总厚度约1%，含4%～5%的棉纤维天然杂质）、次生胞壁和胞腔（图3-7）。初生胞壁（最外层致密部分称为角质层）中非纤维素杂质含量最高，且杂质与纤维素之间存在复杂的联结方式，如图3-8所示。这些棉纤维共生物的存在使棉织物布面较黄、润湿性差，不利于染料、助剂等的吸附和扩散，严重影响染色、印花和整理等后续加工的质量。此外，棉织物中含有呈黑点状的棉籽壳（特别是品质较差的普梳棉织物含量更高），严重影响织物外观。因此，旨在去除果胶质、蜡质等非纤维素杂质和棉籽壳，改善棉织物润湿性和外观，使后续漂白、染色、印花及整理加工顺利进行的精练加工是棉织物印染加工中必不可少的一道重要工序。

表3-4　棉纤维的主要成分

组成	初生胞壁/%	纤维整体/%	非纤维素杂质组成与性质
纤维素	52	94.0	①果胶质：果胶酸衍生物，包括难溶性的果胶酸钙、镁和疏水性的果胶酸甲酯，也有可能与纤维素中的羟基以酯键形式结合。同时，黏合蜡质与纤维素，降低纤维亲水性； ②蜡质：高级脂肪醇、高级脂肪酸、高级脂肪酸盐、高级脂肪酸酯和固体、液体碳氢化合物等组成的复杂混合物，其含量与分布显著影响织物润湿性； ③灰分：硅酸、碳酸、盐酸、硫酸、磷酸的钾、钠、钙、镁、锰盐以及氧化铁和氧化铝； ④含氮物质：蛋白质和简单的含氮无机盐
果胶质	12	0.9	
蜡质	7	0.6	
灰分	3	1.2	
有机酸与多糖类	14	1.1	
含氮物质（以蛋白质计）	12	1.3	
其他	—	0.9	

目前国内外主要采用传统的碱处理工艺对棉织物进行精练（也称煮练）。在高温、强碱和表面活性剂的共同作用下，能够去除大部分棉纤维共生物，使织物获得较好的润湿性。但碱精练工艺大量使用强碱和表面活性剂等化学品，处理后还需使用大量的水进行布面清洗，存在耗水量大、能耗高、耗时长以及排放废水碱性大（pH>12）、色度深、COD值高等缺点。碱精练已成为印染行业最大的污染源，严重污染生态环境，也对棉纤维产生较大的损伤，降

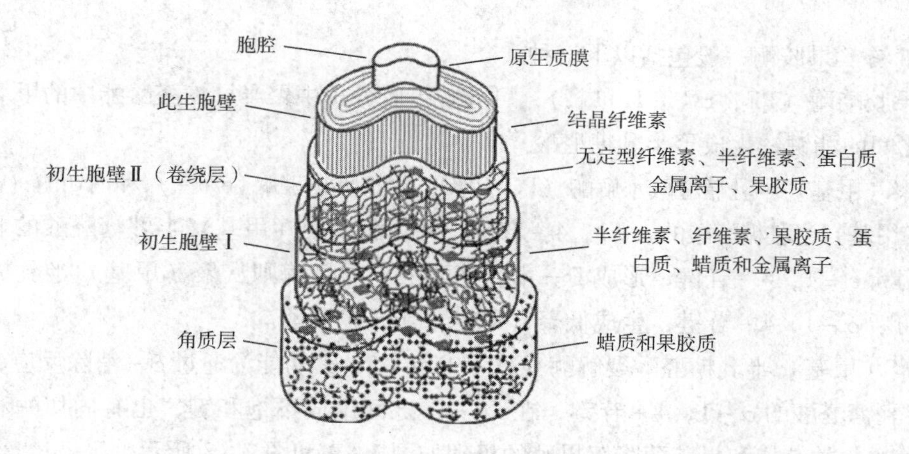

图3－7　棉纤维形态结构示意图

低支化果胶质（角质层）　游离果胶质（角质层）　长链支化果胶质（初生胞壁Ⅰ）
未酯化的果胶质（初生胞壁Ⅱ）　蜡质　无定形纤维素　半纤维素　蛋白质

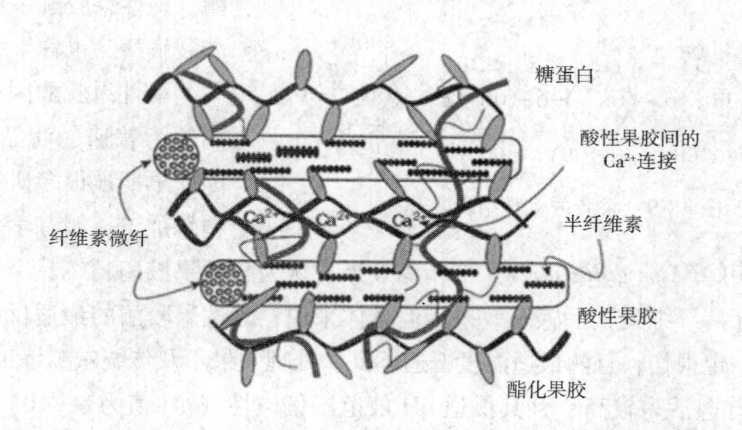

图3－8　棉纤维初生胞壁中纤维素与非纤维素杂质间联结示意图

低了棉织物的品质。

采用环境友好的高效生物催化剂（酶制剂）代替烧碱的棉织物酶精练工艺自20世纪90年代以来受到普遍关注。国内外开展了大量关于棉织物酶精练的研究和应用探索，显示出很好的应用前景。酶精练工艺具有应用条件温和、耗水量低（仅为传统工艺的35%～50%）、废水COD值低、pH值达到直接排放标准、对棉纤维损伤小等诸多优点，克服了传统碱精练工艺的诸多不足，是一种节能降耗、环境友好的印染前处理生产技术，其推广应用对于促进纺织工业清洁化生产和提高棉织物品质具有重要意义和价值。

二、棉织物精练用酶制剂

根据酶作用的专一性和棉纤维非纤维素杂质的组成情况，棉织物精练用酶主要有果胶酶、纤维素酶、蛋白酶和角质酶等品种。

1. 果胶酶 果胶酶一般包括以下三种。

（1）果胶酯酶（PE，EC 3.1.11.1），可分解果胶分子中聚半乳糖醛酸酯中的甲氧基与半乳糖醛酸之间的酯键，生成聚半乳糖醛酸。

（2）聚（甲基）半乳糖醛酸水解酶（PG/PMG），分为外切酶（exo－）和内切酶（endo－），可切断聚（甲基）半乳糖醛酸的$\alpha-1$，4－苷键，外切酶从聚（甲基）半乳糖醛酸的非还原性末端开始切断$\alpha-1$，4－苷键，形成D—半乳糖醛酸；内切酶则从聚（甲基）半乳糖醛酸分子的内部切断$\alpha-1$，4－苷键，生成低聚（甲基）半乳糖醛酸。

（3）聚（甲基）半乳糖醛酸裂解酶（PGL/PMGL），其功能为通过β－消除反应，裂解聚（甲基）半乳糖醛酸的$\alpha-1$，4－苷键，在$C_4 \sim C_5$之间生成不饱和键，也有内切酶和外切酶之分。果胶的化学结构和果胶酶降解果胶的机理如图3－9和图2－8所示。

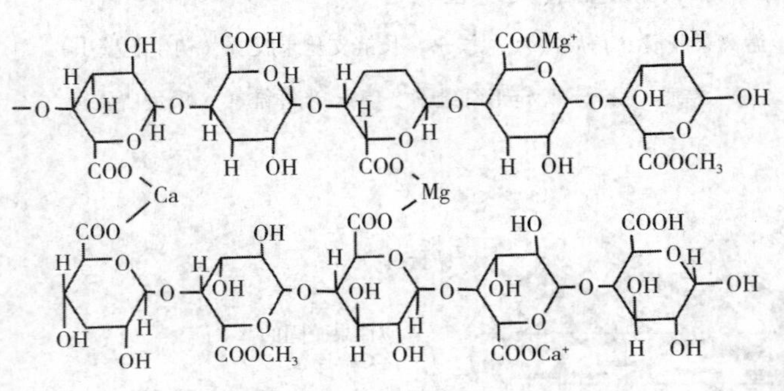

图3－9 果胶的化学结构

根据应用条件，果胶酶也分为酸性果胶酶和碱性果胶酶。目前，酸性果胶酶主要是聚半乳糖醛酸酶，碱性果胶酶主要是聚半乳糖醛酸裂解酶，也称果胶裂解酶。

酸性果胶酶因在食品工业中应用较为普遍，商品化酶制剂易得，因此早期被很多研究者研究用于棉精练加工。如有学者探讨了酸性果胶酶 Woltrazaim 40L（*Aspergillus niger*）的精练效果，认为酸性果胶酶精练具有去除果胶质、提高纤维吸水性和保持纤维柔软手感等效果。但总体来说，酸性果胶酶的最适反应条件在酸性范围，对棉纤维有一定损伤，且酶最适温度普遍不高，处理效果不及传统碱精练工艺。

碱性果胶酶普遍活力较高，且其最适 pH 值范围偏碱性（pH 值为 8～10），与棉织物精练前的退浆和精练后的氧漂加工条件具有较好的工艺衔接性，便于工业化生产操作。1998 年，丹麦 Novozymes 公司成功开发出用于棉精练的碱性果胶酶，商品名为 Bioprep 3000L；2003 年又推出基因改性微生物 *Bacillus* 的深层发酵产品——碱性果胶裂解酶 Scourzyme L；目前最新产品为 Scourzyme NP，是转基因地衣芽孢杆菌（*Bacillus licheniformis*）所产碱性果胶裂解酶为主的多种酶制剂的复配产品。从已有文献报道看，目前世界各国多数都采用性能更好的碱性果胶裂解酶进行棉织物精练研究与应用。

2. 纤维素酶 纤维素酶为一多组分酶系，主要包括$\beta-1$，4－内切葡聚糖酶、$\beta-1$，4－外切葡聚糖酶和β－葡萄糖苷酶。纤维素酶对纤维素的降解作用是以上各组分酶经协同作用完成的。按最适 pH 值不同，纤维素酶又分为酸性纤维素酶、中性纤维素酶和碱性纤维素酶。从已有研究报道看，用于棉精练的纤维素酶主要为酸性纤维素酶。

酶精练早期研究中，受商业化酶制剂品种较少所限，可供选择的酶有限。纤维素酶被较早和果胶酶等联合用于棉织物酶精练研究，以期通过部分纤维素的降解促进其他酶对果胶等非纤维素杂质的分解去除。需要指出的是，尽管人们发现纤维素酶具有一定的精练效果，但由于酶作用的专一性特点，纤维素酶在精练中不可避免地会对棉纤维造成损伤，这在实际生产中风险很大。而果胶酶，特别是碱性果胶酶对纤维的潜在损伤较小，这无疑也是后者得到更多认同和发展的原因之一。

3. 蛋白酶　蛋白质是棉纤维中含量最多的非纤维素杂质之一，约占纤维干质量的1.3%，主要集中在纤维的初生胞壁，也存在于胞腔内。蛋白酶可催化蛋白质分子中肽键水解生成肽和氨基酸。棉纤维非纤维素杂质中蛋白质类物质虽然含量较高，但蛋白质被埋在蜡质、果胶质的下面，使得蛋白酶难以接近，导致蛋白质去除较少，相应地蜡质和果胶也去除较少，因此蛋白酶处理对棉纤维润湿性改善不如果胶酶和纤维素酶显著。但若辅以其他处理增强其他杂质特别是棉蜡质的去除，蛋白酶处理也可一定程度地提高织物的润湿性。有研究表明，在采用沸水预处理及缓冲溶液后淋洗工艺下，糜蛋白酶、胰蛋白酶、芽孢杆菌蛋白酶处理可一定程度地提高织物的润湿性。由于存在不同蛋白酶品种的作用效果差异大、底物可及性差、工艺条件要求高等问题，蛋白酶精练还仅限于研究层面，未见工业化应用报道。

4. 脂肪酶　棉蜡质含量仅占纤维干质量的0.6%左右，但其含量及分布与纤维润湿性密切相关，是影响纤维润湿性的主要因素。蜡质主要分布在初生胞壁和角质层内，但也存在于次生胞壁中。蜡质主要组成是高分子量的醇和脂肪酸及其酯，见表3-5。根据文献报道，蜡质主要组分的熔点在60~80℃。

脂肪酶能将脂肪水解成甘油和脂肪酸。由于普通脂肪酶仅能水解甘油三酸酯，而后者在棉蜡质中含量极少，因此在提高棉织物润湿性方面不像果胶酶那样有效，这也为一些研究所证实。如有研究表明，门多萨假单胞菌（*Pseudomonas mendocina*）产脂肪酶对蜡质无去除效果。另有研究证实，脂肪酶仅能去除1%的蜡质，对棉纤维润湿性无显著改善作用。

表3-5　棉纤维蜡质组成

类别	主要组分	质量分数/%	外表层的详细组分				
			组分	分子式	相对分子质量	熔点/℃	备注
不可皂化部分（52%~62%）	高级脂肪醇 C_{23}~C_{34}	40~52	正三十醇	$C_{30}H_{61}OH$	438.8	87	显著量
			棉籽酚（有色物质）	$C_{30}H_{30}O_8$	518.5	184-214	显著量
			褐煤醇（1-二十九醇）	$C_{29}H_{60}O$	424	83	显著量
			二十九烷醇	$C_{29}H_{60}O$	424	83	痕量
			其他醇	C_{28}~C_{30}			
	饱和及不饱和脂肪烃	7~13	二十七（碳）烷	$C_{27}H_{56}$			
			三十（碳）烷	$C_{30}H_{62}$			
			三十一（碳）烷	$C_{31}H_{64}$			
			三十二（碳）烷	$C_{32}H_{66}$			
	植物固醇甾醇、固醇糖苷、配糖物和多萜烯类	3~8	β-谷甾醇	$C_{29}H_{50}O$	414.7		
			γ-谷甾醇	$C_{29}H_{50}O$	414.7		
			谷甾醇糖苷	$C_{35}H_{60}O_6$			
			α-和β-香树脂醇	$C_{30}H_{50}O$			

续表

类别	主要组分	质量分数/%	外表层的详细组分				
			组分	分子式	相对分子质量	熔点/℃	备注
可皂化部分（37%～47%）	游离脂肪酸（含偶数碳原子）及其酯类	23～47	正二十四酸（木焦油酸）	$C_{24}H_{48}O_2$	368.6	84	显著量
			正十五酸	$C_{15}H_{30}O_2$	242.0	69.6	痕量
			十六酸（棕榈酸）	$C_{16}H_{32}O_2$	256.4	64	显著量
			顺式-12-羟基十八碳烯-9-酸	$C_{18}H_{34}O_2$	282.5	4	痕量
			十八酸（硬脂酸）	$C_{18}H_{36}O_2$	284.5	70	显著量
			异二十二酸（山嵛酸）	$C_{22}H_{44}O_2$	340.6	80	痕量
			正十五酸	$C_{15}H_{30}O_2$	242	69.4	痕量
	树脂类	≈1	有色树脂类物质				

5. 角质酶 角质酶存在于真菌、细菌和植物角质中，其中研究较深入的是腐皮镰刀菌（*Fusarium solani pisi*）和嗜热单孢菌（*Thermobifida fusca*）产角质酶。研究表明，角质酶（Cutinase）可看作是脂肪酶（Lipase）和酯酶（Esterase）之间的“过渡酶”或连接两者的“桥梁”。脂肪酶与酯酶作用底物的碳链长短不同（酯酶优先水解短链脂肪酸酯，脂肪酶优先水解长链脂肪酸酯），且作用底物的物理状态也不同（酯酶水解水溶性底物，脂肪酶水解油—水界面的不溶性底物）。与酯酶和脂肪酶不同的是，角质酶能够水解大分子聚酯、不溶性的甘油三酯和小分子可溶性酯类物质。这一特性可能与其结构中不存在脂肪酶分子结构中常见的活性中心“盖子”结构有关。角质酶活性中心暴露于酶蛋白表面，无论在何种底物浓度时，角质酶的催化部位均能够与底物分子有效结合，进而催化特定反应。因此，角质酶催化水解反应时不存在类似脂肪酶那样的界面活化现象，其独特构象还赋予了该酶能够水解不同酯类底物的特性。

角质酶属于丝氨酸水解酶。细菌角质酶的最适温度为40～60℃，最适pH值偏碱性，当pH值低于7时，角质酶活性会急剧下降。角质酶可用于含酯类组分或含酯基结构的疏水性纤维材料的表面改性，提高纤维的亲水性。与脂肪酶不同，角质酶可直接作用于棉纤维角质层疏水性蜡质中高级脂肪酸酯，加之其最适温度和pH值更适于棉纤维加工，因此在棉精练研究中受到重视。

三、棉织物酶精练原理

1. 单一酶精练

（1）果胶酶精练。美国佐治亚大学研究者对棉织物酶精练机理与工艺开展了大量研究，认为疏水性蜡质和甲酯化的果胶及钙、镁离子交联的果胶酸盐是影响棉纤维润湿性的主要因素，并在此基础上提出了棉纤维果胶酶精练机理假设模型（图3-10）：酶液首先通过角质层的裂纹或微孔渗透进角质层，果胶酶与果胶质接触并将其催化水解，导致部分角质层被去除或其连续性被破坏，从而改善纤维润湿性。同时，采用适当浓度的非离子表面活性剂以及适度的机械搅动作用可提高果胶酶对果胶质的酶解效率，提升酶精练效果。

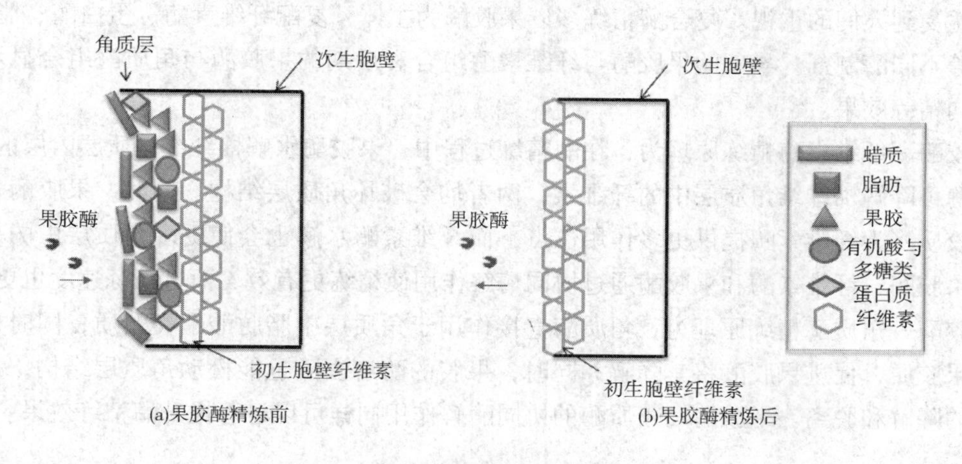

图 3-10 棉纤维的果胶酶精练机理

2003 年，诺维信公司推出基因改性微生物 Bacillus 的深层发酵产品——碱性果胶裂解酶 Scourzyme L。其推荐工艺为果胶酶精练—高温乳化萃取。精练机理为：果胶质位于蜡质与纤维之间，起到类似于“胶水”作用，将蜡质黏合在纤维上。精练中先用果胶酶将果胶质大部分去除，蜡质被释放出来，并在随后的含乳化剂的高温处理浴中经乳化去除。

可见，果胶酶精练机理主要是利用果胶酶作用专一性降解果胶质，间接去除疏水性蜡质，并在助剂等的辅助下获得更好效果。

（2）纤维素酶精练。早期纤维素酶被用于棉精练研究，研究者提出的纤维素酶精练机理如下：纤维素酶液首先通过棉纤维角质层的裂纹或微孔穿过角质层，到达初生胞壁。初生胞壁中的纤维素被部分水解，纤维素的酶解导致纤维的外层结构松动，并在机械外力作用下被去除，蜡质、果胶等杂质也会随之部分去除，从而提高织物的润湿性。需要说明的是，虽然初生胞壁和次生胞壁中的纤维素都能与纤维素酶接触，但由于前者结晶度低于后者（分别为 40% 和 70%），因此酶解主要对象还是初生胞壁中的纤维素。

纤维素酶在棉精练中的另一作用是强化棉籽壳碎屑的降解去除。与传统高温碱精练相比，酶精练温度低，纤维及棉籽壳溶胀性差，使得棉籽壳去除效果较差，即使经过后续氧漂处理效果往往也不理想。棉籽壳去除不净已成为酶精练加工的主要技术难点，严重阻碍其工业化应用。棉籽壳为一多层结构物质，含有纤维素、半纤维素、木质素、色素等成分，纤维素酶对棉籽壳具有一定降解能力。研究发现，碱精练前增加一道纤维素酶预处理，可使棉织物表面无棉籽壳存在，且内部棉籽壳量也大大降低。这一方面与酶处理在部分降解棉籽壳的同时有助于后续碱液渗透、溶胀和溶解棉籽壳有关，另一方面，纤维素酶会降解棉籽壳与棉纤维之间起连接、勾连作用的细小纤丝，也有助于棉籽壳的脱离。同时，纤维素酶精练时棉籽壳的水解速率比棉纤维本身要快得多，这使得酶精练中通过酶分解部分去除棉籽壳成为可能。

但必须指出的是，纤维素酶处理不可避免地会对棉织物强力造成损伤，因此目前酶精练研究与应用中已较少用到纤维素酶。

2. 复合酶精练 针对棉纤维表面非纤维素杂质的多样性和复杂性，基于复合酶多酶协同精练日益受到人们的重视。复合酶精练多以果胶酶为主体，复配纤维素酶、蛋白酶、脂肪酶、角质酶等不同酶制剂。早期的果胶酶与纤维素酶组合和后期的果胶酶与角质酶组合显示了较好的协同精练效果。

果胶酶—纤维素酶精练原理为：在酶精练过程中，果胶酶水解棉纤维角质层内层的果胶，纤维素酶可降解棉纤维角质层中的纤维素，两者均会破坏角质层结构。同时，果胶酶水解角质层果胶质将为纤维素酶提供更多作用位点，而纤维素酶水解也会使更多角质层中的果胶质暴露给果胶酶，纤维素酶和果胶酶通过协同酶解作用使精练更有效，而且精练速度也更快。

果胶酶—角质酶精练原理为：角质酶直接作用于角质层中脂肪酸酯类蜡质，同时也暴露出更多果胶质，促进果胶酶将其降解；同时，果胶的酶解去除也能松动角质层结构，加速表面蜡质的降解和脱离。果胶酶和角质酶的协同酶解作用同样可以显著提升酶精练效果。

四、酶精练工艺

棉织物酶精练加工可在轧堆、轧蒸、喷射、溢流等设备上进行。其中，棉针织物、纱线和散纤维采用间歇式酶精练加工，棉机织物的酶精练可采用间歇式、半连续式和连续式等方式进行。由于目前果胶酶多为中温酶，处理温度多在 50 ~ 65℃，精练时间相比碱精练要长些。此外，研究表明机械外力有助于促进果胶质的酶解和蜡质的乳化去除，因此，一般机械作用剧烈的设备在酶的用量和处理时间上均可适当减少，且精练效果更好些，如溢流染色机等间歇式处理方式的酶精练效果优于连续式精练。总之，对于酶精练而言，加工设备和工艺对织物的处理效果有较大影响，不同设备的影响尤为显著。以下以诺维信公司精练酶 Scourzyme NP 为例，介绍其应用于棉及其混纺或交织产品的酶精练工艺。

1. 棉针织物、纱线和散纤维酶精练 中深色棉针织物、纱线和散纤维的酶精练可在溢流染色机、绞染机、散纤/纱线染色机等间歇式设备中进行。此外，酶精练可与染色同浴分步进行，即在酶处理后设备排水，重新加水后即可染色，无须进行染前漂白处理。中深色针织物、纱线及散纤维酶精练工艺曲线如图 3 – 11 所示。

酶精练工艺流程：设备进水→精练（Scourzyme NP 0.5 ~ 1g/L，渗透剂 0.5 ~ 1g/L，pH 值 7 ~ 9，50 ~ 60℃，30 ~ 40min）→排水→（染色）

对于浅色、亮色产品，酶精练后需先进行常规漂白处理，再进行染色加工。酶精练处理能改善产品染色性能，对于一些易染花的难染颜色，可获得较高的匀染性和色泽的鲜艳性。浅色棉制品酶精练工艺曲线如图 3 – 12 所示。

酶精练、漂白工艺流程：设备进水→精练（Scourzyme NP 0.5 ~ 1g/L，渗透剂 0.5 ~ 1g/L，pH 值 7 ~ 9，50 ~ 60℃，20 ~ 30min）→常规漂白→热水洗→冷水洗→（染色）

2. 棉机织物酶精练 棉机织物酶精练可以与酶退浆工序联合，采用酶退浆、精练一步工艺，具体又分为轧堆工艺、染缸工艺和连续轧蒸工艺。

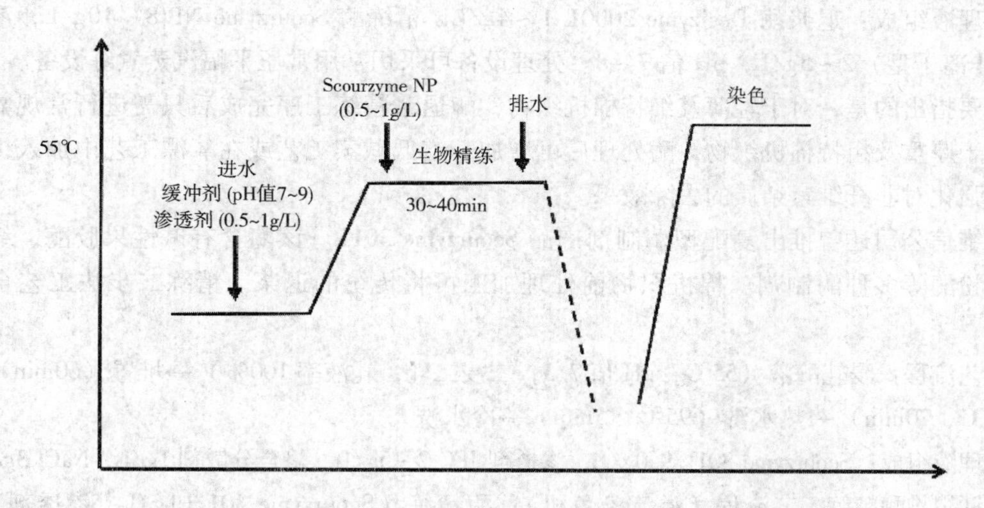

图 3－11　中深色棉针织物、纱线及散纤维酶精练工艺曲线

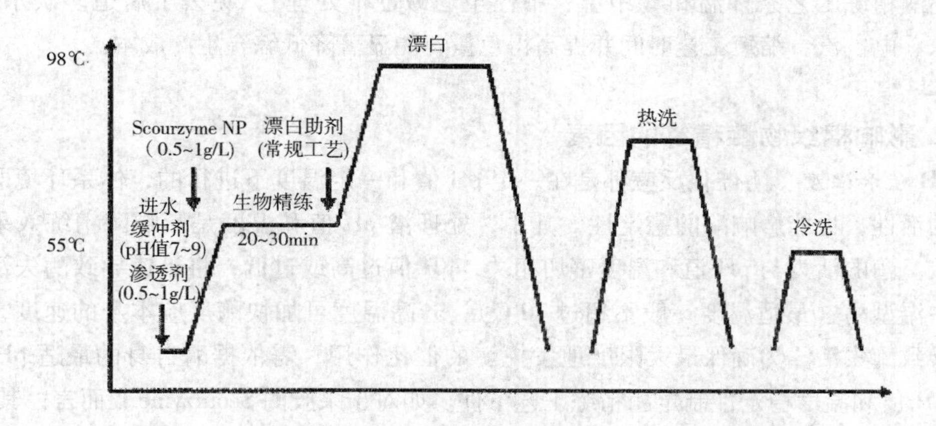

图 3－12　浅色棉制品酶精练工艺曲线

（1）轧堆工艺。轧堆工艺流程：浸轧处理液（100%轧液率，50～60℃）→打卷→保温堆置（4～20h，视温度而定，保温效果好则堆置时间短，反之亦然）→水洗

处理液组成：退浆酶 Desizyme 2000L 0.5～2.5g/L，精练酶 Scourzyme NP 5～10g/L，渗透剂（优选非离子型）2～5g/L，pH 值 7～8。

处理设备采用常用轧堆设备。

（2）染缸工艺。染缸工艺：酶退浆、精练一浴处理（50～60℃，90min）→水洗。

处理液组成：退浆酶 Desizyme 2000L 0.5～2.5g/L，精练酶 Scourzyme NP 1%（owf），渗透剂（优选非离子型）2～5g/L，pH 值 7～8。

处理设备可采用卷染机、溢流染色机等。

（3）连续轧蒸工艺。连续轧蒸工艺：浸轧处理液（100%轧液率，50～60℃）→汽蒸（60～70℃，40～60min）→水洗。

处理液组成：退浆酶 Desizyme 2000L 1～4g/L，精练酶 Scourzyme NP 8～10g/L，渗透剂（优选非离子型）2～5g/L，pH 值 7～8。处理设备可采用常用常压平幅汽蒸煮练设备。

需要指出的是，对于轻薄及细特棉机织物，酶退浆精练工序完成后只需进行常规氧漂处理。对于厚重及粗特棉机织物，酶处理后可增加一道低碱蒸工艺或在氧漂工艺中加入少量碱剂，以强化对非纤维素杂质的去除效果。

诺维信公司还曾推出复配型酶制剂产品 Scourzyme 301L。该酶含有碱性果胶酶、纤维素酶、淀粉酶等多种酶制剂。棉机织物前处理加工可将传统的退浆、精练二步法工艺合并为一步。

工艺流程：浸轧酶液（55℃，pH 值 7.5，二浸二轧，轧液率 100%）→堆置（60min）→汽蒸（65℃，70min）→热水洗（95℃，5min）→冷水洗

处理液组成：Scourzyme 301L 9.0g/L，渗透剂 JFC 2～5g/L，螯合分散剂 1g/L，NaCl 3g/L)。

棉针织物酶精练工艺流程（溢流染色机）：酶精练（Scourzyme 301 L1g/L，渗透剂 1g/L，浴比 1∶10，50～60℃，pH 值 7～9）→排水→（染色）

上述酶精练工艺条件温和（中温、中性至弱碱性下处理），免去了后道多次水洗工序，可节约水、电、汽，缩短工艺时间并提高得色量，能显著降低综合生产成本。

五、影响棉织物酶精练的因素

1. pH 值和温度 酶催化反应都是在一定 pH 值和一定温度下进行的，体系环境既能直接影响酶的活性，也能影响酶的稳定性，其中，处理浴 pH 值和温度是影响酶精练效果的重要工艺参数。酶的活力与 pH 值和温度密切相关，pH 值过高或过低，将迅速导致酶失活。果胶酶多为中温型酶（最适温度一般不超过 70℃），升高温度可加快酶反应本身的速度，但温度过高会导致酶失活。为确保最大限度地发挥酶的催化作用，需依据酶自身的最适 pH 值和温度以及 pH 值和温度稳定性制定酶精练工艺条件。如对于果胶酶 Scourzyme L 而言，其最适 pH 值为 7.5～9.5，实际应用时酶精练浴 pH 值应偏弱碱性，酸性和强碱性条件下都会导致酶失活，影响酶精练效果。

制定酶精练工艺参数时除了考虑酶学性质外，还需考虑对纤维的影响。对于棉纤维，因其耐碱性好，酶在碱性条件下精练有利于降低精练对纤维的损伤。酶处理温度超过 60℃，也有利于纤维上蜡质熔融乳化而去除，但若酶的稳定性明显降低，精练效果可能反而不好。

2. 酶用量与处理时间 一定范围内，相同处理时间下增加酶的用量，可使果胶质水解量增加，提高精练效果。同样，在相同的酶用量下，延长精练时间也能提高酶精练效果。此外，酶用量增加可缩短处理时间。但需指出的是，酶用量和处理时间的确定需结合生产实际（如成本、效率、精练效果等）综合考量。

3. 精练助剂 酶精练中往往需要加入助剂来提高处理效果。常用助剂主要有渗透剂、螯合剂和乳化剂等品种。

（1）渗透剂。单独使用果胶酶进行酶精练处理，对棉纤维表面的蜡质去除作用较小。在处理浴中加入渗透剂，有助于酶分子充分渗入纤维，更好地发挥果胶酶对果胶的降解作用，

同时也有助于蜡质的附带去除，从而改善织物的润湿性，显著提高酶精练效果。选择渗透剂时必须考虑其本身对酶的影响。一般来说，非离子型渗透剂对酶活影响较小，如添加1g/L的非离子型渗透剂，在25~60℃下处理一般不会对酶活造成很大影响。阴离子型渗透剂往往会降低酶活，实际使用中应尽量避免。

（2）螯合剂。螯合剂能螯合钙、镁离子和其他金属离子。去除钙离子有助于去除棉纤维表面的蜡质和果胶，提升酶精练效果。但有的果胶酶（如Scourzyme L）是钙依赖型酶制剂，完全去除钙离子不利于发挥果胶酶的活性。这种情况下可选择多聚磷酸盐、葡萄糖酸和柠檬酸等螯合力较弱的螯合剂。

（3）乳化剂。使用乳化剂有助于乳化去除蜡质。曾有酶精练工艺推荐酶处理后进行高温下乳化处理，以强化改善织物的润湿性。

4. 物理辅助处理　研究表明，酶精练前预先对棉织物进行等离子体处理可提高织物的润湿性能。等离子体对纤维表面的刻蚀作用增加了酶分子对纤维上底物的可及度，可提高蜡质、果胶等非纤维素杂质的去除程度，进而显著改善棉织物的润湿性能。

在超声波作用下可以提高果胶酶精练效率，且碱性果胶酶效果好于酸性果胶酶。超声波处理可提高果胶酶分子通过液体界面层向纤维表面迁移的扩散速率，有利于果胶酶分子进入纤维内部，并加速除去反应区域内果胶酶的水解产物，从而明显提高反应速率和作用均匀性。

六、精练效果评价

棉织物的酶精练效果可通过测试杂质去除率、润湿性、织物受损程度、白度等指标进行评价，有时也用后续染色效果间接表征。实际应用中可同时使用这些测试指标，综合衡量棉织物的酶精练效果与半制品质量。

杂质去除率可用果胶去除率（或残留率）和蜡质去除率（或残留率）进行评定。一般要求残蜡含量不高于0.2%，果胶去除率大于70%。此外，也可通过可视光学变焦显微镜观察着色后纤维，了解杂质在纤维上的分布状态（果胶用钌红染色，蜡质用油溶红O染色）。

精练后棉织物的润湿性主要采用毛细管效应值（简称毛效）和水滴吸收时间表征。毛效值大于8cm/30min或水滴吸收时间小于1s，表明织物具有较好的润湿性。

织物的受损程度用铜氨溶液的流度测定纤维素聚合度变化，或直接测定精练前后织物强力的变化，针织物还可测试织物失重率。

酶精练加工对织物白度影响不显著，白度指标总体变化不大。一般也可漂白后再测定白度。

七、酶精练与传统化学精练的比较

以棉针织物溢流染色机精练加工为例，全面对比酶精练与碱精练后织物主要性能指标和精练加工的环保指标，主要数据见表3-6。

表 3-6 棉针织物酶精练与碱精练工艺比较

项目	参数	酶精练①	碱精练
精练主要条件	pH 值	8.0～9.5	13～14
	温度℃	50～60	95～100
精练后织物性能	果胶残余率/%	22～30	10～15
	失重率/%	<1.5	3～8
	撕裂强度下降/%	0.5	3～10
	润湿性/水滴吸水试验 s	<1	<1
用水和废水排放	用水量	35%～54%	100%
	BOD（生化需氧量）	20%～50%	100%
	COD（化学需氧量）	20%～45%	100%
	TDS（溶解性固体总量）	20%～45%	100%

①采用 Novozymes 公司精练专用果胶酶 BioPrep L。

与传统碱精练相比，酶精练具有以下优点。

（1）棉制品品质全面提升。酶精练织物强力和失重下降均小于碱精练，纤维损伤较小；织物手感柔软、丰满，布面亮泽、纹理清晰；染色布面均匀性与得色量均较碱精练提高，染色性能得到改善；对特殊敏感型纤维（如不耐碱纤维）的精练更具安全性和可靠性，如彩棉和棉/毛、棉/丝等混纺和交织织物更适合采用酶精练工艺。

（2）加工过程环境友好，污染小。酶精练工艺处理条件温和，作业环境安全，设备损伤小；用水量和废水排放量明显下降，废水 BOD、COD 和 TDS 指标显著降低，有利于从源头上大幅减少染整工业的环境污染。

（3）加工时间缩短，综合成本降低。酶精练工艺水洗环节减少，可在一定条件下与前道酶退浆工序（指机织物），或后道染色、抛光工序同浴进行，缩短工艺时间，提高生产效率；织物染料上染率和得色量提高，节省染化料；酶精练废水易于处理，可大幅减轻企业废水处理压力，降低废水治理费用。

由此可见，相对传统碱精练的高污染而言，酶精练是一种环境友好的绿色前处理技术，在提升棉制品品质、减少环境污染、降低加工综合成本等方面具有明显的优势，是染整工业清洁生产的重要发展方向。

八、棉织物酶精练存在的问题与未来展望

尽管棉织物酶精练工艺具有节能减排、环境友好等传统碱精练所不具备的优点，但到目前为止，酶精练工艺还未在印染企业得到普遍应用。从实际应用角度看，酶精练尚存在以下问题，这些问题严重制约了其工业化应用进程。

1. 棉籽壳去除不净 棉籽壳不属于棉纤维的共生物，而是棉纤维附着的种子皮，是剥制棉花时带入的植物碎屑。棉籽壳色深且质地坚硬，在布面呈小黑点状，严重影响织物外观，对织

物表面的光洁度和染整加工也十分不利，特别是品质较差、棉籽壳残留较多的普梳织物情况更为严重。棉籽壳的组成也很复杂，主要由木质素、纤维素、单宁、多糖类以及少量蛋白质、油脂和矿物质等组成。棉织物碱精练时，在高温强碱长时间作用下，棉籽壳木质素中的多种醚键断裂，木质素大分子降解，使棉籽壳膨化、溶胀，变得松软甚至解体，与纤维连接变弱。在后续过氧化氢漂白中，进一步利用漂白剂的氧化作用破坏棉籽壳中的色素，使棉籽壳消色。但在酶精练体系中，一方面受果胶酶专一性的限制，对棉籽壳主要成分无降解作用；另一方面，因精练温度明显低于传统碱沸煮温度，不利于棉籽壳溶胀。因此，酶精练—氧漂前处理加工中棉籽壳的去除效果较差。生产实践中，也曾尝试提高氧漂强度强化去除棉籽壳，但又存在织物损伤加大问题。棉籽壳去除不净成为阻碍酶精练工艺工业化应用的主要障碍，复配能有效分解棉籽壳的酶制剂体系或从工艺角度去除棉籽壳是未来值得进一步研究的方向。

2. 精练效果不足　酶精练尽管在部分品种上取得较好效果，但精练后棉织物白度和润湿性总体上不如传统碱精练，且不同种类棉织物的酶精练效果存在差异，稳定性也有待提升。酶精练后增加一道淡碱处理或加大漂白剂用量可弥补酶精练效果不够理想的不足，但前者弱化了酶精练的环保属性，后者存在加大纤维损伤的风险。目前酶精练一般多用在深色织物上，不适合本白或浅色品种。

针对酶精练效果不理想的问题，开发高温精练酶和复配角质酶是值得关注的改进路径。目前，酶精练用果胶酶最适温度普遍在50～60℃，这一温度对于棉精练来说显得偏低。一方面，果胶酶对棉纤维表面的疏水性蜡质无降解作用，同时蜡质（熔点60～80℃）的存在会降低果胶酶对纤维上底物的可及度，因此酶精练温度最好应在蜡质熔点之上或附近；另一方面，目前棉机织物多采用连续汽蒸生产方式，低温下的不饱和蒸汽难以精准控温且作用效果相对较差。角质酶对于改善织物润湿性效果明显，但目前缺乏商品化角质酶。因此，开发适于棉纤维蜡质水解的高活力、低成本商品角质酶制剂对棉织物酶精练工艺推广应用具有重要意义。

3. 生产成本偏高　成本高是当前纺织酶实际生产应用面临的共性问题，是酶处理技术在纺织行业推广应用的一大障碍。事实上，尽管酶制剂价格远远高于氢氧化钠等传统精练用化学品，但若考虑水、电、汽等能源的节省以及废水处理负担的大幅减轻，酶精练综合成本仍是可以接受的。未来，随着酶技术的发展，高性能、低成本精练用酶制剂的涌现将使棉织物酶精练工艺的大规模工业化应用成为可能。同时，印染企业对清洁生产的迫切需求和环保法规的日益严格也将推动酶精练工艺的推广应用。

第三节　麻纤维及其制品生物脱胶

一、概述

1. 麻纤维　麻纤维是人类最早种植利用的植物纤维之一，也是天然纤维中仅次于棉的第二大类纤维，包括亚麻、苎麻、大麻、黄麻、红麻、剑麻、蕉麻、罗布麻、荨麻等。应用于纺织品的麻纤维主要是亚麻和苎麻，可用于制作服装和装饰织物等。

与棉纤维相同，麻纤维的主要化学成分也是纤维素，但两者在物理结构和性质上有较大差异。亚麻和苎麻的纤维存在于麻茎（由外到内主要包括表皮层、韧皮层和木质部）的韧皮层中，因此属于韧皮纤维。亚麻原茎横截面和不同尺度下亚麻纤维横截面示意图如图 3 – 13 和图 3 – 14 所示。亚麻纤维长度较短（平均长度 17 ~ 26mm），大多成束地分布在麻茎的韧皮层。亚麻单纤维不能直接用于纺纱，用于纺纱的亚麻纤维是若干根单纤维组成的纤维束，称工艺纤维。在亚麻麻茎径向均匀分布着 20 ~ 40 个纤维束，形成一圈完整的环状纤维层。亚麻纤维束形成连续纵贯全茎，横向则绕全茎相互连接的网状结构。亚麻单纤维是一个壁厚、两端封闭、内有狭窄胞腔的长细胞，其两端稍细，呈纺锤形，纤维截面为不规则多角形，纵向表面有竖纹和横节。

与亚麻不同，苎麻在麻茎中呈单纤维状，纤维的长度较长（平均长度在 60mm 以上），纤维纵向有条纹和横节，截面为腰圆形且有裂痕。苎麻纤维品质优良，可单纤维纺纱。几种常用麻纤维的形态结构如图 3 – 15 所示。

2. 麻脱胶加工 麻纤维除了主体纤维素成分外，还含有果胶、半纤维素、木质素等非纤维素杂质（也称胶质）。麻原茎韧皮纤维层与外层的表皮层和中间的木质部结合紧密，韧皮与表皮层之间、韧皮与木质部之间、韧皮内纤维（束）之间均由胶质相连接。这些胶质大都包覆纤维表面并将纤维胶结在一起形成坚固的片条状物质，称为原麻或生麻。麻类作物成熟收割后，必须通过一定处理去除韧皮中胶质，从而将麻纤维（束）分离出来，制成纺织可用的各类麻纤维原料。从麻茎中提取具有可纺性的麻纤维（束）（也称为熟麻）主要通过脱胶处理来实现，即采用化学、生物等方法去除原麻中所含的胶质，从而获得柔软、松散的熟麻的加工过程。脱胶是将麻类原料转变为麻纤维的必经环节，在整个麻纺织加工中占有十分重要的地位。

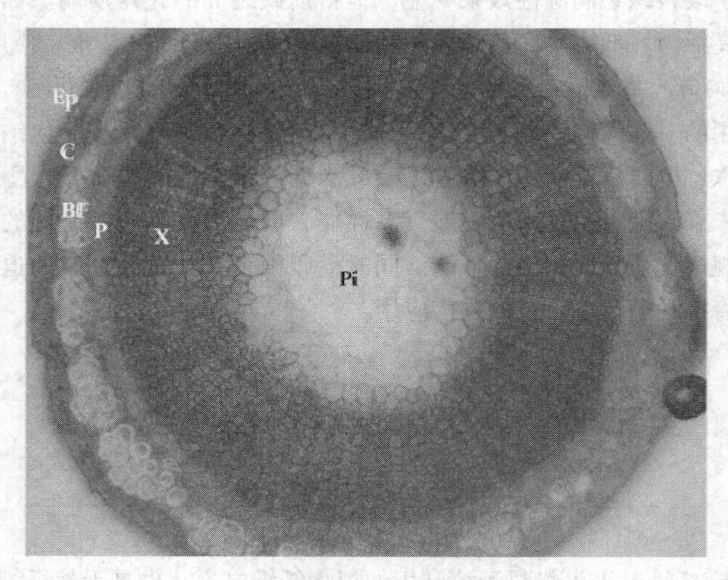

图 3 – 13　亚麻原茎横截面

EP – Epidermis—表皮层　C – Cortex—皮层　BF – Bast Fiber—韧皮纤维

P – Phioem—韧皮部　P – Phioem—韧皮部　pi – Pith—髓

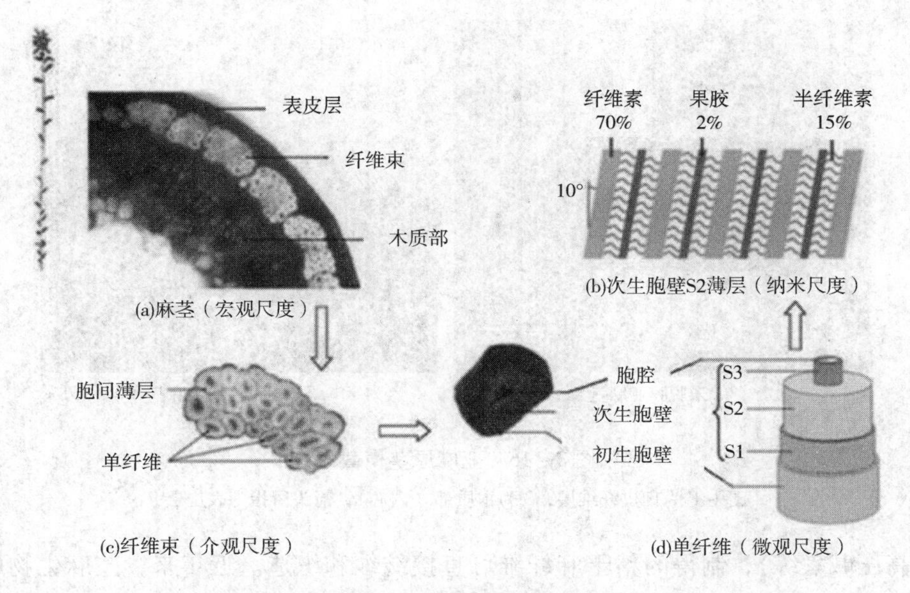

图 3 – 14　不同尺度下亚麻横截面示意图

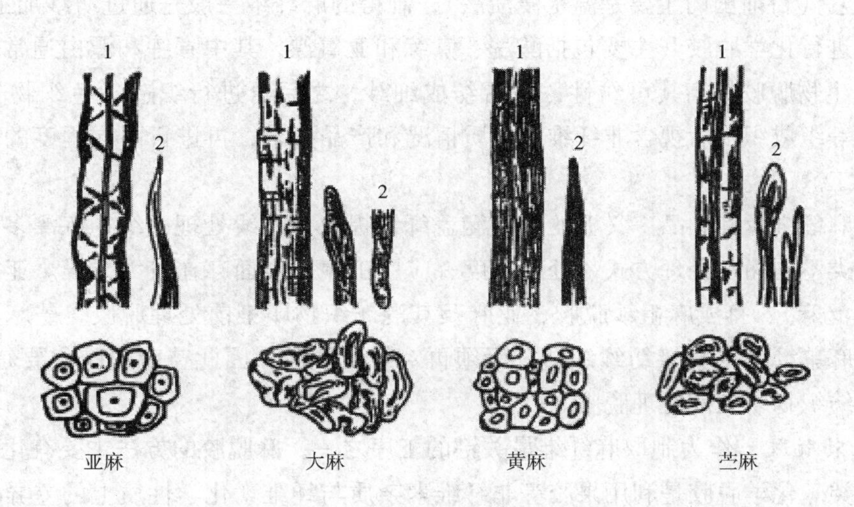

图 3 – 15　麻纤维纵向与横截面形态

1—中段　2—末段

苎麻原茎脱胶为全脱胶，可直接得到单纤维，制得的麻纤维称为精干麻；与苎麻脱胶相比，亚麻无论是脱胶方式还是加工要求都更为复杂。亚麻原茎脱胶为半脱胶，脱胶后得到的是亚麻纤维束工艺纤维而不是亚麻单纤维。亚麻脱胶旨在破坏纤维束与其他韧皮组织细胞、韧皮层与木质部、韧皮层与表皮层之间的胶质连接，但在一定程度上保留了纤维束内部黏结单纤维的胶质，最终脱除表皮层和木质部而留下束状韧皮纤维。亚麻原茎脱胶俗称“沤麻”，经过沤制的亚麻原茎干燥后可采用联合打麻机加工，制得打成麻等麻纺原料。脱胶前后亚麻茎横截面如图 3 – 16 所示。

不同种类的麻纤维，其脱胶方法也存在较大差异。苎麻目前一般采用化学脱胶（通常先

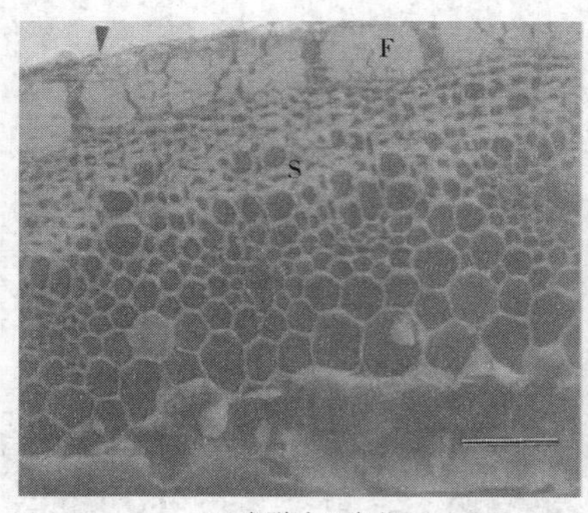

(a)未脱胶亚麻茎

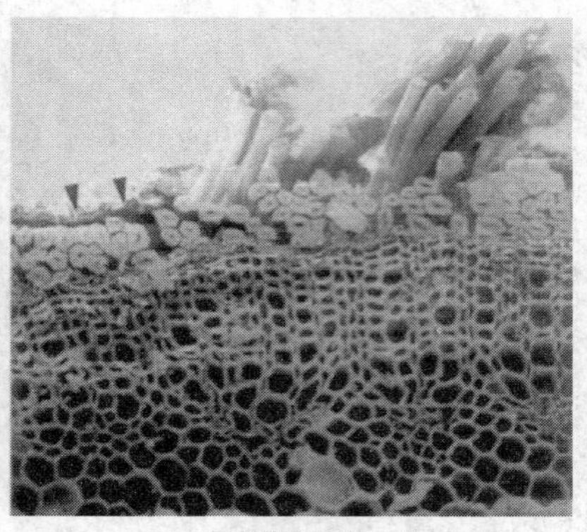
(b)脱胶后亚麻茎

图 3－16　亚麻原茎横截面

［图中 F 为韧皮纤维层，S 为木质部（内芯），箭头所指为表皮层］

浸酸，后高压碱煮练），制得的精干麻纤维可直接纺纱和织造。近年来，苎麻生物脱胶（微生物脱胶和酶脱胶）也有部分工业化应用的报道，但尚未普遍推广应用。亚麻原茎主要采用生物脱胶工艺（目前国内主要是温水浸渍法），制得的麻纤维一般先通过纺纱加工制成粗纱，然后对粗纱进行化学脱胶（主要包括酸洗、煮练和亚氧漂，其中煮练和漂白通常合并，即煮漂一浴）或生物脱胶提高其可纺性，然后纺成细纱，之后再进行织造（色织物先染后织）。苎麻、亚麻等织成织物后视含非纤维素杂质情况和产品要求，再进行不同程度的练漂脱胶和其他染整加工。

总之，麻纤维及其制品广义上的脱胶涵盖纤维提取、纱线处理、织物练漂多个工序，且因麻纤维种类不同而在处理方式、处理程度、应用工序等方面存在较大差异。亚麻脱胶包括原茎脱胶（沤麻）、打成麻粗纱脱胶、亚麻及其混纺织物印染前处理脱胶。苎麻与亚麻不同之处在于苎麻单纤维可直接纺纱织造，无须再对纱线脱胶，因此苎麻脱胶主要是原茎脱胶、苎麻及其混纺织物印染前处理脱胶。

3. 麻生物脱胶　作为制取麻纤维最关键的工序之一，麻脱胶的方法主要有化学脱胶和生物脱胶两大类。化学脱胶是利用果胶等非纤维素杂质与纤维素化学性质上的差异，采用氢氧化钠等化学试剂去除非纤维素杂质的化学过程。生物脱胶是利用酶的专一催化作用，分解果胶、半纤维素等胶质，并将其去除的生物化学过程。

麻的生物脱胶包括微生物脱胶和酶脱胶，其中前者应用较多，又可分为天然水微生物脱胶和加菌微生物脱胶。天然水微生物脱胶通常又称沤麻，是最古老的麻脱胶方法，多用于亚麻、红麻、黄麻等的脱胶，主要有水沤法和雨露法两种。水沤法又可分为天然水沤法和温水沤麻法。天然水沤麻是将收割的麻秆扎成小捆或将剥下的麻皮扎成束浸泡在池塘、沟渠、湖泊和河流等天然水域中进行微生物发酵脱胶，主要通过附着在生麻上或水域中天然存在的厌氧菌和兼氧菌的大量繁殖分解胶质，一段时间后可将麻纤维（束）分离出来。温水沤麻法是在天然水沤法的基础上通过人工控制沤麻池水温，使麻茎在适宜的温水（一般 30～35℃）中沤制，利用温水中存在的天然微生物对亚麻进行脱胶，是我国亚麻脱胶最常用的方法。与天然水沤法相比，温水沤麻具有沤麻过程较短，不受外界气候条件限制，沤麻质量稳定，易控制，打成麻质量、产量高，纺纱性能好等优点，但存在用工多、劳动强度大、用水量大、能耗高、环境污染大等问题。国外特别是欧洲普遍采用的亚麻雨露沤麻法（也称露水沤麻法或露浸法）属于天然水微生物脱胶。该法是将亚麻麻茎平铺在草地或其他田地上，依靠阳光照射的温度和雨露水分的湿度，利用大量繁殖的腊叶芽枝霉菌（*Cladosporium*）等真菌的作用，使纤维部分和木质部分脱离，完成脱胶得到亚麻纤维。

由于天然水微生物脱胶往往不同程度存在处理时间长、水体污染大、占用田地、无法进行工业化生产、气候条件影响大、产品质量不稳定等缺点，加菌微生物脱胶（或称人工接种微生物脱胶）和酶脱胶近些年来受到普遍重视，并得到一定程度的工业化应用。加菌微生物脱胶和酶法脱胶均属于生物脱胶，但两者加工方式差异较大。加菌微生物脱胶是将培养好的菌直接接种到麻上，以麻上胶质等物质为营养源，让脱胶菌在脱胶水中和生麻上大量生长繁殖，分泌出脱胶酶降解胶质。可见，加菌微生物脱胶在温和条件下产生“胶养菌、菌产酶、酶脱胶”一系列生化反应。各种微生物脱胶加工中脱胶菌分泌酶的种类和组成对麻纤维脱胶效果具有至关重要的影响。一般来说，保持较高的果胶酶、半纤维素酶活力和较低的纤维素酶活力有利于取得较好的麻脱胶效果。酶法脱胶是直接利用商品酶制剂或者微生物发酵后期产生的胞外酶提取液（粗酶液）催化胶质水解，实现麻脱胶。从工艺角度比较，酶脱胶比各种微生物脱胶工序简单，脱胶时间短，操作灵活，并且在脱胶液中可以添加多种辅助试剂，易于控制麻的质量。

需要特别说明的是，为进一步降低残胶率，提高脱胶麻质量并降低脱胶成本，目前在生物脱胶后往往辅以化学脱胶，进行生物—化学联合脱胶，包括加菌微生物—化学联合脱胶和酶—化学联合脱胶。

二、麻纤维酶脱胶

（一）酶脱胶目的

酶脱胶是利用商品酶制剂或脱胶菌株产生的粗酶液定向作用于麻茎韧皮纤维外包裹的果胶、半纤维素、木质素等组成的胶质复合体，通过酶的催化作用将高分子胶质分解成低相对分子质量的组分而溶于水中或变成易去除的物质，使得原麻韧皮纤维与木质部、表皮层分离，从而将麻纤维（束）提取出来的生物脱胶加工。亚麻原茎酶脱胶是半脱胶，脱胶后得到可作为工艺纤维的纤维束。苎麻原茎酶脱胶是全脱胶，提取的单纤维可纺性好，可直接纺纱织造。

酶脱胶的优势在于可以通过选用不同的酶复配成复合酶体系，通过控制酶的种类和用量，利用酶的专一性，有针对性地去除影响麻加工和质量的胶质，保留暂时有用的胶质，更好地控制脱胶进程和效果。同属生物脱胶的微生物脱胶无论是天然水微生物脱胶还是加菌微生物脱胶，虽可在脱胶过程中产生多种酶，且脱胶体系中未知酶组分之间协同作用有助于降解麻类复杂胶质，但主体酶活力一般不如商品酶制剂高，且配方选择性、稳定性和调控性不如酶脱胶。因此，酶脱胶因麻纤维胶质的多样性和酶的催化作用专一性、高效性而更适合麻类原料脱胶，具有较好的发展前景。

（二）麻脱胶用酶制剂

与基于“胶养菌、菌产酶、酶脱胶”原理的微生物脱胶不同，酶脱胶直接采用酶进行麻脱胶。脱胶用酶可采用商品酶制剂或脱胶菌培养后所产生的粗酶液，也可将粗酶液适度提纯，浓缩成液剂或干燥为粉剂，使用时将液剂稀释或将粉剂溶于水，把原麻浸渍在酶液中酶解脱胶。麻纤维酶法脱胶用酶主要为果胶酶、半纤维素酶和木质素降解酶。这三类酶的组成都比较复杂，每一类都是一个复杂的酶系。这些酶的来源比较广泛，动物、植物和微生物中都大量存在，但以微生物来源为主，细菌、真菌和放线菌都能产生相关酶类。

1. 果胶酶 麻茎中果胶是由D－半乳糖醛酸以α－1，4－糖苷键连接而成的高聚合度胶状多糖类物质，其大部分羧基已形成甲酯或以钙、镁盐的形式存在。果胶酶是所有能够不同程度降解果胶类物质的酶的总称。果胶酶存在于高等植物、微生物以及某些原生动物和昆虫中，来源十分广泛。其中，微生物中的细菌、放线菌、酵母和霉菌都能合成果胶酶。

如前所述，果胶酶包括果胶酯酶、果胶水解酶和果胶裂解酶，后两者属于果胶解聚酶，又可进一步分为聚（甲基）半乳糖醛酸酶和聚（甲基）半乳糖醛酸裂解酶，并可根据作用方式分为内切酶和外切酶。

2. 半纤维素酶 半纤维素是来源于植物的聚多糖。它们分别由一种或几种糖基构成基础链，而其他糖基作为支链连接于此基础链上。半纤维素的糖基主要是戊糖的D－木糖和L－阿拉伯糖，己糖的D－甘露糖、D－葡萄糖和D－半乳糖，己糖醛酸的4－O－甲基－D－葡萄糖醛酸、D－半乳糖醛酸和D－葡萄糖醛酸以及少量脱氧的L－鼠李糖和L－岩藻糖。这些己糖或戊糖之间脱水缩合，形成相应的甘露聚糖、半乳聚糖、木聚糖和阿拉伯聚糖等多聚糖，统称半纤维素的多聚糖，聚合度在60～200。

与纤维素均一聚糖的结构不同，半纤维素既可以是均一聚糖，也可以是非均一聚糖，还可以由不同的单糖基以不同连接方式连接成结构互不相同的多种结构的各种聚糖，故半纤维素实际上是一群共聚物的总称。在植物细胞壁中，位于纤维素之间，填充在纤维素框架中。凡是有纤维素的地方，就一定有半纤维素。

半纤维素的种类和数量变化范围很广，它与植物的种类、组织的类型、生长阶段、环境和生理条件有很大关系，因此难以得到各种半纤维素的标准糖组成。相应地，半纤维素酶类包括甘露聚糖酶、木聚糖酶和多聚半乳糖酶等。由于不同麻纤维的半纤维素结构和成分不同，因此，麻生物脱胶所需的半纤维素酶也相应有所不同。例如，苎麻中的半纤维素主要为甘露聚糖，因此其生物脱胶所需要的半纤维素酶主要为甘露聚糖酶。红麻和黄麻的半纤维素成分主要为木聚糖，故其脱胶所需的半纤维素酶为木聚糖酶。

β－甘露聚糖酶（EC 3.2.1.78）是一种半纤维素类的内切水解酶，能够随机性地以内切的方式水解甘露聚糖等多糖中的β－1，4－糖苷键。其作用底物主要有半乳甘露聚糖、葡萄甘露聚糖、半乳葡萄甘露聚糖以及甘露聚糖等。β－甘露聚糖酶降解产物为2～10个甘露单糖构成的甘露寡糖。

β－甘露聚糖酶广泛存在于植物、动物和微生物中。在一些海洋软体动物的肠道分泌液中、某些豆类植物发芽的种子中都发现了β－甘露聚糖酶。微生物是甘露聚糖酶的最主要来源，已报道产甘露聚糖酶的菌有芽孢杆菌、假单孢杆菌、诺卡氏菌、弧菌、曲霉、木霉、酵母、青霉、梭孢菌、多孔菌和链霉菌等，且大部分甘露聚糖酶以胞外诱导酶的形式存在于生物体中。各种微生物产生β－甘露聚糖酶活性的高低、酶的性质和作用方式以及酶蛋白质一级结构均存在差异。

3. 木质素降解酶 木质素是一类主要由芥子醇、松柏醇和香豆醇三种基本结构单元通过醚键和碳碳键等连接而成的具有三维结构的芳香族天然高聚物，在植物体中主要保护植物细胞不被外界微生物等侵蚀。由于木质素的这种特殊结构和性质，自然界中能够产生木质素降解酶并降解木质素的微生物较少。白腐菌（属于担子菌亚门的真菌，因腐朽木材等呈白色而得名）无性繁殖迅速，菌丝生长快且分泌木质素降解酶能力强，被认为是最主要的木质素降解微生物之一，其中又以黄孢原毛平革菌（*Phanerochaete chrysosporium*）研究得最为深入。

目前，关于木质素降解酶的研究工作主要集中在白腐菌所产生的酶系。研究得最多且被认为最为重要的木质素降解酶有三种，即木质素过氧化物酶（Lignin peroxidase/LiP）、锰过氧化物酶（Manganese peroxidase/MnP）和漆酶（Laccase/Lac）。此外，芳醇氧化酶、酚氧化酶、葡萄糖氧化酶、过氧化氢酶及一些还原酶、甲基化酶和蛋白酶等都可能不同程度参与或对木质素降解产生一定的影响。迄今为止，人们对这些酶降解木质素的作用机理还不是十分清楚。研究发现，当 LiP 和 MnP 单独存在时，均不能有效降解木质素，但两者同时存在时，木质素能得到有效降解，表明这两种酶在催化木质素降解反应中具有协同作用。漆酶具有较好的木质素降解能力，但因其自身氧化还原电势低，需在小分子介体和氧气参与下才能更好地降解木质素。

（三）酶脱胶原理

1. 麻纤维的非纤维素杂质 麻纤维除主要成分纤维素外，同棉纤维类似也含有果胶、半纤维素、木质素等非纤维素杂质。但麻纤维的非纤维素杂质含量明显高于棉纤维，并且这些非纤维素物质的含量随作物和品种的种类、栽培条件、收割时间和取样部位等不同而存在较大差异。常见麻纤维的化学组成见表 3－7。果胶、半纤维素、木质素是麻纤维非纤维素杂质的主体，多为带有侧链的高分子聚合物，通常将它们统称为胶质。不同的胶质成分填充、黏结、镶嵌于麻纤维细胞之间及细胞壁中，起到黏合单纤维作用，并与纤维素组成结构十分复杂的韧皮、叶和茎秆等组织，这就决定了提取出纯净麻纤维的过程是一个复杂的过程。有观点认为，果胶、半纤维素和木质素分子中游离的羟基和羧基可在纤维细胞间进行物理结合、氢键连接或化学键合。其中，果胶与半纤维素组分之间主要为共价键连接，木质素与果胶和半纤维素之间以醚键为主连接；这样，胶质的三类主要成分相互连接形成了更为复杂的胶质复合体。麻纤维中果胶等胶质含量与纤维的可纺性能、纱线的成纱性能和织物的服用性能密切相关。一般在麻纤维脱胶过程中希望纤维素杂质中果胶、半纤维素残留量越低越好。因为果胶、半纤维素含量过高的麻纤维品质较差，反之则品质较好。因此，果胶和半纤维素是麻脱胶中需脱除的主要对象。此外，木质素含量少的纤维光泽好，柔软并富有弹性，可纺性和印染的着色性能均好。在纤维脱胶过程中虽然也希望尽量脱除木质素，但由于木质素在植物细胞壁中起着支撑和黏结纤维素的作用，客观上不可能全部脱除。特别是对亚麻而言，脱除木质素过多易使工艺纤维解体，反而降低纤维的可纺织性能。

表3-7 麻纤维的主要化学组成

种类＼成分/%	纤维素	半纤维素	果胶	木质素	水溶物	脂蜡质	灰分
苎麻	65~75	14~16	4~5	0.8~1.5	4~8	0.5~1.0	2~5
亚麻	70~80	12~15	1.4~5.7	2.5~5.0	—	1.2~1.8	0.8~1.3
黄麻	64~67	16~19	1.1~1.3	11~15	—	0.3~0.7	0.6~1.7
红麻	70~76	14.33	7~8	13~20	—	0.46	2
大麻	85.4	17.84	7.31	10.4	3.8	1.3	0.9

2. 酶脱胶原理 麻类原料酶脱胶的原理主要是基于原麻中纤维素与非纤维素杂质化学性质上的差异，利用果胶酶、半纤维素酶催化作用的专一性，对原麻中果胶、半纤维素等高分子量胶质成分进行选择性分解，使高分子量胶质分解为低分子量物质而易于去除，同时对纤维素无降解作用。麻胶质中果胶起黏合剂的作用，将各种胶质组分黏合在一起，一旦去除果胶，其他杂质就相对容易脱掉。因此，果胶酶对麻脱胶效果的影响最为显著。具体而言，原麻酶脱胶中果胶酶类通过果胶酯酶、果胶解聚酶（聚半乳糖醛酸酶和聚半乳糖醛酸裂解酶）催化果胶质水解或裂解。半纤维素酶类中的甘露聚糖酶、木聚糖酶和阿拉伯聚糖酶等分别催化甘露糖基、木糖基和阿拉伯糖基聚糖水解，木质素降解酶催化木质素进行分解。也有观点认为，果胶酶降解麻类中的果胶类物质是一个连续作用的过程，是不同类型果胶酶协同作用的结果。果胶酯酶作用于半乳糖醛酸单体中的甲酯基，将果胶去酯化形成果胶酸；果胶解聚酶水解或裂解各半乳糖醛酸单体间的糖苷键，使果胶大分子降解。需要说明的是，实际应用中果胶酶或半纤维素酶仅含有各自酶系中部分组分酶，胶质的降解以去除为目的，无须也没必要彻底降解成小分子糖类。

麻原茎酶脱胶过程中酶和胶质的微观相互作用过程如下：首先，酶分子向麻类原料中扩散，麻韧皮表面的可溶性物质向脱胶液中扩散，水分子向韧皮内部渗透使之溶胀；然后，酶分子吸附在韧皮表面，其活性中心与底物结合，形成不稳定中间产物；随后，中间络合物迅速分解释放出酶和产物；酶继续与新的底物结合并将其分解，可溶性产物生成后将向脱胶液中扩散，期间部分产物可继续被酶作用生成更小分子的糖类。同样，麻纱线和织物酶脱胶也遵循酶扩散吸附、酶与底物结合成中间产物、过渡态中间产物分解释放酶与产物等酶促反应的历程。

需要指出的是，苎麻和亚麻的酶脱胶在脱胶程度控制上存在明显不同，因此脱胶机理也存在差异。苎麻原茎脱胶是全脱胶，通过酶等作用降解去除果胶等胶质，将胶质含量从25%~35%降到低于2.5%（国内精干麻一等品标准），分离出可直接纺纱的苎麻单纤维（其纤维长度、线密度、强度等满足纺纱要求）。亚麻原茎酶脱胶因属于半脱胶，脱胶的同时需保留部分胶质，因此需遵循可控酶解脱胶原理。这是因为亚麻是束纤维成纱，若一开始就把胶质完全脱干净，其纤维完全分离，长度过短，达不到纺纱要求。因此，在原茎脱胶、纺纱前工序中应利用其残留的胶质把纤维黏结在一起，不破坏其束纤维形态，以使其具有较好的可纺性。具体而言，亚麻原茎酶脱胶仅破坏韧皮中纤维束与周围组织的连接（主要通过胶质酶解），使麻原茎上的韧皮纤维层与中间的木质部分离，同时又较少破坏连接单纤维之间的胶质。

鉴于麻类原料胶质化学成分的多样化和差异化，目前商品化麻脱胶酶制剂多为复合酶（或称混合酶），含有果胶酶、半纤维素酶（如木聚糖酶、甘露聚糖酶等）、木质素降解酶等组分。如国外诺维信公司早期的脱胶酶 Flaxzyme 主要成分为果胶酶、木聚糖酶、纤维素酶、甘露聚糖酶等，后来开发的 Viscozyme L 是一种由黑曲霉生产的混合酶制剂，主要含有高活力果胶酶和低活力纤维素酶以及半纤维素酶、β-葡聚糖酶等。国内也有企业推出过亚麻、苎麻脱胶酶。如亚麻脱胶酶 YL-01 是以碱性果胶酶为主体，包含木聚糖酶等多种半纤维素酶成分的混合酶，苎麻脱胶酶 ZR-01 是含果胶酶和木聚糖酶、葡聚糖酶等半纤维素酶但不含纤维素酶的国产混合酶。一般认为，果胶酶在复合脱胶酶中起主要作用，是麻类生物脱胶不能缺少的关键酶之一，果胶酶活力高低常作为衡量脱胶酶性能的最主要指标之一。研究者用不同的酶对亚麻进行处理的效果为：果胶酶 > 木聚糖酶 = 半乳甘露聚糖酶 > 蛋白酶 > 脂肪酶 ≥ 漆酶。以果胶酶为主的复合酶无疑是麻脱胶酶制剂的主流，同时半纤维素酶类对脱胶的协同效应也很重要，所以大多数麻类纤维的脱胶过程还需要半纤维素酶等酶类的共同作用。对于苎麻等木质素含量相对较少的麻纤维原料而言，木质素不是脱胶的主要对象，但木质素酶能将胞间层坚实的木质素屏障降解破坏，利于纤维分离出来。对于木质素含量相对较高的麻纤维，木质素酶对于去除木质素可发挥重要作用。此外，脱胶酶中不宜含纤维素酶，以免造成纤维强力的明显下降。

麻脱胶复合酶的生产主要通过以下三条途径：一是，单一酶复配；二是，产单一酶的多菌种混合发酵（多菌多酶）；三是，产多种酶的单一菌种发酵（一菌多酶）。早期复合酶制剂是将单酶复配后再使用，但因成本太高而不适于大规模的工业应用，近些年则转向微生物发酵直接生产复合酶的研究与应用探索。制备复合酶制剂中，若采用单菌种发酵生产多酶系，应考虑各酶系之间的相互作用；若采用多菌种混合发酵，混合体系中的微生物之间大多具有生长代谢协调作用，应兼顾各种菌种生长的相互关系。

（四）酶脱胶工艺及与传统脱胶方法的比较

1. 苎麻酶脱胶　经过长期生产实践和科学研究，我国苎麻行业已经建立较为成熟的以碱煮法为主的苎麻化学脱胶工艺，该工艺可满足不同产品要求的精干麻的生产。根据产品用途的不同要求，苎麻化学脱胶工艺有二煮法、二煮一练法、二煮一漂法、二煮一漂一练法等多种。目前生产中一般使用二煮一漂法化学脱胶生产工艺。化学脱胶法虽然具有易于工业化生产、生产效率高、质量稳定可控等优点，但也存在纤维损伤大、能耗大、废水环境污染大且处理成本高等问题。相比之下，生物脱胶具有纤维损伤小、污染少、能耗低等优点，近些年来得到高度重视和发展。其中，以加菌微生物法为代表的苎麻生物脱胶已在部分企业得到应用，酶脱胶工艺也有一些研究和试用报道。

目前，苎麻生物脱胶（无论是微生物脱胶还是酶脱胶）一般还需与化学法联合才能达到较好效果。就酶脱胶而言，主要以酶—轻度化学脱胶联合工艺为主，即酶脱胶分解去除原麻中的大部分胶质，再辅以化学脱胶的部分工序（如一次煮练）进一步去除胶质，弥补酶脱胶的不足，获得残胶率低的精干麻。酶—化学联合脱胶工艺既较大程度保留了酶脱胶的优点，又可满足苎麻全脱胶的要求。与化学脱胶相比，该工艺流程短，环境污染大幅下降，能源和化学品消耗减少，精干麻的制成率明显提高。

（1）脱胶菌产粗酶液脱胶。菌种 *B. Subtilis No.* 15 经过 12～18h 的逐级扩大培养（斜面菌种→摇瓶发酵→一级种子罐→二级种子罐→主发酵罐），得到含果胶酶、木聚糖酶和甘露聚糖酶的粗酶液。

工艺流程：原麻扎把装笼→粗酶液脱胶（浴比 1∶12，pH 值 8～9，45～55℃，3～4h）→稀碱液煮练（NaOH 3～5g/L，Na_2SiO_3 3%，三聚磷酸钠 1%，常压处理 1－2h）→拷麻→漂酸洗→水洗→渍油→脱油水→烘干

与化学脱胶相比，该酶脱胶工艺处理时间短，后续化学脱胶强度下降（碱液浓度低且常压煮练），脱胶作用柔和，残胶率低。酶脱胶精干麻更松散、柔软，光泽柔和，纤维损伤小，梳纺性能改善，大幅度提高了后道加工制成率，细纱质量也明显提升。脱胶菌 *B. Subtilis* No. 15 产粗酶液脱胶与化学脱胶苎麻纤维及纱线品质的对比见表 3－8。

表 3－8　脱胶菌 *B. Subtilis* No. 15 产粗酶液脱胶与化学脱胶苎麻纤维及纱线品质

质量指标		粗酶液脱胶①	化学脱胶
精干麻	纤维线密度/tex	0.49	0.58
	束纤强度/cN · $dtex^{-1}$	6.11	4.57
	残胶率/%	1.92	2.60
精梳麻条	硬条率/%	0.3	0.85
	短纤率/%	4.04	3.03
	精梳制成率/%	55.56	49.91
细纱	质量不匀率/%	1.14	2.24
	单纱断裂强度/cN · tex^{-1}	22.3	18.4
	强力不匀率/%	3.57	5.77
	粗节	0	0.3
	细节	8	5.6
	条干 *CV*/%	17.75	36.75
	细节/只 · $400m^{-1}$	68.7	211
	粗节/只 · $400m^{-1}$	42.5	107
	结杂/只 · $400m^{-1}$	128	195

①表中数据实为酶—化学法联合脱胶后数据。

（2）Ramizyme 酶脱胶。Ramizyme 酶是丹麦 Novo Nordisk 公司（Novozymes 公司前身）生产的麻脱胶酶，早期曾在国内进行过试用，脱胶效果较好。

工艺流程：原麻扎把装笼→浸酶（Ramizyme 3g/L，浴比 10:1，pH 值 8.0～8.5，45～50℃，3.0h）→煮练（NaOH 5g/L，三聚磷酸钠 2%，浴比 10:1，0.196MPa 压力下碱煮2h）→漂白→拷麻→漂酸洗、给油联合机常规工艺处理→脱水（含水量≤52%）→烘干（回潮率4%～8%）

仅进行酶脱胶，麻纤维残胶率为 14.86%，脱胶制成率为 46.66%，达不到纺纱要求。酶脱胶后辅以煮练等化学脱胶处理，残胶率和脱胶制成率分别达到 1.84% 和 66.5%，均优于常规化学脱胶（残胶率和脱胶制成率分别为 2.16% 和 64.3%）。酶—化学联合脱胶精干麻蓬松，手感柔软，白度好，总体质量优于化学脱胶麻纤维。

（3）苎麻脱胶酶 ZR－01 脱胶。ZR－01 是一种以果胶酶为主体，包含木聚糖酶、葡聚糖酶等半纤维素酶的国产高活力混合酶。该酶不含纤维素酶，不影响纤维强力。

工艺流程：原麻扎把装笼（500～600g/把，500kg/笼）→浸酶（脱胶酶 ZR－01 2%～2.5%，pH 值 8.5～9，55℃，3.5h）→煮练（NaOH 7g/L，助剂 1.5%，0.2MPa 压力下碱煮1.5h）→漂白→拷麻→漂酸洗→给油→脱水→烘干

苎麻脱胶酶 ZR－01 脱胶与传统化学脱胶制得的精干麻及其纱线质量指标见表 3－9。同样，该酶脱胶工艺仍需与化学脱胶联合才能获得较低的残胶率。总体来看，酶—化学联合脱胶工艺制得精干麻质量优于化学脱胶，特别是在可纺性、条干、纱线质量上明显优于传统化学脱胶。此外，酶—化学联合脱胶工艺废水 COD、水中悬浮物的值均较化学脱胶明显下降。开发性能更好的脱胶酶实现完全酶脱胶是今后进一步努力的方向。

表 3－9　不同脱胶法制得精干麻及其成纱质量指标

工序	质量指标	酶脱胶①	化学脱胶
脱胶	残胶率/%	2.23	2.67
	果胶含量/%	0.48	0.50
	半纤维素/%	2.20	2.05
	木质素含量/%	0.26	0.32
	水溶物含量/%	0.29	0.44
	硬条率/%	6.0	6.2
	含油率/%	0.74	0.6
	纤维线密度/tex	0.58	0.59
	脱胶制成率/%	63.5	62.1
	外观质量	色泽浅黄，手感柔软，纤维松散	色泽白，手感一般
精梳	麻粒/个·g^{-1}	5.8	6.0
	硬条率/%	0.3	0.45
	硬条根数/根·g^{-1}	13	11
	纤维长度/cm	8.6	8.1
	CV/%	44.92	46.5
	4cm 以下/%	6.92	7.4
	梳成率/%	52.95	52.64

续表

工序	质量指标	酶脱胶①	化学脱胶
平条	萨式条干率/%	17.8	18.1
	质量不匀率/%	1.41	1.48
粗纱	萨式条干率/%	32.8	33.3
	质量不匀率/%	1.97	2.06
细纱	实际线密度/tex	35.36	36.2
	质量不匀率/%	2.35	2.5
	麻粒/个 · $400m^{-1}$	10	11.5
	条干 *CV*/%	20.55	21.81
	细节/个 · $1000m^{-1}$	150	241
	粗节/个 · $1000m^{-1}$	391	312
	结杂/个 · $1000m^{-1}$	311	464
	毛羽数/个 · $6mm^{-1}$	48	76
	毛羽数/个 · $4mm^{-1}$	78	123

①表中数据实为酶—化学联合脱胶后数据。

2. 亚麻酶脱胶 亚麻一般采用生物法脱胶（沤麻）。多年来我国亚麻原茎脱胶主要采用温水浸渍法，脱胶作用主要由厌氧菌完成。该方法所得纤维品质较好，但存在用工多、劳动强度大、污染严重等缺点。欧洲的雨露法沤麻也存在受气候条件影响大、麻纤维表面粗糙、质量不稳定等不足。酶法脱胶是在温水沤麻过程中，在温水中加入酶制剂进行处理。与单独温水沤麻相比，酶脱胶工艺可明显缩短时间（从天然水沤麻的5~7d、温水沤麻的4d、雨露沤麻的15~20d、加菌沤麻的60h缩短到30h左右）。酶脱胶常用的酶制剂主要为果胶酶和半纤维素酶，其中果胶酶是脱胶的最关键酶。

（1）Flaxzyme酶脱胶。Flaxzyme酶是丹麦Novo Nordisk公司早期生产的曲霉菌（*Aspergillus*）产亚麻脱胶复合酶，主要含有果胶酶、半纤维素酶和纤维素酶。该酶在国外开展过一些研究，也曾在国内进行过试用。此外，Novozymes公司开发的SP 249（果胶酶为主）、Viscozyme L（除富含果胶酶外，还有纤维素酶、β-葡聚糖酶、半纤维素酶、木聚糖酶和阿拉伯糖酶）和BioPrep 3000 L（基因改性芽孢杆菌产果胶裂解酶）也有一些研究报道。

工艺流程：亚麻原茎→选茎、束捆→装池→加水、加酶沤制（Flaxzyme酶5L，浴比约1:11，非离子表面活性剂1g/L，pH值5，45℃，30h）→排水→出池→晾晒→干茎→养生→打麻

与常规温水沤麻相比，亚麻原茎生物酶脱胶工艺具有脱胶时间显著缩短，出麻率高，麻纤维白度好且有光泽，总体质量优于常规温水沤麻（表3-10）。此外，酶脱胶残液BOD值低、无异味、颜色浅、不混浊。

表 3-10　亚麻原茎酶脱胶效果（与常规温水沤麻比较）

亚麻原茎	脱胶方法	脱胶时间/h	出麻率/%	纤维色泽	纤维光泽	脱胶残液				
						气味	色泽	混浊度	pH 值	BOD/mg·L^{-1}
优等茎（浅黄色）	酶脱胶	37.2	17.8	洁白	有	无	淡黄	澄清	5	55
	常规温水沤麻	117.5	16.0	黄白	较暗	酸醇味	深黄	混浊	5.3	1240
普通茎（浅绿色、黄绿色）	酶脱胶	33.8	16.0	洁白	有	无	浅黄	澄清	5	60
	常规温水沤麻	105.5	14.3	橙黄	无	酸醇味	黄棕	混浊	5.3	1470

（2）亚麻脱胶酶 YL-01 脱胶。YL-01 是一种以果胶酶为主体的国产亚麻脱胶复合酶。

工艺流程：亚麻原茎→选茎、束捆→装池（5000kg/池）→加水、加酶沤制［脱胶酶 YL-01 40kg，浴比 1:(13~14)，pH 值 8.5，30~32℃］→排水→出池→晾晒→干茎→养生→打麻

亚麻原茎生物酶脱胶工艺可大大缩短沤麻时间，提高生产效率。同时，打成麻强力提高 15% 以上，长麻出麻率提高 1.5% 以上，成条性明显优于传统沤麻，明显提升了脱胶质量。此外，相比传统工艺而言，酶脱胶还具有低能耗、低水耗、废水污染小、治理成本低等清洁生产优势。

（五）酶脱胶影响因素

1. 预处理　酶是生物大分子，相对分子质量大且具有一定的空间立体构象。麻脱胶过程中酶分子从溶液中扩散并吸附到胶质组分分子的催化位点进而催化分解胶质的速度受诸多因素的影响。由于胶质呈紧密结合状态，酶分子一般较难扩散进其内部。因此，通过适当预处理溶胀松懈胶质，有利于酶向胶质内部扩散并明显提高酶脱胶效率。预处理方法有物理法、机械法和化学法，如汽蒸、温水、酸、碱处理等。需说明的是，是否采用预处理辅助麻脱胶还需视原麻种类、质量和生产实际情况等因素确定。例如，如果在酶脱胶过程中联用其他方法或者加入高效助剂，能有效地提高酶的脱胶效果，这种情况下也可不进行预处理。

2. 酶的种类与配方组成　如前所述，对于麻脱胶而言，果胶酶、半纤维素酶是主要的脱胶酶。果胶酶中果胶解聚酶在降解果胶质过程中发挥最主要作用，也有观点进一步认为内切多聚半乳糖醛酸酶可能是脱胶的关键酶。与棉精练类似，麻脱胶中碱性果胶酶应用较多。使用碱性果胶酶可以减少脱胶中纤维损伤，与化学脱胶联用时可节省碱的用量，并且偏碱性的环境还可有效抑制其他杂菌的生长及其对脱胶体系的污染。麻类原料中半纤维素含量较高，半纤维素酶中木聚糖酶、甘露聚糖酶等半纤维素酶对于获得较好生物脱胶效果也很关键。如苎麻生物脱胶过程中所需要的半纤维素酶主要为甘露聚糖酶，而红麻和黄麻脱胶所需的半纤维素酶主要为木聚糖酶。

麻韧皮层中胶质各组分之间通过氢键、范德瓦尔斯力、化学键和金属络合等多种方式紧

密结合，形成一种胶质复合体覆盖于纤维表面。采用单一酶对麻脱胶，依据酶作用专一性原理，其只能分解对应的胶质组分，对其他胶质组分没有降解作用。但采用复合酶脱胶时，一种胶质组分的酶解将使原有胶质大分子间的紧密联系被破坏，胶质复合体变疏松，有利于其他酶对其他组分的降解，从而最终有助于去除胶质。因此，麻脱胶酶制剂一般均为混合酶。

3. 酶用量 酶用量高，胶质分解量大，残胶率低，但酶用量过高会增加生产成本。因此，实际应用中应从生产成本和麻纤维质量两方面综合考虑，确定合适的酶用量。

4. 酶脱胶温度 每种酶都具有其最适温度范围，在此范围内酶活性较强，明显高于或低于此温度范围将导致酶活降低，甚至完全失活。因此，应用中应事先了解所用酶的最适温度等酶学性质，在最适温度范围内确定实际脱胶温度。若采用复合酶，还要考虑每种酶各自的最适温度，尽量选择能够兼顾的温度，以确保脱胶液中各组分酶都能发挥最大作用。表3－11为温度对苎麻酶脱胶制得精干麻质量的影响。

表3－11 温度对苎麻酶脱胶质量的影响

温度/℃	残胶率/%	束纤维断裂强度/cN·tex^{-1}	脱胶制成率/%	手感
40	3.82	44.27	65.85	差
45	2.15	42.87	64.98	一般
50	1.96	42.34	64.68	较好
55	2.08	42.07	64.88	一般
60	2.11	41.72	65.11	差

5. 酶脱胶时间 脱胶时间过长，虽能较好分解胶质，降低残胶率，但纤维强力和麻制成率会下降。时间过短，不能充分发挥酶的作用，脱胶效果不足。实际应用时需结合所用酶性质和原料质量等因素综合确定酶脱胶时间，一般脱胶时间控制在几小时之内。表3－12为脱胶时间对苎麻酶脱胶制得精干麻质量的影响。

表3－12 脱胶时间对苎麻酶脱胶质量的影响

时间/h	残胶率/%	束纤维断裂强度/cN·tex^{-1}	脱胶制成率/%	手感
4	3.62	43.57	65.12	差
5	2.23	41.90	65.08	较差
6	1.96	41.28	64.68	好
7	1.92	39.87	64.88	好
8	1.88	38.54	64.50	好

6. 酶脱胶液pH值 同温度一样，最适pH值范围也是酶的重要酶学性质。每种酶在各自最适pH值范围内活力较高，偏离此范围酶的活力下降，甚至失活。因此，酶脱胶液pH值也应在所用酶制剂的最适pH值范围内。对于复合酶来说，还需考虑不同酶最适pH值差异，尽量选择重合的数值范围。

7. 螯合剂　麻类原料中果胶质以不溶性果胶酸钙或果胶酸镁的形式在植物组织内呈网状结构分布。麻纤维酶法脱胶处理中，加入一定量的螯合剂（如草酸和EDTA等）可以螯合去除钙、镁离子，使不溶性果胶酸盐转变成果胶酸，破坏果胶的网状结构，促进酶对麻茎中果胶的水解，达到加快脱胶的目的。研究表明，采用富含果胶酶的商品酶制剂Viscozyme L进行亚麻原茎的酶法脱胶，向酶液中添加EDTA脱胶8h，扫描电子显微镜可观察到麻纤维与表皮发生明显分离；测定麻纤维及其所纺纱线的强力指标，发现酶脱胶液中螯合剂EDTA的加入对亚麻纤维没有损伤。需注意的是，有的脱胶用果胶酶属于钙离子依赖型，这种情况下可在酶处理后道添加螯合剂或选用螯合作用相对弱一些的螯合剂。

8. 物理机械作用　随着酶脱胶过程的进行，一些降解下来的胶质黏附在麻的表面形成屏障，影响酶进一步的吸附扩散。脱胶过程中辅以振荡、超声等物理机械作用，不仅可促进脱胶液流动，强化已降解胶质的脱离，还有利于胶质的溶胀，促进酶在胶质表面的吸附、内部的扩散和对胶质的降解。总之，麻脱胶过程中强化体系传质作用有助于进一步增强胶质去除效果。

（六）酶脱胶效果评价

麻类原料经过酶脱胶及其他辅助处理可得到纺纱用麻纤维，其中亚麻工艺纤维为束纤维，称为打成麻，苎麻单纤维称为精干麻。酶脱胶效果可通过所制取麻纤维的质量加以评判，也可延伸到纱线（包括粗纱和细纱）质量进一步评价。

1. 苎麻原茎脱胶效果评价　苎麻原茎脱胶后制得的精干麻的质量指标包括感官品质和残胶率、纤维线密度、纤维断裂强度、白度等技术指标。

感官品质包括脱胶均匀度、硬块、硬条、夹生、红根、瑕疵、油污、铁锈、杂质和碎麻等杂质，一般要求纤维色泽及脱胶均匀，纤维柔软松散，硬块、硬条、夹生、红根、瑕疵、油污、铁锈、杂质和碎麻等较少。

残胶率是指脱胶后制取的麻纤维中残留胶质质量占纤维质量的百分率，是评价脱胶效果和精干麻质量的首要指标，也是影响苎麻纺织性能的主要指标。苎麻精干麻的残胶率低于2.5%为一级品。此外，脱胶效果也可通过进一步测试果胶、半纤维素和木质素三种主要胶质成分在纤维上的残留率进行精细评价。

高品质的苎麻纤维色泽光洁，白度较好。苎麻精干麻白度主要与苎麻所含木质素的量呈正相关。酶脱胶后苎麻精干麻一般还需通过漂白等工序进一步提升白度。

2. 亚麻原茎脱胶效果评价　亚麻原茎脱胶后制得的打成麻的质量主要包括感官品质、纤维强度和长度等指标。

感官品质主要包括成条性（单株韧皮纤维的完整程度）、柔软性（也称可挠度，是纤维在纺纱过程中能承受弯曲、扭曲等各种形变时的能力，可挠度低的纤维不能用于纺纱）、整齐度（麻捆中麻纤维根端对齐的程度以及纤维长短的差异程度，一般应不大于100mm）、色泽、密实度（纤维紧密和手感轻重的程度）、加工不足麻（因脱胶或打麻不足含有死麻屑且其黏附在纤维上连续长度不小于30mm的麻）等。

纤维强度是鉴定纤维质量最重要的参数之一，决定了纱线和织物的强度以及纺纱时的断头率。

除了以上脱胶后麻纤维质量指标外，苎麻的脱胶制成率（指脱胶后制得的麻纤维质量占投入原麻质量的百分数，苎麻脱胶制成率一般为65%～70%）和亚麻的出麻率（包括长麻率和短麻率）也是衡量脱胶效果的重要指标。此外，脱胶废水的相关指标（如COD、BOD、颜色、混浊度、气味等）也常用于综合考察脱胶工艺的优劣。

（七）酶脱胶存在的问题

脱胶是麻纤维加工的关键工序，脱胶效果直接影响麻纤维质量和制成率。对于亚麻而言，传统的温水沤麻法存在脱胶时间偏长、生产效率低、污染环境且脱胶麻纤维质量不稳定等不足。对于苎麻而言，传统的化学脱胶工艺也存在纤维损伤大、废水环境污染严重等缺点。

酶脱胶工艺总体而言具有环境污染低、脱胶时间短、能耗小、脱胶酶组成灵活可控、脱胶麻品质优良、酶液可多次重复利用、工艺简单易掌握等优点，应用前景较好，是今后麻脱胶的重要发展方向。但必须指出的是，酶脱胶多数仍停留在实验室阶段，尚未实现工业化规模应用，主要存在以下问题。

（1）商品脱胶酶价格较高，致使酶脱胶工艺生产成本居高不下，成为制约酶法脱胶广泛应用的瓶颈问题。降低商品酶制剂成本和开发高活力脱胶酶（酶的使用量更少）是酶脱胶工业化应用的重要途径和基础保障。

（2）脱胶酶活力有待进一步提高。对于苎麻脱胶来说，无论是商品酶制剂还是脱胶菌制备粗酶液，单独酶脱胶往往残胶率达不到传统化学脱胶水平，只能实施酶—化学脱胶联合工艺，酶脱胶后再通过碱煮等进一步提高胶质去除率，才能达到残胶率和其他纤维质量指标要求。开发高活力专用麻脱胶酶制剂，或者选育高产脱胶菌，优化脱胶酶发酵工艺，提高粗酶液中复合脱胶酶活力和产量是酶脱胶完全取代化学脱胶亟须解决的另一关键问题。

（3）脱胶酶配方有待优化完善。麻脱胶体系中往往采用果胶酶、半纤维素酶等组成的复合酶。目前对酶脱胶中复合酶的协同作用机理还不是十分清楚。果胶酶、半纤维素酶均为复杂酶系，其各自种类中具体哪种（些）酶对脱胶起主要作用还需进一步深入研究。此外，以往研究中脱胶酶多以果胶酶为主，其他酶特别是半纤维素酶和木质素降解酶重视不够，致使脱胶效果与传统方法相比也显不足。

（4）酶脱胶工艺实施难度大。采用脱胶菌发酵制取粗酶液用于麻脱胶方法，粗酶液需在麻纺织厂现场制备，微生物培养工艺要求高，如何确保酶液中酶组分、活力保持稳定至关重要。而纺织企业无论从设备、技术、人员等方面明显缺乏专业性，基于粗酶液脱胶的酶脱胶工艺实施推广难度较大。即使是采用现成的商品脱胶酶制剂，其储存和使用也有很高要求，对于习惯粗放式生产的麻纺织企业也是很大的挑战。

针对亚麻、苎麻等麻纤维非纤维素杂质的组成及其脱胶特定要求，国内外酶制剂生产企业应下大力气开发低成本、高酶活、多组分、高稳定性的麻脱胶专用酶，并与麻纺织企业在酶脱胶体系构建（包括使用高效助剂）、工艺优化等方面开展密切合作。

三、麻纱线/织物生物脱胶

（一）脱胶目的

苎麻原茎经过全脱胶方式提取的单纤维可纺性好，可直接纺纱、织造，因此苎麻粗纱一般无须再进行脱胶处理。亚麻原茎经半脱胶方式部分去除韧皮层胶质后，得到的亚麻工艺纤维一般进行湿纺纺纱。亚麻工艺纤维纺制粗纱后纱线仍含有较高量的果胶、木质素等杂质，会影响后续细纱的纺制。因此，亚麻粗纱湿纺细纱前，需要对粗纱进行脱胶处理，部分去除纤维束中黏结单纤维的胶质，提高亚麻纤维的分裂度、柔软性、卷曲性和纱线可纺性，满足后续细纱纺制和织造要求。亚麻粗纱目前主要采用化学法脱胶，也有少量酶法脱胶的研究报道。

对于苎麻和亚麻织物而言，纤维中残余的非纤维素杂质（如苎麻脱胶后制得的精干麻纤维中仍含有2%左右的胶质）一般需经练漂前处理进一步去除，以利于后续印染加工。

（二）亚麻粗纱和亚麻织物脱胶用酶制剂

亚麻粗纱和亚麻织物脱胶用酶与麻茎脱胶用酶相近，其作用对象仍为果胶、半纤维素和木质素等胶质，因此，果胶酶、半纤维素酶和木质素酶及其复合酶仍是脱胶的主要酶制剂。

（三）亚麻粗纱和亚麻织物酶脱胶工艺

1. 亚麻粗纱酶脱胶

工艺流程：酶液配制（国产亚麻脱胶复合酶A 3%~4%，高效渗透剂0.5%~1%）→加入亚麻粗纱→保温处理（pH值9.5~10，55~60℃，90min或50~55℃，150min）→淡碱处理（精练剂2g/L，烧碱5g/L）。脱胶后进行氧漂（35%双氧水5g/L，100℃沸煮60~90min）、水洗、脱水、烘干

国产亚麻脱胶复合酶A为以碱性果胶酶为主的多种酶制剂的复配品。

目前亚麻粗纱多采用化学煮练漂白工艺，包括烧碱高温煮练脱胶、亚氯酸钠漂白和双氧水漂白（亚—氧漂）。该处理工艺对纤维损伤大，所产生的废水对环境污染严重。亚麻粗纱酶法脱胶、氧漂处理工艺具有化学脱胶和亚—氧漂不具备的许多优点，如纤维强力、聚合度和质量损失小、能源成本低、无AOX、废水处理负担轻等。因此，亚麻粗纱酶法脱胶综合效果好，具有较好的应用前景。

2. 亚麻及其混纺织物酶法脱胶

工艺流程：烧毛→淀粉酶退浆（退浆酶2g/L，高效渗透剂1g/L，55~60℃，pH值6~7，轧液率90%左右）→保温堆置（3~4h）→浸轧脱胶酶（亚麻脱胶酶6%，高效渗透剂1g/L，55~60℃，轧液率90%~100%）→落布保温堆置（室温，24h）→氧漂→水洗→烘干

亚麻及其混纺织物被认为是印染加工难度较大的品种之一，主要原因是常规的印染前处理往往难以彻底去除亚麻的麻皮（一般认为亚麻麻皮由纤维素、木质素和果胶等物质组成，木质素的存在导致亚麻麻皮去除或漂白比较困难）。目前，亚麻及其混纺织物多采用化学前处理去除非纤维素杂质，主要工序为烧毛→碱煮→氯漂→氧漂。这同亚麻粗纱化学法处理类似，同样也存在许多缺点。用酶法前处理、氧漂代替环境污染大的碱煮、氯漂工艺，不仅可以更好地保持亚麻织物特有的风格、降低纤维损伤和因脱胶过度而造成的“棉纤化”现象。

而且，由于避免传统化学法高温碱煮等剧烈的处理条件，酶脱胶、漂白亚麻织物手感柔软，刺痒感明显降低，改善了舒适，显著提高了面料的服用性能。

第四节　真丝织物的酶脱胶

真丝一般指蚕丝，包括桑蚕丝、柞蚕丝、蓖麻蚕丝和木薯蚕丝等品种，其中以桑蚕丝在纺织纤维制品中应用最广泛。桑蚕丝具有接近三角形的横截面特征，由丝素和丝胶两部分组成，此外还含有少量的蜡质和色素等物质。桑蚕丝中丝素组分约占丝蛋白总量的70% ~ 80%，主要由结构较稳定的线型蛋白大分子组成。丝素肽链中侧基较小的氨基酸如甘氨酸、丙氨酸、丝氨酸序列通过β－折叠结构形成晶区，其结构排列整齐而紧密；侧基较大的氨基酸如苯丙氨酸、酪氨酸、色氨酸等形成无定形区，对真丝的染色性能和力学机械性能影响较大。丝胶在桑蚕丝外层，包覆在丝素组分表面，由外向里分为Ⅰ～Ⅳ层。其中，丝胶Ⅰ层溶解性最好，对缫丝有利，精练中通过热碱液即能去除；丝胶Ⅱ～Ⅳ层溶解性渐差，越接近丝素的丝胶层溶解性越差。丝胶中氨基酸的类别组成与丝素相仿，但各氨基酸的含量不同，丝胶中疏水性乙氨酸和丙氨酸含量少，亲水性丝氨酸和苏氨酸含量较高。

一、脱胶目的与脱胶用酶制剂

丝胶在热水及碱性条件下易发生溶胀和溶解，当温度低于60℃时，水分子只能进入蚕丝无定形区，出现有限溶胀；温度高于60℃时，溶胀加剧，水分子进入部分晶区表面，丝胶溶解度迅速增加。在真丝织物染整加工中，借助于热水、碱剂和其他精练剂等，去除真丝纤维中丝胶而获取丝素纤维的过程，称为脱胶。真丝织物通过脱胶处理，能有效去除丝胶和蜡质及色素等物质，不仅改善了纤维制品的白度、吸水性、光泽和手感，而且有利于后续染色和功能化整理加工，提升真丝纤维制品的成品质量。

真丝织物脱胶方法较多，总体上分为化学法和酶法。化学法脱胶除了常用纯碱法、纯碱与肥皂（或脂肪酸钠盐）组合的皂碱法、快速精练法外，还包括高温高压法、柠檬酸或酒石酸法脱胶、低温等离子初练与皂碱法组合的复合脱胶等多种方法。不同化学方法应用于真丝织物脱胶，在脱胶率、脱胶均匀性、绸面白度和外观、手感及机械性能等方面存在一定差异。纯碱法或快速精练法在真丝脱胶中应用较多，脱胶率较高，织物白度也较好，但若脱胶工艺控制不当，也易造成真丝机械性能下降和绸面灰伤。

酶法脱胶包括蛋白酶法、蛋白酶与脂肪酶组合的复合酶法脱胶等方法。真丝酶法脱胶中常用的酶制剂包括蛋白酶和脂肪酶，两者能通过协同作用，去除桑蚕丝外层的丝胶、蜡质、天然色素等非丝素组分。蛋白酶按来源包括植物蛋白酶和微生物蛋白酶，前者包括适合在近中性条件下脱胶的木瓜蛋白酶、菠萝蛋白酶等品种；后者包括源于枯草杆菌的1398 中性蛋白酶、地衣芽孢杆菌的2709 碱性蛋白酶、Novo 公司的Savinase 和Alcalase 蛋白酶等品种。脂肪酶能够水解酯键，催化脂肪酸甘油酯水解成脂肪酸、甘油和甘油单酯或二酯。在真丝酶脱胶、棉纤维练漂和洗涤加工中，应用较多的脂肪酶是中性或碱性脂肪酶，如脂肪酶 L3126、Lipex 100L 等品种。

二、酶法脱胶原理与脱胶工艺

酶法脱胶主要是借助于中性或碱性蛋白酶，在较温和的条件下催化丝胶蛋白大分子中酰胺键（肽键）水解，使丝胶蛋白水解成相对分子质量较低、溶解度较高的多肽分子。脱胶过程中，蛋白酶主要作用于亲水性较强、结构较疏松的丝胶分子，对结晶度较高的丝素蛋白结构影响较小。随着脱除丝胶蛋白，分布在丝胶中的天然色素也随之去除，使真丝纤维改善了手感，提高了白度。考虑到丝胶中还有部分疏水性杂质，因此，蛋白酶处理中可添加部分脂肪酶，以达到促进去除纤维中疏水性杂质的目的。

真丝织物酶法脱胶中，目前采用的工艺包括一浴法和二浴法。

1. 一浴法 一浴法是以蛋白酶（如木瓜蛋白酶、碱性蛋白酶 Alcalase）进行真丝脱胶，工艺流程为：

40～50℃进布→升温至最佳酶脱胶温度→加入蛋白酶→保温 40～60min→水洗（→氧漂）

一浴法真丝脱胶具有工艺流程短、生产能耗低的优点，轻薄类织物可获得约 22% 的脱胶率，绸面手感和光泽也较好。但也存在一定的缺陷，由于酶处理温度较低，水浴中丝胶组分只能发生有限程度的溶胀；与此同时，蛋白酶本身也是生物大分子，低温下难以扩散进入纤维内部进行丝胶深度水解，因此，厚重类真丝绸采用一浴法酶脱胶时，易产生脱胶率偏低的现象。此外，采用蛋白酶进行一浴法真丝绸脱胶时，织物润湿性改善不明显，表现为试样毛效较低，其原因与蛋白酶具有较高的专一性，仅去除丝胶蛋白，不能将丝胶及丝素表面的疏水性蜡质和色素充分去除相关。为提高一浴法真丝酶脱胶效果，有研究采用脂肪酶与蛋白酶组合的方法进行真丝绸酶脱胶，结果随着脂肪酶用量的增加，真丝织物的润湿性改善不明显，其原因与脂肪酶对疏水性杂质的可及度较低或水解效果较差有关。由此可见，一浴法真丝酶脱胶在实际应用中仍存在一定的不足。

2. 二浴法 二浴法是采用碱法预处理与蛋白酶相组合的脱胶方法，即先以低浓度碱剂进行真丝高温预处理，脱除大部分丝胶，然后再借助蛋白酶在较低温度下脱除残留的丝胶。二浴法真丝酶脱胶工艺流程为：预处理（95℃，20min）→酶脱胶（50℃，50min）→水洗（80℃，10min）→室温水洗

工艺处方组成为：预处理中 Na_2CO_3 xg/L，精练剂 0.5g/L，$Na_2S_2O_4$ 0.5g/L，渗透剂 0.5g/L；酶脱胶中蛋白酶 0.2%～0.4%（owf）。酶脱胶前增加一道预处理，旨在借助高温和低浓度碱剂促进真丝纤维溶胀及对丝胶蛋白的水解作用，快速去除丝胶蛋白的Ⅰ、Ⅱ层，然后再在低温弱碱的温和条件下进行酶处理，进一步去除丝胶的Ⅲ、Ⅳ层蛋白组分。预处理中真丝脱胶率高低对后续酶处理影响较大，若脱胶率过低，酶脱胶中蛋白酶用量会较高，达不到预脱胶效果；反之，若预处理中脱胶率过高，不但易造成高温下的丝素纤维损伤，而且会使后续酶处理失去意义。以二浴法 145g/m^2 真丝针织绸脱胶为例，预处理中当纯碱浓度为 0.4～0.6g/L时，真丝脱胶率可控制在 12%～16%；再以 0.2%（owf）蛋白酶脱胶，不仅绸

面白度和手感较好，织物的润湿性也较好。

与一浴法相比，二浴法酶法脱胶预处理不仅去除了部分水溶性较好的丝胶蛋白，降低了蛋白酶用量，而且对织物上脂类和蜡质起到较好的乳化、分散和水解作用，使得酶处理后织物毛效有了较大的提高。此外，预处理过程中结合还原漂白，还可提高丝织物的白度。

三、脱胶效果评价及酶法脱胶影响因素

评价真丝织物脱胶效果包括脱胶率、外观、手感、润湿性和强力等多方面内容，且相互间存在一定的相关性。对于丝胶去除效果，既可用重量法精确计算出脱胶率，也可以进行定性评价，即根据室温下真丝纤维对苦味酸胭脂红的染色效果评价，若蚕丝样品未脱胶或者脱胶不净，则真丝纤维经苦味酸胭脂红染色后会显示红色。脱胶率高低不仅与脱胶工艺有关，也与桑蚕茧的来源和真丝织物本身的克重等因素相关。

实际生产中，真丝织物的脱胶率并非越高越好，如丝织物染制黑色或其他深色时，脱胶率应略低于常规白绸或浅色品种，以避免在后续长时间染色中由于绸面间摩擦而产生灰伤。真丝织物的外观、手感与脱胶率有较大的相关性，一般增加脱胶率，织物白度提高，手感越柔软滑糯，织物悬垂性增加。脱胶后丝织物的润湿性可通过毛效、润湿时间或沉降时间等指标做评价，润湿性的高低对后续丝织物的染色性能（如染色深度、匀染性）影响也较大。此外，脱胶后丝织物的强力也会发生不同程度下降，脱胶工艺控制不当时，会损伤丝素纤维，导致丝织物断裂强度明显下降。

四、酶法脱胶与传统化学法脱胶的比较

传统真丝织物脱胶多采用化学法，包括碱法、皂碱法或快速精练等方法。由于化学法脱胶过程中温度和练浴 pH 值都过高，精练过程不易控制，易造成脱胶不匀、织物强力下降、绸面出现灰伤等练疵。若脱胶过程中产生了灰伤，在染深色真丝品种时，由于丝素纤维断裂后产生的短绒对光泽同时存在规则反射、散射和折射，布面会呈现分布不规则的灰白色疵点，会严重影响丝织物的外观。化学法脱胶在近沸的高温条件下进行，生产能耗较大，且仅有较少量丝胶蛋白通过水解得以去除，大部分丝胶则借助于高温碱性条件发生溶胀，然后直接溶解在练液中，因此，脱胶废液中丝胶蛋白的相对分子质量较大，废液 COD 值也较高。

采用酶法进行真丝脱胶，不但脱胶均匀，生产能耗较低，而且克服了传统化学法精练对真丝织物易产生的不良影响，减少甚至避免了练疵，脱胶废液中丝胶蛋白相对分子质量也较低。其中，一浴法蛋白酶脱胶较适合轻磅真丝织物，二浴法适用于不同克重的多种真丝织物脱胶。在实际生产中，通过与传统快速精练法比较，采用纯碱预处理与酶脱胶组合的二浴法酶练工艺，不但真丝织物手感优良，而且生产中水、电、汽成本降低，废水的 COD 指标优于传统快速精练法。因此，真丝酶脱胶工艺不但具有较好的练绸效果，而且有良好的经济效益，是符合生态染整加工的绿色工艺。

五、酶法脱胶存在的问题

采用蛋白酶进行真丝织物一浴或二浴法脱胶，不仅能避免绸面产生练疵，而且降低了脱胶废液处理的负担。酶制剂在包括真丝脱胶在内的纺织品前处理中的应用日趋增多，但要完全取代现有传统的化学法脱胶工艺，仍需要进一步进行工艺改进。目前真丝织物酶法脱胶存在的问题主要包括以下方面。

（1）酶制剂的成本较高。传统化学法脱胶以纯碱为主练剂，价格较低廉，而蛋白酶或脂肪酶等价格较高，不同程度地限制了酶法脱胶工艺的推广。当然，在分析酶法脱胶加工成本时，也应考虑到酶法脱胶在水、电、汽消耗和废水处理费用方面的优势，综合评价酶法脱胶加工的经济效益。

（2）商品酶的酶活不稳定。不少粉状酶制剂在室温条件下能存放较长时间，酶活下降仍较少，但有些液态商品酶在高温、高湿度的车间条件下，酶活随存放时间变化较大。因此，如何提高包括蛋白酶在内的酶活稳定性，也是需要进一步研究的问题。

（3）酶法脱胶中仍需其他精练剂。由于酶的专一性较强，处理过程中只能分解特定结构的底物。真丝绸酶法脱胶中，仅使用蛋白酶而不添加其他助剂时，虽然脱胶率较高，绸面手感也很柔软，但织物润湿性较差，其原因在于蛋白酶仅能去除丝胶，对疏水性蜡质去除效果较差。因此，目前酶脱胶仍需要其他助剂配合使用，单纯靠酶尚不能获得满意的脱胶效果。

第五节　纺织品的酶漂白技术

目前酶在纺织品漂白中的应用主要有葡萄糖氧化酶漂白和氧漂后的过氧化氢酶去除残余的双氧水，前者尚处于实验室研究阶段，后者已实现产业化应用。

葡萄糖氧化酶漂白是利用葡萄糖氧化酶催化氧化β－D－葡萄糖生成的过氧化氢对织物进行漂白。β－D－葡萄糖转变成葡萄糖酸内酯，可进一步水解成葡萄糖酸，该化合物对金属离子具有很强的螯合能力，因此在漂白时无须加入双氧水稳定剂。葡萄糖氧化酶催化需要的葡萄糖可以直接加入，也可从淀粉酶退浆液中获得。

过氧化氢漂白是一种常用的漂白方法，多用于棉及棉型织物，但如果氧漂后的织物上残留过氧化氢，会对后续染色加工产生不利影响。由于部分染料，特别是活性染料对氧化剂非常敏感，残留的过氧化氢会与染料发生反应，破坏染料的发色基团，或将染料中的反应基团氧化分解，使染料和纤维之间不能有效键合，从而产生明显的色差、色花，甚至色光改变等染疵，因此在染色前必须去除氧漂后织物上残留的过氧化氢。

去除残留双氧水一般有三种方法。

（1）水洗法。该方法需耗用大量的水，花费时间长。

（2）还原剂化学处理法。该方法可以快速去除双氧水，但是还原剂的用量很难控制，过量的还原剂会导致后续染色织物色相变化。

（3）过氧化氢酶净化法。过氧化氢酶可以快速将过氧化氢分解为水和氧气，处理过程温度低、时间短，可以提高生产效率，降低水、电、汽的消耗，而且加入的过氧化氢酶和处理产物不会对后续染色产生影响。

一、葡萄糖氧化酶漂白

1. 葡萄糖氧化酶漂白原理

(1) 葡萄糖氧化酶催化生成 H_2O_2。葡萄糖氧化酶催化β－D－葡萄糖生成δ－D－葡萄糖酸内酯和 H_2O_2，生成的葡萄糖酸内酯进一步水解成D－葡萄糖酸。

葡萄糖氧化酶的作用是一个双底物反应机制，分为一个还原半反应和一个氧化半反应，可以通过“乒乓”机理来描述（乒乓反应是一种双取代反应，酶与第一底物结合后，释放出第一产物，形成一个稳定态的酶中间物，方能结合第二底物，再释放出第二产物，酶复原。即酶分两次结合底物，释出两次产物）。

在还原半反应中，第一底物β－D－葡萄糖通过电子转移还原葡萄糖氧化酶的辅酶黄素腺嘌呤二核苷酸（FAD）生成带有两个氢原子的 $FADH_2$ 和底物的氧化产物δ－D－葡萄糖酸内酯。在氧化半反应中，$FADH_2$ 在第二底物 O_2 作用下被重新氧化为FAD，同时生成第二产物 H_2O_2，如图3－17所示。葡萄糖氧化酶的底物特异性非常严格，对β－D－葡萄糖表现出高度的专一性。除了对2－脱氧－D－葡萄糖有少许催化作用外，对其他各种糖几乎没有催化作用。

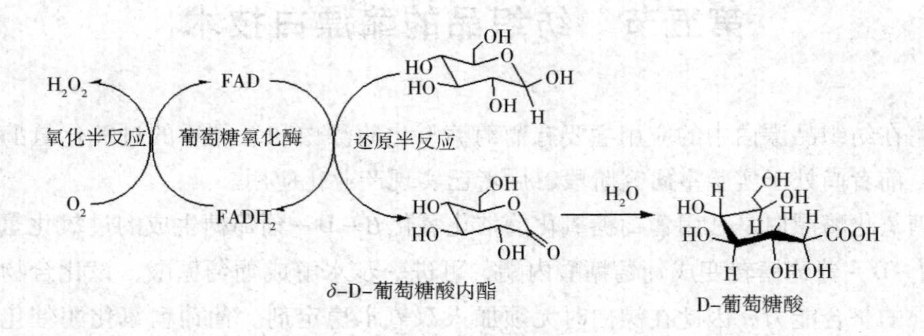

图3－17 葡萄糖氧化酶催化葡萄糖生成过氧化氢示意图

(2) H_2O_2 漂白。在碱性条件下，过氧化氢对棉纤维的漂白是一个十分复杂的反应过程。过氧化氢分解产物很多，目前对棉纤维中天然色素分子结构还未完全明晰，但从已知色素的基本结构看，认为是天然色素的发色体系在漂白过程中遭到破坏，达到消色目的。

在碱性条件下，过氧化氢按下式分解：

$$H_2O_2 + OH^- \longrightarrow HO_2^- + H_2O$$

当pH≥11.5时，过氧化氢分子大部分以 HO_2^- 的形式存在。

HO_2^- 可能与色素中的双键发生加成反应，使色素中原有的共轭系统被中断，π电子的移动范围变小，天然色素的发色体系遭到破坏而消色，达到漂白目的。

但 HO_2^- 是不稳定的，能按下式分解成氢氧根离子和初生态氧：

$$HO_2^- \longrightarrow OH^- + [O]$$

活性氧［O］可以与色素发色团的双键发生反应，产生消色作用。

HO_2^-是H_2O_2漂白的主要成分，H_2O_2分解还会产生HO_2·、HO·等自由基破坏色素结构，而具有漂白作用。

2. 葡萄糖氧化酶漂白工艺　目前，利用葡萄糖氧化酶漂白还处在实验室研究阶段，未见大规模生产应用的相关报道。葡萄糖氧化酶漂白主要有以下两种漂白工艺。

（1）酶催化生成H_2O_2与H_2O_2漂白一浴两步工艺。葡萄糖氧化酶催化的最适作用温度为40～60℃，最适作用pH值在6左右，在此条件下，H_2O_2的分解率仅为50%左右，无法对织物有效漂白。因此葡萄糖氧化酶漂白一般采用酶催化生成H_2O_2与H_2O_2漂白一浴两步工艺进行，即先在葡萄糖氧化酶的最适作用温度和pH值下，生成足量的H_2O_2，然后调节处理液pH值为10～10.5，升温至95℃进行H_2O_2漂白。在高温碱性条件下H_2O_2有效分解，织物漂白效果得到提升，如图3－18所示。

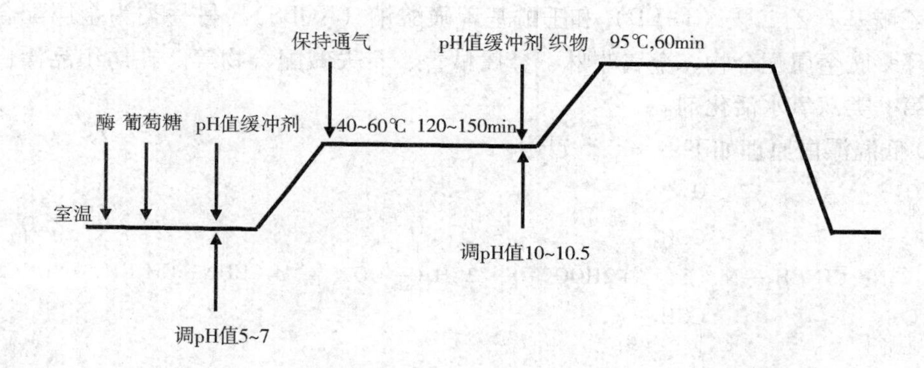

图3－18　葡萄糖氧化酶漂白一浴两步工艺曲线

传统漂白和葡萄糖氧化酶一浴两步法对纯棉织物的漂白效果对比见表3－13。可以看出，两种方法漂白后，织物白度均有很大提高，葡萄糖氧化酶漂白织物白度略低于传统漂白织物白度，但相差不大。两种漂白方法都会造成织物强力的损失，但葡萄糖氧化酶漂白织物的强力损失要小于传统漂白织物。

表3－13　传统漂白与葡萄糖氧化酶一浴两步法漂白效果

布样	白度	断裂强力/N		撕破强力/N	
		经向	纬向	经向	纬向
原布样	27.88	877.8	598.4	27.7	23.6
传统漂白样	65.68	762.9	576.5	21.2	19.6
葡萄糖氧化酶漂白样	63.24	834.9	573.4	24.8	21.9

表3－13的漂白工艺如下。

葡萄糖氧化酶漂白工艺：

①葡萄糖氧化酶催化葡萄糖产生 H_2O_2。葡萄糖氧化酶 15U/mL，葡萄糖 12g/L，pH 值 7.0，45℃，150min，通气量 9.0 L/min，搅拌速率 500r/min。

②H_2O_2漂白。调节 H_2O_2漂液 pH 值至 10～10.5，浴比 1:50，于 95℃漂白 60min。

传统漂白工艺：H_2O_2 2g/L，Na_2SiO_3 1.8g/L，Na_2CO_3 1g/L，NaOH 1g/L，浴比 1:20，95℃漂白 60min。

（2）葡萄糖氧化酶低温漂白工艺。葡萄糖氧化酶漂白的本质仍是 H_2O_2漂白，常规的漂白过程需要高温、强碱和长时间处理，存在能耗高、纤维强力下降等问题。20 世纪末开发的活化双氧水漂白技术，可在低温、中性 pH 值条件下对织物漂白，是改进双氧水漂白工艺的有效方法。目前，有研究将葡萄糖氧化酶漂白与双氧水低温漂白技术结合，开发了葡萄糖氧化酶低温漂白工艺。

双氧水活化催化体系主要有两大类，一类为可生成过氧酸或过氧化物的活化剂，包括酰胺基类化合物、酞氧基类化合物、*N*－酰基已内酰胺类化合物等。目前已经商品化的产品主要有（四乙酰基）乙二胺（TAED）和壬酰基苯磺酸钠（NOBS）。另一类为金属配合物类催化剂，如环多胺金属配合物、金属卟啉、金属酞菁、希夫碱配合物等。在纺织品漂白中研究较多的是第一类双氧水活化剂。

TAED 低温漂白原理如下：

$$(CH_3CO)_2N{-}CH_2CH_2{-}N(COCH_3)_2 + 2HOO^- \longrightarrow 2CH_3\overset{O}{\overset{\|}{C}}{-}OO^- + H_3C\overset{O}{\overset{\|}{C}}HN{-}CH_2CH_2{-}NH\overset{O}{\overset{\|}{C}}CH_3$$

在较低温度下（50～70℃），TAED 与过氧氢根离子发生亲核取代反应，生成具有更强漂白活性的过氧乙酸阴离子。过氧乙酸氧化电位很高，高于其他常用漂白剂，如 H_2O_2、次氯酸钠等，因此使用 TAED 可以降低漂白温度。

NOBS 低温漂白原理如下：

$$C_8H_{17}\overset{O}{\overset{\|}{C}}O{-}C_6H_4{-}SO_3Na + HOO^- \longrightarrow C_8H_{17}\overset{O}{\overset{\|}{C}}OO^- + HO{-}C_6H_4{-}SO_3Na$$

碱性条件下，H_2O_2分解产生的过氧氢根离子对 NOBS 进行亲核进攻，生成过壬酸。过壬酸比 H_2O_2的氧化性更强，因此能在较低温度下（40～50℃）进行漂白。但 NOBS 在漂液中的浓度不宜过高，因为在生成过壬酸的同时，会同时生成酸性很强的对羟基苯磺酸，使漂液 pH 值下降，不利于漂白反应。

葡萄糖氧化酶低温漂白工艺同样是将酶催化生成 H_2O_2与 H_2O_2漂白分两步进行，在 H_2O_2漂白阶段引入活化剂体系，在相对较低的温度下进行织物漂白。图 3－19 为葡萄糖氧化酶—TAED低温漂白工艺。

表 3－14 为葡萄糖氧化酶 TAED 低温漂白与传统漂白对纯棉织物进行处理的效果对比。可以看出，葡萄糖氧化酶 TAED 低温漂白织物的白度略低于传统漂白织物的白度，但相差不

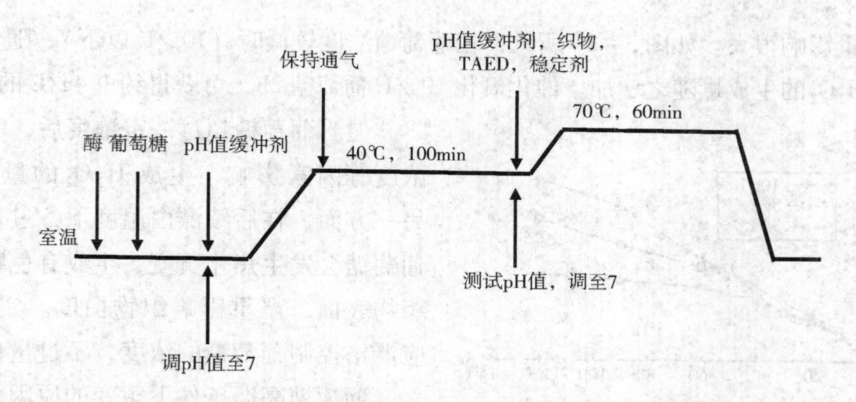

图 3-19 葡萄糖氧化酶—TAED 低温漂白工艺曲线

大。与传统漂白织物相比，葡萄糖氧化酶低温漂白织物强力损失降低。在 TAED 活化体系的作用下，葡萄糖氧化酶漂白可以在相对较低的温度下获得良好的漂白效果。

表 3-14 传统漂白与葡萄糖氧化酶—TAED 低温漂白效果对比

布样	白度	断裂强力/N		撕破强力/N	
		经向	纬向	经向	纬向
原布样	29.41	887.2	630.4	28.63	23.61
传统漂白样	77.70	846.8	599.3	23.21	18.58
葡萄糖氧化酶低温漂白样	73.42	877.7	625.7	25.80	22.67

表 3-14 的漂白工艺如下。

葡萄糖氧化酶 TAED 低温漂白工艺：

①葡萄糖氧化酶催化葡萄糖产生 H_2O_2。葡萄糖氧化酶 10.65U/mL，葡萄糖 15g/L，pH 值 7.0，40℃，100min，通气量 4.5 L/min，搅拌速率 500r/min。

②TAED 低温 H_2O_2漂白。调节 pH 值至 7.0，浴比 1∶10，n(TAED)∶n(H_2O_2) 为 0.5∶1，焦磷酸钠 2g/L，于 70℃漂白 60min。

传统漂白工艺：H_2O_2 2g/L，Na_2SiO_3 1.8g/L，Na_2CO_3 1g/L，NaOH 1g/L，浴比 1∶20，95℃漂白 60min。

3. 影响葡萄糖氧化酶催化生成 H_2O_2 的因素

（1）葡萄糖氧化酶浓度（活力）的影响。理论上，葡萄糖氧化酶催化氧化葡萄糖反应体系中，在有足量葡萄糖为底物、足量 O_2、反应条件为酶的最适作用条件的情况下，随着酶浓度的增加，H_2O_2生成量会不断增加。但在实际应用时，受底物浓度、体系中 O_2浓度和其他反应条件的影响，酶浓度增大到一定程度时，H_2O_2生成量增加减缓，或停止增加。考虑葡萄糖氧化酶价格比较昂贵，一般控制在较低酶浓度（酶活）条件下，能产生足够后续氧漂使用的 H_2O_2量（1.2~2g/L）即可。

（2）初始体系中葡萄糖浓度的影响。体系中的葡萄糖作为葡萄糖氧化酶的作用底物，对

H_2O_2的生成量影响很大。如图3－20所示，在葡萄糖浓度较低时（10g/L以下），随着葡萄糖浓度的增加，H_2O_2的生成量随之增加。催化氧化10g/L葡萄糖2h，可获得约1.4g/L的H_2O_2。

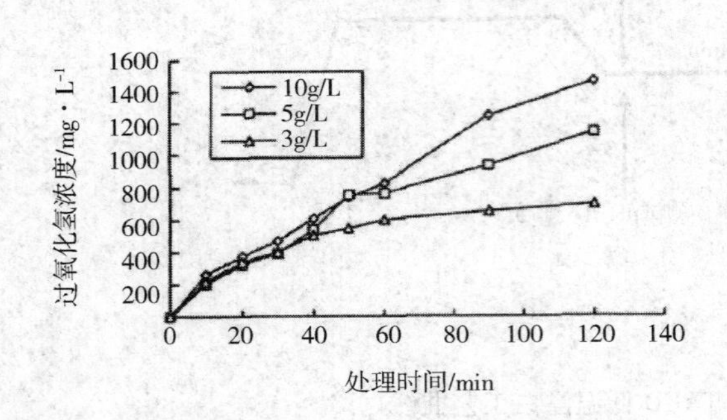

图3－20　葡萄糖质量浓度和H_2O_2生成量的关系
青霉葡萄糖氧化酶0.1g/L，pH值5，50℃，空气量3L/min

但当葡萄糖超过一定浓度后，一方面受酶浓度等因素影响，生成H_2O_2的量增幅减缓；另一方面，在后续漂白温度下，过量未反应的葡萄糖会发生焦化黄变，生成有色物质沉积于织物表面，严重影响织物白度。实际应用时，应严格控制葡萄糖的浓度，不过量使用。

葡萄糖高温条件下黄变的原因为：在加热的条件下，葡萄糖首先脱水形成5－羟甲基糠醛，即5－羟甲基呋喃甲醛（5－HMF）。虽然5－HMF是无色的，但其聚合物是有色物质。葡萄糖形成5－HMF的过程如图3－21所示。

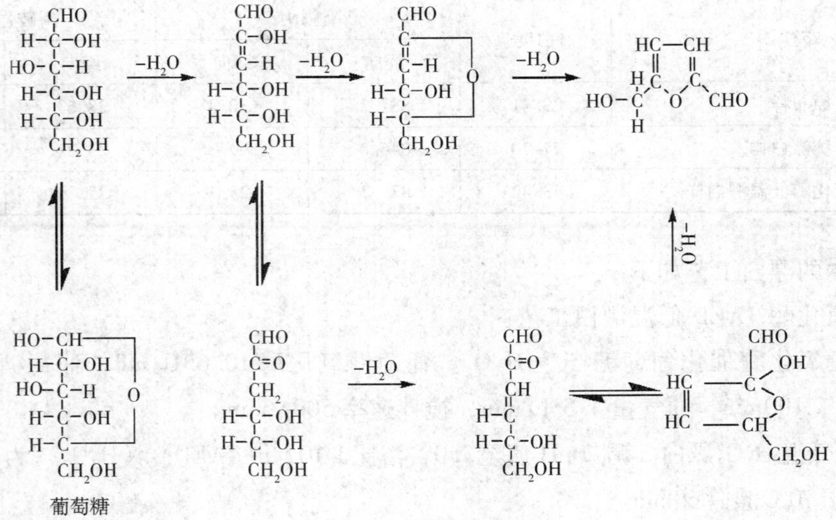

图3－21　葡萄糖分解成5－羟甲基糠醛的反应历程

（3）催化温度和pH值的影响。葡萄糖氧化酶在pH值5～7，温度40～60℃范围内具有较高的酶活及稳定性。生成H_2O_2的反应条件，既要考虑酶的活性，也要考虑对H_2O_2的影响。H_2O_2在pH值5～7范围内比较稳定，分解率较小，因此以酶催化的最适pH值进行反应即可。表3－15显示了温度对H_2O_2分解率的影响。从表3－15可知，在20℃和40℃的条件下，H_2O_2比较稳定，1h内基本不分解。温度达到60℃后，随着时间延长，H_2O_2分解率明显增加。为避免生成的H_2O_2过早分解，影响后续漂白过程，在酶催化生成H_2O_2阶段，在不影响H_2O_2生成量的前提下，温度应尽量低一些。

表 3－15　温度对 H_2O_2 分解率的影响

温度/℃	H_2O_2 含量/%		
	开始	1h 后	2h 后
20	0.69	0.69	0.69
40	0.69	0.69	0.65
60	0.69	0.53	0.39

（4）反应时间的影响。葡萄糖氧化酶催化氧化葡萄糖体系中，一般需要 2～3h 才能生成足够漂白使用的 H_2O_2 浓度。反应超过 2h 时，随着体系中葡萄糖浓度的减少，生成的 H_2O_2 减少，H_2O_2 浓度增长减缓。另外，葡萄糖氧化酶中会含有微量的过氧化氢酶副产物，在葡萄糖氧化酶生成 H_2O_2 的同时，过氧化氢酶也在消耗部分 H_2O_2。反应时间过长，对体系中 H_2O_2 浓度的保持不利。一般控制反应时间在 2h 左右。

（5）通气量的影响。葡萄糖氧化酶催化氧化葡萄糖必须有氧气参与才能进行。目前对于通空气还是氧气，通气量多少合适的相关研究不多，部分研究结果并没有呈现出一定的规律。研究中较多采用通空气，通气量为 2～5L/min。也有观点认为，采用开放式设备时，处理液能和空气充分接触，不需要强制通气。

4. 葡萄糖氧化酶漂白存在的问题

（1）葡萄糖氧化酶催化生成 H_2O_2 的条件与氧漂条件不一致。在葡萄糖氧化酶漂白过程中，酶催化生成 H_2O_2 在值 pH6～7，温度 40～60℃ 条件下进行。在此条件下，双氧水分解效率低，对织物进行漂白效果差。因此，必须在酶催化生成足量的 H_2O_2 后，改变体系 pH 值和温度，以满足 H_2O_2 漂白的条件。这使得整个葡萄糖氧化酶漂白过程耗时长，一般需要 180～240min 才能完成，而传统氧漂只 60～90min 即可完成。

如果开发出耐高温、耐碱性的葡萄糖氧化酶，则葡萄糖氧化酶催化生成 H_2O_2 和 H_2O_2 漂白有可能同步进行（一步法），这将大大缩短整个漂白过程的时间。在引入低温活化体系的条件下，H_2O_2 漂白可在 pH 值为 7、70℃ 下进行，葡萄糖氧化酶催化和 H_2O_2 漂白所需的 pH 值条件一致，只需开发出耐高温葡萄糖氧化酶（70℃）就可以实现一步法漂白。目前，已有耐高温葡萄糖氧化酶的相关报道，在 70℃ 下可以保留最大酶活的 75%，并且具有耐热稳定性；耐碱性葡萄糖氧化酶尚未见报道。利用耐高温葡萄糖氧化酶，结合双氧水活化催化体系进行一步法漂白未见报道，需进一步研究可行性。

（2）精制葡萄糖氧化酶价格高。采用发酵法生产葡萄糖氧化酶时，存在副产物过氧化氢酶。过氧化氢酶的存在会导致 H_2O_2 快速分解，无法利用其进行漂白。因此，普通的葡萄糖氧化酶产品不能用于漂白加工。用于漂白的葡萄糖氧化酶必须进行精制，去除其中的过氧化氢酶后方可使用，这会大大增加酶制剂的成本，难以推广使用。但是，随着酶制剂生产技术的发展，生产廉价的不含过氧化氢酶的精制葡萄糖氧化酶产品是完全可能的。

二、过氧化氢酶净化氧漂残留双氧水

1. 氧漂后残留 H_2O_2 对活性染料染色的影响 过氧化氢广泛用于纤维素纤维、蛋白质纤维及其与化学纤维混纺织物的漂白，特别是用于纯棉和涤/棉等棉型织物的漂白。漂白完成后，布上残存的 H_2O_2 会对后续染色加工产生不利影响，例如破坏活性染料的结构，造成色浅和色花等染色疵病。在实际生产中，氧漂→水洗→活性染料染色的工艺，普遍存在得色（深浅、色光）稳定性差、重现性不良、小样放大样失准、缸与缸之间色差明显以及色泽不匀（色花）等问题，重要原因是氧漂后织物上残留双氧水洗涤不尽造成的。

表 3－16 为溶液中 H_2O_2 浓度对活性染料染棉得色深度的影响。以不含 H_2O_2 的得色深度为100%作相对比较。低温型、中温型、高稳型和热固型活性染料在含有 H_2O_2 的染浴中染色，织物的得色深度均会明显下降，H_2O_2 浓度越高，下降幅度越大。

表 3－16 H_2O_2 浓度对活性染料染棉得色深度的影响

染料		相对得色深度/%		
染料类型	染料品种	100% H_2O_2 浓度/mg·L^{-1}		
		0	5	10
低温型活性染料（固色温度40℃）	活性嫩黄 L－2G	100	85.64	76.91
	活性艳蓝 L－PP	100	84.26	72.64
	活性黄 L－3R	100	72.39	59.35
	活性深蓝 L－H	100	97.43	92.97
	活性黄棕 L－F	100	98.63	84.62
	活性藏青 L－3G	100	88.93	78.47
	活性红 L－S	100	96.79	86.61
	活性黑 L－W	100	88.09	78.47
	活性深红 L－4B	100	84.76	73.56
	活性黑 L－G	100	92.70	80.81
中温型活性染料（固色温度60℃）	活性黄 M－3RE	100	94.69	90.95
	活性红 4BD	100	87.25	78.97
	活性红 M－3BE	100	80.45	73.04
	活性橙 B－2RLN	100	97.57	96.73
	活性蓝 M－2GE	100	96.84	93.65
	活性艳蓝 KN－R	100	80.78	64.95
	活性嫩黄 B－6GLN	100	76.03	62.91
	活性黑 KN－B	100	82.81	72.94
	活性翠蓝 B－BGFN	100	93.01	88.83
	活性黑 A－ED	100	82.35	69.36

续表

染料		相对得色深度/%		
染料类型	染料品种	100% H_2O_2浓度/mg · L^{-1}		
		0	5	10
高温型活性染料（固色温度80℃）	活性嫩黄 H－E4G	100	91.83	87.44
	活性宝蓝 H－EGN	100	86.83	75.66
	活性黄 H－E4R	100	90.90	89.08
	活性蓝 H－ERD	100	93.71	92.70
	活性大红 H－E3G	100	92.62	85.84
	活性藏青 H－ER	100	94.76	89.08
	活性红 H－E3B	100	90.67	83.92
	活性翠蓝 H－A	100	86.43	80.03
	活性红 H－E7B	100	93.71	92.32
	活性绿 H－E4BD	100	96.36	85.61
热固型活性染料（固色温度100℃）	活性黄 NF－GR	100	97.55	94.49
	活性红 NF－3B	100	97.91	84.07
	活性蓝 NF－MG	100	90.62	82.36

双氧水对活性染料染色影响的机理，很少有资料报道，但一般认为，主要是双氧水对活性染料母体和活性基结构的破坏。过氧化氢在碱性溶液中分解产生 HO_2^-，HO_2^- 比氢氧根离子亲核性更强，容易与活性染料杂环结构的活性基如均三嗪或二氟一氯嘧啶型活性基发生亲核取代反应，氯原子被取代。其反应过程可表示如下：

$$\text{N, N, N, Cl, }NH_2 \xrightarrow{HO_2^-} \text{N, N, N, }O_2H\text{, }NH_2 + Cl^-$$

$$\text{N, N, F, F, Cl} \xrightarrow[OH^-]{HO_2^-} \left[\text{N, N, OH, }HO_2\text{, OH} \rightleftharpoons \text{H, N, O, NH, }HO_2\text{, O} \right] + Cl^- + 2F^-$$

过氧化氢与活性染料母体的反应主要以未离解的分子参与。如邻羟基偶氮染料在溶液中会生成腙式异构体，过氧化氢与腙式异构体先发生加成反应，然后分解，生成多种氧化分解产物。其反应过程如下：

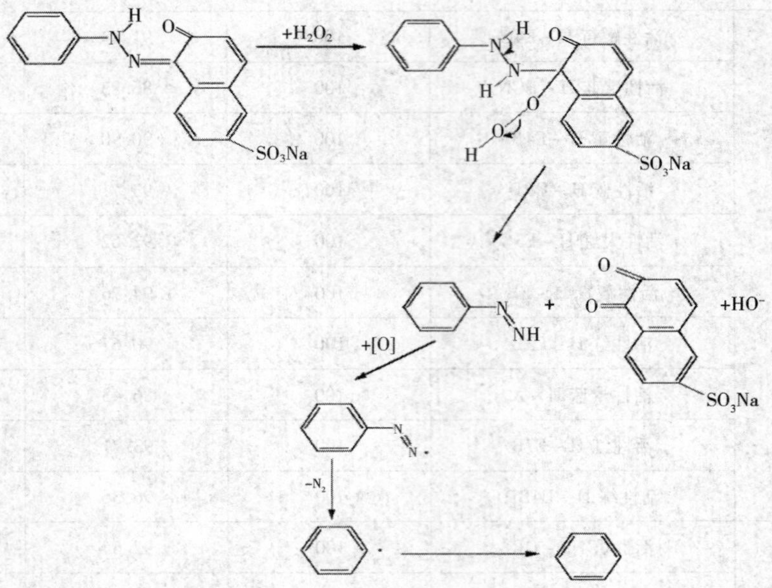

过氧化氢对活性染料蒽醌和杂环结构发色体的作用机理，目前研究得还很少。

图 3－22 是织物上残余 H_2O_2 量对染色后织物颜色深度的影响。由图可见，织物上过氧化氢浓度越高，染色深度越浅，说明织物上残留过氧化氢，不利于染料的上染和固色。因此漂白后去除残留的过氧化氢十分必要。

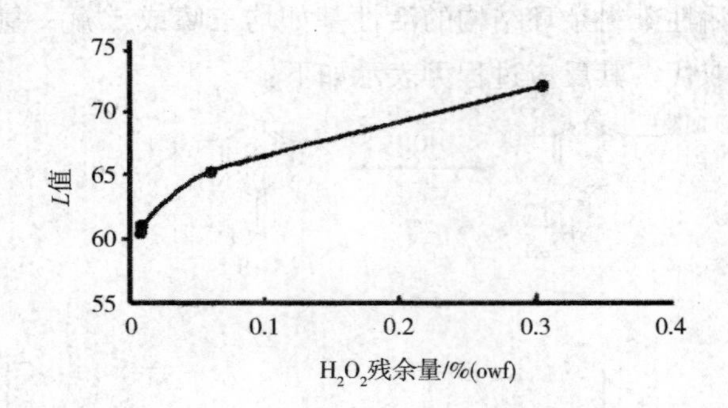

图 3－22 织物上残余 H_2O_2 量对染色后织物颜色深度的影响

2. 氧漂后去除残留 H_2O_2 的方法 目前，去除氧漂后残留 H_2O_2 的方法主要有水洗法、还原剂法和过氧化氢酶法三种。

（1）水洗法工艺曲线如下。

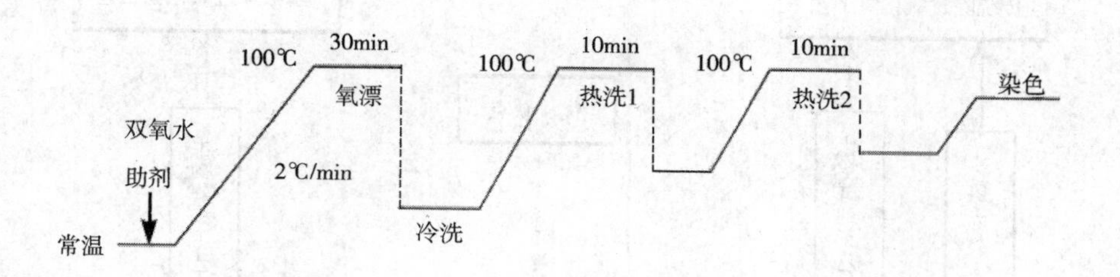

水洗法去除残留 H_2O_2 工艺曲线

（2）还原剂法工艺曲线如下。

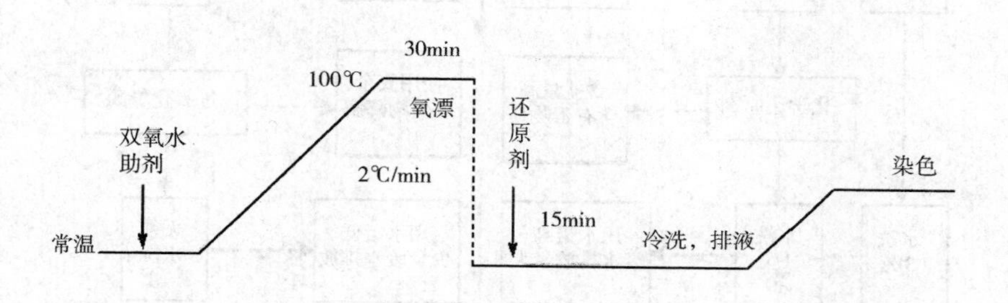

还原剂法去除残留 H_2O_2 工艺曲线

（3）过氧化氢酶净化法工艺曲线如下。

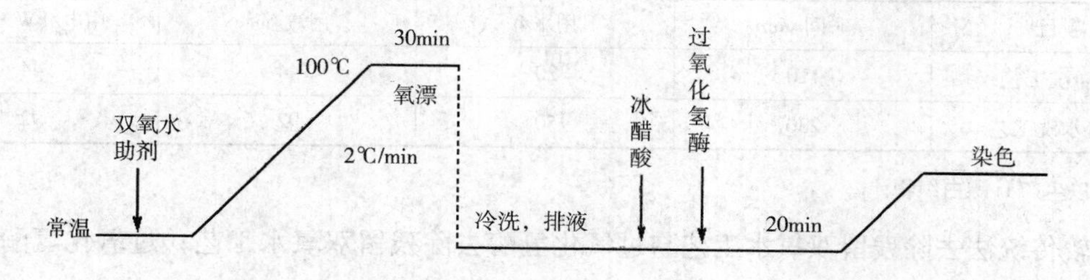

过氧化氢酶净化法去除残留 H_2O_2 工艺曲线

过氧化氢酶净化工艺也可以在氧漂后不经排液，直接降温至 30～40℃，用酸调节 pH 值，加入过氧化氢酶净化处理 20～30min，然后同浴染色。

图 3－23 是传统工艺与酶法工艺去除过氧化氢的工艺流程和优缺点比较。表 3－17 为传统水洗工艺与过氧化氢酶净化工艺的能耗、水耗对比。传统的水洗法在氧漂后需经过一道冷水洗，两道热水洗，再进行染色，耗水量大，能耗高，处理时间长。还原剂法需加入还原剂，一方面还原剂残留会影响后续染色，另一方面使用还原剂会造成废水中含有有毒物质，难以处理。过氧化氢酶净化工艺，氧漂之后只需冷洗，然后加入冰醋酸和过氧化氢酶处理 20min 即可进行升温染色。

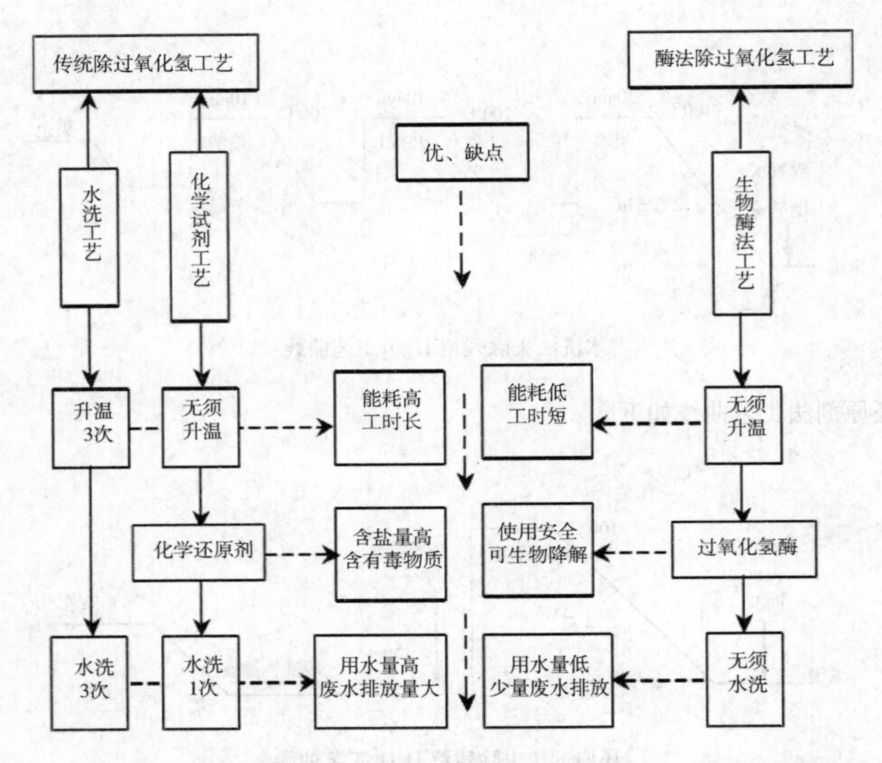

图 3-23　传统工艺与过氧化氢酶法工艺去除残留 H_2O_2 的工艺流程比较

表 3-17　传统水洗工艺与过氧化氢酶净化工艺的能耗、水耗对比

项目	时间/min	用水/t	用汽/m^3	用电/$kW \cdot h^{-1}$
酶净洗工艺	110	20	44	44
传统水洗工艺	230	50	92	92

注　以生产 1t 漂白织物计。

比较传统法去除残留双氧水工艺与过氧化氢酶去除残留双氧水工艺，过氧化氢酶净化工艺有以下优点。

①节约用水。用过氧化氢酶去除残留过氧化氢，氧漂后不需水洗便可以直接染色，且不需要对过氧化氢酶进行失活处理，相比传统工艺需要 2 道热水洗，可以节省大量漂洗用水。

②缩短加工时间。过氧化氢酶具有高效去除过氧化氢的特性，省去了较长的水洗时间，提高了生产效率。

③节能降耗。过氧化氢酶处理在较低的温度下进行，即使水洗也不需要高温，工艺流程短，明显降低了能耗。

④对后续染色加工无影响。与传统工艺相比，过氧化氢酶去除残留双氧水的产物为氧气和水，产物对染料没有影响，过氧化氢去除干净，完全避免了织物上残留过氧化氢对后续染色的影响，同时，过氧化氢酶不会对活性染料染色产生不良影响。

⑤废水无污染。过氧化氢酶处理后的产物对环境基本没有影响，可以节省治污费用。

⑥综合成本低。生物净化工艺比传统工艺可节省一半的费用。

3. 水洗法与生物净化法净化效果比较

（1）去除双氧水效果比较。采用水洗法和生物净化法去除双氧水的效果比较见表3-18。由表3-18可知，双氧水漂白后织物上残留有大量未分解的双氧水。传统工艺采用二次热水洗虽然能有效降低织物上双氧水的含量，但要彻底去除十分困难，染色前仍有微量双氧水残留。采用过氧化氢酶净化工艺，能在常温和短时间内彻底清除残留双氧水，处理20min后已无双氧水残留。生物净化法既提高了生产效率，又大幅度降低了水、电、汽的消耗。

表3-18　两种工艺去除双氧水的效果比较

传统水洗工艺		过氧化氢酶净化工艺	
工序	残留双氧水/mg·L^{-1}	时间/min	残留双氧水/mg·L^{-1}
热洗1前	0.1000	加酶前	0.1000
热洗1后	0.0600	5	0.0100
热洗2前	0.0100	10	0.0020
热洗2后	0.0020	15	0.0005
染色前	0.0005	20	0

（2）净化处理后织物的染色效果对比。采用水洗法和生物净化法处理后织物的染色效果对比见表3-19。由表3-19可知，传统水洗法处理的织物染色后 DC^* 为-0.66，加权强度为92.99（标样为100）。由此可得出，即使经过多次热水洗涤，传统工艺较之酶净化工艺去除双氧水效果仍不彻底，经酶净化工艺处理的织物，染色后得色更深，色光更鲜艳。

表3-19　两种净化工艺处理后织物的染色效果对比

项目	L^*	a^*	b^*	DC^*	DH^*	DE^*	加权强度
酶净化工艺	36.11	55.08	24.48				
传统水洗工艺	37.01	54.91	25.12	-0.66	0.11	1.12	92.99

注　以酶净化工艺处理织物染色样为标准。

4. 过氧化氢酶生物净化的影响因素

（1）温度和pH值的影响。温度对过氧化氢酶的作用具有双重性，一方面，随着温度的升高，酶的活力增加，有利于催化反应进行；另一方面，由于酶是蛋白质，随着温度升高，酶蛋白会逐渐变性失活。用过氧化氢酶进行氧漂后去除残留双氧水时，处理的最适温度是这两种作用的结果。选择合适的处理温度，对于提高过氧化氢酶活性，加快净化速率，缩短处理时间具有重要意义。在过氧化氢酶净化工艺中，一般30℃时过氧化氢酶活性最大。

酶在不同pH值下具有不同的活性。pH值会影响酶分子活性中心上一些基团的离解，从而影响酶与底物的结合。酶具有两性性质，pH值的变化会直接改变过氧化氢酶氨基酸残基的离解状态，从而影响离子平衡或分子链的电荷状态，导致蛋白质变性。应在适当的pH值下，通过静电作用维持酶活性中心的最佳三维构象，促进酶与底物结合。因此，选择适当的pH

值是促进过氧化氢酶与 H_2O_2结合，提高净化速率的重要环节。一般当处理液 pH 值约为 7 时，过氧化氢酶具有最好的活力，与底物 H_2O_2的结合最佳。

图 3－24 和图 3－25 分别为 pH 值和温度对 Terminox Ultra 50L 过氧化氢酶（丹麦诺和诺德公司产品）催化分解 H_2O_2的影响。可以看出，该过氧化氢酶在 pH 值 7、温度 30℃时相对活性最大，催化分解 H_2O_2效果最好。

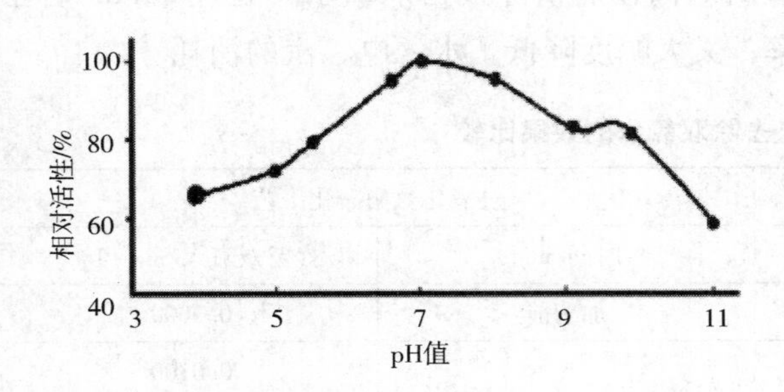

图 3－24　pH 值对过氧化氢酶分解 H_2O_2的影响

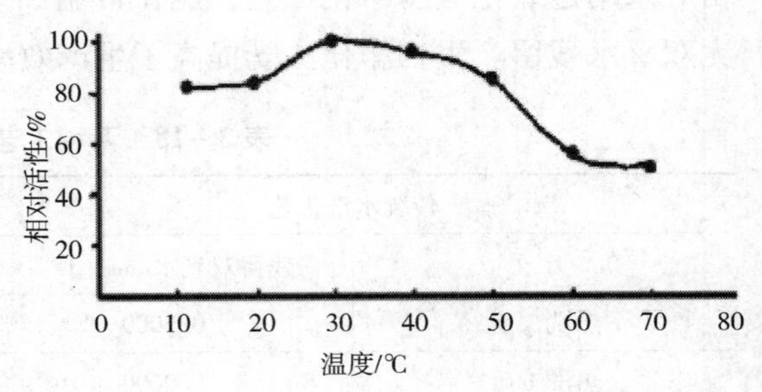

图 3－25　温度对过氧化氢酶分解 H_2O_2的影响

（2）过氧化氢酶用量的影响。过氧化氢酶用量越大，对 H_2O_2的分解越快，使用时应综合考虑酶制剂成本、彻底分解 H_2O_2所需时间、去除 H_2O_2的效果。图 3－26 为 Terminox Ultra 50L 过氧化氢酶用量对 H_2O_2分解的影响。从图 3－26 可以看出，H_2O_2的分解量随过氧化氢酶用量的增加而增加，随处理时间的延长而增加。但当酶的用量达到一定值后，如图中 0.1%（owf）的用量，在 5～10minH_2O_2的绝大部分即可分解，继续增加酶用量对分解效果影响不大。考虑到实际大生产中织物品种和生产条件的不同，一般生物净化时间控制在 20min 左右。

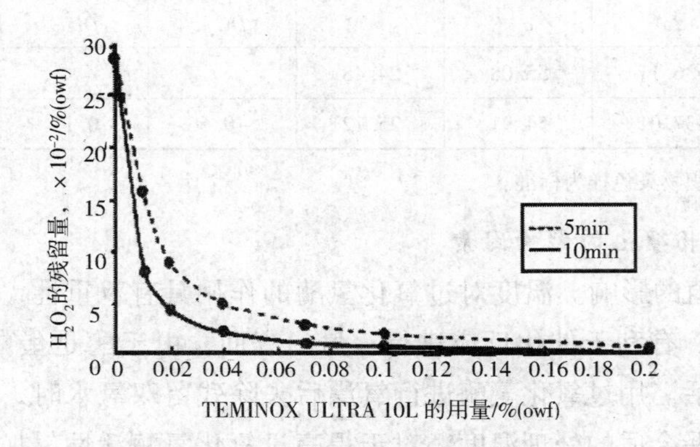

图 3－26　过氧化氢酶用量对 H_2O_2分解的影响

（3）处理设备的影响。处理设备对过氧化氢酶净化双氧水效果有一定的影响。由于过氧化氢酶分子量大，相对分子质量一般在 240 kDa 左右，织物中的双氧水通常处于织物或纱线内部，因而适当的机械搅拌或处理液的流动十分重要，这样可以促进纱线或织物内的双氧水快速向溶液中扩散，从而被酶分解。在实际应用中，染色设备如纱线染色机、溢流喷射染色机、绞纱染色机、卷染机等，均能达到较好的双氧水去除要求。

5. 固定化过氧化氢酶去除残余 H_2O_2

（1）酶的固定化。酶的固定化是将酶分子固定在固体载体上，以改善游离酶的缺点，如不易回收，造成使用成本高，酶活稳定性差等问题。固定化酶在食品、医药、废水处理等领域被广泛应用。例如，在食品行业中，固定化脂肪酶应用于薄荷醇丁酸酯的合成；在医药合成领域，利用固定化酶技术可以提高药用酶的稳定性和缓释性；在废水处理方面，固定化漆酶可以水解废水中的酚类化合物。目前常用的酶固定化方法有共价法、吸附法、包埋法和交联法。各种酶固定化方法的优缺点见表3-20。

表3-20　各种酶固定化方法的优缺点

固定化方法	吸附法		包埋法	共价键结合法	交联法
	物理吸附法	离子吸附法			
制备难易	易	易	较难	难	较难
结合程度	弱	中等	强	强	强
酶活力回收率	高，但酶易流失	高	高	低	中等
再生	可能	可能	不可能	不可能	不可能
费用	低	低	低	高	中等
对底物的专一性	不变	不变	不变	可变	可变

①共价法。通过酶蛋白分子上的氨基、羧基、羟基和巯基等基团与载体上的某些基团发生化学反应，形成共价结合，制备固定化酶。共价法制得的固定化酶具有良好的稳定性和重复使用性能。

②吸附法。吸附固定法是利用氢键、疏水键、范德瓦尔斯力等，将酶蛋白分子吸附到不溶性载体表面，从而得到固定化酶。该方法具有操作简便、反应条件温和、对酶的构象影响小等优点，但是由于吸附作用力较弱，酶分子与载体之间结合不够牢固，受外界环境影响时易脱离载体。

③包埋法。酶的包埋是指将酶蛋白分子限制在一种多孔载体中。常用的载体有琼脂、明胶和聚丙烯酰胺等物质。常用的包埋方法又分为网格法和微囊法两种。前者是将酶分子包埋在高分子凝胶细微网格中，后者是将酶分子包埋于各种高分子聚合物制成的半透膜中。该方法中酶与载体的结合采用的是物理结合的方式，反应条件温和，对酶分子结构的影响较小，但由于固定后酶分子的运动受到限制，大量酶分子存在于凝胶或半透膜的内部，故该方法制备的固定化酶只适用于作用小分子底物，并且产物也为小分子。

④交联法。是用多功能试剂进行酶蛋白之间的交联，酶分子和多功能试剂之间形成共价键，得到三维的交联网架结构，除了酶分子之间发生交联外，还存在着一定的分子内交联。交联剂有多种，最常用的是戊二醛。其他交联剂有异氰酸衍生物、双氮联苯、*N*，*N′*-聚甲烯双碘丙酮酰胺和 *N*，*N′*-乙烯双马来酰亚胺等物质。此法的缺点是可能使酶活性降低，很

少单独使用，一般与其他方法联合使用。

（2）固定化过氧化氢酶。直接利用游离的过氧化氢酶处理氧漂后残留的过氧化氢，用完一次后不易回收，酶的利用率不高。利用酶固定化技术对过氧化氢酶进行固定，得到的固定化过氧化氢酶回收方便，可以重复利用，能有效降低过氧化氢酶生物净化的成本。并且过氧化氢酶固定化后，其储存稳定性、作用温度、pH 值稳定性等都会有一定程度的提高。

江南大学历成宜以棉织物与高碘酸钠发生选择性氧化反应生成的2，3－二醛基纤维素为载体，通过氧化纤维素上的醛基与酶蛋白上的氨基发生共价交联反应，固定化过氧化氢酶，其固定化原理如图3－27所示。

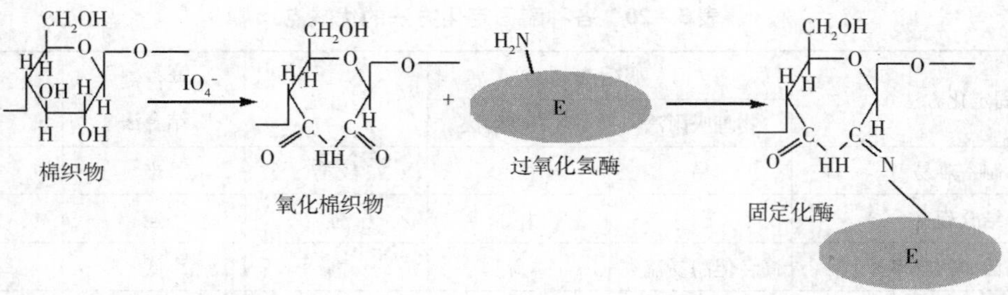

图3－27　固定化过氧化氢酶制备过程示意图

图3－28所示是游离过氧化氢酶和固定化过氧化氢酶的最适作用温度比较，图3－29所示是游离过氧化氢酶和固定化过氧化氢酶的最适作用 pH 值比较。

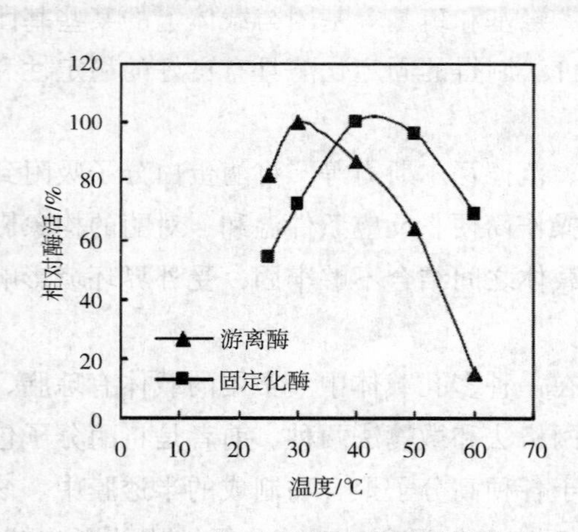

图3－28　游离过氧化氢酶和固定化过氧化氢酶的最适作用温度

图3－28表明，过氧化氢酶经氧化棉织物固定后，催化反应的最适温度由原来的30℃提高到40℃，比游离酶提高约10℃。并且，其最适温度范围也比游离酶更宽，当酶活力保留在80%以上时，游离酶温度为25～40℃，而固定化酶在35～55℃，表明固定化酶的热稳定性优于游离酶。

图3－29表明，pH 值对固定化酶和游离酶的活力影响较为相似，pH 值为7.0时，酶活力都达到最高。游离酶在 pH 值为3.0时，几乎完全失去活性。当 $3.0 < pH < 7.0$ 时，游离酶较固定化酶对 pH 值的变化稳定；而固定化酶在 $7.0 < pH < 9.0$ 时，与游离酶相比对 pH 值变化的敏感性要小。

图3－30所示是固定化过氧化氢酶多次使用后的酶活保留率。由图3－30可知，固定化过氧化氢酶回收后仍具有活性，可以重复使用。固定化酶使用2次后，其活力仍保持在80%以上，使用3次后，其活力保持在40%以上。

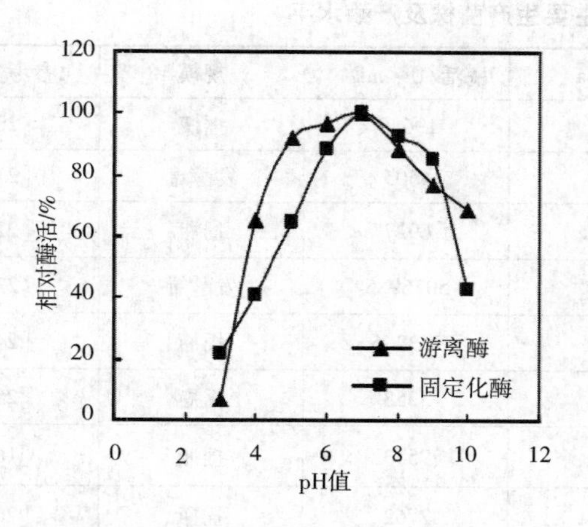

图 3－29　游离过氧化氢酶和固定化过氧化氢酶的最适作用 pH 值

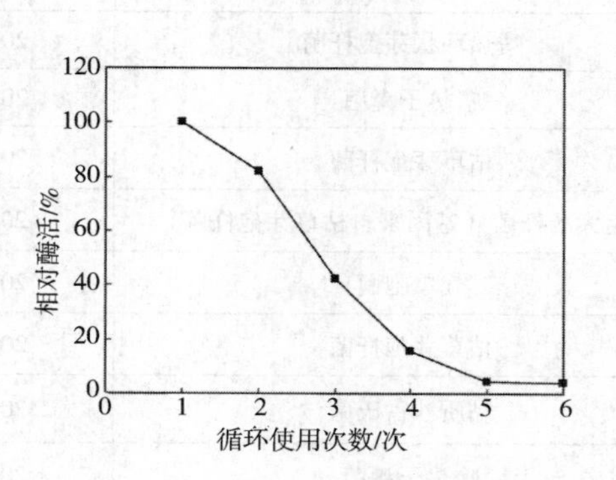

图 3－30　固定化过氧化氢酶多次使用后的酶活保留率

6. 纺织用高性能过氧化氢酶的开发　尽管过氧化氢酶生物净化具有高效、环保、处理效果显著等优点，但是其高价格、在工业应用中容易失活以及 pH 值、温度适应范围较窄等问题也阻碍其在纺织工业中进一步推广应用。过氧化氢酶生物净化目前仅用于间歇法生产，在连续生产中尚没有规模化应用。

目前市场上的商品化过氧化氢酶，动物肝脏提取的过氧化氢酶的 pH 值应用范围一般在 6.0～8.0，温度应用范围在 30～50℃；微生物发酵的过氧化氢酶的 pH 应用范围在 6.0～9.0，温度应用范围在 30～65℃。因此过氧化氢酶的 pH 值和温度稳定范围仍有进一步提升的需要。目前，开发高性能微生物来源的过氧化氢酶是研究者关注的热点，主要通过菌株筛选、基因工程菌构建、酶分子的定向改造技术提高酶的活性、耐高温性和耐碱性。

（1）开发高活性过氧化氢酶。

①高产过氧化氢酶菌株的诱变筛选。曾华伟等人利用正交试验对菌株 *Serratia marcescens* SYB08 液态发酵产酶的培养基和培养条件进行了优化，使最终产酶活力达到 9553U/mL。

②构建基因工程菌。周丽萍等人将过氧化氢酶基因与 PET－20b（+）载体连接，构建了一株基因工程菌 *E. coli* BL21（DE3）[PET－20b（+）－katA]，经初步优化产酶水平达到 20000U/mL；2013 年，又采用正交试验策略，分析不同关键因素对重组 *E. coli* 发酵生产过氧化氢酶的影响，经过优化，产酶活力达到 50369.5U/mL。

③酶分子的定向改造。Wenlong Cao 等人利用定向突变的方法，将酶 114 位的赖氨酸分别突变为酪氨酸、缬氨酸、蛋氨酸和异亮氨酸，发现酶活提高；其中赖氨酸突变为酪氨酸时，酶活比突变前提高了 5.3 倍。

目前国内外一些过氧化氢酶的生产菌株及产酶水平见表 3－21。

表 3-21 过氧化氢酶主要生产菌株及产酶水平

菌株	时间/a	酶活/U·mL⁻¹	规模	参考文献
嗜热环状芽孢杆菌	2010	196.9	摇瓶	[20]
嗜热子囊菌	2006	4505	发酵罐	[21]
枯草芽孢杆菌	2013	6927	摇瓶	[22]
重组大肠杆菌（基因来自枯草芽孢杆菌）	2013	50369.5	发酵罐	[23]
气单胞菌	2010	2532.5	摇瓶	[24]
枯草芽孢杆菌	2007	3258	摇瓶	[25]
黏质沙雷氏菌	2011	9553	摇瓶	[16]
嗜热子囊菌	2004	2762	摇瓶	[26]
溶壁微球菌	2004	1100	摇瓶	[27]
不动杆菌	2014	2469	摇瓶	[28]
枯草芽孢杆菌	2015	35398	发酵罐	[29]
基因改性黑曲霉		50000	商品	[30]

（2）开发耐热、耐碱过氧化氢酶。冷晒祥等人通过筛选金黄色嗜热子囊菌 WSH03-01 得到新型的过氧化氢酶。制备得到的过氧化氢酶的最适反应温度为 85℃，并在 85℃ 处理 30min 酶活基本稳定，高于 90℃，快速失活，如图 3-31 所示；最适作用 pH 值为 13，pH 值在 7~14 稳定，相对酶活在 50% 以上，如图 3-32 所示，具有耐受高温和强碱性环境的特性。由于双氧水漂白是在碱性、高温条件下进行，采用耐高温、耐碱性的过氧化氢酶可以在氧漂结束后直接加入过氧化氢酶分解残留双氧水，对比普通过氧化氢酶生物净化工艺，可减少酶处理前的冷洗、中和工序，节约用水，缩短加工时间，具有很好的应用前景。

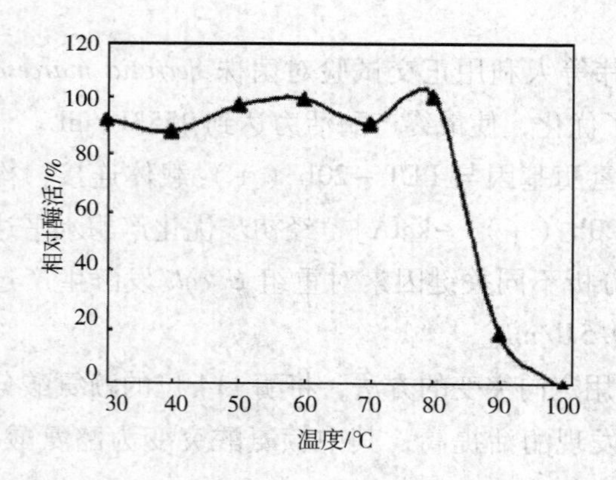

图 3-31 温度对嗜热子囊菌 WSH03-01 过氧化氢酶酶活的影响

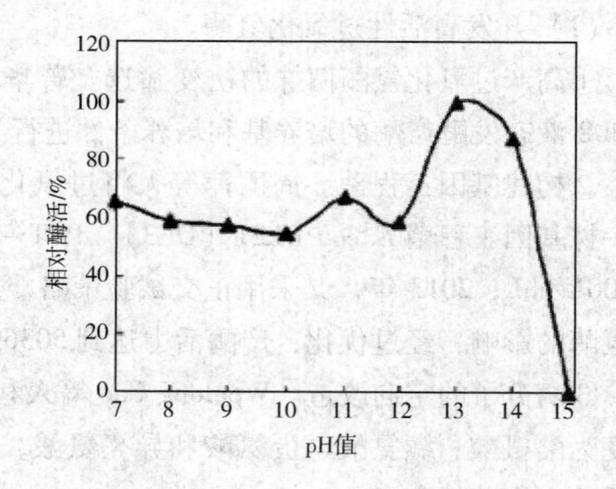

图 3-32 pH 值对嗜热子囊菌 WSH03-01 过氧化氢酶酶活的影响

主要参考文献

[1] 周小进，董雪．不同脱胶方法对蚕丝性能的影响分析 [J]. 针织工业，2013 (4)：44 - 48.

[2] 王平，范雪荣，李义有．真丝针织绸一浴法酶练工艺 [J]. 印染，2002，28 (8)：15 - 17.

[3] 王平，范雪荣，李义有．真丝针织绸蛋白酶二浴法精练工艺研究 [J]. 针织工业，2005 (3)：24 - 26.

[4] 张小平，梅锦秾，吕佳，等．脱胶溶液 pH 值对蚕丝脱胶效果和丝素蛋白分子质量的影响 [J]. 蚕丝科学，2014，40 (4)：699 - 705.

[5] Freddi G，Mossotti R，Innocenti R. Degumming of silk fabric with several proteases [J]. Journal of Biotechnology，2003，106 (1)：101 - 112.

[6] 周文龙．酶在纺织中的应用 [M]. 北京：中国纺织出版社，2002.

[7] 陈庭春．纯棉织物前处理中葡萄糖氧化酶漂白作用研究 [D]. 上海：东华大学，2010.

[8] 曹健，师俊玲．食品酶学 [M]. 郑州：郑州大学出版社，2011.

[9] 阎克路．染整工艺与原理．上册 [M]. 北京：中国纺织出版社，2009.

[10] 陈庭春，赵政，朱泉，等．棉织物葡萄糖氧化酶漂白作用研究 [J]. 印染助剂，2010 (7)：20 - 23.

[11] 鲁玉洁．棉型织物双氧水低温漂白体系的研究 [D]. 上海：东华大学，2012.

[12] áMartin Davies D，Foggo S J，Paradis P M. Micellar kinetics of acyl transfer from n - nonanoyloxybenzenesulfonate and phenyl nonanoate bleach activators to hydrogen peroxide and pernonanoic acid：effect of charge on the surfactant and activator [J]. Journal of the Chemical Society，Perkin Transactions 2，1998 (7)：1597 - 1602.

[13] 赵政，陈庭春，朱泉，等．棉织物葡萄糖氧化酶低温活化漂白 [J]. 印染，2011，37 (10)：6 - 9.

[14] 高兆建，王先凤，尚业成，等．绿色木霉耐高温葡萄糖氧化酶的特性分析 [J/OL]. 食品科学．http：//kns. cnki. net/kcms/detail/11. 2206. TS. 20181130. 1537. 008. Html.

[15] 高兆建，张铁柱，孙会刚，等．一种耐热耐酸葡萄糖氧化酶的发酵制备及分离纯化方法，CN106929489A [P]. 2017.

[16] 崔浩然．活性染料耐 H_2O_2 的稳定性 [J]. 染整技术，2012，34 (3)：49 - 52.

[17] 宋心远，沈煜如．活性染料的色牢度及其影响因素（四）[J]. 印染，2006，32 (14)：40 - 44.

[18] 厉成宣．固定化过氧化氢酶对 HO 的催化分解 [D]. 无锡：江南大学，2008.

[19] 范雪荣．生物酶在棉针织物染整加工中的应用 [J]. 针织工业，2008 (5)：47 - 52.

[20] 李文东，顾吉栋．过氧化氢酶去除织物上残留过氧化氢的研究 [J]. 印染，2000，26 (9)：8 - 10.

[21] 曾化伟，张峰，蔡宇杰，等．菌株 Serratia marcescens SYBC08 产过氧化氢酶液态发酵工艺的优化及酶性质研究 [J]. 食品与生物技术学报，2011，30 (3)：410 - 416.

[22] 周丽萍，张东旭，李江华，等．过氧化氢酶基因在大肠杆菌中的克隆表达及发酵优化 [J]. 工业微生物，2011，41 (3)：66 - 70.

[23] Cao W，Kang Z，Liu S，et al. Improved catalytic efficiency of catalase from Bacillus subtilis by rational mutation of Lys114 [J]. Process Biochemistry，2014，49 (9)：1497 - 1502.

[24] 田燕丹．高温过氧化氢酶菌株筛选、发酵优化及酶学性质研究 [D]. 福州：福州大学，2016.

[25] 刘灵芝，常雁红，罗炜，等．产耐热过氧化氢酶菌株的筛选和培养 [J]. 科学技术与工程，2010 (4)：868 - 873.

[26] 曹翔宇，华兆哲，燕国梁，等．过氧化氢酶发酵生产条件优化及在染整清洁生产中的应用研究

[J]. 工业微生物，2006，36（4）：7－12.

[27] 杨鹤，蔡少丽，李力，等. 过氧化氢酶高产菌株 EIM－70 的鉴定及产酶培养基的优化 [J]. 安徽农业科学，2013，41（1）：33－36.

[28] 周丽萍，刘龙，李江华，等. 基于关键因素调控发酵生产过氧化氢酶 [J]. 食品与生物技术学报，2013，32（11）：1156－1162.

[29] 张增祥. 产过氧化氢酶菌株的筛选、鉴定与高产菌株 CE－2－A 的诱变选育和发酵条件优化 [D]. 上海：上海海洋大学，2009.

[30] 赵志军，华兆哲，刘登如，等. 碱性过氧化氢酶高产菌的筛选、鉴定及发酵条件优化 [J]. 微生物学通报，2007（4）：667－671.

[31] 方芳，李寅，堵国成，等. 一株嗜热子囊菌产生的碱性耐热过氧化氢酶及其应用潜力 [J]. 生物工程学报，2004（3）：423－428.

[32] 洪海军，许赣荣. 产过氧化氢酶菌株培养条件的优化 [J]. 无锡轻工大学学报，食品与生物技术，2004（6）：85－89.

[33] 陈世建. 一株海洋过氧化氢酶高产菌 YS0810 的鉴定、产酶条件和酶学性质研究 [D]. 上海：上海海洋大学，2013.

[34] 曹汶龙，郭娅琼，康振，等. 枯草芽孢杆菌产过氧化氢酶的优化与工业化 [J]. 食品与生物技术学报，2015，34（5）：482－486.

[35] 钱斯亮. Serratia marcescens SYBC－01 产过氧化氢酶发酵条件优化及酶学性质研究 [D]. 无锡：江南大学，2008.

[36] 冷晒祥，华兆哲，堵国成，等. 纺织清洁生产用过氧化氢酶发酵生产条件及酶学性质 [C] // 功能性纺织品及纳米技术研讨会. 2007.

[37] Shimao M，Fujita I，Kato N，et al. Enhancement of pyrroloquinoline quinone production and polyvinyl alcohol degradation in mixed continuous cultures of *Pseudomonas putida*VM15A and *Pseudomonas* sp. strain VM15C with mixed carbon sources [J]. Applied and Environmental Microbiology，1985（49）：1389－1391.

[38] Sakai K，Fukuba M，Hasui Y，et al. Purification and characterization of an esterase involved in poly（vinyl alcohol）degradation by *Pseudomonas vesicularis* PD [J]. Bioscience Biotechnology Biochemistry，1998（62）：2000－2007.

[39] Mori T，Sakimoto M，Kagi T，et al. Enzymatic desizing of polyvinyl alcohol from cotton fabrics [J]. Journal of Chemical Technology and Biotechnology，1997（68）：151－156.

[40] Webb E C. Enzyme nomenclature [M]. San Diego：San Diego Academic Press，1992.

[41] Sakai K，Hamada N，Watanabe Y. Purification and properties of secondary alcohol oxidase with an acidic isoelectric point [J]. Agriculture and Biological Chemistry，1985（49）：817－825.

[42] Suzuki T，Tsuchii A. Degradation of diketones by polyvinyl alcohol degrading enzyme produced by *Pseudomonas* sp [J]. Process Biochemistry，1983（18）：13－16.

[43] Sakai K，Hamada N，Watanabe Y. A new enzyme，β－diketone hydrolase：a component of a poly（vinyl alcohol）－degrading enzyme preparation [J]. Agriculture and Biological Chemistry，1985（49）：1901－1902.

[44] Sakai K，Hamada N，Watanabe Y. Purification and properties of oxidized poly（vinyl alcohol）hydrolase with an acidic isoelectric point [J]. Agricultural and Biological Chemistry，1985（49）：827－833.

[45] Suzuki T. Oxidation of secondary alcohols by polyvinyl alcohol－degrading enzyme produced by*Pseudomonas*

O－3 [J]. Agricultural and Biological Chemistry，1978 (42)：1187－1194.

[46] Matsumura S，Shimura Y，Terayama K，et al. Effect of molecular weight and stereoregularity on biodegradation of poly (vinyl alcohol) by *Alcaligenes faecalis* [J]. Biotechnology Letters，1994 (16)：1205－1210.

[47] Matsumura S，Tomizawa N，Toki A，et al. Novel poly (vinyl alcohol) －degrading enzyme and the degradation mechanism [J]. Macromolecules，1999 (32)：7753－7761.

[48] Mori T，Sakimoto M，Kagi T，et al. Secondary alcohol dehydrogenase from a vinyl alcohol oligomer－degrading*Geotrichum fermentans*；stabilization with Triton X－100 and activity toward polymers with polymerization degrees less than 20 [J]. World Journal of Microbiology and Biotechnology，1998 (14)：349－356.

[49] Hirota－Mamoto R，Nagai R，Tachibana S，et al. Cloning and expression of the gene for periplasmic poly (vinyl alcohol) dehydrogenase from *Sphingomonas* sp. strain 113P3，a novel－type quinohaemoprotein alcohol dehydrogenase [J]. Microbiology，2006，152 (7)：1941－1949.

[50] Klomklang W，Tani A，Kimbara K，et al. Biochemical and molecular characterization of a periplasmic hydrolase for oxidized polyvinyl alcohol from Sphingomonas sp. strain 113P3 [J]. Microbiology，2005，151 (4)：1255－1262.

[51] Mamoto R，Hu X，Chiue H，et al. Cloning and expression of soluble cytochrome c and its role in polyvinyl alcohol degradation by polyvinyl alcohol－utilizing *Sphingopyxis* sp. strain 113P3 [J]. Journal of Bioscience and Bioengeering，2008，105 (2)：147－151.

[52] Hu X，Mamoto R，Fujioka Y，et al. The pva operon is located on the megaplasmid of Sphingopyxis sp. strain 113P3 and is constitutively expressed，although expression is enhanced by PVA [J]. Applied Microbiology and Biotechnology，2008，78 (4)：685－693.

[53] Dongxu Jia，Jianghua Li，Long Liu，et al. High－level expression，purification，and enzymatic characterization of truncated poly (vinyl alcohol) dehydrogenase in methylotrophic yeast *Pichia pastoris* [J]. Applied Microbiology and Biotechnology，2013，97 (3)：1113－1120.

[54] Yang Y，Zhang D，Liu S，et al. Expression and fermentation optimization of oxidized polyvinyl alcohol hydrolase in E. coli [J]. Journal of Industrail Microbiology and Biotechnology，2012，39 (1)：99－104.

[55] Yang Y，Liu L，Li J，et al. Biochemical characterization and high－level production of oxidized polyvinyl alcohol hydrolase from Sphingopyxis sp. 113P3 expressed in methylotrophic Pichia pastoris [J]. Bioprocess and Biosystems Engineering，2013，37 (5)：777－782.

[56] Watsumura S，Tomizawa N，Toki A，et al. Novel poly (vinyl alcohol) －degrading enzyme and the degradation mechanism [J]. Macromology，1999，32 (23)：7753－7761.

[57] Zhang J，Zhang Y，Fan X，et al. Screening and characterization of a polyvinyl alcohol－degrading mixed microbial culture [J]. International Journal of Environment and Pollution，2017，62 (1)：17－30.

[58] 张洁，王强，范雪荣，等．棉织物的复合酶退浆工艺 [J]. 印染，2016 (15)：1－5.

[59] 刘红玉，胡婷莉，李戎，等．聚乙烯醇降解酶在纯 PVA 上浆棉织物退浆中的应用 [J]. 纺织学报，2010，31 (4)：69－73.

[60] 董丽娟．聚乙烯醇生物降解性能的研究 [D]. 南京：南京理工大学，2005.

[61] 胡志毅．降解 PVA 混合体系的发酵条件研究及降解机理初探 [D]. 江南大学，2006.

[62] 范雪荣，荣瑞萍，纪惠军．纺织浆料检测技术 [M]. 北京：中国纺织出版社，2007.

第四章　纺织品的酶催化染色和催化脱色技术

第一节　纺织品的酶催化染色

一、概述

纺织品染色一般是指使纺织品获得一定牢度的颜色的加工过程，主要通过染料与纤维发生化学或物理化学的结合，或者用化学方法在纤维上生成颜料，赋予纺织品不同颜色。作为纺织品加工中的一项传统技艺，染色迄今已有几千年的历史。所用染料由天然染料发展为合成染料，生产方式由手工作坊发展为现代化染色设备进行工业化生产。纺织工业用天然纤维和化学纤维（包括再生纤维和合成纤维）制品的染色都有各自适合的染料和生产工艺。如棉制品目前多用活性染料和还原染料染色，羊毛制品多采用酸性染料、活性染料和酸性媒染染料染色，涤纶制品采用分散染料染色。按染色对象形态不同，纺织品染色又分为散纤维染色、纱线染色和织物染色，根据染色对象的不同主要有间歇式浸染和连续式轧染两大类染色方法。

传统意义上的纺织品染色离不开染料。染料是指对纤维具有亲和力，能使纤维染色且具有一定染色牢度的有色有机化合物。纺织品染色主要以水为染色介质，因此所用的染料大都能溶于水，或通过一定的化学处理转变为可溶于水的衍生物，或通过分散剂的分散作用制成稳定的悬浮液，然后进行染色。目前，纺织品染色加工绝大多数都采用具有价格便宜、色谱齐全、染色方便等优点的合成染料。早期的天然染料因产量低、质量不稳定、染色过程复杂、无法工业化规模应用以及颜色鲜艳度差、上染率低、染色牢度差、采用环境不友好的重金属媒染剂等原因，已很少用于纺织品的染色。当前由于环保意识的兴起和人们自我保护意识的增强，天然染料以其“天然形成”这一属性受到部分人群推崇，在一些小批量产品上有所应用，但必须指出的是，天然染料上述固有问题依旧存在，因此其实际应用受到极大限制。发展新的染料制备技术与纺织品染色方法具有十分重要的现实意义和应用价值。

近些年，基于酶催化作用的纤维生物法染色已有很多报道。早期研究主要是利用蛋白酶促进羊毛织物染色，通过蛋白酶对羊毛表面产生一定的破坏作用，使得染色过程中羊毛鳞片层对染料上染的扩散障碍作用减弱，从而提高羊毛的染色性能或者使羊毛可以在低温（90℃以下）下染色。这一现象与蛋白酶对羊毛表面鳞片结构的降解作用密切相关，有的蛋白酶可以直接对鳞片进行水解，在羊毛外层形成染料扩散的通道（有观点认为羊毛鳞片外层是阻碍染料扩散的主要障碍层）；有的蛋白酶可作用于羊毛鳞片细胞与皮质细胞之间的 CMC（细胞膜复合物）层，减小染料在纤维中的扩散阻力（一般认为未经处理的羊毛染色时染料先进入 CMC 层，再向鳞片和皮质层扩散）。可见，蛋白酶处理的两种情况均有利于染料对羊毛纤维的上染。但严格来说，蛋白酶处理只是通过一定程度催化水解羊毛纤维表面结构促进染料上染，酶并不参与染料生成或中间体转化。

目前，真正利用酶的催化作用参与染料合成、上染和固着等染色相关环节的酶催化染色主要有两类：一是利用酶的催化还原或催化氧化作用，替代传统的化学法还原或氧化进行还原染料和硫化染料的生物法染色；二是利用酶催化酚类、芳香胺等特定底物（可称为“染料前驱体”）产生自由基，进而引发非酶偶联、聚合等反应并在纤维上生成或引入有色物质（可视为“染料”），赋予纤维颜色且具有一定色牢度，主要包括酶促蛋白质纤维原位生色、酶催化染料前驱体氧化聚合染色。纺织品的酶催化染色研究目前主要集中在第二种情形，相关研究报道较多。但由于成本、原料来源、染色质量等多方面因素限制，上述酶催化染色还处于实验室研究阶段，工业化应用尚未实现。

二、酶催化染色用酶制剂

1. 还原染料或硫化染料生物法染色用酶制剂　传统染色中，还原染料需经保险粉和烧碱还原成隐色体（钠盐）后才能上染纤维素纤维，然后再经氧化（包括过硼酸钠和红矾等氧化剂氧化以及利用空气中氧气的透风氧化）而在纤维上恢复成不溶性的还原染料母体结构并实现染料的固着。有研究表明，氧化还原酶可参与还原染料的还原和氧化过程，替代传统化学法还原与氧化反应。

在还原或硫化染料生物法染色中，还原酶可替代化学还原剂实现染料的还原，将不溶性染料转变为可溶性染料而上染纤维。如枯草芽孢杆菌（B. *subtilis*）产靛蓝还原酶（indigo－reductase）在辅酶存在时，可在55～60℃与pH值7～11的条件下催化不溶性靛蓝转变为可溶性隐色体并上染纤维。反应体系中加入介体（如1，8－二羟基－9，10－蒽醌）可加速电子从电子供体向电子受体的转移，从而显著增加酶促染料的还原反应速率。

氧化酶可替代化学氧化剂实现还原态染料（隐色体）的氧化，将上染到纤维上的可溶性染料重新转化为不溶性母体结构并固着在纤维上。如漆酶/氧气、过氧化物酶/过氧化氢体系均可实现还原态染料的氧化，从而实现纤维着色。如前所述，漆酶（EC 1.10.3.2）是一类含铜氧化酶，广泛存在于动物、植物和微生物体内。漆酶催化氧化反应主要有三种类型，即简单酚类及其衍生物等底物的直接氧化（A型反应，图4－1），介体存在下的漆酶介导酚类和非酚类底物的氧化反应（B型反应，图4－2）和漆酶催化底物产生自由基而形成的自由基耦合反应（C型反应，图4－3）。

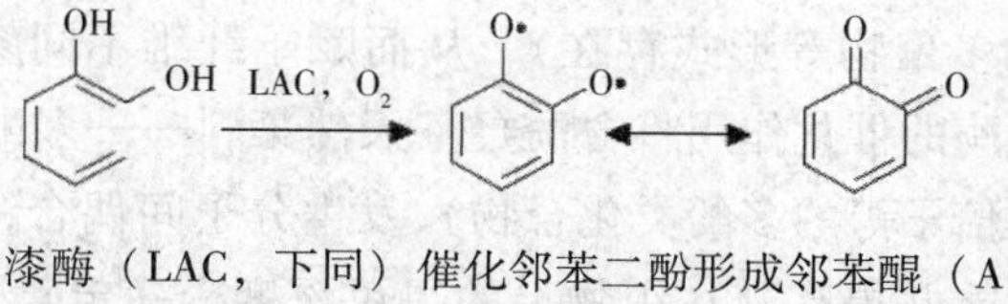

OH, OH —LAC, O_2→ O•, O• ←→ O, O

图4－1　漆酶（LAC，下同）催化邻苯二酚形成邻苯醌（A型反应）

除了漆酶外，其他具有氧化酶活性的含铜氧化酶，如儿茶酚氧化酶（EC 1.10.3.1）、抗坏血酸氧化酶（EC 1.10.3.3）、氨基酚氧化酶（EC 1.10.3.4）、胆红素氧化酶（EC

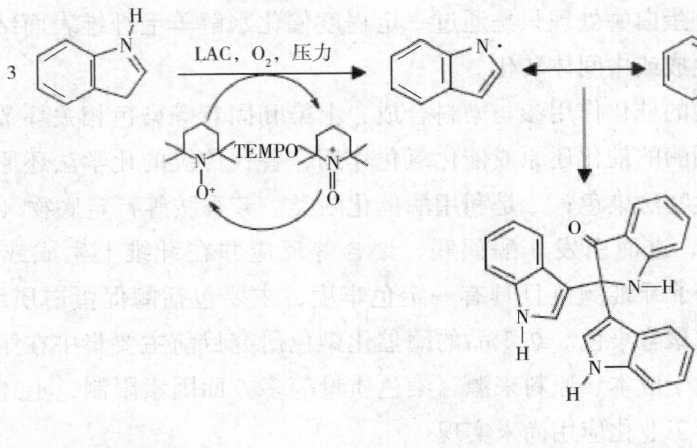

图 4-2　吲哚类物质在 TEMPO 作为介体存在下的漆酶催化氧化反应（B 型反应）

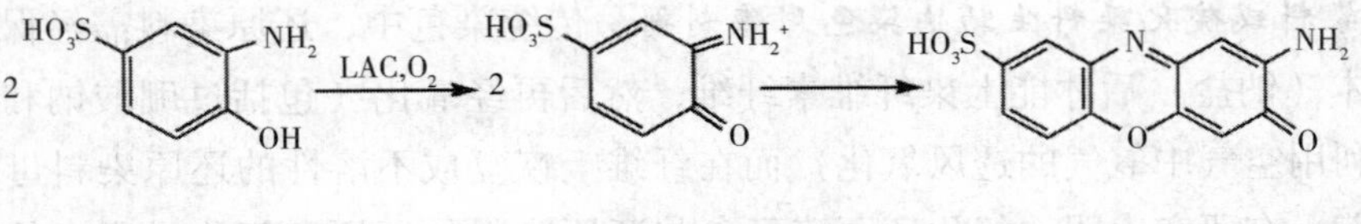

图 4-3　漆酶介导的 3-氨基-4-羟基苯磺酸聚合为吩噁嗪染料（C 型反应）

1.3.3.5）等也可用于还原态染料的氧化。此外，辣根过氧化物酶（EC 1.11.1.7）和氯过氧化物酶（EC 1.11.1.10）、溴过氧化物酶（EC 1.11.1.18）等卤素过氧化物酶也可用于还原染料还原、上染后的氧化处理。过氧化物酶催化氧化适用于所有化学结构的还原染料及各种纤维材料，且 *N*-羟基苯并三唑、ABTS［2，2′-联氮-双（3-乙基苯并噻唑-6-磺酸）］等介体的加入可加速该酶促氧化反应。此外，钠、钾等金属离子可作为酶的活化剂加入酶氧化体系，以提高纤维染色效果。

2. 其他酶催化染色用酶制剂　纺织品的酶催化染色研究目前主要集中在酶促染料前驱体氧化并偶联、聚合赋予纤维颜色，此外也有酶法催化蛋白质纤维自身特定氨基酸剩基氧化偶联生色的研究。此类方法涉及的酶制剂主要是氧化还原酶，一类是氧化酶，包括漆酶、酪氨酸酶等；一类是过氧化物酶，如辣根过氧化物酶。同样，氧化酶需要氧气参与反应，而过氧化物酶需要过氧化氢参与反应。在这些酶的催化作用下，纤维自身的某些特定氨基酸剩基或有色/无色染料前驱体氧化生成自由基，自由基进一步引起底物分子间的非酶偶联、聚合等反应，在纤维分子链上或大分子间形成有色物质，或在纤维中生成具有共轭发色基团的有色物质（以二聚体、低聚物和多聚物等形式存在），从而赋予纤维不同颜色。此外，也有研究利用酪氨酸酶和漆酶等氧化酶的催化作用将含酚羟基天然染料——多酚类化合物（如茶多酚及来源于姜黄、葡萄籽、五倍子等的多酚类化合物）发生分子间偶合，在不使用媒染剂条件下可改善染料的部分牢度性能并提高其在织物上的得色深度，一定意义上起到“媒染”作用。上述酶处理后生成的“染料”聚合物相对分子质量变大，与纤维结合力增大，且产物中形成大的共轭体系，发色强度增加。

三、酶催化染色原理

1. 还原染料酶催化染色原理

（1）还原酶催化染料还原。靛蓝或蒽醌型还原染料分子中至少含有两个处于共轭体系中的羰基，且不含水溶性基团。在还原酶作用下，染料母体结构中的羰基被催化还原成具有烯醇结构的隐色酸，隐色酸溶于碱性溶液中形成可溶性隐色体（染料的可溶性钠盐）并上染纤维；吸附在纤维上的隐色体经氧化又恢复到原来不溶于水的羰基（醌体或酮体）状态，固着在纤维内部。在还原酶中，羰基还原酶是一类能够催化羰基还原的酶，可用于还原染料的还原。羰基还原酶（Carbonyl reducatase，E. C. 1. 1. 1. x）属于氧化还原酶系，是一类能够催化醇和醛/酮之间双向可逆氧化还原反应的酶类，并且需要辅酶 NADH（还原型烟酰胺腺嘌呤二核苷酸，又称还原型辅酶 I）或 NADPH（还原型烟酰胺腺嘌呤二核苷酸磷酸，又称还原型辅酶Ⅱ）作为氢传递体。NADH 和 NADPH 作为电子供体参与其还原反应，NAD^+（烟酰胺腺嘌呤二核苷酸，辅酶 I，是 NADH 的氧化形式）和 $NADP^+$（烟酰胺腺嘌呤二核苷酸磷酸，辅酶Ⅱ，是 NADPH 的氧化形式）则作为电子受体参与其氧化反应。羰基还原酶通过辅酶将氢传递给含羰基底物，将羰基还原成羟基，同时 NADH 被氧化成 NAD^+。辅酶也可被视为第二底物，因为在催化反应发生时，辅酶发生的化学变化与底物正好相反。

还原酶催化靛蓝和蒽醌型还原染料的还原反应原理如图 4－4 所示。

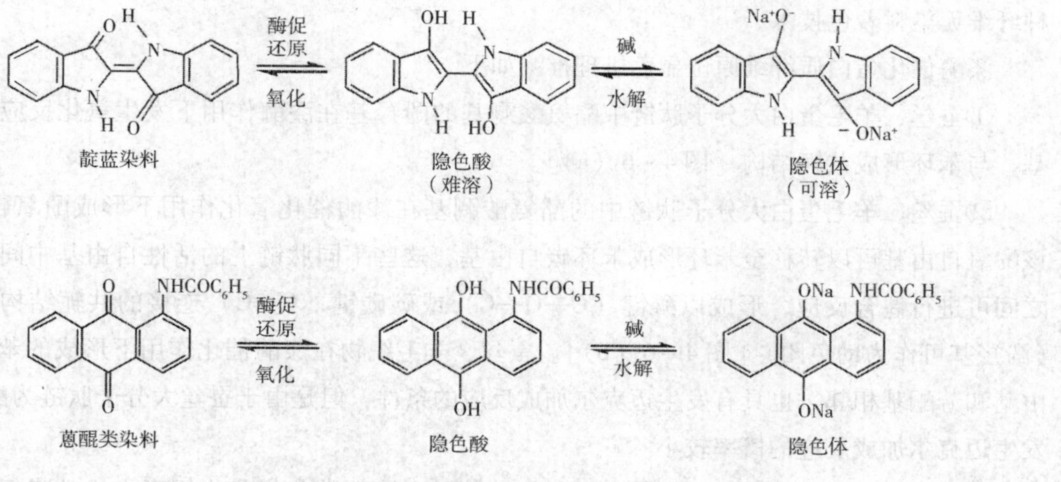

靛蓝染料 ⇌（酶促还原／氧化）隐色酸（难溶）⇌（碱／水解）隐色体（可溶）

蒽醌类染料 ⇌（酶促还原／氧化）隐色酸 ⇌（碱／水解）隐色体

图 4－4　还原酶催化靛蓝和蒽醌型还原染料的还原反应机理

（2）氧化酶催化还原染料隐色体氧化。漆酶或过氧化物酶可以在 O_2 或 H_2O_2 的存在下催化氧化织物上已上染的还原染料隐色体，重新生成不溶性的还原染料。漆酶催化氧化的反应机理如图 4－5 所示。当介体不存在时，隐色体的酶促氧化为反应限速步骤。当介体存在时，其还原态的氧化为限速步骤。这一现象与漆酶无介体催化反应机理类似。过氧化物酶催化氧化遵循同样机理，可将图 4－5 中漆酶－Cu（Ⅱ）用过氧化物酶－Fe（Ⅴ）和 Fe（Ⅳ）代替，漆酶 – Cu（Ⅰ）用过氧化物酶 – Fe（Ⅲ）代替，O_2用H_2O_2代替。

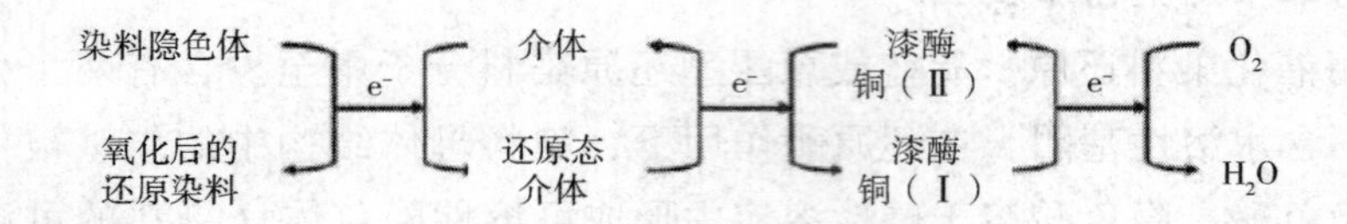

图4–5　漆酶催化还原染料隐色体的氧化机理

（在无介体情况下，隐色体和漆酶之间直接进行电子转移）

2. 纺织品的酶催化氧化偶联/聚合染色

（1）酶催化蛋白质纤维“原位”显色。羊毛、蚕丝等蛋白质纤维大分子结构中含有一定数量的芳香族氨基酸剩基。蚕丝丝素非晶区多肽结构单元主要包括酪氨酸、色氨酸、苯丙氨酸等含有较大侧基的芳香族氨基酸，其中酪氨酸和色氨酸剩基含量分别为11.8%和0.36%。羊毛多肽结构中的氨基酸剩基组成中酪氨酸和色氨酸剩基含量分别为5.25%和1.43%。在漆酶催化氧化作用下，蛋白质纤维大分子中含有的酪氨酸、色氨酸剩基将产生自由基活性中间体（酶促反应所致），所产生的自由基活性中间体之间能够发生偶合或聚合反应（这是非酶反应），进而形成共轭结构，赋予纤维特殊色泽。这种纤维显色方法将酶特定催化作用与纤维自身结构有机结合，在纤维中“原位”形成共轭发色结构，从而无须额外施加染料，是一种纤维无染料着色技术。

漆酶催化蛋白质纤维原位显色机理推测如下。

①蚕丝、羊毛蛋白大分子肽链中酪氨酸剩基的酚羟基在漆酶作用下发生氧化反应生成酮基，与苯环形成共轭结构［图4–6（a）］。

②蚕丝、羊毛蛋白大分子肽链中的酪氨酸剩基在漆酶催化氧化作用下形成酚氧自由基，该酚氧自由基可以转移至苯环形成苯环碳自由基，这些不同肽链上的活性自由基中间体相互之间可进行偶合反应，形成以醚键（C—O—C）或碳碳键（C—C）连接的共轭结构而显色（酚羟基可作为助色团）［图4–6（b）］。蚕丝、羊毛织物在漆酶催化作用下形成的苯环碳自由基和芳酮基相邻，也具有发生迈克尔加成反应的条件，但是由于蚕丝大分子肽链为酰胺键，发生迈克尔加成反应的概率较小。

③蚕丝、羊毛蛋白大分子肽链中的色氨酸剩基在漆酶催化氧化作用下生成吡咯氮自由基和苯环碳自由基，并可发生偶合反应［图4–6（c）］。

④蚕丝、羊毛蛋白大分子肽链中的酪氨酸剩基和色氨酸剩基在漆酶催化氧化作用下也可能发生自由基偶合反应进而形成共轭结构［图4–6（d）］。

（2）纺织品酶催化染料前驱体氧化偶联/聚合染色。漆酶作用的底物专一性较低，因此其催化底物范围十分广泛。据统计，漆酶可催化底物已达250余种，且底物数量随着研究日益深入还在持续增加。漆酶介导的氧化反应产生芳香族自由基中间体，并通过自由基中间体

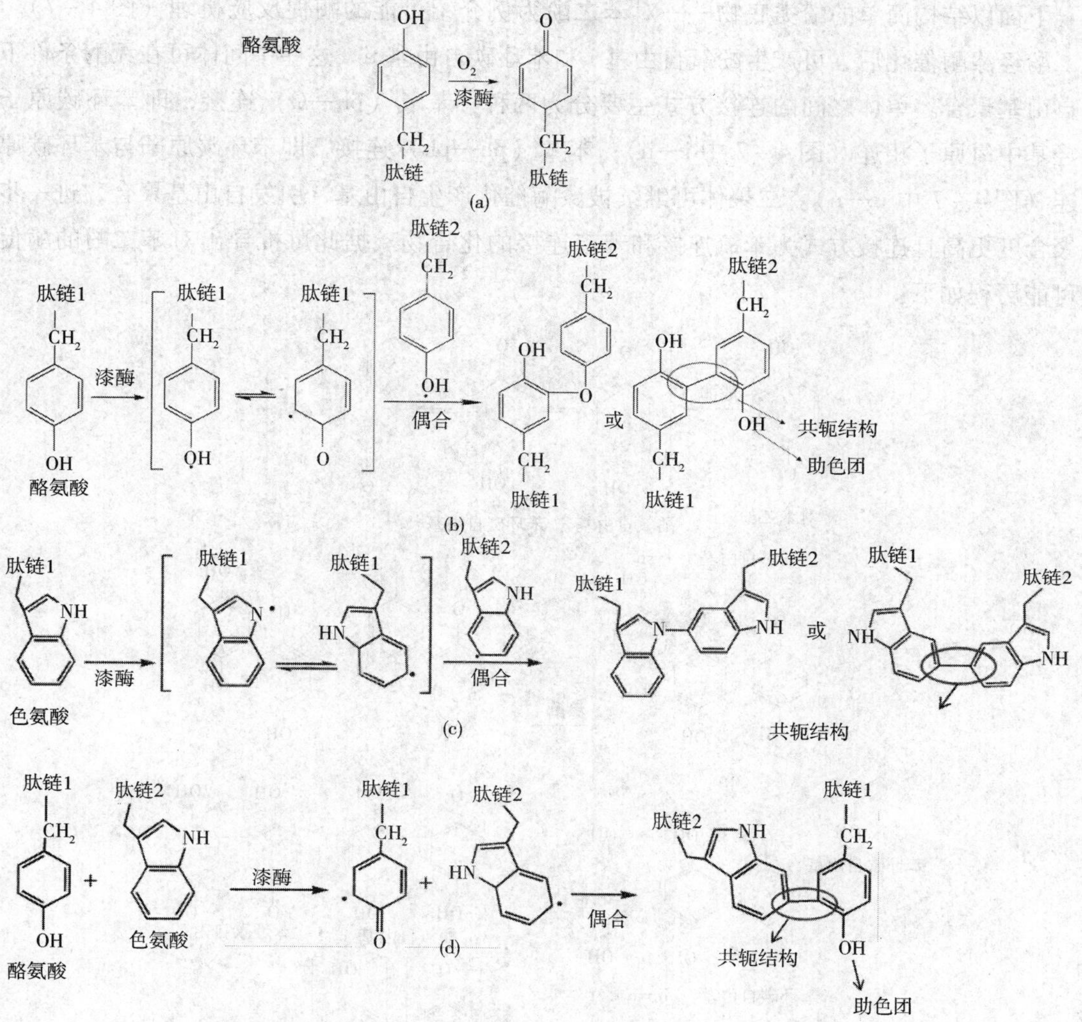

图4－6　漆酶催化蛋白质纤维原位显色机理

偶合生成二聚体、低聚物和多聚物。该反应也是自然界中生物合成黑色素、木质素、腐殖酸、生物碱等天然物质的重要路径。漆酶催化生成的产物往往具有特定颜色，这为纺织品酶催化染色奠定了基础。

漆酶等催化染料前驱体氧化生成自由基中间体，再通过非酶反应的自由基之间的偶合形成含有共轭发色基团的二聚体、低聚物和多聚物。在溶液中生成的这些“染料”可通过吸附、扩散上染纤维；或将染料前驱体预先吸附到纤维上，再在酶催化作用下生成有色聚合物，实现纤维“原位”染色。目前，针对不同结构染料前驱体的纺织品酶催化染色已有大量研究，涉及的染料前驱体种类较多，既有小分子酚类、芳胺类物质，也有天然或合成的大分子芳香化合物。此外，一些酚类天然染料也被作为漆酶催化底物，通过偶联、聚合等反应用于纤维染色。

下面以结构简单的酚类底物——对苯二酚为例介绍可能的酶促反应机理（图4－7）。对苯二酚经漆酶催化后，可产生酚氧自由基 i 和苯环碳自由基 ii。这些中间体可在无酶条件下发生自由基聚合。单体之间的连接方式主要分为两种：苯氧（ph—O）连接，即苯环碳原子与酚羟基中氧原子相连（图4－7中 i—ii）；苯苯（ph—ph）连接，即苯环碳原子与苯环碳原子相连（图4－7中 ii—ii）。二聚体可继续被漆酶催化产生自由基，引发自由基聚合，进一步形成聚合度更高且连接方式为苯氧连接和苯苯连接的化合物。据此可推导出对苯二酚的酶促反应可能历程如下：

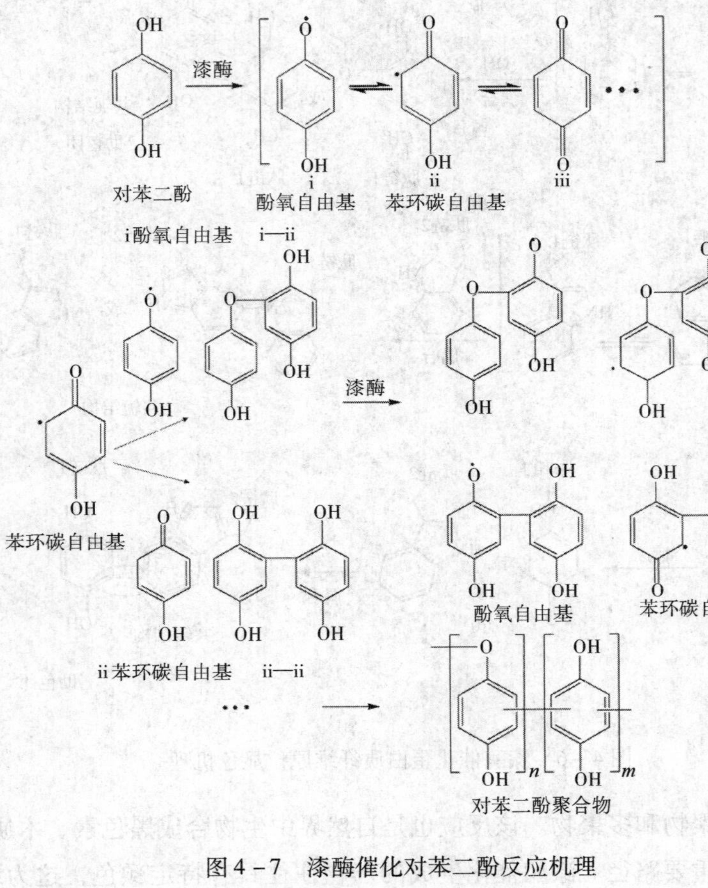

图4－7　漆酶催化对苯二酚反应机理

由于酶促反应产物组成与结构较为复杂，加之产物难以溶解，使得考察染料结构与颜色参数之间的构效关系较为困难。已有研究多集中在考察酶制剂与染料前驱体种类以及调控工艺条件使织物获得不同色泽且具有一定色牢度，关于酶促生成有色产物的结构与颜色之间的关系还了解不多。一般认为，酶促酚类、芳胺类产物与苯环共轭形成发色团，酚羟基和氨基等取代基为助色团，发色团在苯环上位置与数目的变化使产物呈现黄棕色、紫色、红褐色、蓝色、绿色等不同的颜色。

四、纺织品的酶催化染色工艺

纺织品的部分代表性酶催化染色工艺列举如下。

1. 酶催化还原染料染色

（1）酶催化还原染料还原（以靛蓝染锦纶织物为例）。

①工艺流程。

靛蓝还原（浴比 80:1，氮气氛，60℃，90min）→隐色体上染→织物透风→水洗→皂煮（浴比 80:1，2g/L 五水合偏硅酸钠，沸煮 15min）→水洗

②靛蓝还原液组成。0.16%（owf）靛蓝，1.25%（体积分数）靛蓝还原酶，3.75%（owf）NADH（辅酶），0.1%（owf）1，8－二羟基－9，10－蒽醌（介体）。

锦纶织物靛蓝染料酶法还原、透风氧化与皂洗工艺曲线如图 4－8 所示。

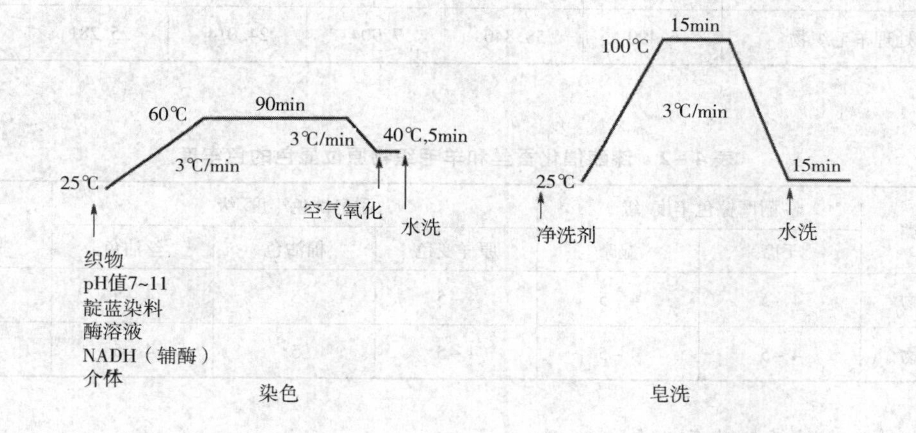

图 4－8　锦纶织物的靛蓝染料酶催化染色工艺曲线

（2）酶催化还原染料隐色体氧化（以靛蓝染料染棉织物为例）。

①工艺流程。

靛蓝还原→隐色体上染→浸渍酶液（pH 值 4～7，0.2～5min，15～70℃）→水洗

②酶液组成。0.1%～10%（owf）漆酶，1%～5%（owf）ABTS 或丁香酸甲酯（介体）。

2. 酶催化蛋白质纤维原位显色

工艺流程：蚕丝或羊毛织物浸渍酶液（pH 值 5.0，漆酶 1.6U/mL，浴比 1:50，50℃处理 24h）→50℃水洗两次→冷水洗→烘干

酶催化蛋白质纤维原位显色的染色结果见表 4－1。由表 4－1 可见，漆酶催化蚕丝、羊毛织物都产生明显的显色效应，织物呈棕黄色，颜色参数和布面 *K/S* 值可能因纤维大分子中可催化底物（酪氨酸残基和色氨酸残基）的含量不同而存在差异。同时，酶催化显色蚕丝、羊毛织物均具有较好的耐皂洗和耐干、湿摩擦色牢度（表 4－2）。由于酶催化蛋白质纤维原位显色纤维具有显色效应是其分子结构中酪氨酸和色氨酸残基发生氧化、偶合反应引起的，发色基团存在于纤维大分子结构中，是一种无染料染色方法，因

此呈现较高的耐洗、耐摩擦色牢度。酶促显色织物的颜色耐日晒牢度不高，可能与产物共轭结构对光较敏感有关。

表4-1 漆酶催化蚕丝和羊毛织物原位显色结果

指标	K/S	L^*	a^*	b^*	C	h
未处理蚕丝织物	0.144	91.162	-0.456	2.926	2.931	98.975
失活漆酶处理蚕丝织物	0.156	91.140	0.129	2.947	3.011	89.719
漆酶处理蚕丝织物	5.617	70.579	5.283	22.723	23.329	76.912
未处理羊毛织物	1.109	83.047	-0.354	12.102	12.214	91.857
失活漆酶处理羊毛织物	1.135	82.988	-0.300	12.399	12.403	91.381
漆酶处理羊毛织物	6.490	58.840	7.904	24.014	25.281	71.782

表4-2 漆酶催化蚕丝和羊毛织物原位显色的色牢度

织物种类	耐摩擦色牢度/级		耐皂洗色牢度/级			耐晒色牢度/级
	干摩	湿摩	原样变色	棉沾色	丝沾色	
蚕丝织物	4-5	4-5	4-5	5	4-5	2
羊毛织物	4-5	4-5	4-5	5	4-5	2-3

3. 酶催化染料前驱体氧化聚合染色

（1）漆酶催化没食子酸羊毛织物染色。

工艺流程：织物浸渍染液［0.04U/mL 漆酶，1%~5%（owf）没食子酸，pH 值 5，浴比 1:40，50℃，4h］→热水洗→冷水洗→烘干

漆酶催化没食子酸对羊毛织物的染色效果见表4-3和表4-4。

表4-3 漆酶催化没食子酸羊毛织物的染色效果

指标	K/S	L	a^*	b^*
未处理织物	0.69	84.44	-0.03	16.08
3%没食子酸处理织物	0.83	79.41	0.06	13.66
漆酶+1%没食子酸处理织物	5.71	46.22	2.97	14.76
漆酶+3%没食子酸处理织物	14.48	39.2	4.59	21.20
漆酶+5%没食子酸处理织物	19.90	37.95	6.14	25.09

表 4-4　漆酶催化没食子酸染色羊毛织物的色牢度

牢度指标	耐水洗牢度/级		耐摩擦牢度/级		耐日晒牢度/级
	变色	沾色	干摩	湿摩	
漆酶+1%没食子酸处理织物	4-5	4-5	4	4	—
漆酶+3%没食子酸处理织物	4	4-5	4-5	4	4
漆酶+5%没食子酸处理织物	3-4	4	4	4	—

由表 4-3 和表 4-4 可见，漆酶催化没食子酸对羊毛织物的染色效果良好，染色织物具有较好的耐皂洗牢度、耐摩擦牢度和耐日晒牢度。这是因为酶促产物除了可通过范德瓦尔斯力和氢键吸附在纤维上外，染色过程中漆酶催化生成的醌类中间体也可通过席夫碱或迈克尔加成反应与羊毛纤维大分子中的氨基以共价键结合。而且，漆酶催化没食子酸氧化偶合的产物本身是不溶于水的。

漆酶催化没食子酸染色后的羊毛织物对革兰氏阴性菌大肠杆菌有明显的抑制作用，抑菌率达到 97.30%，表明其具有良好的抗菌性能，这是因为没食子酸具有较强抗菌作用所致。

（2）HRP 酶（辣根过氧化物酶）催化没食子酸蚕丝织物染色。

工艺流程：蚕丝织物浸渍酶液（pH 值 7.0，6U/mL HRP 酶，5mmol/L H_2O_2，10mmol/L 没食子酸，浴比 1:100，50℃处理 5h）→水洗→烘干

HRP 酶催化没食子酸对蚕丝织物的染色效果见表 4-5 和表 4-6。

表 4-5　HRP 酶催化没食子酸染色蚕丝织物的颜色参数

指标	K/S	L	a^*	b^*
未处理蚕丝织物	0.07	95.75	-0.33	2.78
没食子酸单独处理蚕丝织物	0.4	91.47	0.44	7.85
HRP 酶催化没食子酸处理蚕丝织物	14.2	36.82	4.67	16.56

表 4-6　HRP 酶催化没食子酸染色蚕丝织物的色牢度

牢度指标	耐皂洗牢度/级		耐日晒牢度/级	耐摩擦色牢度/级	
	变色	沾色		干摩	湿摩
RP 酶催化没食子酸染色蚕丝织物	4-5	4-5	5	5	4-5

由表 4-5 和表 4-6 可知，HRP 酶催化没食子酸染色蚕丝织物具有较好的染色效果，且具有较好的耐皂洗、耐晒和耐摩擦色牢度。

（3）HRP 酶催化儿茶素蚕丝织物染色。

工艺流程：蚕丝织物浸渍酶液（pH 值 7.0，HRP 酶 2~4U/mL，2mmol/L H_2O_2，1~3mmol/L 儿茶素，浴比 1:100，50℃处理 5h）→水洗→烘干

HRP 酶催化儿茶素对蚕丝织物的染色效果见表 4-7 和表 4-8。

表 4-7 HRP 酶催化儿茶素染色蚕丝织物的颜色参数

指标	K/S	L	a^*	b^*
未处理蚕丝织物	0.07	95.75	-0.33	2.78
儿茶素单独处理蚕丝织物	3.9	74.13	11.77	33.87
HRP 酶催化儿茶素处理蚕丝织物	16.1	50.86	31.21	44.27

表 4-8 HRP 酶催化儿茶素染色蚕丝织物的色牢度

牢度指标	耐皂洗牢度/级		耐日晒牢度/级	耐摩擦色牢度/级	
	变色	沾色		干摩	湿摩
HRP 酶催化儿茶素染色蚕丝织物	4	4-5	2-3	4	3-4

由表 4-7 和表 4-8 可知，HRP 酶催化儿茶素染色蚕丝织物同样具有较好的染色效果，且具有较好的耐皂洗和耐摩擦色牢度，但耐日晒牢度相对较差。

五、纺织品酶催化染色的影响因素

纺织品酶催化染色的主要影响因素包括酶的种类、染料前驱体种类、处理工艺条件（温度、pH 值、时间、酶与染料前驱体用量）以及纤维种类等。

1. 染料前驱体种类 以漆酶为例，如前所述，其可催化的底物范围十分广泛，包括酚类和芳香胺及其衍生物等都是漆酶适宜的底物，且漆酶催化这些底物得到的产物往往具有一定颜色。图 4-9 为漆酶催化 15 种天然植物来源的酚类化合物（包括香草酸、丁香酸、没食子酸、愈创木酚、阿魏酸、儿茶酚等）自身聚合或两两成对无规聚合后得到的 120 种产物的颜色参数图，表 4-9 为相应的颜色参数值。表 4-10 为 15 种天然植物来源酚类化合物的化学结构。

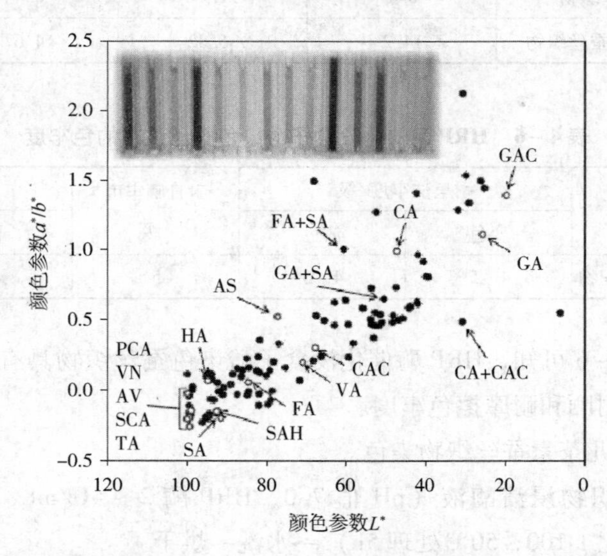

图 4-9 漆酶催化不同酚类单体（○）或两种单体组合（●）聚合生色反应产物的颜色参数分布（内插图为漆酶催化单一酚类单体后产物颜色示意图）

由图4－9可知，不同种类酚类单体及其组合经漆酶催化后生成不同颜色的有色物质。生成产物溶液L值（明度）总体上在0（黑色）到100（白色）之间分布，而纵坐标（a^*/b^*）大部分为正值（实测数据显示产物a^*大部分为正值，b^*均为正值），表明蓝色或绿色聚合物产物较少或难以生成。这些有色物质与染料类似，施加并固着在织物上可赋予纺织品特定颜色。除上述酚类单体外，漆酶的其他芳香族底物也可通过酶促反应形成有色化合物，与酚类底物同时应用还可进一步丰富产物的颜色色谱。

表4－9　漆酶催化15种天然植物来源酚类化合物的颜色参数

植物来源的酚类化合物名称	L^*	a^*	b^*	a^*/b^*
AS	77.12	11.64	22.47	0.51
VA	70.77	3.70	19.21	0.19
SA	91.39	−3.92	19.21	−0.20
GA	25.55	18.64	16.81	1.10
HA	94.65	0.78	12.54	0.06
PCA	99.24	−0.54	2.70	−0.20
VN	98.88	−0.44	2.95	−0.14
SAH	92.47	−4.79	30.35	−0.15
AV	99.28	−0.39	1.48	−0.26
GAC	19.66	17.24	12.42	1.39
FA	84.53	1.41	27.79	0.05
CA	47.20	30.52	30.88	0.98
SCA	99.83	−0.08	0.38	−0.21
TA	99.75	−0.01	0.35	−0.02
CAC	67.58	4.42	14.83	0.29
AS + VA	68.16	4.70	22.87	0.201
AS + SA	81.98	6.06	26.06	0.23
AS + GA	67.38	21.59	41.11	0.52
AS + HA	87.27	3.49	23.19	0.15
AS + PCA	93.51	0.36	5.07	0.07
AS + VN	78.54	−0.20	22.58	−0.01
AS + SAH	84.41	4.09	26.21	0.15
AS + AV	79.98	2.09	20.75	0.10
AS + GAC	39.88	14.08	17.48	0.80
AS + FA	62.76	13.35	29.22	0.45
AS + CA	6.15	13.25	24.27	0.54
AS + SCA	84.95	3.59	16.30	0.22

续表

植物来源的酚类化合物名称	L^*	a^*	b^*	a^*/b^*
AS + TA	87.31	-0.26	7.58	-0.03
AS + CAC	48.26	7.09	14.79	0.47
VA + SA	81.75	-0.75	25.04	-0.02
VA + GA	51.38	17.09	31.93	0.53
VA + HA	92.19	0.76	15.51	0.05
VA + PCA	85.95	2.30	16.75	0.14
VA + VN	81.66	1.92	16.10	0.12
VA + SAH	71.50	1.45	22.29	0.07
VA + AV	79.05	2.22	16.25	0.14
VA + GAC	26.02	23.32	15.62	1.49
VA + FA	88.42	2.43	22.57	0.11
VA + CA	59.40	13.88	29.96	0.46
VA + SCA	82.44	1.97	14.74	0.13
VA + TA	78.18	2.81	14.22	0.19
VA + CAC	48.08	8.49	16.11	0.53
SA + GA	50.41	20.65	32.07	0.64
SA + HA	92.46	-3.77	22.44	-0.17
SA + PCA	95.98	-4.57	19.40	-0.24
SA + VN	94.37	-4.30	22.29	-0.19
SA + SAH	92.19	-4.86	31.52	-0.15
SA + AV	95.24	-4.51	22.02	-0.20
SA + GAC	30.50	42.89	20.21	2.12
SA + FA	60.50	30.47	30.38	1.00
SA + CA	53.86	14.74	29.45	0.50
SA + SCA	95.22	-4.18	21.41	-0.19
SA + TA	94.69	-4.31	22.17	-0.19
SA + CAC	59.29	5.01	21.72	0.23
GA + HA	52.60	18.08	32.93	0.54
GA + PCA	43.95	16.12	27.46	0.58
GA + VN	41.90	16.14	26.41	0.61
GA + SAH	60.17	24.33	38.33	0.63
GA + AV	42.10	16.62	26.64	0.62
GA + GAC	42.27	38.89	27.66	1.41
GA + FA	43.80	16.33	27.52	0.59

续表

植物来源的酚类化合物名称	L^*	a^*	b^*	a^*/b^*
GA + CA	47.40	22.14	30.35	0.73
GA + SCA	44.21	16.20	27.75	0.58
GA + TA	44.05	15.89	27.56	0.58
GA + CAC	58.16	10.61	32.04	0.33
HA + PCA	93.61	1.49	13.67	0.11
HA + VN	94.21	1.27	13.18	0.09
HA + SAH	90.92	-0.93	25.48	-0.04
HA + AV	94.04	1.25	13.71	0.09
HA + GAC	62.78	18.59	30.00	0.62
HA + FA	86.27	2.01	21.80	0.09
HA + CA	55.66	16.27	28.18	0.58
HA + SCA	94.45	1.43	12.60	0.11
HA + TA	95.13	0.98	10.81	0.09
HA + CAC	46.76	7.69	15.48	0.49
PCA + VN	98.58	-0.02	3.60	-0.01
PCA + SAH	93.14	-0.94	12.94	-0.07
PCA + AV	98.51	0.06	3.40	0.02
PCA + GAC	68.00	10.36	6.95	1.49
PCA + FA	93.94	-1.12	16.20	-0.07
PCA + CA	55.84	18.03	31.11	0.58
PCA + SCA	99.54	-0.42	1.93	-0.22
PCA + TA	99.33	-0.39	2.07	-0.19
PCA + CAC	76.87	4.54	13.86	0.33
VN + SAH	78.87	-1.56	21.04	-0.07
VN + AV	99.00	-0.37	2.12	-0.17
VN + GAC	41.89	20.17	20.98	0.96
VN + FA	91.90	-0.27	17.71	-0.02
VN + CA	65.33	18.61	37.68	0.49
VN + SCA	99.46	-0.29	1.74	-0.17
VN + TA	99.38	-0.18	1.56	-0.12
VN + CAC	52.53	6.78	14.97	0.45
SAH + AV	79.47	-1.90	17.90	-0.11
SAH + GAC	39.26	17.70	22.05	0.80
SAH + FA	52.37	38.71	30.59	1.27

续表

植物来源的酚类化合物名称	L^*	a^*	b^*	a^*/b^*
SAH + CA	53.61	12.73	27.32	0.47
SAH + SCA	94.28	-3.83	22.09	-0.17
SAH + TA	81.81	-1.95	17.18	-0.11
SAH + CAC	45.71	7.18	14.17	0.51
AV + GAC	40.40	11.61	12.72	0.91
AV + FA	75.18	2.16	13.77	0.16
AV + CA	66.17	8.70	36.86	0.24
AV + SCA	99.42	-0.05	1.06	-0.05
AV + TA	99.44	-0.05	1.06	-0.05
AV + CAC	51.71	6.75	14.88	0.45
GAC + FA	29.82	24.70	16.10	1.53
GAC + CA	25.19	21.88	15.19	1.44
GAC + SCA	31.73	11.25	8.77	1.28
GAC + TA	29.04	14.30	10.72	1.33
GAC + CAC	50.95	7.53	15.77	0.48
FA + CA	52.92	10.90	29.49	0.37
FA + SCA	90.73	0.10	9.02	0.01
FA + TA	88.95	0.38	10.08	0.04
FA + CAC	81.59	4.39	12.49	0.35
CA + SCA	84.79	-1.74	45.48	-0.04
CA + TA	84.49	-0.64	45.87	-0.01
CA + CAC	30.65	6.88	14.22	0.48
SCA + TA	99.76	0.04	0.37	0.11
SCA + CAC	52.99	6.69	14.63	0.46
TA + CAC	53.62	8.24	11.37	0.72
AS①	99.95	-0.06	0.14	-0.43
VA①	99.76	-0.08	0.41	-0.19
SA①	99.88	-0.03	0.16	-0.18
GA①	99.94	-0.03	-0.09	0.33
HA①	99.89	-0.05	0.10	-0.50
PCA①	99.86	-0.03	0.24	-0.13
VN①	99.91	-0.06	0.08	-0.75
SAH①	99.91	-0.16	0.28	-0.57
AV①	99.95	-0.06	0.05	-1.20

续表

植物来源的酚类化合物名称	L^*	a^*	b^*	a^*/b^*
GAC①	99.92	−0.06	0.05	−1.20
FA①	99.90	−0.12	0.23	−0.52
CA①	98.96	0.12	2.48	0.048
SCA①	99.89	−0.05	0.10	−0.50
TA①	99.78	−0.05	0.20	−0.25
CAC①	99.90	−0.05	0.10	−0.50

①无漆酶存在下反应混合产物的颜色参数值。

表4-10　15种天然植物来源酚类化合物的化学结构

酚类化合物名称	缩写	化学结构
乙酰丁香酮	AS	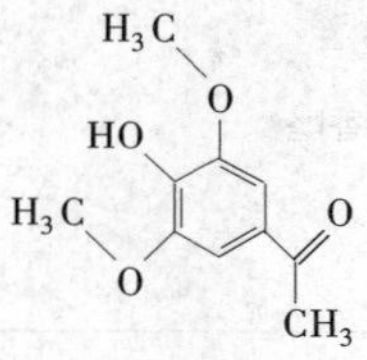
香草酸	VA	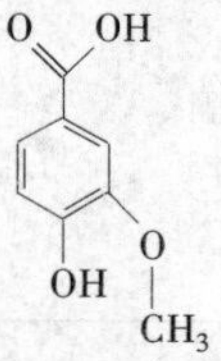
丁香酸	SA	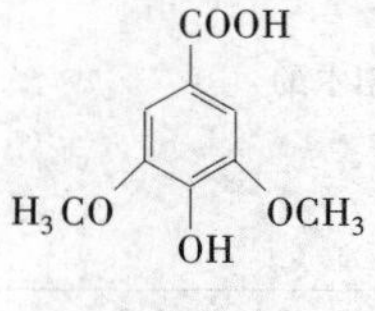
没食子酸	GA	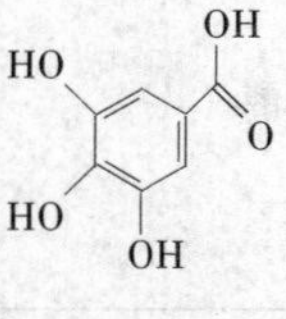
高香草醇	HA	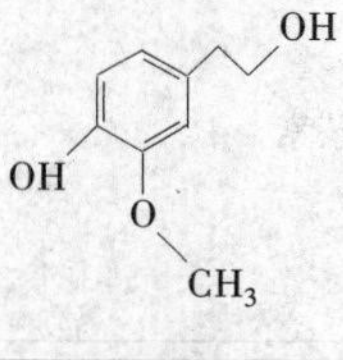

续表

酚类化合物名称	缩写	化学结构
对香豆酸	PCA	
香兰素	VN	
丁香醛	SAH	
香草乙酮	AV	
愈创木酚	GAC	
阿魏酸	FA	
儿茶素	CA	

续表

酚类化合物名称	缩写	化学结构
水杨酸	SCA	
酪胺	TA	
儿茶酚	CAC	

2. 处理浴 pH 值　酶催化体系下处理浴 pH 值对所生成有色产物的颜色也有很大影响。表 4－11 显示，不同处理浴 pH 值（采用柠檬酸缓冲液）下漆酶催化 2，5－二氨基苯磺酸氧化偶合得到的产物溶液颜色存在明显不同。这表明在不同 pH 值条件下，酶促反应能生成具有不同结构的产物，在溶液中呈现不同颜色。

表 4－11　漆酶催化 2，5－二氨基苯磺酸氧化偶合产物溶液的颜色（柠檬酸缓冲液）

项目	pH 值					
反应液	3	4	5	6	7	8
试样						

除了处理浴 pH 值，酶催化体系所采用的缓冲溶液种类也对产物颜色及其上染织物后呈现的颜色有一定影响。表 4－12 为不同处理浴 pH 值和不同缓冲液体系下漆酶催化 2，7－二羟基萘染色羊毛和锦纶织物的颜色参数。由表 4－12 可见，pH 值在 3～11，酶催化染色羊毛和锦纶织物可呈现黄、绿、蓝三种不同色泽，同时缓冲液种类对染色织物颜色也有一定影响，但不如 pH 值的影响显著。

表 4-12 不同 pH 值和缓冲体系条件下漆酶催化 2,7-二羟基萘染色羊毛和锦纶织物的颜色参数

pH值	羊毛				锦纶			
	AB	CB	PB	BCB	AB	CB	PB	BCB
3	L^* 77.3 a^* −0.4 b^* 12.2	L^* 66.7 a^* 1.0 b^* 20.6	—	—	L^* 87.2 a^* 2.0 b^* 5.7	L^* 77.6 a^* 3.7 b^* 15.5	—	—
4	L^* 59.9 a^* 0.9 b^* 17.3	L^* 60.3 a^* 1.5 b^* 18.1	L^* 52.0 a^* 2.6 b^* 13.2	—	L^* 75.2 a^* 3.9 b^* 12.8	L^* 67.8 a^* 6.4 b^* 22.0	L^* 64.9 a^* 5.8 b^* 19.6	—
5	L^* 47.5 a^* 0.9 b^* 10.1	L^* 48.6 a^* 2.3 b^* 12.8	L^* 44.2 a^* 2.0 b^* 10.8	—	L^* 57.9 a^* 4.3 b^* 15.2	L^* 57.7 a^* 4.3 b^* 14.3	L^* 57.2 a^* 4.4 b^* 14.8	—
6	L^* 30.6 a^* −4.3 b^* −5.6	L^* 33.8 a^* −2.6 b^* 0.6	L^* 36.4 a^* −1.8 b^* 1.9	—	L^* 40.0 a^* −3.5 b^* −6.0	L^* 40.1 a^* −2.7 b^* −4.0	L^* 40.8 a^* −2.2 b^* −4.1	—
7	L^* 27.2 a^* −4.2 b^* −7.9	L^* 27.4 a^* −4.1 b^* −8.1	L^* 28.6 a^* −3.6 b^* −6.7	—	L^* 36.7 a^* −2.5 b^* −16.4	L^* 37.0 a^* −2.5 b^* −15.0	L^* 37.2 a^* −2.6 b^* −12.6	—
8	—	L^* 25.6 a^* −2.1 b^* 2.6	L^* 27.3 a^* −3.4 b^* −2.2	—	—	L^* 39.3 a^* −2.3 b^* −12.9	L^* 40.3 a^* −2.4 b^* −12.2	—

续表

pH值	羊毛				锦纶			
	AB	CB	PB	BCB	AB	CB	PB	BCB
9	—	—	L* 34.1 a* −3.3 b* 4.5	L* 36.5 a* −5.0 b* −0.5	—	—	L* 56.2 a* −4.7 b* −7.2	L* 53.9 a* −5.0 b* −12.1
10	—	—	—	L* 43.7 a* −4.6 b* −1.9	—	—	—	L* 58.8 a* −3.1 b* −17.1
11	—	—	—	L* 53.4 a* −4.4 b* 4.2	—	—	—	L* 55.9 a* −1.4 b* −17.8

注　AB为醋酸盐缓冲液，CB为柠檬酸盐缓冲液，PB为磷酸盐缓冲液，BCB为碳酸氢盐/碳酸盐缓冲液。

图4－10是漆酶催化对苯二酚、2，5－二氨基苯磺酸和2，7－二羟基萘体系对不同织物的染色效果。由图4－10可发现，纤维种类和织物组织结构以及酶用量也会使相同酶促体系产生不同的织物着色和纹理效果。由此可见，酶催化染色提供一种可以通过处理条件灵活调控染色织物颜色参数（色相、明度和纯度）的新方法，这一特性是传统染色方法所不具备的。

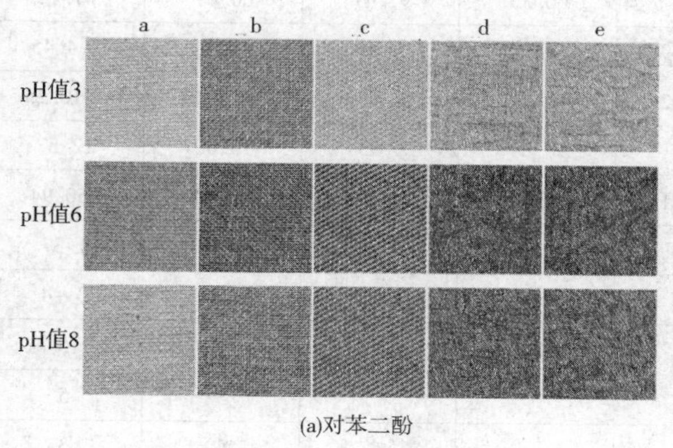

(a)对苯二酚

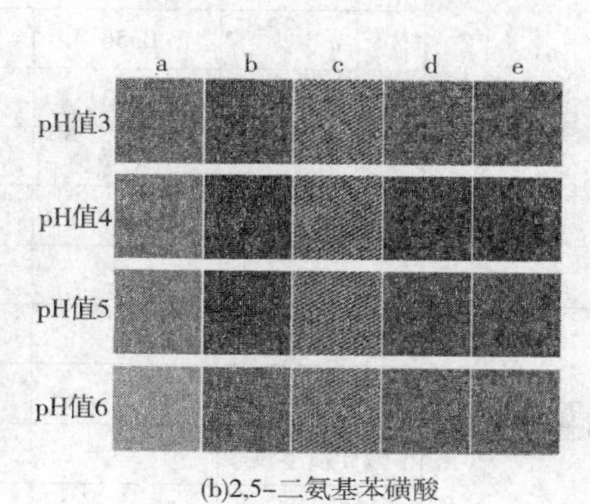

(b)2,5–二氨基苯磺酸

图4－10

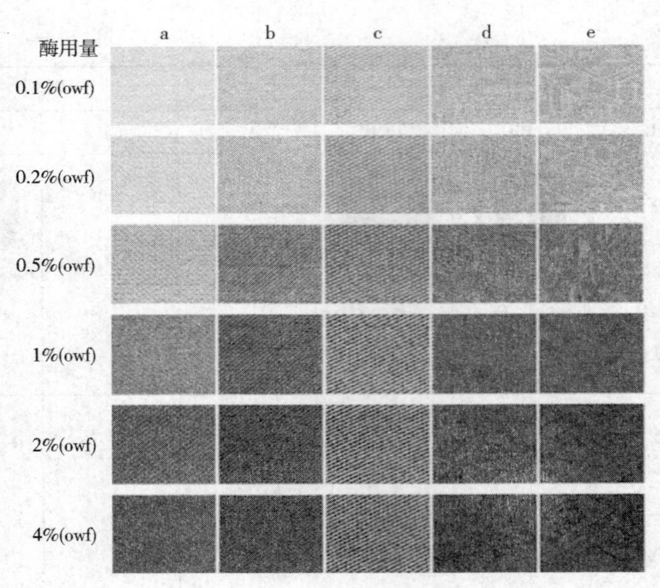

(c)2,7–二羟基萘

图 4－10　漆酶催化对苯二酚 2，5－二氨基苯磺酸和 2，7－二羟基萘体系对不同织物的染色效果

a—锦纶织物　b—羊毛织物　c、d、e—毛/锦提花织物

六、酶催化染色与传统染色的比较

以锦纶 6 和锦纶 66 两种织物的靛蓝还原酶催化还原染色为例，对比酶催化染色与传统染色的差异，结果见表 4－13。

表 4－13　靛蓝酶催化还原与化学还原靛蓝染色锦纶织物的颜色参数与染色性能

性能		PA6			PA66		
		未染色	化学还原法染色	酶还原法染色	未染色	化学还原法染色	酶还原法染色
颜色参数	L^*	90. 91	75. 6	66. 33	91. 41	60. 19	67. 12
	a^*	0. 56	－6. 39	－4. 9	0. 33	－4. 93	－4. 45
	b^*	7. 63	－6. 02	－9. 65	4. 55	－14. 46	－10. 25
	C^*	7. 07	8. 64	10. 64	3. 93	15. 06	12. 57
	h	86. 6	223. 21	243. 15	86. 74	251. 08	250. 94
	K/S	0. 02	0. 48	0. 83	0. 02	1. 49	1. 37
染色牢度/级	耐皂洗牢度		4－5	3－4		3－4	3－4
	耐酸汗渍牢度		5	5		5	5
	碱汗渍牢度		5	5		5	5
	耐日晒牢度		4	3		4	3

采用靛蓝还原酶替代传统的化学还原剂（连二亚硫酸钠）用于锦纶织物的靛蓝染色，在介体1，8－二羟基－9，10－蒽醌存在下，靛蓝还原酶体系还原电位可达到靛蓝还原所需的电位（≥－580mV），从而可实现靛蓝的有效还原，且在pH值11与60℃下处理65～90min，可使锦纶织物获得较好的着色效果（颜色深度与染料用量有关）。与化学还原法相比，靛蓝还原酶催化靛蓝还原染色锦纶织物具有相近甚至更好的颜色参数，耐汗渍牢度相同，耐水洗与耐日晒牢度略低。同时，无论是酶法还是化学法还原靛蓝染色，锦纶66织物较锦纶6织物具有更好的得色效果。这是因为锦纶6和锦纶66分子结构中酰胺基重复排列方式和端基结构有所不同，导致两者在纤维玻璃化转变温度、结晶度等物理性能方面存在差异，从而对织物染色效果产生一定影响。

七、酶催化染色存在的问题与未来展望

近些年来，国内外关于常用纺织纤维（特别是天然纤维）的酶催化染色已有不少研究报道，将生物技术在纺织品染整加工中的应用范围从前处理和后整理进一步拓展到染色工序。纺织品的酶催化染色将环境友好的酶制剂的特定催化作用与染料制备、上染或固着相结合，充分发挥了生物技术处理条件温和、纤维损伤小、加工过程能耗低、废水环境污染小等优点，为纺织品的传统染色加工开辟了新的方向与途径。但由于该技术尚处于起步阶段，还存在一系列问题需要解决。

一是，适合酶法催化染色的酶制剂的种类还非常少。目前，可用于纺织品酶法催化染色的酶制剂主要是氧化还原酶，包括氧化酶、还原酶和过氧化物酶。其中仅有漆酶等少数酶为商品酶，且仅有漆酶实现工业化生产，但市场上品种也很有限。

二是，染色织物存在色谱不全且颜色偏暗的问题。由于受酶催化底物（染料前驱体）种类的限制，酶法催化染色织物色谱不够齐全，目前仅获得少部分颜色。同时，这些颜色普遍不够鲜艳，色泽偏暗。

三是，环境友好的染料前驱体种类还不多。尽管许多酚类、芳胺类化合物可以作为酶催化底物用于制备有色产物使纤维着色，但从生态角度看，很多染料前驱体还不够环境友好，降低了酶催化染色的环保属性。

四是，染料前驱体或其聚合产物与纤维亲和力还有待提高。一些酚类、芳胺类化合物本身及其酶促聚合产物往往对纤维缺乏直接性，亲和力低，致使染色织物得色浅，牢度差。

五是，生产成本还比较高。由于适合于酶法催化染色的酶制剂、染料前驱体本身成本较高，加之存在酶处理时间普遍偏长、染料前驱体或其聚合产物上染率和固着率低等问题，因此酶法催化染色加工成本总体偏高。

纺织品的酶法催化染色将现代生物技术引入传统染色加工领域，通过发挥酶的特定催化作用，实现纤维着色。作为传统染色的有益补充，未来实现酶催化染色工业化应用还需从开发高活力、高稳定性和低成本的酶制剂，发展生态型、高亲和力、低成本的染料前驱体，优化完善酶法催化染色工艺，提高染色产品质量等方面开展深入研究。

第二节　漆酶在染色织物皂洗和染色废水脱色中的应用

纤维制品染色过程中，染料通过范德瓦尔斯力、氢键、共价键、离子键和配位键等多种作用力上染纤维。不同染料与纤维的结合方式不同，如直接染料上染纤维素纤维后，仅依靠范德瓦尔斯力和氢键固着在纤维素纤维上，水洗时容易掉色和沾污其他织物。活性染料染纤维素纤维和蛋白质纤维时，染料能与纤维形成共价键，一定程度上提升了染料与纤维的结合牢度，但吸附在纤维表面未固色的染料或水解染料，仍需要通过皂洗去除。为了提升纤维制品的湿处理牢度，纤维制品染色后多采用化学净洗剂，在高温下皂洗或皂煮，将纤维表面浮色去除。近年来，利用漆酶的氧化性，开发采用漆酶对染色后的纺织品进行皂洗的生物皂洗技术，该方法的原理是通过漆酶的氧化作用把染色织物表面的浮色染料分解，因此不仅能耗低，而且皂洗后残液的色度值较低，具有积极的应用价值。但漆酶皂洗或脱色对染料具有选择性，如果工艺条件控制不好也会将与纤维共价结合的染料分解，造成色浅。

合成染料具有色泽鲜艳、色谱齐全和色牢度优良等性能，广泛应用于纺织品、纸张等材料的染色。但合成染料生产过程中的副产物以及染色过程中的废水也造成了严重的环境污染，一直是污染物治理的难题。漆酶蛋白活性中心的 T_1 型铜离子具有一定的氧化还原电势，能够催化酚类、芳香胺类等多种结构类型的底物生成自由基，进而使其降解。合成染料虽然结构类型多样，但中间体主要是芳香胺、酚类化合物，因此也可以利用漆酶的这一性质对染色废水中的染料脱色。为此研究者开展了大量的漆酶对合成染料降解、脱色的相关研究，包括介体体系对漆酶脱色的协同作用等。

一、漆酶的催化氧化反应及对染料的催化脱色机理

1. 漆酶催化染料脱色的机理　漆酶属于含铜的多酚氧化酶，是多酚氧化酶中作用底物最为广泛的一类酶，能催化氧化的底物已超过 250 种，包括酚类、芳胺类及其衍生物、偶氮及蒽醌类染料等。漆酶活性部位含有四个铜离子（Cu^{2+}），即一个 T_1 铜离子，一个 T_2 铜离子和两个 T_3 铜离子。漆酶催化不同类型底物氧化反应的机理主要表现在四个铜离子协同传递电子及价态变化，实现对 O_2 的还原和底物自由基的形成。

漆酶对底物的催化机制为单电子氧化机制，如图 4-11 所示，在底物氧化过程中，底物结合于 T_1 铜离子位点，T_1 铜离子夺取底物一个电子，使其生成自由基，T_1 铜离子自身由 Cu^{2+} 变为 Cu^{+}。得到电子的 T_1 铜离子再将电子通过组氨酸—半胱氨酸—组氨酸（His-Cys-His）三肽链传递给由 T_2 铜离子和 T_3 铜离子组成的 3 核铜簇，然后 O_2 在 3 核铜簇中心被还原为 H_2O。

漆酶催化氧化底物整体反应如下：

$$4RH + O_2 \xrightarrow{\text{漆酶}} 4R\cdot + 2H_2O$$

还原性底物经漆酶氧化形成自由基中间体后，可发生一系列非酶的自由基反应，如自由基转移、氧化成醌、键断裂和形成，导致偶联、聚合或解聚等。在实际生产中，漆酶潜在应用包括纸浆生物漂白、染料脱色和催化聚合等。生物漂白是利用源于微生物或其他来源的漆酶处理纸浆，达到脱除木质素或有利于脱木质素，改善纸浆的可漂性或提高纸浆白度。研究表明，漆酶对过半数以上的常用商品染料有脱色效果，这些染料按结构分包括蒽醌类、偶氮类和靛系等物质。利用漆酶能催化氧化染料的这一性质，可去除染色织物表面的浮色（漆酶皂洗）和染色废水中染料的降解脱色，这一方法不仅处理条件温和，且环境友好，在实际生产中有应用前景。

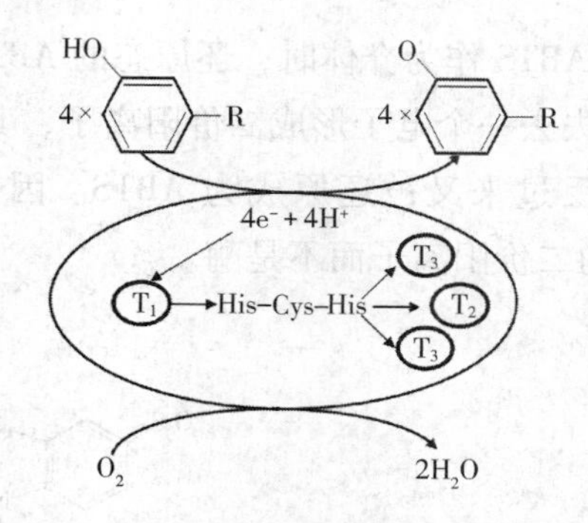

图 4－11　漆酶催化氧化反应中电子转移示意图

2. 还原性小分子介体对漆酶催化染料脱色的影响　漆酶催化染料脱色中，其本身的氧化还原电势较低，一般为 300～800mV，较适合的底物是具有酚羟基或芳胺特征结构的染料。对于脱色效果较差的部分染料，可通过在体系中添加还原性小分子介体的方法，提升漆酶催化染料脱色效果。还原性小分子介体包括 2，2′－联氮－二（3－乙基－苯并噻唑－6－磺酸）二铵盐（ABTS）、1－羟基苯并三唑（HBT）和 *N*－羟基乙酰苯胺（NHA）等。

采用小分子介体与漆酶组合对染色织物皂洗或对染色废水脱色时，漆酶/介体催化脱色的机理如图 4－12 所示。首先小分子介体（M）被漆酶（E）氧化失去电子，形成氧化态的高活性的中间体 M^*（如自由基 M·、阳离子自由基 M^+·等）；高活性的介体中间体 M^* 再作用于底物染料（D）将染料氧化，生成带有活性的染料离子（D^+）或染料自由基（D·），该过程中小分子介体重新返回到它的最初还原态（M）。氧化生成的染料离子（D^+）或染料自由基（D·）是不稳定的，会分解成最终产物（P_D）。被漆酶吸收的电子最终传递给氧气形成水，该过程表明还原性小分子介体对脱色效果较差的染料起到降解介导作用。

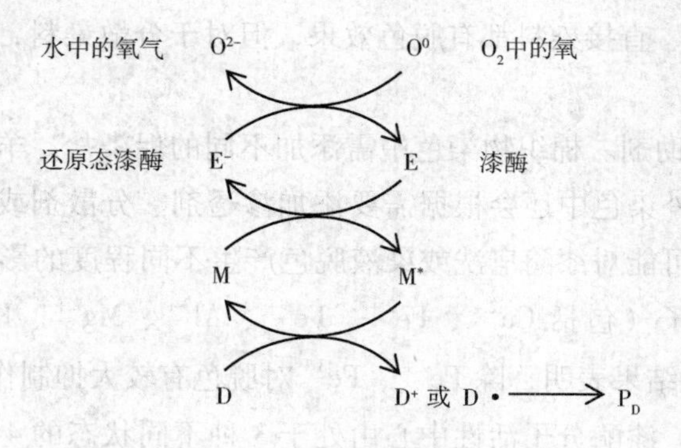

图 4－12　漆酶/介体催化染料降解机理

如 ABTS 作为介体时，还原态的 ABTS 在漆酶的作用下先失去一个电子形成一价阳离子，接着再失去一个电子形成二价阳离子，其变化过程如图 4－13 所示。氧化态的 ABTS 在氧化底物时反过来又被还原成为 ABTS。因此，在漆酶—介体体系中，对染料起氧化作用的是 ABTS 的二价阳离子而不是酶。

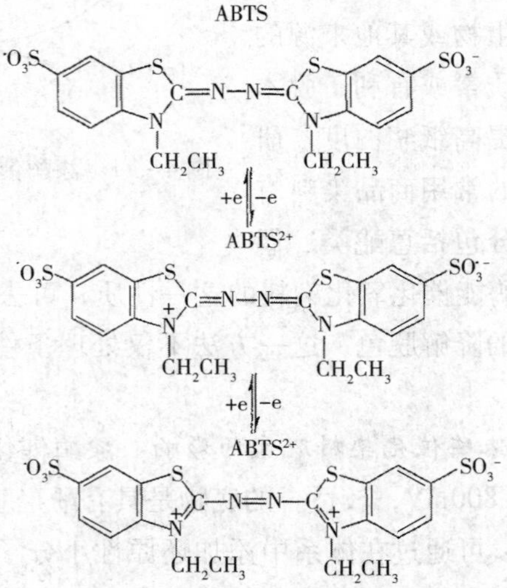

图 4－13　ABTS 转移一个或两个电子形成一价阳离子或二价阳离子的示意图

3. 影响漆酶催化染料脱色的因素　以漆酶进行染色织物皂洗或染色废水脱色时，漆酶的作用效果与诸多因素相关，包括染料本身的分子结构、漆酶处理工艺、金属盐与染色助剂、还原介体的添加等。

（1）染料分子结构。根据漆酶对染料的脱色效果，可将染料分为漆酶底物类染料和非酶底物类染料。其中，多数蒽醌类染料可作为漆酶的底物被直接氧化；对于偶氮和靛蓝类染料，漆酶催化脱色效果与染料的相对分子质量有一定的关系。如选用商品漆酶 Denilite IIS，考察了 60 种酸性、活性、直接和分散染料的脱色效果，发现约有 70% 的染料发生了氧化降解，其中 90% 的酸性、活性、直接染料都有脱色效果，但对于分散染料，该漆酶仅对其中杂环类有脱色能力。

（2）金属盐与染色助剂。棉织物染色中需添加不同的促染盐，羊毛纤维酸性媒介染料染色中会添加媒染盐，此外染色中还会根据需要添加渗透剂、分散剂或匀染剂等。染液中存在金属盐和染整助剂，有可能对漆酶皂洗或染液脱色产生不同程度的影响。以活性艳蓝 K－3R 为例，考察不同金属离子（包括 Cu^{2+}、Fe^{2+}、Fe^{3+}、Al^{3+}、Mg^{2+}、K^{+} 和 Na^{+}）对染料脱色率的影响（表 4－14），结果表明，除 Fe^{2+}、Fe^{3+} 对脱色有较大抑制作用外，其余离子都能不同程度地促进漆酶脱色。漆酶分子活性中心由处于 3 种不同状态的 4 个铜离子（Ⅰ型、Ⅱ型和双核Ⅲ型）组成，Ⅰ型铜离子传递电子，Ⅱ型铜离子的配位不饱和性决定了底物分子以阴离子形式与其配位，形成漆酶—底物复合物，金属离子的加入不可能改变漆酶铜离子的状态。

Cu^{2+}对漆酶有激活作用，Mg^{2+}是很多氧化还原酶的激活剂。

表4－14　金属离子对漆酶催化染料脱色的影响

金属离子	不添加	Cu^{2+}	Fe^{2+}	Fe^{3+}	Al^{3+}	Mg^{2+}	K^{+}	Na^{+}
脱色率/%	62.4	79.5	9.4	48.9	78.1	66.2	66.4	64.9

此外，表面活性剂也会对漆酶催化脱色产生影响。以活性艳蓝K－3R为例，不同表面活性剂对漆酶脱色效果影响程度不同，十二烷基硫酸钠与十六烷基三甲基溴化铵对漆酶活性的抑制作用比较强，使漆酶脱色能力明显降低；非离子型表面活性剂平平加O对漆酶也有抑制作用。漆酶是一种含铜蛋白质，表面活性剂在很低浓度下能与漆酶的蛋白质发生强烈的相互作用，导致蛋白质不可逆变性。

二、漆酶用于活性染料染色棉织物的皂洗

漆酶对活性染料染色棉织物的皂洗或脱色效果有选择性，随活性染料母体结构的不同而有很大差异。漆酶对不同活性染料染液处理后最大吸收波长和吸光度的变化见表4－15。

表4－15　漆酶处理对不同结构活性染料染液最大吸收波长和吸光度的影响

活性染料	漆酶处理前		漆酶处理后	
	λ_{max}/nm	吸光度	λ_{max}/nm	吸光度
活性红M－8B	530	0.388	365	0.014
活性红ED－2B	520	0.548	380	0.128
活性黄3RF	420	0.348	370	0.192
活性紫K－3P	560	0.488	390	0.180
活性蓝RSP	600	0.420	360	0.197
活性大红HDS	520	0.485	520	0.521
活性蓝ED－G	620	0.395	620	0.390

对比漆酶处理前后不同结构活性染料染液的最大吸收波长和吸光度的变化可以看出，不同染料经漆酶处理后，染液色相和色深改变程度不完全相同，其中活性红M－8B、活性红ED－2B、活性黄3RF、活性紫K－3P、活性蓝RSP染液处理后色相改变，色深变浅；而活性大红HDS和活性蓝ED－G染液漆酶处理后最大吸收波长无变化，表明漆酶对于活性染料具有选择性。

1. 影响漆酶对活性染料染色织物皂洗的工艺因素　酶法皂洗和催化脱色中，体系温度、pH值、处理时间和漆酶用量会影响漆酶作用效果。一般来说，提高温度能增加底物分子动

能，提高反应速率，但温度过高会导致酶失活，使皂洗效果下降。大多数漆酶在30～60℃范围内，酶活随温度的升高而增加，皂洗效果或脱色程度随之增加；在65℃以上会有所下降，超过80℃时，酶开始出现不可逆的失活，因此，多数漆酶在50～60℃条件下进行酶法皂洗或脱色。一般pH值在3～8漆酶均有较好的皂洗或脱色效果，pH值在4.5～6时，浮色去除效果最好，织物染色牢度也较高。

漆酶用量对活性染料染色棉织物皂洗效果的影响不同于漆酶催化脱色。在漆酶脱色中，当漆酶对该结构染料有催化氧化效果时，其脱色率往往随着漆酶用量的增加而增加，并在一定漆酶浓度条件下脱色率趋于稳定。在染色织物皂洗中，漆酶用量的高低取决于织物颜色的深浅和浮色量的多少。当织物颜色较深、浮色较多时，增加漆酶用量能促进未结合的染料分解去除，使织物染色牢度提高；反之，当染料用量较低或浮色较少时，漆酶浓度过大不仅对染色牢度提升有限，而且会催化已经与纤维共价结合的染料发生氧化（如作用于活性染料母体），使织物染色的深度降低。

值得注意的是，对于几种染料进行拼色染色的织物，在采用漆酶皂洗时，还应注意漆酶可能对拼色用的几种染料存在催化氧化效果上的差异，甚至会引起酶洗后织物色光和色深同时改变。

2. 活性染料染色棉织物漆酶皂洗与化学皂洗工艺对比 采用漆酶对活性染料染色棉织物进行皂洗后处理，并与水洗和化学法皂洗的效果进行对比，工艺举例如下。

（1）活性染料染色。

染色处方：活性染料M－8B 5％（owf），元明粉20g/L，纯碱10g/L，浴比1:50。

染色工艺：30℃始染，升温至60℃加入元明粉促染，续染20min，再加碱固色15min。

（2）染色后处理。

方法1：水洗，60℃，时间10min，浴比1:50。

方法2：漆酶皂洗，漆酶Denilite IIS *x* ％（owf），pH值5.5，60℃，时间15min，浴比1:50。

方法3：化学皂洗，皂片2g/L，95℃，时间10min，浴比1:50。

三种皂洗（水洗）方法对活性染料染色棉针织物的皂洗效果见表4－16。

表4－16 三种皂洗（水洗）方法对活性红M－8B染色棉针织物的皂洗效果

染料用量	测试项目		未处理	水洗	皂洗	漆酶 0.5%	漆酶 1.0%	漆酶 5.0%
1.0%	残液	λ_{max}/nm	—	540	—	360	360	360
		吸光值	—	0.38	—	0.08	1.44	2.32
	染色深度 *K/S*		16.46	14.45	14.02	12.95	8.32	7.10
	耐洗牢度/级	变色	3－4	4	4－5	4－5	4－5	4－5
		沾色	3－4	4	4－5	4－5	4－5	4－5
	湿摩擦牢度/级		3	4	4－5	4－5	4－5	5

续表

染料用量	测试项目		未处理	水洗	皂洗	漆酶 0.5%	漆酶 1.0%	漆酶 5.0%
5.0%	残液	λ_{max}/nm	—	540	360	360	360	360
		吸光值	—	2.01	—	3.34	3.42	4.08
	染色深度 *K/S*		76.92	68.73	68.73	63.70	56.19	50.90
	耐洗牢度/级	变色	4	4	4－5	4－5	4－5	4
		沾色	3－4	4	4－5	4－5	4－5	4－5
	湿摩擦牢度/级		2－3	3	3	3－4	3－4	3－4

由表4－16可见，经漆酶或化学法皂洗后，染色织物的色相未发生明显变化，但染色深度表现出一定差异。与未经处理样相比，漆酶用量增加织物染色深度降低，色牢度高出化学皂洗牢度等级。此外，漆酶用量较高时，试样的色牢度没有增加，但织物染色深度下降，原因可能是漆酶在去除布面浮色的同时，也会与纤维上结合的活性染料反应，使之分解，导致布面染色深度下降。因此，应用漆酶进行染色后处理时，若漆酶浓度过高，不但对织物的色牢度提高较少，还有可能导致已与纤维共价键合的活性染料发生催化氧化，产生色浅等现象。

三、漆酶对染色废水的脱色

研究表明，漆酶可以催化绝大部分染料发生氧化反应，使染料脱色。在目前常用的300多种染料中，约有56%的染料可以脱色或使色泽变得相当浅，若将颜色变得稍浅的染料包括在内，有近70%的染料可被漆酶催化氧化。下面简单介绍真菌漆酶 *M. verrucaria* NF－05及其介体对偶氮、蒽醌和三芳甲烷等多种结构类型合成染料的脱色和降解情况。

1. 无介体条件下 *M. verrucaria* NF－05漆酶对合成染料的降解脱色　漆酶对合成染料的降解脱色效率，既受染料本身结构、浓度的影响，也受脱色时间的影响。表4－17是在无介体存在时，在30℃、pH值为4的磷酸氢二钠—柠檬酸缓冲体系中，漆酶浓度10U/mL、染料浓度0.025mg/mL的条件下，分别同浴处理5min、10min及24h不同结构合成染料的脱色率。

表4－17　无介体条件下 *M. verrucaria* NF－05漆酶对不同结构合成染料的脱色率

染料名称	染料结构类型	脱色率/%		
		5min	10min	24h
橙黄G6	偶氮	0	0	0
橙黄I	偶氮	53.0	100	100
甲基橙	偶氮	0.9	1.4	75.4
苏丹I	偶氮	5.6	13.4	37.5
甲基红	偶氮	0	0	0
铬黑T	偶氮	96.8	98.3	99.5
茜素红	蒽醌	7.5	10.5	61.8

续表

染料名称	染料结构类型	脱色率/%		
		5min	10min	24h
酸性媒介红	蒽醌	19.8	51.0	80.3
固绿 FCF	三芳甲烷	0	0	0
孔雀绿	三芳甲烷	29.3	43.5	56.3
碱性品红	三芳甲烷	100	100	100
结晶紫	三芳甲烷	11.0	13.0	36.3
罗丹明 B	三芳甲烷	0	0	0
中性红	三芳甲烷	2.0	2.3	6.5
亚甲基蓝	其他	7.5	9.3	45.4
苯酚红	其他	100	100	100

表4－17 结果表明，*M. verrucaria* NF－05 漆酶能够快速降解橙黄Ⅰ、铬黑 T、碱性品红和苯酚红，反应 10min 脱色率即可达到 100% 左右。漆酶对染料催化脱色过程中，反应时间对甲基橙和茜素红的脱色效果有明显影响，10min 至 24h 内脱色率大幅度提高，分别达到 75.4% 和 61.8%。随着反应时间的延长，苏丹Ⅰ、孔雀绿、结晶紫和亚甲基蓝的脱色效率有不同程度的提高。但 *M. verrucaria* NF－05 漆酶对橙黄 G6、罗丹明 B 和中性红等无明显的脱色作用。

2. 介体条件下 *M. verrucaria* NF－05 漆酶对合成染料的脱色效果 漆酶对合成染料的降解脱色效率，还受介体的影响。表 4－18 是 *M. verrucaria* NF－05 漆酶对合成染料进行脱色，漆酶浓度为 2U/mL，介体浓度 0.1 mmol/mL，染料浓度 0.05mg/mL，在 30℃、pH 值为 4 的磷酸氢二钠—柠檬酸缓冲体系中脱色 8d 的脱色效率。所用的 6 种介体分别为 2，2，6，6－四甲基哌啶氧化物（TE）、乙酰丁香酮（ACE）、丁香醛（SYR）、1－羟基苯并三唑（HBT）、紫脲酸（VA）和 1－［3－（二甲氨基丙基）］吩嗪（PZ）。

表 4－18 介体对 *M. verrucaria* NF－05 漆酶对合成染料脱色效果的影响

染料名称	染料结构类型	脱色率/%						
		无介体	SYR	TE	ACE	PZ	VA	HBT
橙黄 G6	偶氮	21	20	98	27	44	85	83
橙黄 I	偶氮	91	86	92	90	92	90	94
刚果红	偶氮	40	42	43	65	49	70	44
甲基橙	偶氮	88	86	90	84	90	88	84
丽春红	偶氮	10	10	21	15	32	21	11
苏丹红 I	偶氮	25	57	27	25	28	25	26
苏丹红 Ⅱ	偶氮	18	20	19	18	19	20	22

续表

染料名称	染料结构类型	脱色率/%						
		无介体	SYR	TE	ACE	PZ	VA	HBT
甲基红	偶氮	0	0	0	0	0	0	0
铬黑 T	偶氮	34	35	34	35	39	37	36
油红	偶氮	0	0	0	0	0	0	0
活性黄	偶氮	37	39	36	39	57	35	37
茜素红	蒽醌	26	25	25.5	26	25	26	25
酸性媒介红	蒽醌	50	50	54	55	67	53	48
活性亮蓝	蒽醌	60	67	66	56	67	64	63
孔雀绿	三芳甲烷	47	52	65	54	90	45	49
碱性品红	三芳甲烷	58	56	58	53.5	60	59	57
罗丹明 B	三芳甲烷	23	56	26	27	22	26	27
中性红	三芳甲烷	5	30	8.5	17.5	33	24	7
亚甲基蓝	其他	11	13	12	12	13	16	19

（1）*M. verrucaria* NF－05 漆酶对偶氮类染料的脱色。对比 11 种偶氮类染料的脱色效果可以发现，*M. verrucaria* NF－05 漆酶对橙黄Ⅰ和甲基橙脱色效果最好，无介体参与反应 8 d 后脱色率即可达到 90% 左右。对刚果红、铬黑 T 和活性黄的脱色效果一般，脱色率为 40% 左右，介体 ACE 和 VA 对刚果红脱色有一定促进作用，脱色率可提高至 65% 和 70%；当采用 PZ 为介体时，活性黄脱色率提高至 57%。漆酶对橙黄 G6、苏丹红Ⅰ和苏丹红Ⅱ的脱色效果较差，脱色率在 20% 左右；TE、VA 和 HBT 对橙黄 G6 的脱色有明显的促进作用，脱色率达到 90% 左右；SYR 存在时，苏丹红Ⅰ脱色率提高到 57%。此外，*M. verrucaria* NF－05 漆酶几乎不能使丽春红和油红脱色，但介体的存在能够小幅提高丽春红的脱色率，对油红没有提高作用。

（2）*M. verrucaria* NF－05 漆酶对蒽醌类染料的脱色。*M. verrucaria* NF－05 漆酶对蒽醌类染料茜素红、酸性媒介红和活性亮蓝的脱色率分别为 26%、50% 和 60%，介体的参与能够不同程度地提高染料的脱色率，但提高幅度均不超过 10%。

（3）*M. verrucaria* NF－05 漆酶对三芳甲烷类染料的脱色。*M. verrucaria* NF－05 漆酶对三芳甲烷类染料中的碱性品红脱色效果最好，且不受介体影响，脱色率为 58%，其次为孔雀绿 47%，在 PZ 介体体系中可提高至 90%；*M. verrucaria* NF－05 漆酶对罗丹明 B 和中性红的脱色效果一般，脱色率仅为 23% 和 5%，SYR 对罗丹明 B 以及 SYR、PZ 和 VA 对中性红的脱色有一定的促进作用。

（4）*M. verrucaria* NF－05 漆酶对其他结构类型染料的脱色。M. verrucaria NF－05 漆酶对其他结构类型的染料脱色效率较低，对亚甲基蓝的脱色率仅为 11%，除 HBT 对亚甲基蓝脱色稍有促进（19%）外，其他介体无显著作用。

主要参考文献

[1] 周文龙. 酶在纺织中的应用 [M]. 北京：中国纺织出版社，2002.

[2] 孙莎莎. 酶促酚类化合物聚合及其对纺织品的功能改性和染色 [D]. 苏州：苏州大学，2013.

[3] 贾维妮. 基于漆酶催化蛋白质纤维的生物染色及机理研究 [D]. 无锡：江南大学，2017.

[4] 白茹冰. 漆酶催化芳香化合物聚合及其对羊毛和棉织物染色研究 [D]. 无锡：江南大学，2019.

[5] 袁萌莉，王强，范雪荣，等. 羊毛织物的漆酶催化没食子酸原位染色与改性 [J]. 印染，2016 (22)：8 - 12.

[6] Xu F, Salmon S, Deussen H J W. Enzymatic methods for dyeing with reduced vat and sulfur dyes [P]. US, 5948122, 1999.

[7] Xu F, Salmon S. Potential applications of oxidoreductases for the re - oxidation of leuco vat or sulfur dyes in textile dyeing [J]. Engineering in Life Sciences, 2010, 8 (3): 331 - 337.

[8] Bozic M, Kokol V, Guebitz G M. Indigo dyeing of polyamide using enzymes for dye reduction [J]. Textile Research Journal, 2009, 79 (10): 895 - 907.

[9] Jeon J R, Kim E J, Murugesan K, et al. Laccase - catalysed polymeric dye synthesis from plant - derived phenols for potential application in hair dyeing: Enzymatic colourations driven by homo - or hetero - polymer synthesis [J]. Microbial Biotechnology, 2010, 3 (3): 324 - 335.

[10] Prajapati C, Smith E, Kane F, et al. Laccase - catalysed coloration of wool and nylon [J]. Color Technol, 2018 (134): 423 - 439.

[11] 万云洋，杜予民. 漆酶结构与催化机理 [J]. 化学通报，2007 (9)：662 - 670.

[12] Lee S K, George S D, Antholine W E, et al. Nature of the intermediate formed in the reduction of O2 to H2O at the trinuclear copper cluster active site in native laccase. Journal of the American Chemical Society, 2002, 124 (21): 6180 - 6193.

[13] Claus H. Laccases: structure, reactions, distribution [J]. Micron, 2004, 35 (1 - 2): 93 - 96.

[14] 袁萌莉. 羊毛织物生物酶法同浴染色与功能改性 [D]. 无锡：江南大学，2016.

[15] Rodríguez Couto S, Toca Herrera JL. Industrial and biotechnological applications of laccases: A review [J]. Biotechnology Advances, 2013, 24 (5): 500 - 513.

[16] 张丽. 白腐真菌产漆酶对染料废水降解的研究 [D]. 南京：南京理工大学，2004.

[17] 丁莉. 漆酶对染料降解的研究 [D]. 苏州：苏州大学，2007.

[18] 张思洋. 漆酶及漆酶/天然介体体系改善高木素含量纸浆强度性能的研究 [D]. 天津：天津科技大学，2010.

[19] Wang P, Fan XR, Cui L, et al. Effects of treating with laccase on properties of dyed cotton fabric [J]. Journal of Donghua University (*English Edition*), 2008, 25 (5): 517 - 521.

[20] 王平，高木荣，邹金磊，等. 棉织物染色后的固定化漆酶处理 [J]. 印染，2010，36 (14)：8 - 10.

[21] 郑文爽. 漆酶的固定化及其对偶氮染料的脱色降解 [D]. 哈尔滨：东北林业大学，2012.

[22] 郑旭翰. 漆酶在介孔材料上的固定化及性能研究 [D]. 哈尔滨：哈尔滨工业大学，2006.

[23] 王瑞色. 固定化海洋细菌漆酶对纺织印染废水的脱色研究 [D]. 大连：大连交通大学，2014.

[24] Lu L, Zhao M, Wang Y. Immobilization of laccase by alginate - chitosan microcapsules and its use in dye decolorization [J]. Microbiology Biotechnology, 2007 (23): 159 - 166.

[25] Palmieri G, Giardina P, Sannia G. Laccase - mediated removal brilliant blue R decolorization in a fix - bed bioreactor [J]. Biotechnology Progress, 2005 (21): 1436 - 1441.
[26] 刘哲君. 漆酶在介孔泡沫 MCF 上的固定化研究 [D]. 哈尔滨: 东北林业大学, 2010.
[27] 曹秀. 一步法合成包埋生物酶的凝胶及其在偶氮染料废水脱色中的应用 [D]. 上海: 东华大学, 2014.
[28] 赵丹. 疣孢漆斑菌 (*Myrothecium verrucaria*) NF - 05 漆酶的产生、特性及应用研究 [D]. 哈尔滨: 东北林业大学, 2012.
[29] 张曦. 疣孢漆斑菌 NF - 05 漆酶诱导、纯化及对染料脱色的研究 [D]. 哈尔滨: 东北林业大学, 2013.

第五章　纺织品的酶整理技术

第一节　纤维素纤维织物的生物抛光

纤维素纤维是指基本组成物质是纤维素的一类纤维，包括天然纤维素纤维，如棉、麻；再生纤维素纤维，如黏胶纤维、Lyocell 纤维等。纤维素纤维织物表面有很多突起的纤维，纤维的表面又有很多微原纤，导致织物在摩擦作用下很容易起毛起球，影响织物表面的光洁度和手感。生物抛光是利用纤维素酶水解纤维素，弱化织物表面突起的纤维和微原纤，并在机械作用下去除，改善纤维素纤维织物表面光洁度、抗起毛起球性和手感的整理，其对棉的整理效果如图 5－1 所示。生物抛光的概念最初来自日本，以机织物为主要加工对象，目前已经扩展到针织物、毛巾、成衣加工。生物抛光可以在纺织品湿加工的任何一个阶段进行，但大多数情况下在漂白后、染色前进行；既可以单独进行，也可以与其他工序如生物除氧、染色同浴进行。

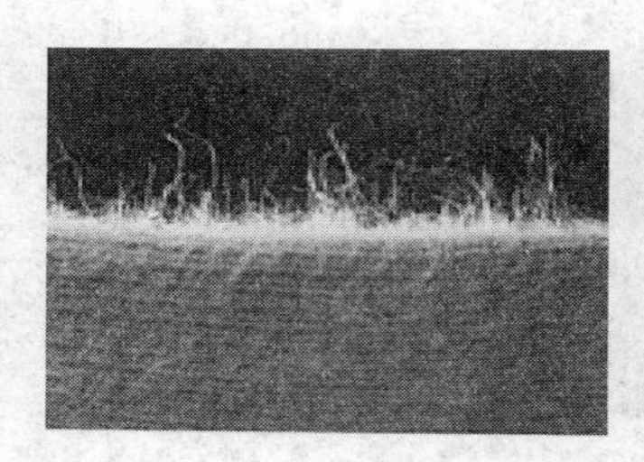
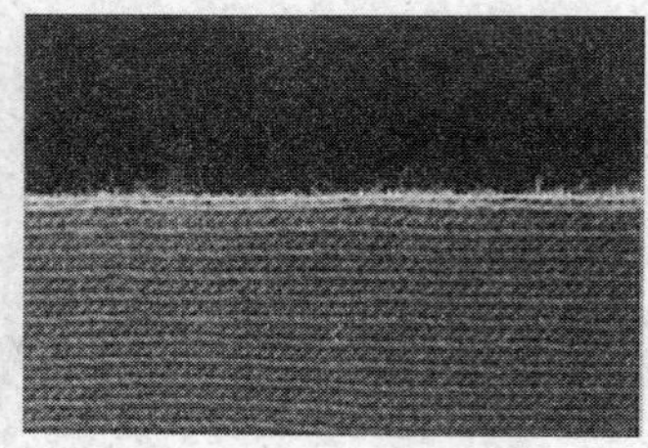

图 5－1　纤维素酶对棉织物的生物抛光效果

生物抛光对不同纤维素纤维织物的目的有所不同。如棉织物生物抛光主要是为了改善织物表面光洁度，减少起毛起球，提升织物手感；麻织物生物抛光可消除织物的穿着刺痒感，改善织物柔软性；Lyocell 纤维织物的生物抛光可以达到纤维去原纤化的目的。

一、生物抛光原理

纤维素大分子由 β－D－葡萄糖剩基彼此以 β－1，4－糖苷键连接而成，分子式可以写成 $(C_6H_{10}O_5)_n$，n 为葡萄糖剩基数目，称为聚合度。纤维素大分子结构式如下：

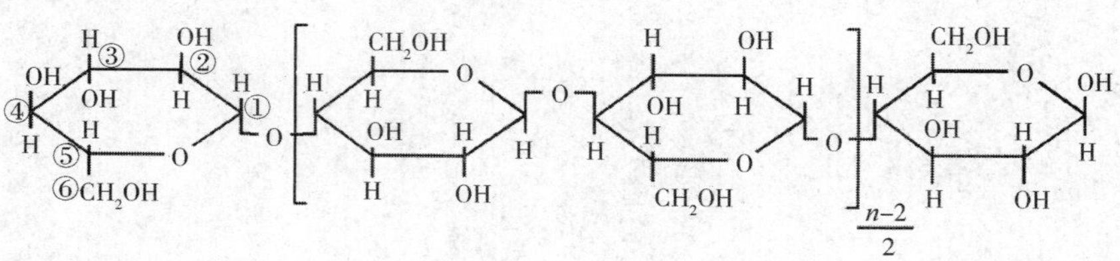

目前普遍认为纤维素酶水解纤维素为 $\beta-1$，4－内切葡聚糖酶（EG 酶）、$\beta-1$，4－外切葡聚糖酶（CBH 酶）、β－葡萄糖苷酶（BG 酶）三种酶组分协同作用的结果。EG 酶随机水解切断纤维素分子链，产生大量的纤维素分子链游离末端，为 CBH 酶水解纤维素提供作用位点。CBH 酶水解纤维素得到纤维二糖，并由 BG 酶水解成葡萄糖。因此，纤维素酶水解纤维素的过程可以简单表示为：EG→CBH→BG。由于纤维素的相对分子质量都很大，分子链末端在纤维总量中的比例很低，CBH 酶可作用的位点很少。因此，EG 酶的水解作用可起到对 CBH 酶水解纤维素的活化作用。

纤维素纤维是一种由结晶区和无定形区交错结合的体系。纤维素大分子通过整齐排列组成微原纤，微原纤整齐排列形成原纤。原纤中也有少数大分子分支出去与其他分支合并组成其他的原纤。原纤之间通过非整齐排列的分子连接起来形成无定形区，这就是缨状原纤模型，如图 5－2 所示。这种结构认为，纤维素分子可以在结晶区和无定形区之间穿插，由此造成晶区的分叉、渐变，原纤结构在长度方向和横向都可以不断地分离和重建。在纤维聚集态结构中并不存在严格意义上的结晶区，结晶区只是纤维中相对规整的区域。

近年来，随着对纤维素酶水解研究的深入，纤维素酶降解结晶纤维素的一些新的降解机制被提出。山东大学高培基等人认为，纤维素酶降解结晶纤维素过程是纤维素聚合物分子链在一种非水解性质的解链因子（纤维素酶分子结合结构域在纤维素表面吸附，导致微纤维内氢键断裂）或解氢键酶（他们由 *T. pseudokoningii* 滤液中分离到一个相对分子质量约为 24×10^4 的蛋白，pI 为 7.0，可使棉纤维、几丁质等膨胀，但无还原糖产生，这类酶具有破坏氢键的作用）的作用下，破坏氢键，使纤维素发生解链，形成无序的非结晶纤维素，然后在上述三种酶的协同作用下水解，解链和水解先后发生并同时反复进行。从目前的研究来看，纤维素酶水解结晶纤维素的机理十分复杂，还需要深入研究。

图 5－2　缨状原纤模型（画成格子处为结晶部分）

表面存在绒毛和微原纤的纤维素纤维织物，生物抛光后可以获得光洁的表面。去除绒毛是通过纤维素酶的水解作用和机械作用配合实现的。纤维素酶水解使绒毛和微原纤弱化，断裂强度下降，在机械作用的配合下，绒毛和微原纤断裂离开织物。如果仅有纤维素酶的水解作用，去除绒毛效果有限，需要高酶活性、长时间的水解作用，这样会造成织物主体纤维的过度水解，织物强度下降很大。因此，在纤维素酶的生物抛光加工中，配合机械作用是必需的。此外，由于纤维素纤维织物表面存在的绒毛会发生缠结形成小球，即织物的起毛起球现象，会影响织物的加工和使用，通过生物抛光去除表面绒毛后，织物的表面光洁，抗起毛起球性能得到改善。

纤维素纤维织物生物抛光后手感变好，更加柔软，这是因为绒毛去除后，织物表面变得顺滑，纤维之间的摩擦因数降低，在外力作用下纱线更易滑动；而且，由于纤维素酶对纤维的水解作用，结晶区被部分破坏，纤维的抗弯刚度降低，使织物变得柔软。纤维素酶对纤维素的减量作用也能提高织物的柔软性，使纤维变细或纱线变松。织物通过生物抛光获得的柔软效果具有耐久性，且不会使织物的吸湿性降低。大多数的化学柔软剂处理，则会导致织物吸湿性变差，并且多次水洗后，柔软剂逐渐洗去，织物手感会重新变差。

纤维素酶处理纤维素纤维织物，都会伴随织物的质量损失，称为织物减量，常用减量率作为表征处理效果的一个重要指标。减量率的计算公式如下：

$$减量率 = \frac{减量前织物质量 - 减量后织物质量}{减量前织物质量} \times 100\%$$

纤维素酶处理织物获得的减量，并不仅是由纤维素酶水解纤维素产生，可以分为化学减量和物理减量。化学减量是由纤维素酶水解纤维素生成还原糖或低聚糖而使织物产生的减量。物理减量是非催化水解产生的减量，如在机械作用下，织物表面弱化的绒毛、原纤等会断裂而离开织物，产生减量。

应根据减量率与织物性能之间的关系确定，纤维素酶处理纤维素纤维织物的减量率在达到处理目的时，织物的减量越低越好，减量率过大会严重损失织物强力。大多数情况下，织物的减量率宜控制在3%～5%。

二、影响纤维素酶生物抛光的因素

1. 纤维结构的影响 棉和麻的聚合度高达10000～15000，黏胶纤维的聚合度为250～500。纤维素的相对分子质量及其分布会影响纤维素材料的化学反应性能，也会影响纤维素酶的作用。

纤维素的聚合度决定了纤维素大分子链游离末端和内部$\beta-1,4-$糖苷键的相对含量，即分别被CBH酶和EG酶作用的底物的相对含量。纤维素的聚合度对纤维素酶作用的影响，主要表现在对CBH的影响。CBH作用于纤维素链末端，因此聚合度低的纤维素底物具有更多的外切酶作用位点。在水解过程中，EG的作用会导致纤维素聚合度的下降，也会增加CBH的作用位点。

纤维素纤维是由结晶区和无定形区组成的二相结构。结晶区的纤维素分子链取向好，分子间的结合力强；非晶区（无定形区）的纤维素分子链取向较差，分子排列无秩序，分子间距离较大，且分子间氢键结合数量少。天然棉纤维的结晶度约为70%，麻纤维的结晶度约为90%，丝光棉纤维约为50%，黏胶纤维约为40%。纤维的结晶度与纤维的物理性质、化学性质、力学性质均有密切关系。

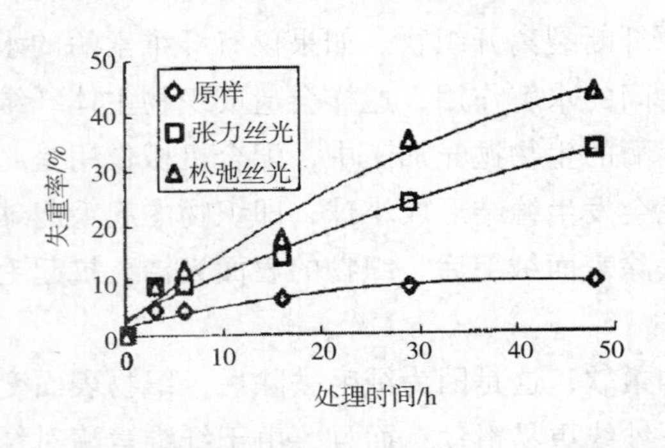

图5－3 纤维素酶处理不同结晶度棉织物的减量率

研究表明，真菌纤维素酶对非晶态纤维素的水解速率比高度结晶的纤维素的水解速率高1～2个数量级。纤维素酶对丝光棉织物的水解作用强于未丝光棉织物，丝光棉织物酶处理后的减量率更大（图5－3）。这是由于丝光处理后，棉纤维的结晶度下降，无定形区的比例更高。

纤维素纤维不溶于水，纤维素酶对纤维素纤维的催化水解为一多相催化反应体系，酶必须扩散到纤维表面或内部，与纤维素分子发生吸附，才能水解。由于纤维素酶相对分子质量大、体积大，难以进入结晶区内部进行作用，一般作用于无定形区和结晶区表面。纤维的无定形区比例高，有利于纤维素酶分子和纤维的吸附结合，加快酶催化反应速度。

表5-1为不同纤维素纤维吸附纤维素酶的吸附参数。从吸附参数 m 值看，在相同的条件下，黏胶纤维具有最大的吸附结合纤维素酶的能力，棉纤维其次，亚麻纤维最低。K_1 和 K_2 值也得出同样的规律。因此，纤维无定形区的比例越高，越容易与纤维素酶吸附结合。

表5-1 棉、黏胶纤维和亚麻纤维吸附纤维素酶的吸附参数

吸附参数	棉	黏胶纤维	亚麻
m/g 酶·g 纤维$^{-1}$	0.1095	0.2237	0.06697
K_1/g 纤维·L^{-1}	8.493	6.628	10.34
K_2/g 酶·L^{-1}	0.9319	1.479	0.6937

注 m 为单位质量纤维最大吸附结合的酶量；K_1 为纤维素底物的半饱和吸附常数，数值越小，表明纤维吸附结合酶的能力越强；K_2 为纤维素酶的半饱和吸附常数，数值越大，表明纤维吸附结合酶的能力越强。

表5-2为纤维素酶水解不同纤维素纤维的最大水解率和酶催化反应参数。从表5-2中可以看出，纤维素酶处理不同纤维素纤维时，最大水解率差异较大。在相同实验条件下，最大水解率为黏胶纤维>棉>亚麻，这表明黏胶纤维易被纤维素酶水解，而亚麻纤维相对较难。酶的半最大酶解常数 K' 的结果表明，要达到最大水解率，亚麻纤维所需的酶用量最高，棉和黏胶纤维所需的酶用量接近。纤维酶解反应动力学的结果与吸附结果相符，纤维的最大水解量与纤维最大程度吸附酶量呈正相关，表明在纤维素酶催化水解纤维素纤维过程中，酶与纤维的吸附结合起关键作用。

表5-2 不同纤维素纤维的最大水解率及酶催化反应参数

纤维	处理时间/min	最大水解率/%	K'/g·L^{-1}
棉	45	2.89	0.12363
	90	4.65	0.11270
黏胶纤维	45	3.12	0.12449
	90	5.18	0.10983
亚麻	45	2.70	0.24232
	90	4.25	0.16922

注 最大水解率为最大水解量［Y_{max}］与初始底物浓度［S_0］的比值；［Y_{max}］为酶催化反应动力学中，在纤维素酶浓度［P_0］趋于无限大的条件下，酶解处理到 t 时刻时，纤维的最大水解量；K' 为酶的半最大酶解常数，为纤维水解量达到最大水解量一半所需酶的浓度。

图5-4为不同纤维素纤维织物经纤维素酶处理后的减量率。从图5-4可以看出，处理时间6h时，亚麻织物失重最多，黏胶人造丝最低。亚麻织物减量较快的原因是其表面有较多

细小的绒毛，酶作用后变得脆弱而断落。黏胶纤维表面光洁，没有绒毛，且有独特的皮芯结构，皮层的结晶度和取向度均较高，影响了酶与纤维的吸附结合，使其初期催化水解速率慢，减量率低。当处理时间达到 48h 时，黏胶纤维的减量率最高。这是由于黏胶纤维的聚合度、结晶度均比天然纤维素纤维低很多，在纤维素酶长时间作用后，酶进入纤维内层进行水解，水解速度超过其他天然纤维素纤维，引起织物减量率的快速增加。苎麻织物时减量率低于其他纤维，这与苎麻纤维具有较高的结晶度、取向度和低的孔隙率有关。在实际应用时，纤维素酶的处理时间不长，对织物的减量也控制在较低水平，因此短时间内酶处理造成的织物减量对实际应用更具有参考价值。在短时间内不同纤维素纤维的减量次序为亚麻 > 棉 > 苎麻 > 黏胶纤维。

图 5－5 为纤维素酶处理不同纤维素纤维织物时减量率和强度保持的关系。从图 5－5 可以看出，织物的减量率越大，强度保持越小，在减量率超过 10% 时，所有织物的强度保持在 70% 以下，损失严重。在获得同等减量率时，不同纤维的强度保持率不同。减量率在 5% 以下时，麻类织物的强度保持最好，减量率在 90% 以上，棉的强度保持其次，黏胶纤维织物最差。

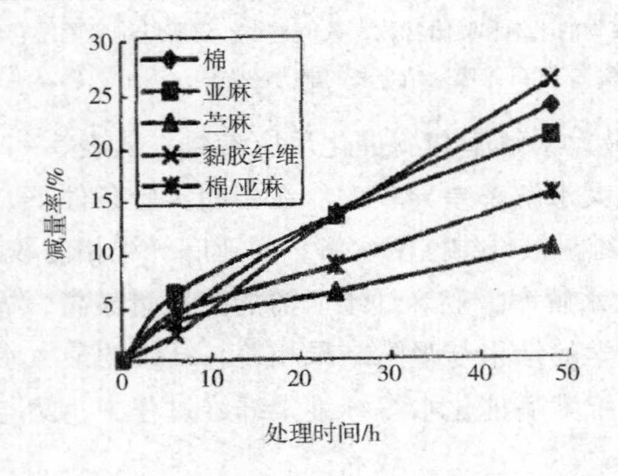

图 5－4　纤维素酶处理不同纤维素纤维织物的减量率

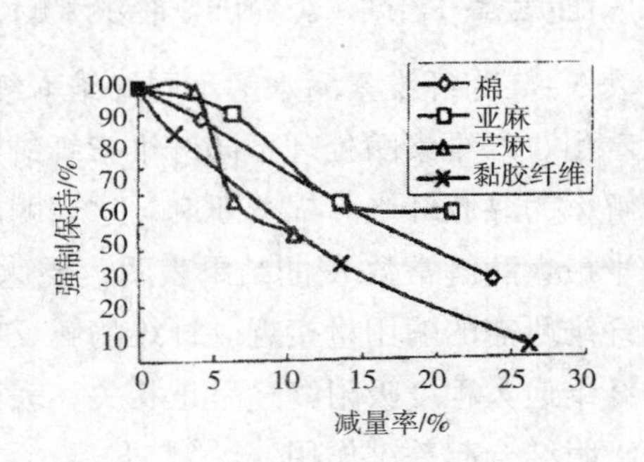

图 5－5　纤维素酶处理不同纤维素纤维织物时减量率和强度保持的关系

2. 纤维素酶的影响

（1）纤维素酶组分的影响。纤维素酶含有 CBH、EG 和 BG 三种酶组分，三者发挥协同作用对纤维素纤维进行水解。利用纤维素酶进行生物抛光时，水解织物中的纤维并不是整理的目的，过度水解反而对织物的机械性能不利。理想状态下，进行生物抛光时，纤维素酶对织物中的纤维有限水解，不破坏纤维主体结构，仅使织物表面绒毛适度弱化，并在机械作用下去除，达到改善织物性能的目的。目前的研究表明，三种酶组分中，EG 酶在生物抛光中起决定作用。虽然 EG 酶不能直接将纤维素水解成还原糖，但由于其可以切断无定形区纤维素的大分子链，使无定形区弱化，在受到机械作用时，弱化区域发生断裂，使绒毛脱落。CBH 酶可以进一步水解被 EG 酶弱化的区域，使纤维强度继续下降。BG 酶的作用对象为纤维二糖，不直接作用于纤维，对纤维弱化不起作用。

为了减小生物抛光中纤维的化学减量，降低主体纤维的损伤，商品化的生物抛光酶制剂会降低酶组分中 CBH 的比例，生产富含 EG 酶的纤维素酶用于抛光加工。表 5－3 为 Genencor 公司的三种主要用于 Lyocell 纤维织物生物抛光的酶制剂。利用这三种酶制剂对 Lyocell 纤维织物进行生物抛光，在达到同等去原纤化的效果时，织物的强度损失为 Primafast 100 处理 > Primafast SGL&RFW 处理 > IndiAge RFW 处理；在达到同等减量率时，织物的强度损失同样为 Primafast 100 处理 > Primafast SGL&RFW 处理 > IndiAge RFW 处理。因此，在达到同样抛光效果时，EG 酶含量高的酶制剂对织物的损伤要小，有利于生物抛光加工。

表 5－3　三种 Lyocell 纤维织物生物抛光酶制剂比较

酶制剂	酶组成	主要特征	应用
Primafast 100	普通纤维素酶	去除织物表面绒毛的能力很强	用于 100% Lyocell 纤维织物
Primafast SGL&RFW	富含 EG 的纤维素酶	织物强度下降少	用于 Lyocell 纤维及其混纺织物
IndiAge RFW	富含 EG 的纤维素酶	织物强度下降少	用于 Lyocell 纤维及其混纺织物

（2）纤维素酶结合结构域的影响。纤维素酶结合结构域（CBD）的结构与功能在第二章第三节纤维素酶部分已作了介绍。在纤维素酶水解纤维素纤维及生物抛光整理中，CBD 发挥着重要作用。目前，已经有很多研究结果表明 CBD 结构对纤维素酶催化不溶性纤维素底物水解的重要性。

利用木瓜蛋白酶对含有 CBD 结构的纤维素酶进行有限水解，可以制备得到 CBD 溶液和不含 CBD 结构的纤维素酶。图 5－6 为含有 CBD 结构的纤维素酶，水解得到的 CBD 和不含 CBD 结构的纤维素酶在纤维素纤维上吸附随时间的变化。[P] 为吸附一段时间后溶液中游离蛋白质浓度，[P_0] 为溶液中初始酶蛋白浓度，[P]/[P_0] 值越小，说明吸附到纤维上的酶越多。由图 5－6 可见，是否含有 CBD 结构对纤维素酶在纤维素纤维上的吸附影响很大。吸附 50min 后，不含 CBD 结构的纤维素酶有接近 60% 仍存在于溶液中，没有吸附到纤维上，吸附时间继续延长，溶液中蛋白含量变化不大；而含有 CBD 结构的纤维素酶在吸附 50min 时，溶液中蛋白含量只剩余约 25%，绝大部分吸附到纤维上。单独的 CBD 蛋白溶液也表现出很好的吸附性能。

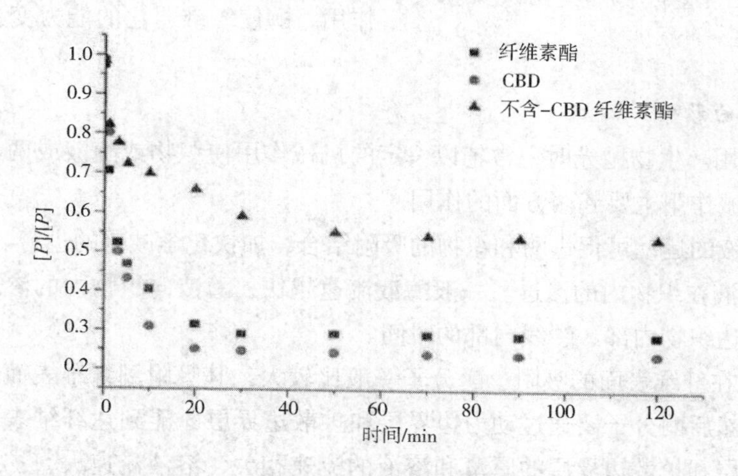

图 5－6　吸附时间对不同纤维素酶在纤维素纤维上吸附的影响

表5－4为含有CBD结构的纤维素酶，CBD和不含CBD结构的纤维素酶对不同纤维素底物的酶解活力。结果表明，CBD对纤维素纤维基本没有水解能力，去除CBD结构的纤维素酶对可溶性纤维素底物（CMC）的催化水解活力基本没有影响，但对不溶性底物（滤纸和脱脂棉）的催化水解活力显著降低。

表5－4　CBD及不同纤维素酶对不同纤维素底物的酶解活力

项目	酶活力/U·mL^{-1}		
	FPA活力（底物为滤纸）	EG活力（底物为CMC）	CBH活力（底物为脱脂棉）
纤维（含CBD）	956.0	1300	120.0
CBD	5.80	8.70	2.10
素酶（不含CBD）	687.0	1210	52.0

虽然CBD是纤维素酶在不溶性纤维素纤维上吸附的关键结构已是共识，但其作用机制尚不十分清楚，可能包含多种作用（见第二章第三节），进一步研究CBD的作用和功能对于纤维素酶的应用具有重要意义。

CBD结构的存在对纤维素酶生物抛光整理效果也有重要影响。有研究利用去除CBD前后的纤维素酶处理纤维素纤维织物，结果发现去除CBD结构的纤维素酶去除织物表面绒毛的效果明显变差（图5－7）。造成此现象的原因尚不清楚，一方面，可能与去除CBD后纤维素酶对纤维素纤维的吸附及催化水解能力变差有关；另一方面，有研究表明CBD具有非水解性破坏纤维结构的作用，可导致微纤维内氢键断裂，使纤维弱化，去除CBD的纤维素酶失去此作用，酶使纤维弱化的能力变差，去除绒毛的效果变弱。

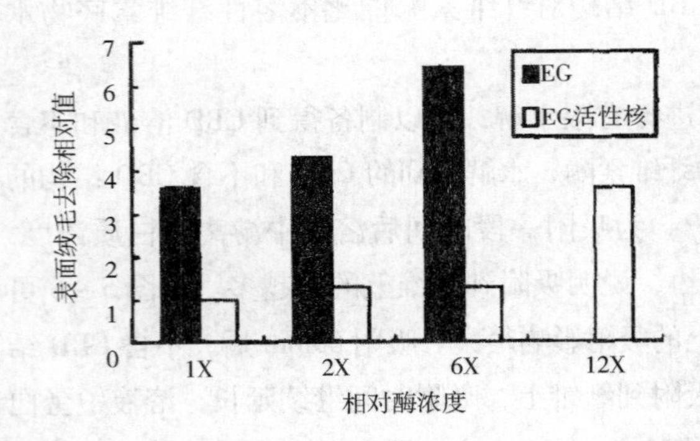

图5－7　CBD对纤维素酶去除织物表面绒毛的影响
表面绒毛去除相对值越高，表示绒毛去除效果越好

3. 抛光工艺的影响

（1）机械作用。生物抛光时，常辅以一定的机械作用使织物或酶液或两者发生运动，促进织物减量。机械作用主要起两方面的作用。

①织物与酶液的运动可促进酶和织物的吸附结合，加快化学减量的进行。

（a）促进酶液在织物内的渗透。一般酶液流速越快，酶液向织物内的渗透越快，可以缩短酶从溶液中到达织物内部、纱线内部的时间。

（b）促进酶在纤维表面的吸附。酶分子一般比较大，其吸附到纤维表面，必须从溶液中靠近纤维表面，然后酶分子要通过动力边界层和扩散边界层才能到达纤维表面。从流体力学可知，动力边界层和扩散边界层的厚薄和溶液的流速相关，溶液流速大，扩散边界层薄，酶分子就越容易靠近纤维表面，加快与纤维之间吸附结合。所以酶液的运动可以促进酶与纤维的吸附结合。需要指出的是，酶液的运动只能加快酶与纤维吸附的速度，并不能增加纤维吸附结合酶分子的数量。有研究表明，酶液运动过快，可能会使纤维上酶蛋白的平衡吸附量轻微下降。

（c）水解产物的脱离及酶分子的再次反应。有研究表明，纤维素酶催化纤维素纤维水解反应后，水解产生的葡萄糖或纤维二糖会对水解反应产生抑制作用，酶液的运动有利于水解产物向溶液转移，能更好地发挥酶的催化作用。此外，吸附在纤维上的酶分子在完成反应后，也需要从纤维上脱离，才能再次参与反应。酶液的流速越快，水解产物和酶分子易从纤维上脱离，有利于反应继续进行。

②织物与酶液的运动增加织物的物理减量。织物的运动会导致织物与织物之间或织物与设备之间发生机械作用，如相互之间的摩擦作用；酶液的运动会对织物表面绒毛产生机械作用，酶液运动也会引起织物的运动，产生机械作用。当有机械作用存在时，一些经纤维素酶水解弱化的绒毛会受力断落离开织物，提高物理减量。在该条件下观察处理后的酶液，可发现许多未被完全水解的绒毛和纤维碎屑。

在实际生产中，织物或酶液的运动由加工设备提供，采用不同的设备进行处理，可以获得对织物不同的机械作用力，见表5－5。一般设备对织物的机械作用越大，酶用量越少，处理时间越短。高强度的机械作用会造成织物的变形和破损，因此需根据织物可耐受的机械作用做合理选择。

表5－5 常见纤维素酶处理设备对织物的机械作用

设备分类（对织物的机械作用高低）	设备
低机械作用	卷染机、溢流染色机
中等机械作用	溢流喷射染色机
高机械作用	高速绳状染色机、气流染色机、转笼式水洗机

因此，在纤维素酶处理纤维素纤维织物获得减量的加工中，织物与酶液的运动产生的机械作用十分重要，可以使织物更快、更多地获得化学减量和物理减量。需要指出的是，织物与酶液的运动增加织物的化学减量和物理减量是同时发生的。另外，织物与酶液的运动可以减少酶制剂的用量，缩短处理时间。

图5－8所示为机械作用对纤维素酶处理棉织物水解及减量的影响。在高机械作用下，水解产生的还原糖量更高，织物的减量率更大。但是，当机械作用增强后，织物减量率增加的幅度要大于还原糖量的增加幅度。这是由于机械作用在促进织物被酶水解，获得更多化学减量的同时，也引起了更多的物理减量，使得总减量率增加幅度超过仅由于酶催化水解产生的还原糖量增加幅度。

图5－8中处理条件为酸性纤维素酶2g/L，pH值4.8，温度50℃，浴比1:20，使用设备为Rapid小型染色机；低机械作用指设备运转频率60r/min；高机械作用指设备运转频率80r/min，并在

酶处理容器（不锈钢罐）中加入5枚直径1.5cm的不锈钢珠。

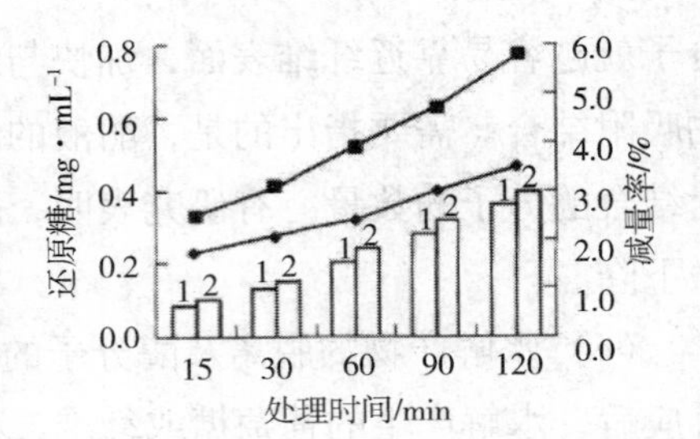

图5-8 机械作用对纤维素酶处理棉织物水解及减量的影响

1—低机械作用下酶解产生还原糖量

2—高机械作用下酶解产生还原糖量

◆—低机械作用下酶解后织物减量率

■—高机械作用下酶解后织物减量率

(2) 纤维素酶用量。在相同的处理条件下，一般随纤维素酶用量的增加，织物的减量率增加。当纤维素酶用量增加到一定程度后，对织物减量率的增加作用减弱。这是由于纤维中可供纤维素酶吸附结合的位点有限，过多的酶分子无法参与纤维素的水解反应。在处理纤维素纤维织物时，酶用量通常在1%～3%(owf)。如果处理的织物比较厚重，需要增加酶用量。

(3) 浴比。浴比要满足织物在设备中运行的需要。浴比过低，织物与酶液接触不均匀，易造成织物上不同位置减量不均匀；浴比过大，不利于给织物提供足够的机械作用，并且会增加酶的用量，不利于降低成本。实际生产时，对织物机械作用大的设备，浴比可偏大；对织物机械作用小的设备，浴比可偏小。一般织物加工的浴比为1:(5～25)。

(4) 处理温度、pH值和处理时间。纤维素酶处理纤维素纤维织物的温度和pH值与所使用的酶制剂的最适温度和pH值范围有关。目前应用的纤维素酶有酸性纤维素酶和中性纤维素酶。酸性纤维素酶的最适作用温度一般在50～60℃，最适作用pH值在4.0～6.0。中性纤维素酶的最适作用温度与酸性纤维素酶接近，最适作用pH值在6.0～7.0。目前酸性纤维素酶应用较多，工艺成熟，且相对于中性纤维素酶价格较低，活力高。但是，酸性条件下处理纤维素纤维织物，对织物的损伤较大，并需中和、充分水洗后才能进行后续染色加工。

纤维素酶处理织物的时间延长，可以获得更高的织物减量率，但是过长的处理时间会使纤维的水解程度高，织物强力损失大。

(5) 染料的影响。对于生物抛光、染色一浴法加工，或先染色后生物抛光的加工，处理液、织物上的染料会对纤维素酶的酶活产生抑制作用，从而影响抛光效果。

染料对纤维素酶催化作用的抑制，主要有以下三方面。

①吸附到纤维分子链上的染料阻碍了酶分子活性中心与纤维素分子链的结合及催化作用。这种抑制作用和染料分子的结构、性质、染料浓度、染料对纤维的亲和力以及染料在纤维上的分布状态直接相关。如染料分子越大、芳环共平面性越好、染料的浓度越高，染料在纤维上的覆盖面积就越大，对酶的抑制作用就越强。

②直接、活性等阴离子染料会和带正电的酶分子结合，使酶活性受到抑制。当加工pH值低于酶等电点（pI）时，酶分子带正电。纤维素酶系中各组分的等电点随菌种来源、培养条件的变化而异。一般认为，木霉属真菌产的CBH Ⅰ的pI值为4.2，CBH Ⅱ的pI值约为5.9。真菌EG Ⅰ的pI值约为4.7，EG Ⅲ的pI值为4.8～5.6（也有报道约为7.47），BG的pI值为7.5～8.5。一般酸性纤维素酶抛光pH值为4～5，因此有一部分酶组分会带正电，与阴离子染料结合。

③对于活性染料而言，活性染料与纤维以共价键结合，影响酶对纤维素分子链的辨识能力，从而对酶催化产生了较强的抑制作用。另外，一些双活性基染料还能在纤维分子链之间形成交联。当纤维素水解为低聚糖或纤维二糖时，由于交联，低聚糖连接在交联的纤维分子链上，会对尚未水解的分子链产生位阻效应抑制酶的作用。

三、抛光整理

1. 棉织物生物抛光

（1）棉织物生物抛光工艺。棉织物生物抛光工艺较为成熟，一般是在前处理（退浆、精练、漂白）后和染色前进行。未前处理的织物表面有一层致密的浆膜和许多天然杂质，使得纤维素酶无法直接作用于纤维素纤维，酶的作用效果大大降低。退浆不净也会造成抛光处理不匀，影响抛光效果，所以生物抛光一般安排在织物前处理后进行。纤维素酶处理染色织物会造成织物色泽变化，部分织物还会出现色牢度下降等问题。对这些情况最有效的解决方法是将生物抛光安排在染色前进行。

①酸性纤维素酶抛光工艺。传统的棉织物生物抛光一般使用酸性纤维素酶，由于抛光条件（pH 值 4 ~ 5）与染色条件（碱性条件固色）差异较大，所以常采用两浴法工艺，即按抛光、水洗、染色工序进行，如图 5 – 9 所示。

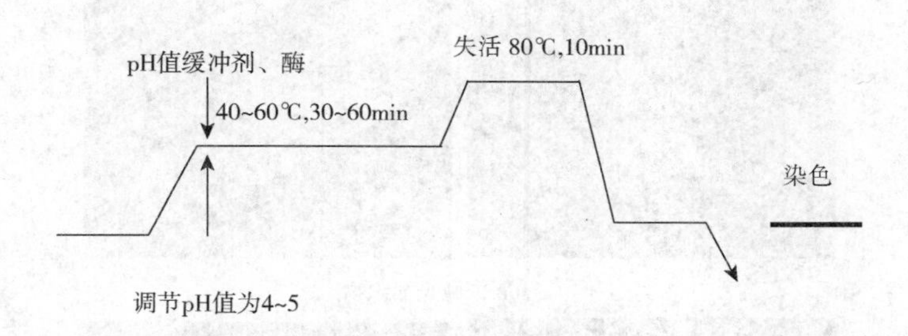

图 5 – 9　棉织物酸性纤维素酶抛光工艺曲线

②中性纤维素酶抛光、染色一浴法工艺。随着酶制剂开发水平的提高，已生产出适合抛光、染色一浴法工艺的中性纤维素酶。目前中性抛光酶的最适作用 pH 值在 6.0 ~ 7.0。采用抛光、染色一浴法工艺，具有能耗低、用水量少、加工时间短等优点，其工艺如图 5 – 10 所示。但是，该工艺需要考虑染料对纤维素酶酶活的影响。

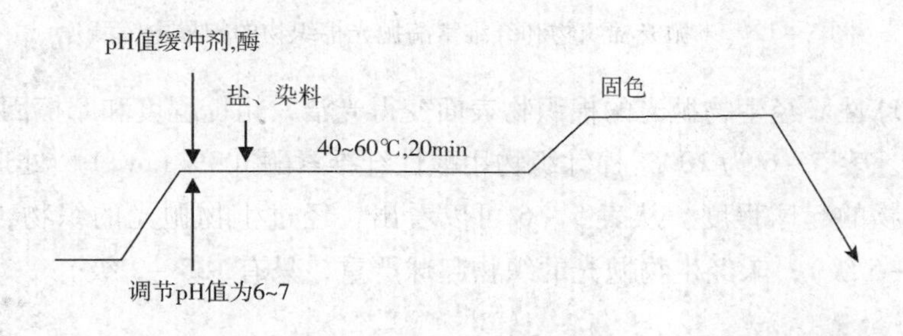

图 5 – 10　棉织物中性纤维素酶抛光和染色一浴法工艺曲线

③生物除氧、抛光、染色一浴法工艺。过氧化氢酶除氧的最适 pH 值在 7 左右，因此，中性纤维素酶抛光可以与生物除氧、染色一浴法进行，工艺曲线如图 5－11 所示。

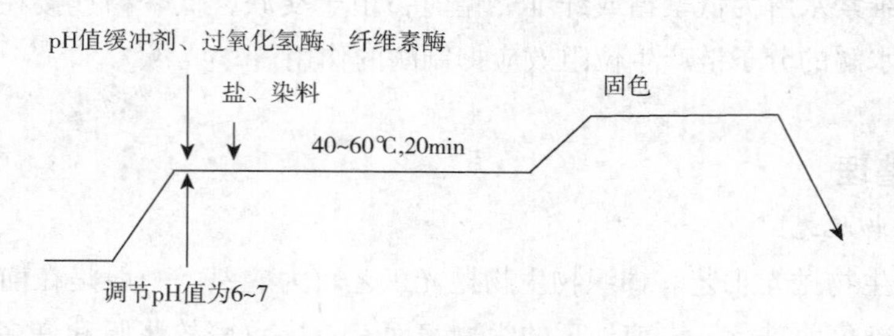

图 5－11　生物除氧、抛光、染色一浴法工艺曲线

（2）棉织物生物抛光效果。

①织物表面形貌。生物抛光前后织物表面形貌会发生明显改变。图 5－12 为未抛光棉织物和生物抛光棉织物的扫描电镜照片。从图中可以看出，未经纤维素酶处理的棉织物表面存在许多杂乱且突起的棉纤维。放大 1000 倍时，可以观察到单根棉纤维上存在许多突起的微原纤。经生物抛光后，织物表面突起的纤维数量明显减少，纤维表面变得光滑。

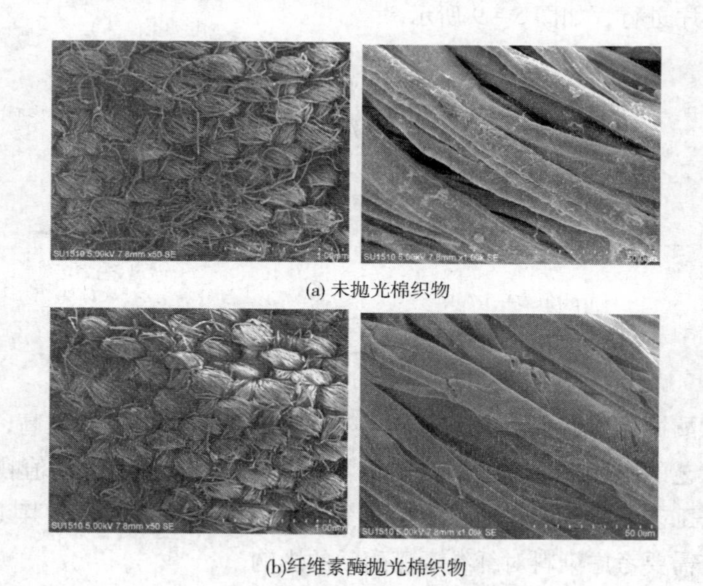

(a) 未抛光棉织物

(b)纤维素酶抛光棉织物

图 5－12　未抛光棉织物和纤维素酶抛光棉织物的扫描电镜照片

②起毛、起球性。经生物抛光的棉织物表面变得光洁，粗糙程度和摩擦因数降低，起毛、起球性明显改善。表 5－6 为 100% 棉针织物用酸性纤维素酶［3%（owf）］处理后，再用家用洗衣机洗涤后织物的起球程度。从表 5－6 可以看出，经过生物抛光的织物，洗涤 20 次后，起球不明显（4－5 级），未经生物抛光的织物起球严重，只有 1.5－2 级。

表 5-6　棉针织物生物抛光后的起球性能

洗涤次数＼摩擦次数	125 次		500 次		2000 次	
	未处理	生物抛光	未处理	生物抛光	未处理	生物抛光
未洗涤	2	5	2	5	2	5
洗涤 5 次	2	5	2	5	2	4
洗涤 20 次	2	5	2	5	1.5	4

注　测试设备为马丁代尔起球测试仪；测试标准为瑞士标准 SN 198525，5 级表示未起球，1 级表示起球严重。

2. *麻织物生物抛光*　麻纤维的种类较多，用于服装面料的主要有苎麻和亚麻。麻类织物具有优良的吸湿和导湿性，穿着凉爽，具有天然的抗菌性。但是，从表 5-7 和表 5-8 可以看出，麻纤维中木质素含量较高，导致纤维刚硬，另外纤维的结晶度和取向度高，纤维外表平直无卷曲，抱合力差，使得织物表面绒毛多而硬挺，手感粗糙，贴身穿着时会由于刚性绒毛的机械刺激作用使皮肤有刺痒感。这些缺点在一定程度上影响麻类纺织产品的开发与应用。

澳大利亚 Monash 大学和 CSIRO（澳大利亚联邦科学与工业研究组织）分部的联合研究表明，绝大多数织物穿着刺痒感并不是由过敏反应引起的，而是由织物上的纤维对皮肤的痛觉神经末梢机械刺激引起的。当纤维作用于皮肤上的力大于 0.75mN 时，分布在皮肤浅层神经网中的痛觉神经被激活，产生刺痒感。

麻织物经过生物抛光后，去除了表面硬挺的大部分绒毛，剩余的少量绒毛也因酶的作用而使刚性下降，变细，变柔软，可根本上解决穿着刺痒感的问题。麻织物生物抛光同样可以获得光洁的织物表面，使抗起毛、起球性得到提高。

麻织物的生物抛光工艺与棉织物生物抛光工艺基本相同，可以采用酸性纤维素酶抛光、染色两浴法和中性纤维素酶抛光、染色一浴法进行。

表 5-7　部分麻纤维和棉纤维的化学组成

项目	苎麻	亚麻	大麻	黄麻	棉
纤维素/%	65~75	70~80	67~78	57~60	94~95
半纤维素/%	14~16	12~15	5.5~16.1	14~17	—
果胶/%	4~5	1.4~5.7	0.8~2.5	1.0~1.2	0.9
木质素/%	0.8~1.5	2.5~5	2.9~3.3	10~13	—
其他/%	6.5~14	5.5~9	5.4	1.4~3.5	4~5

表 5-8　苎麻与棉纤维性质比较

项目	纤维线密度/tex	纤维长度/mm	结晶度/%	取向度	初始模量/$N \cdot tex^{-1}$
苎麻	0.42~0.83	20~250	79±7	0.984	17.64~22.05
棉	0.12~0.25	23~64	60±20	0.625~0.825	6.00~8.20

（1）织物刺痒感的评定方法。评定刺痒感主要有主观感觉评定法和客观评定法。

主观评定法主要有前臂或颈部试验法和试穿试验法。主观评定能够直观反映织物刺痒感的强弱，有一定的可靠性，但是受主体因素和环境因素的影响较大，评定过程实施也较为复杂。因此，需建立一套客观的评定织物刺痒感的方法。客观评定方法目前有膜痕法、低压力压缩测试法、激光计数突出毛羽数量等方法。

（2）麻织物生物抛光效果。

①织物刺痒感。纤维素酶处理或纤维素酶联合柔软剂处理对不同经纬纱苎麻织物刺痒感的影响见表5－9。由表可见，经纤维素酶生物抛光处理后，所有苎麻织物的刺痒感都得到改善，说明去除麻织物表面绒毛可以改善织物刺痒感。生物抛光后，织物进一步进行柔软处理，可以使刺痒感进一步得到改善。柔软处理降低了纤维和纤维、纱线和纱线之间的摩擦因数，纤维接触到人体皮肤时，容易滑动，减小了纤维对皮肤的作用力，所以刺痒感减弱。

表5－9 纤维素酶处理对不同经纬纱苎麻织物刺痒感的影响

织物 处理方法	苎麻织物刺痒感/级			
	28tex	16tex	14tex	10tex
未处理	4.5	3.7	3.3	3.5
酶处理	2.8	3.3	3.0	3.1
酶＋柔软剂处理	2.4	2.5	2.0	2.3

刺痒感评价采用主观评价法中的颈部试验法，1级不刺痒，5级极刺痒，表中数值为多名测试人员测试结果平均值。

表中酶处理工艺流程：纯苎麻半漂布→纤维素酶处理→热水失活（碳酸钠调溶液pH值为10.5，同时升温至75℃，保温20min）→水洗→烘干→调温调湿→测试

酶＋柔软剂处理工艺流程：纯苎麻半漂布→纤维素酶处理→热水失活→水洗→二浸二轧柔软剂处理液→130℃烘干→调温调湿→测试

②织物表面形貌。图5－13为未抛光苎麻织物和生物抛光苎麻织物的扫描电镜照片。未处理麻织物中麻纤维的表面存在相当多突起的微原纤，且这些微原纤的尺寸远大于棉纤维表面的微原纤。经纤维素酶处理后，苎麻织物中纤维表面变得十分光滑，去除了纤维表面突起的微原纤。

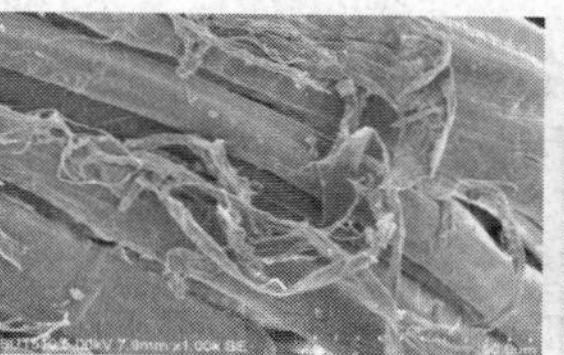

(a)未抛光苎麻织

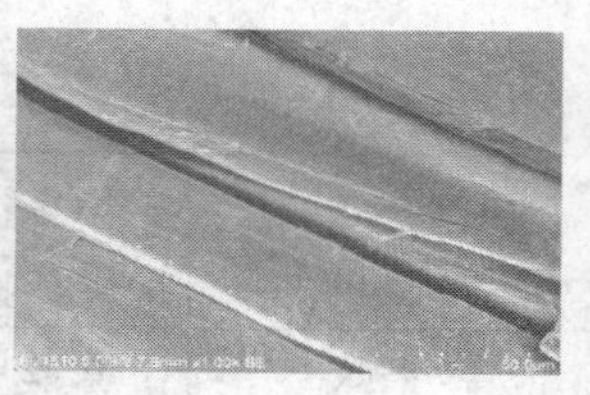

(b)纤维素酶抛光苎麻

图5－13 未抛光苎麻织物和纤维素酶抛光苎麻织物的扫描电镜照片

3. Lyocell 纤维织物的纤维素酶整理　Lyocell 纤维，又称 Tencel 纤维，是以 *N*－甲氧基吗啉（NMMO）的水溶液溶解纤维素后，进行干、湿法纺丝再生的一种纤维素纤维。原料是成材迅速的山毛榉、桉树或针叶类树的木浆。因溶剂可以回收，生产过程对环境无公害，是一种绿色的再生纤维素纤维。Lyocell 纤维的性能十分优良，但易原纤化。

（1）Lyocell 纤维的原纤化特征。原纤化是纤维沿轴向将更细的微细纤维逐层剥离出来，这是具有原纤构造的纤维所特有的一种结构特征。再生纤维素纤维普遍存在原纤化的问题，但原纤化程度不同，Lyocell 纤维的原纤化程度比其他再生纤维素纤维严重得多。

Lyocell 纤维是由微纤维构成的、取向度非常高的纤维素分子集合体，这种微纤维集合体由巨原纤构成，具有明显的原纤构造，由大分子敛集成的各级原纤基本上都是沿纤维轴向排列。普通型 Lyocell 纤维原纤的结晶化更趋向于沿纤维轴向排列，纤维大分子之间横向结合力相对较弱，纵向结合力较强，形成层状结构。这种明显的各向异性结构特征，使得纤维表现出很强的径向膨润能力。在水中膨润时，径向膨润程度远远大于轴向，并有较高的湿刚性。此时，若纤维反复受到机械摩擦作用，纤维表面会发生明显的原纤化，沿着纤维长度方向在纤维表面逐层分裂出更细小的微细纤维（直径 1～4μm），其中一端固定在纤维本体上，另一端暴露在纤维表面，形成许多微小绒毛。这种现象称为纤维的原纤化现象。在极度原纤化情况下，这些原纤会相互缠结而起球。

（2）Lyocell 纤维织物的原纤化。Lyocell 纤维织物的原纤化分为两个阶段，第一阶段是初级原纤化，第二阶段是次级原纤化。

①初级原纤化。初级原纤化也称纱线的原纤化，是指未被固定在纱线内部的短纤维末段翘起于纱线表面而呈游离端。当这些翘起的游离端在润湿条件下受到较强的机械作用时，就会产生强烈的纤维原纤化。初级原纤化分裂出的原纤较长，通常在 1mm 以上，且长短不一，分布不均，易于缠结成球，如图 5－14 所示。一般 Lyocell 长纤织物不会发生初级原纤化，只有其短纤织物才会发生初级原纤化。

对于普通 Lyocell 短纤织物，在湿加工过程中，必须使 Lyocell 纤维发生充分的初级原纤化，然后用纤维素酶充分去除初级原纤化时产生的较长原纤。

初级原纤化主要是利用碱剂（如纯碱、烧碱、磷酸钠）使纤维膨化，然后在设备提供的机械力作用下发生原纤化。处理时提高温度，增加纤维膨化度，有利于纤维的原纤化。由于 Lyocell 纤维的膨润性很强，膨润后的织物手感很硬，因此在初级原纤化时需要添加润滑剂，以防产生折痕和擦伤。润滑剂一般采用脂肪酸

(a)没有原纤化/毛羽的坯布

(b)初级原纤化的坯布

(c)初级原纤化后起球的织物

图 5－14　Lyocell 纤维织物中纤维的初级原纤化

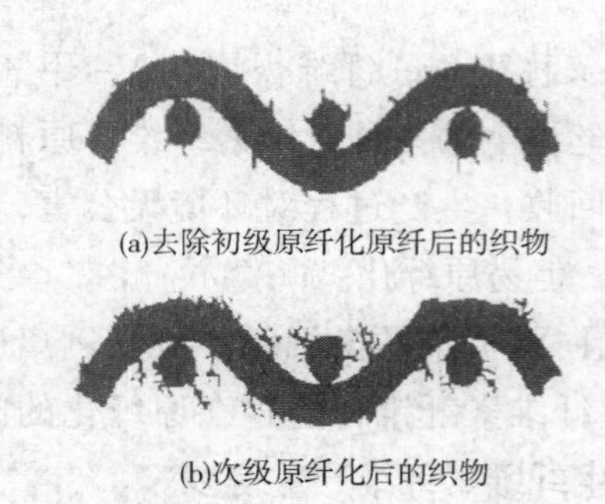
(a)去除初级原纤化原纤后的织物

(b)次级原纤化后的织物

图 5-15　Lyocell 纤维织物中纤维的次级原纤化

酯、聚酰胺衍生物。

②次级原纤化。Lyocell 纤维织物的次级原纤化也称纤维的原纤化，即纱线中的纤维发生了原纤化现象。次级原纤化是织物经初级原纤化，并去除原纤后，进一步的湿处理造成的，如图 5-15 所示。次级原纤化时分裂出的原纤较短，通常为十分之几毫米，分布均匀，且不会起球，染色均匀。次级原纤化的织物手感柔软，表面似桃子的表皮。利用 Lyocell 纤维的次级原纤化，可使织物获得桃皮绒风格。如果次级原纤化后利用纤维素酶去除原纤，可使织物获得光洁的风格。

（3）Lyocell 纤维织物的纤维素酶整理。Lyocell 纤维织物的光洁整理和桃皮绒整理中初级原纤化后的织物都可以采用纤维素酶处理去除原纤，光洁整理可在染色后增加一道纤维素酶处理，去除染色加工中形成的绒毛。

Lyocell 纤维织物的纤维素酶光洁整理工艺流程如下：

前处理（烧毛、退浆）→初级原纤化→纤维素酶处理（去除原纤）→染色→纤维素酶处理→平幅树脂整理

Lyocell 纤维织物的纤维素酶桃皮绒风格整理工艺流程如下：

前处理（退浆、烧毛）→初级原纤化→纤维素酶处理（去除原纤）→染色→次级原纤化→（树脂定型）

工艺举例：

①Then airflow AFS 气流染色机初级原纤化工艺：

Cibafluid C（润滑剂）	3g/L
烧碱	3g/L

60℃进布→80℃加入烧碱处理 5min→90～100℃处理 60～80min→水洗→醋酸中和→水洗

②酸性纤维素酶处理工艺：

酸性纤维素酶	3%～5%（owf）
润滑剂	2～3g/L
浴比	1:(5～10)
pH 值	5～6
温度	45～55℃
处理时间	50～80min

各处理阶段 Lyocell 纤维织物的扫描电镜照片如图 5-16 所示。从图 5-16 可以看出，初级原纤化后的织物表面有很多突起的微细纤维，表面非常粗糙［图 5-16（b）］。纤维素酶处理后，织物中的 Lyocell 纤维表面变得十分光滑，去原纤效果显著。

图 5-17 为 Lyocell 纤维织物在染整加工不同工序后的表面形态图。经过前处理（烧毛、

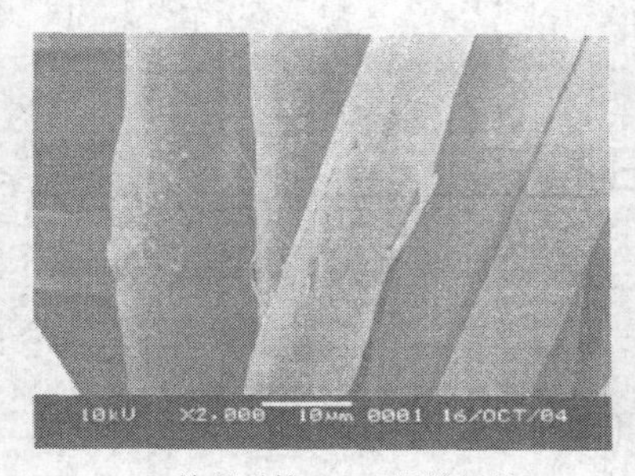

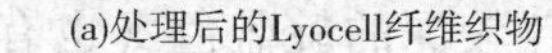
(a)处理后的Lyocell纤维织物

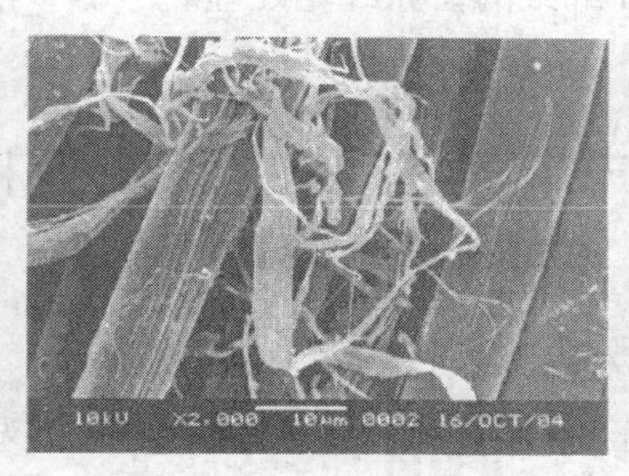

(b)初级原纤化后的Lyocell纤维织物

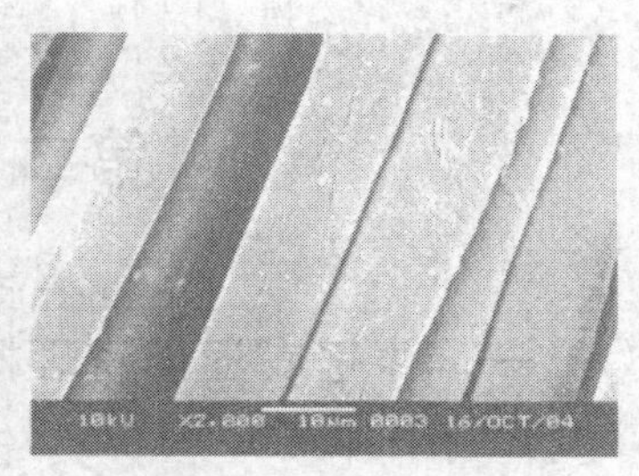

(c)纤维素酶处理初级原纤化后的Lyocell纤维织物

图 5－16　不同处理阶段的 Lyocell 纤维织物扫描电镜照片

退浆）后织物表面较为光洁；经初级原纤化后，织物表面产生了相对较长的绒毛，且绒毛相互纠缠，发生起球；经纤维素酶处理后，织物表面已无长原纤，重新变得光洁；经次级原纤化后，织物表面产生了很细微的原纤，呈现出桃皮绒的外观。

(a)前处理后　(b)初级原纤化后

(c)纤维素酶的原纤化后　(d)次级原纤化后

图 5－17　不同加工工序后 Lyocell 纤维织物的表面形态

对 Lyocell 纤维织物去原纤化处理，可以采用酸性纤维素酶或中性纤维素酶。酸性纤维素酶对 Lyocell 纤维的水解程度更高，实际生产中主要采用酸性纤维素酶。如 Genencor 公司生产的 IndiAge44L、IndiAge2XL、IndiAgeMAXL、Primafast SGL 和 Novozymes 公司生产的 Cellusoft

系列酶制剂等都适用于 Lyocell 纤维的去原纤化处理。

第二节　牛仔布的酶洗返旧整理

一、牛仔布返旧整理概述

1. 牛仔布的组织结构　牛仔布（Denim），又称靛蓝劳动布，始于美国西部，是一种棉质、较粗厚的色织经面斜纹面料，经纱一般为用靛蓝染料染色的颜色较深的靛蓝色（也有用硫化染料染色的蓝黑和黑色等），纬纱一般为浅灰或本白纱。

牛仔布经纱采用浆染联合染色工艺，其线密度有 80tex（7 英支）、58tex（10 英支）、36tex（16 英支）等规格，纬纱规格有 96tex（6 英支）、58tex（10 英支）、48tex（12 英支）等。常见的牛仔布组织主要有$\frac{3}{1}$斜纹、$\frac{2}{1}$斜纹、平纹、$\frac{3}{1}$破斜纹四种。另外还有复合凸条、小提花及绉组织等。

牛仔布具有紧密厚实、挺括耐磨、色泽鲜艳、织纹清晰的特点。又因牛仔布的返旧整理赋予其粗犷奔放的风格以及立体柔美的外观效应，深受各层次消费者的青睐，风行世界各国，经久不衰。

2. 牛仔布的返旧整理方法　牛仔布用于制作男女式牛仔裤、牛仔上装、牛仔背心、牛仔裙等休闲服装以及牛仔包、牛仔帽、牛仔束腰带等服饰配件（图 5－18）。牛仔布“返旧整理”是一种人工做旧工艺，是使牛仔布具有独特风格的关键工序。其基本原理为，利用靛蓝等染料的环染及/或湿摩擦牢度差的特点，通过特殊方法剥除部分染料，使之均匀脱色或局部褪色而获得“石磨”效果，达到返旧的外观。返旧外观是衡量牛仔布品质的一个重要内容。

图 5－18　常见的牛仔服饰

牛仔布的返旧整理常指牛仔成衣返旧整理，其退浆后的返旧加工方法较多，风格各异。主要有普洗、石磨洗、漂洗、化学洗、酶洗以及喷砂、猫须、人为损伤等深加工方法。

牛仔布的返旧整理也可以对织物进行，然后再制作服装。牛仔织物返旧整理成本相对较低，但整理后制作的成衣没有“骨位”效果。

（1）普洗整理（Garment wash）。普洗即普通水洗，是牛仔成衣的一种简单洗涤方法，其基本方法是在50～80℃水浴中加入适量的洗涤剂（如白枧油等），或同时添加少量的剥色剂（如次氯酸钠）洗涤一定时间，利用水磨和机械外力的作用，使牛仔织物表层染料轻微脱落，后续加入适当的柔软剂处理。

普洗牛仔布的手感柔软、舒适，因其表层染料脱落较少，颜色相对鲜亮，返旧效果较弱，服装“骨位”也不甚明显。

（2）漂洗整理（Bleach wash）。漂洗主要通过漂白剂（氧化剂）对靛蓝等染料结构的破坏，使牛仔面料褪色。根据漂白剂的种类分为氯漂、氧漂、高锰酸钾漂。

氯漂的褪色效果粗犷，大多用于中浅色靛蓝牛仔布的漂洗。蓝黑或者黑牛仔一般用双氧水漂洗，使其呈现中灰或中浅灰色，如果用氯漂工艺则面料容易泛黄。高锰酸钾作为漂洗剂，主要用于黑色牛仔面料。与氧漂相比，高锰酸钾漂可以把黑色面料漂得更浅，且漂后牛仔面料表面有一层白色绒毛，类似雪花洗的效果，风格非常独特。但是，高锰酸钾本身颜色较深，对色困难，漂洗质量较难控制。漂洗对牛仔面料主要起剥色作用，整理后的牛仔布颜色相对较呆板，“骨位”不明显，一般很少单独使用，常配合石磨洗或者酶洗工艺对牛仔面料进行返旧整理。

（3）石磨（石洗）整理（Stone wash）。传统的石磨与普洗整理相类似，主要区别是在普洗的基础上加入一定大小的浮石（或适当添加橡胶球等）进行磨洗（添加的洗涤剂和剥色剂根据实际需要稍有不同）。利用浮石与面料之间的摩擦作用以及剥色剂对面料上染料的破坏作用，使染料脱落产生磨白效果，从而使牛仔布产生独特的风格。

石磨整理后的牛仔布手感柔软，颜色变浅，骨位明显，整体呈现虽新如旧、富有立体感的特殊效果。但是该整理方式对牛仔面料主体的损伤较大，加工过程中易造成断纱甚至破洞，导致牛仔面料出现“磨破”现象，并且碎石砂粒易残留在牛仔布上，因此经该工艺加工的牛仔布次品率较高。目前常用酶洗工艺部分或全部替代石磨整理，以提高返旧整理牛仔布的一等品率。

（4）化学洗整理（Chemical wash）。化学洗主要是利用强碱和助剂（NaOH、Na_2SiO_3等）对面料进行处理，使其表面染料部分剥落，实现牛仔布的返旧效果。洗后面料有较明显的陈旧感，再加入柔软剂，使面料更加柔软丰满。如果在化学洗过程中加入浮石等，则称为化石洗（Chemical stone wash），可以增强褪色及磨损效果，从而使成衣有较强的残旧感。化石洗集化学洗及石磨效果于一身，洗后可以达到一种仿旧和起毛效果。

（5）雪花洗（Snow wash）。雪花洗俗称“炒雪花”，是一种干炒不加水的加工过程。其方法是用稀释后的高锰酸钾溶液对置于专用转鼓水洗机内的干燥浮石进行反复喷淋和搅拌，使其完全均匀浸润。加入成衣后，通过浮石对成衣的反复打磨，让高锰酸钾氧化面料接触点处的染料，使布面呈不规则褪色，形成类似雪花的白点（图5－19）。牛仔面料出缸后需用焦亚硫酸钠或者草酸还原清洗。

（6）酶洗整理（Enzyme wash）。由于传统的石磨水洗受工艺流程长、工艺要求较高及整理效果较差等因素的制约，已不适应现代纺织发展的需要。随着新型酶制剂的开发及其整理

(a)酶洗牛仔　(b)雪花洗牛仔

图 5－19　酶洗牛仔与雪花洗牛仔的风格差异

技术的发展，传统的石磨水洗工艺正逐步被酶洗整理替代。酶洗整理温和高效，处理的牛仔布一等品率较高，而且浮石用量的减少，降低了牛仔与设备的磨损，也增加了水洗机的洗涤容量，减轻了环境污染，极具推广应用优势。

酶洗整理主要是利用酶对牛仔面料的表层纤维或其表面染料的降解作用，实现牛仔面料表层染料的剥落，达到返旧的效果。目前，该整理方法应用广泛，整理剂以纤维素酶为主（酸性和中性纤维素酶应用最多），其次是漆酶。酶洗工艺常与漂洗工艺联合使用，旨在更好地实现和满足客户对水洗风格和色彩的要求。

3. 牛仔布返旧整理设备　牛仔织物返旧整理常用的设备为溢流染色机。牛仔成衣一般采用染色水洗两用机、工业洗衣机等设备（图 5－20）。辅助设备有工业离心脱水机和织物/成衣烘干机，分别用于牛仔面料及服装的脱水和烘干。

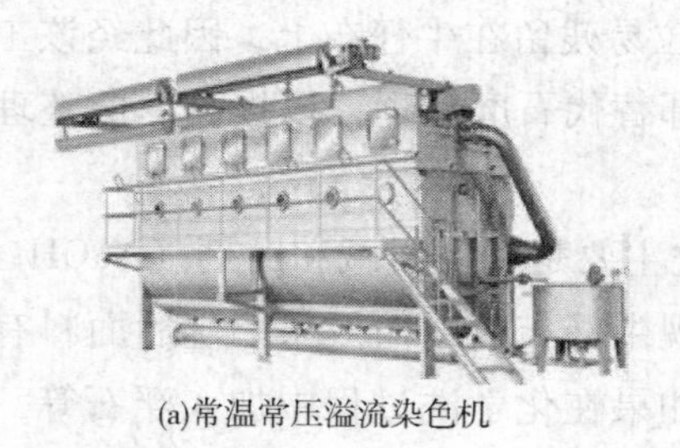

(a)常温常压溢流染色机

(b)成衣染色水洗两用机

图 5－20　牛仔布返旧整理常用设备

二、牛仔布的纤维素酶返旧整理

1. 概述　牛仔布的纤维素酶返旧整理俗称酵素洗，是纤维素酶在染整加工应用中最为成功的工艺之一。作为一种对纤维素纤维具有高效水解作用的生物催化剂，纤维素酶在特定的条件下，能够以较高的活力对牛仔面料表层无定形区的纤维素分子链部分水解，致使其表层纤维素在洗涤过程的水磨及其他机械外力的共同作用下温和地部分脱落，而吸附在脱落纤维上的靛蓝等染料会随其一并剥落，进入溶液中，使牛仔布产生石磨洗涤的返旧效果，如图 5－21 所示。若与浮石等并用，通常称酵素石洗。

图 5－21　纤维素酶返旧整理原理示意图

纤维素酶部分或者全部替代浮石的返旧整理技术，能达到比石磨水洗更诱人的外观效应。整理后的牛仔面料手感柔软，色泽鲜艳、光洁，雪花点子均匀细腻，产品质量较高。与此同时，处理过程高效温和，对设备损伤小，节能环保。但是，纤维素酶对靛蓝和棉纤维均有亲和力，导致酶洗整理过程中染料易返沾色，从而影响牛仔的美感，且废水中靛蓝质量浓度较高。

2. 用于返旧整理的纤维素酶的种类　根据应用条件不同，纤维素酶分为酸性、中性和碱性。这几种纤维素酶对纤维素的处理条件不同，活性也不尽相同。它们对织物返沾色性能的影响也有所不同。目前用于牛仔面料返旧整理的主要是酸性和中性纤维素酶。

酸性纤维素酶对牛仔面料的棉纤维水解作用较强，在较短的时间内就可以产生有效的化学磨损效果，并且价格比较经济。但是采用该酶进行返旧整理的牛仔面料 返沾色较严重。而且该酶对 pH 值比较敏感，牛仔面料酶洗整理效果的重现性相对较差。

中性纤维素酶对牛仔面料棉纤维的剥蚀作用比酸性纤维素酶弱，需要较长的作用时间，价格相对高一些。但是，中性纤维素酶处理后的牛仔面料失重较少，纤维强力损伤小，面料返沾色少，外观色彩对比度较高。

酸性纤维素酶和中性纤维素酶对牛仔布返旧整理的失重率、剥色率和返沾色程度见表 5－10。

表 5－10　酸性纤维素酶和中性纤维素酶对牛仔布返旧整理的效果

纤维素酶种类	牛仔布失重率/%	剥色率/%	牛仔布的返沾色程度/%
酸性纤维素酶	12.75	12.3	以酸性纤维素酶的返沾色程度为 100
中性纤维素酶	9.72	6.5	18

由表 5－10 可见，酸性纤维素酶对牛仔布的剥色效果明显，但返沾色现象比较严重。中性纤维素酶水洗时返沾色程度很低，牛仔布可获得“雪花”效果。

3. 返沾色及其成因

（1）返沾色概念。在利用纤维素酶对靛蓝等染料染色的牛仔面料进行整理时，从牛仔布上脱落并悬浮在洗液中的染料，有一些会再次沉积沾附在织物表面，致使整理后的面料出现外观灰暗，颜色反差效果减弱，白色的纬纱和袋布沾色等现象，称为“返沾色”。出现“返沾色”现象会影响返旧整理牛仔布的外观，降低产品品质，这是整理中不希望出现的。

（2）返沾色成因。纤维素酶用于牛仔面料返旧整理造成靛蓝返沾色的影响因素较多，其中酶蛋白吸附量、纤维素酶种类、溶液中靛蓝的浓度及粒径对靛蓝返沾色程度影响较大。

纤维素酶的酶蛋白结构中存在纤维素结合域（CBD），CBD 可极大地促进酶在牛仔面料表面的吸附，有利于单个纤维素大分子链从结晶态中释放出来，使酶对纤维的可及度增大而引发催化反应的进行，有利于牛仔布表面纤维的水解及靛蓝等染料的剥落。另外，CBD 的存在也会导致吸附在纤维表面的酶蛋白始终有较多不能脱落到溶液中。而这些结合的酶蛋白表面存在一定的靛蓝结合区，对靛蓝染料有一定的亲和作用，使得剥落在溶液中的靛蓝易于重新沉积到纤维上形成“返沾色”，从而影响牛仔面料的返旧整理效果。图 5－22 是纤维素酶种类和织物上纤维素酶吸附量对返沾色程度的影响。

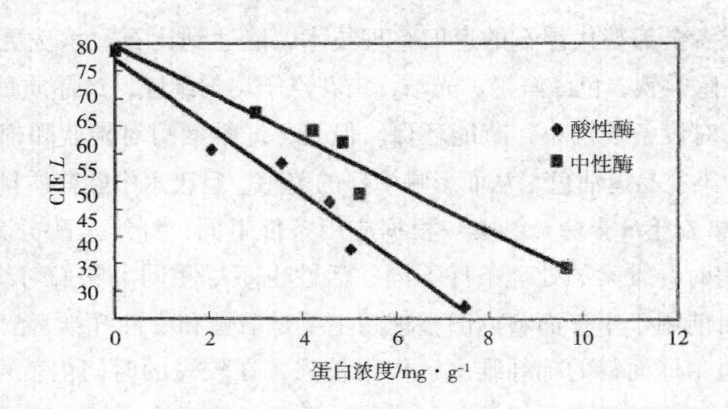

图 5－22　纤维素酶种类和织物上纤维素酶蛋白浓度与 CIE L 值的关系

如图 5－22 所示，酶蛋白的存在是造成染料返沾色的主要因素，其吸附在牛仔面料上的量越多，引起靛蓝染料重新沉积造成返沾色的程度越大。其次，酶种类对返沾色也有较大影响。等量酶蛋白条件下，酸性纤维素酶引起的返沾色比中性纤维素酶更严重。这是由于酸性纤维素酶蛋白结构中的靛蓝结合区所占比例较高，其处理中剥落的靛蓝重新吸附到纤维上的概率较大导致的。所以牛仔面料吸附的酶蛋白数量和酶蛋白结构中靛蓝结合区所占比例是造成靛蓝返沾色的主要原因，二者的增加均会导致返沾色程度加剧。

返旧整理中脱落的靛蓝染料越多，溶液中靛蓝的浓度越高，其在织物表面发生再沉积的概率也越高，返沾色也会越严重，如图 5－23 所示。另外，游离在溶液中的酶蛋白会部分吸附到靛蓝颗粒表面，从而使靛蓝染料之间的电荷斥力和空间位阻增加，导致靛蓝以较小颗粒的形态稳定存在。而靛蓝颗粒越小，比表面积相对越大，对纤维素纤维的吸附能力越强，会进一步加剧靛蓝反沾色的程度，如图 5－24 所示。返旧整理体系的 pH 值、温度以及搅拌强度等因素对返沾色也有一定影响。

（3）返沾色的消除。为了消除纤维素酶返旧整理中的返沾色问题，除了对所用纤维素酶

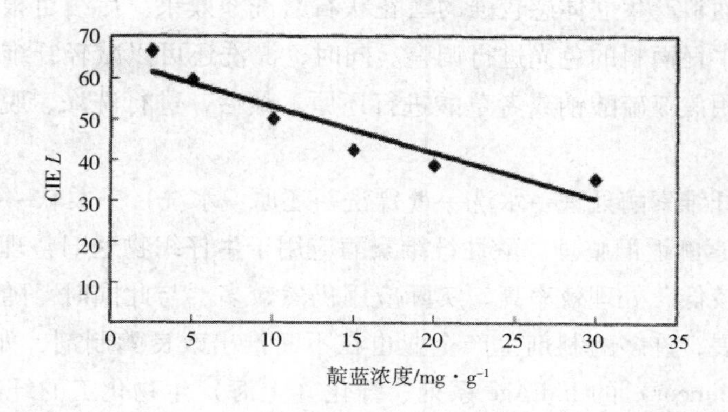

图 5 - 23　体系中靛蓝浓度与 CIE L 值的关系

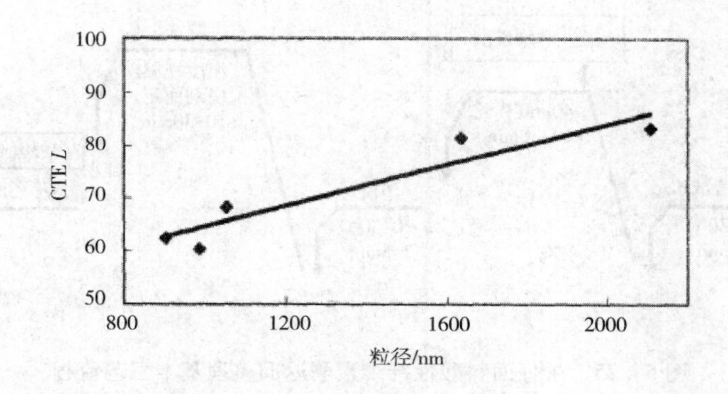

图 5 - 24　溶液中靛蓝粒径与 CIE L 值的关系

进行筛选外（如选用不具 CBD 的、对棉纤维吸附弱的酶或者对靛蓝亲和力小的酶），在生产工艺上，还可从三方面入手。

①清除靛蓝等染料沾色的根基。结合在纤维上的纤维素酶。如在酶洗整理后的水洗过程中加入蛋白酶，使吸附在牛仔面料上的纤维素酶快速水解，彻底切断靛蓝染料返沾色的媒介。这种方法虽有一定效果，但并不理想。

②削弱或降低靛蓝染料返沾色的机会。如在确保酶洗效果的前提下，通过优化酶洗工艺，尽量缩短酶洗时间，减少脱落的靛蓝等染料再次黏附到织物上的机会。也可在后续的清洗中添加适当的表面活性剂，借助其润湿、分散、洗涤等作用，去除织物上沾染的染料，并使剥落的染料在溶液中形成相对稳定的分散体系，阻止其再次沾染到纤维表面。

③彻底破坏导致返沾色的靛蓝等染料。漆酶催化底物相对广泛，可以催化分解多数染料。在牛仔面料的后道清洗阶段，适量添加漆酶，利用漆酶对染料的降解作用，消除靛蓝等染料的返沾色。

4. 纤维素酶的返旧整理工艺　纤维素酶部分或全部替代浮石对牛仔面料进行返旧整理，首先需要退浆处理，去除织物经纱所上的浆料，以利于后续酶洗时酶对纤维及其染料的物化剥蚀作用，使牛仔面料产生立体感较强的雪花状石磨洗涤效果。后续可根据实际需要，选择适当的漂洗工艺对牛仔面料的色光进行调整。同时，漂洗还可以减轻纤维素酶蛋白引起的返沾色。漂洗后需采用焦亚硫酸钠或者草酸进行还原。最后，进行洗涤、脱水、烘干。基本工艺流程如下：

退浆→水洗→纤维素酶处理→水洗→（漂洗→还原→水洗）→柔软→出缸→脱水→烘干

（1）酸性纤维素酶返旧整理。酸性纤维素酶应用于牛仔织物返旧整理，虽然存在返沾色问题，但因其价格较低，处理效率高，实际应用仍然较多。与此同时，随着生物工程技术和分离纯化技术的发展，许多酶制剂生产企业也在不断推出改良酶制剂，如诺维信的 DeniMax 系列、杰能科（Genencor）的 IndiAge 系列、纤化（上海）生物化工的纤特丽 LFH 酶等。具体工艺流程如图 5－25 所示。

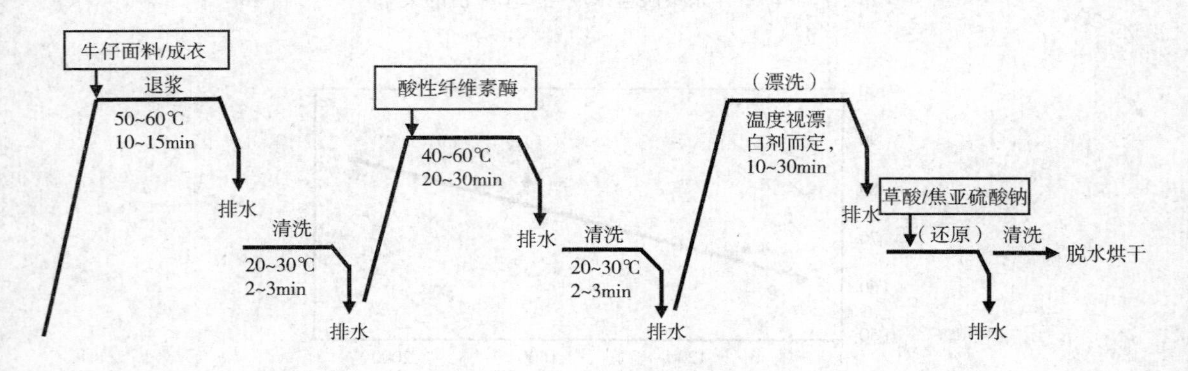

图 5－25　牛仔面料酸性纤维素酶返旧整理基本工艺流程

酶洗工艺条件见表 5－11。

表 5－11　酶洗工艺条件

工艺参数	酸性纤维素酶		
	杰能科 IndiAge GC101	杰能科全能酶 11L	纤特丽 LFH
酶用量	0.1%～1.2%（owf）	0.1%～0.3%（owf）	0.1～0.5g/L
浴比（最佳浴比）	3:1～20:1（8:1～15:1）	3:1～20:1	5:1～15:1
处理时间/min	20～60（视实际需要）	15～60（视实际需要）	10～60（视实际需要）
温度（最佳温度）/℃	45～65（55～60）	40～70	40～60（55）
pH 值（最佳 pH 值）	4.5～6.0（4.5～5.5）	5.0～8.0	4.5～6.0（4.8～5.5）

灭活：1～2g/L 碳酸钠或硼酸钠或碱性洗涤剂，调节 pH≥10，加热到 70～80℃，处理 10min 以上。如果后续配合漂洗工序，则不需专门灭活

后续的漂洗工艺，应视织物色彩及风格要求确定漂洗方式、漂洗剂用量以及漂洗时间。一般氯漂温度为 40～60℃，氧漂温度为 80～90℃，高锰酸钾漂洗常温即可。

（2）中性纤维素酶返旧整理。中性纤维素酶活力相对较低，对纤维素纤维的剥蚀作用较弱，返旧整理时酶浓度和处理时间要相应增加，但是对织物的强力损失小，且对工艺参数波动敏感性小，酶洗质量易控制，重现性好。因其返沾色程度较轻，酶洗后的面料可以不经漂洗。返旧整理工艺流程与酸性纤维素酶基本相同。中性纤维素酶通常用于高档牛仔面料的整理，整理效果和风格与酸性纤维素酶相比有一定差异。

中性纤维素酶整理工艺举例见表 5-12。

表 5-12　中性纤维素酶酶洗工艺

工艺参数	中性纤维素酶	
	诺维信 Cellusoft® Suhong B333	纤化（上海）生物纤特丽 LZE
酶用量	0.2%～0.5%（owf）	0.1～0.5g/L
浴比	1:5～1:20	1:5～1:12
处理时间/min	20～60（视实际需要）	30～90（视实际需要）
温度/℃	45～60	50～60
pH 值	5.5～6.5	6.0～7.0

注　灭活：1～2g/L 碳酸钠或硼酸钠或碱性洗涤剂，调节 pH≥10，加热到 70～80℃，处理 10min 以上。如果后续配合漂洗工序，则无须专门灭活。

纤维素酶对牛仔面料返旧整理时，酶的用量应根据处理效果确定，用量少，达不到酶洗效果，用量过大会损伤织物，使织物强力下降过大。对厚重、耐磨的牛仔布可以在纤维素酶处理的同时加入少量浮石，以提高处理效果。

浴比在酶洗中也是比较关键的因素，浴比小，织物带液量太少，会导致摩擦不均匀，影响酶洗效果；浴比大，酶的用量要增加，成本增加，并且织物易漂于液面，导致摩擦不充分，酶洗效果差。酶洗时间过短，也会影响酶洗效果，时间过长，容易造成织物损伤。

纤维素酶和化学助剂同浴使用时，应尽量使用非离子型化学助剂，以免影响酶的活性。

三、牛仔布的漆酶返旧整理

1. 概述　漆酶在介体存在下可催化氧化绝大部分染料使其脱色，对靛蓝染料的分解效率特别高，并且对纤维素纤维无催化水解作用，适合于靛蓝染色牛仔面料的脱色返旧整理，而且特别适合轻质条纹织物和弹力牛仔的返旧整理。漆酶处理的缺点是成本高。

漆酶催化分解靛蓝染料的机理如图 5-26 所示。漆酶/介体体系在氧气存在的情况下，催化氧化靛蓝染料，先形成脱氢靛蓝中间体，再进一步催化氧化生成靛红（吲哚-2，3-二酮），最终分解成邻氨基苯甲酸（2-氨基苯甲酸）。漆酶氧化靛蓝，从靛蓝中获取的四个电子，最后传递给氧气生成水。

与纤维素酶返旧整理相比，漆酶直接对织物上的靛蓝染料进行分解，因此，漆酶处理织物没有返沾色，经漆酶整理后的牛仔面料可以不用漂洗，或者可以减少漂洗的助剂用量，缩短漂洗时间；漆酶只催化氧化靛蓝染料，对纤维素没有作用，织物强度损失小；工艺容易控

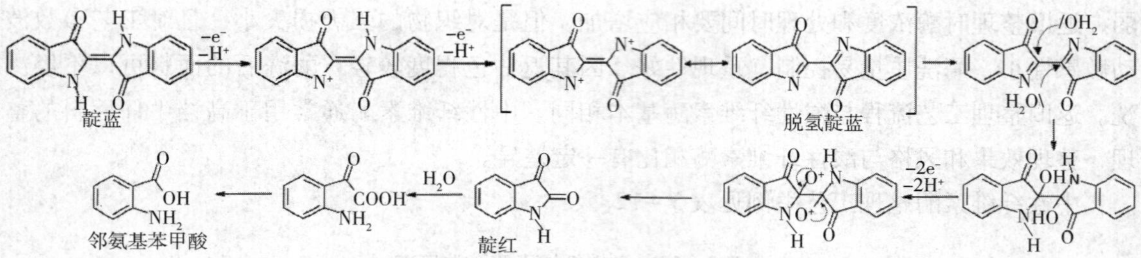

图 5－26　漆酶催化分解靛蓝染料的可能机制

制，重现性好，处理后即使不进行酶的灭活，织物的外观也不会明显改变；漆酶对硫化染料的分解能力弱，不会对硫化染料打底的牛仔服装产生影响，处理后可以完全保持织物的黑色；由于靛蓝染料被漆酶直接分解，漆酶处理还可减少处理废水中靛蓝染料的含量。

由于漆酶直接作用于靛蓝染料，所以单独使用漆酶进行返旧整理的牛仔面料骨位不明显，立体感不强。如需加强骨位效果，可在漆酶返旧整理前增加磨洗工序，或将漆酶与纤维素酶复配使用，也可在处理液中加入浮石等磨料加以弥补，并且可以缩短漆酶的处理时间。

2. 漆酶返旧整理工艺　以典型的 Denilite ⅡS 漆酶为例，该漆酶已含有介体。图 5－27、图 5－28 是 pH 值和温度对漆酶 Denilite ⅡS 活性的影响。由图可以看出，该漆酶的最适 pH 值为 4.0～5.0，最适温度为 60～70℃。

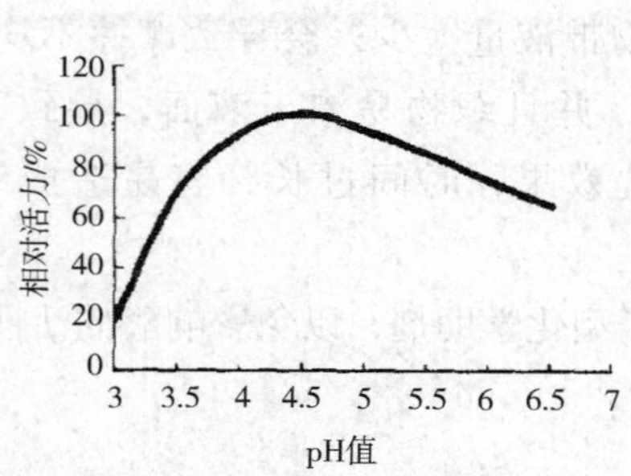

图 5－27　Denilite Ⅱ S 相对活力与 pH 值的关系

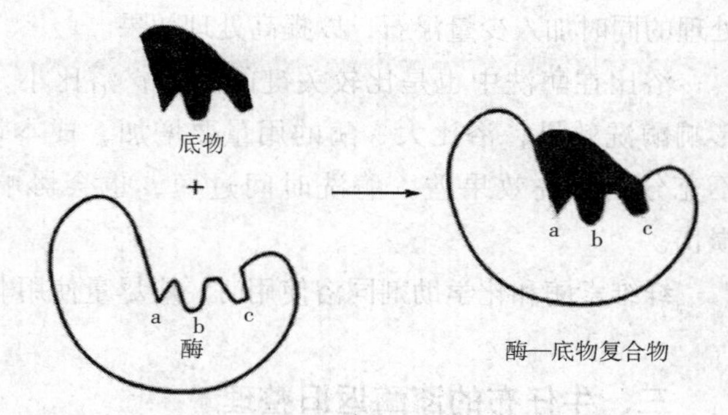

图 5－28　Denilite Ⅱ S 相对活力与温度的关系

Denilite ⅡS 漆酶整理的工艺如下：

Denilite ⅡS	0.5%～2%（owf）
浴比	4:1～20:1（最佳 5:1～10:1）
处理时间	10～30min
pH 值	4.0～5.5
温度	60～70℃
后洗	清洗（最好用热水加洗涤剂）

酶处理结束后用洗涤剂充分洗涤。为了使残余的酶完全失活，最好将经过酶处理的服装

在浓度为 1～2g/L 的碳酸钠溶液中（pH≥10）80℃处理 15min。

3. 纤维素酶—漆酶联合返旧整理　鉴于漆酶价格较高，可将其与价格较低的酸性纤维素酶结合使用。漆酶和酸性纤维素酶协同整理牛仔布，既可以充分发挥酸性纤维素酶抛光效果好、剥色效率高的优点，使处理织物表面获得光洁（抛光）效果，又可以充分发挥漆酶对靛蓝的降解作用，减少返沾色，提高服装色泽对比度。处理液也可基本保持无色。

漆酶和酸性纤维素酶二浴法处理牛仔面料的工艺流程如图 5－29 所示，处理工艺见表 5－13。

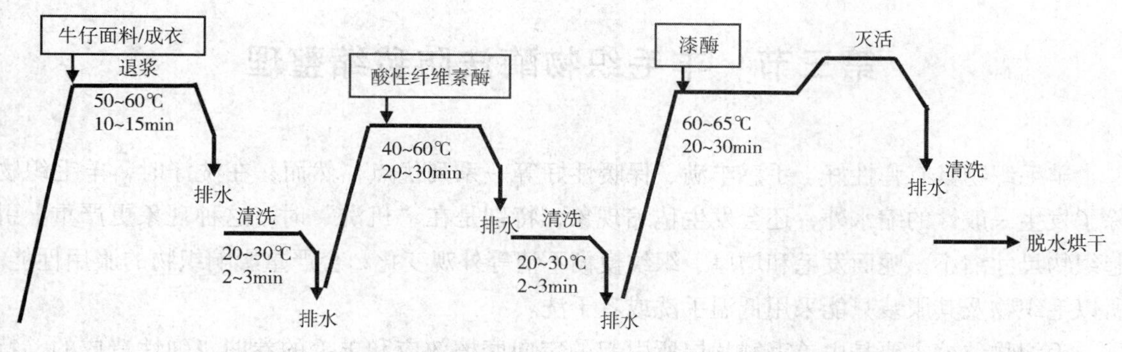

图 5－29　牛仔面料酸性纤维素酶—漆酶二浴法返旧整理工艺流程

表 5－13　牛仔面料酸性纤维素酶—漆酶二浴法返旧整理工艺举例

工艺参数	酸性纤维素酶		漆酶
酶用量	2%（owf）		0.5%（owf）
浴比	100:1	→	100:1
处理时间	60min		60min
温度	50℃		50℃
pH 值	4.5		4.5

注　灭活：1～2g/L 碳酸钠（pH≥10），70～80℃，处理 15min。

由于漆酶和酸性纤维素酶的最适温度和最适 pH 值相近，两者也可以同浴处理牛仔面料。

表 5－14 分别是酸性纤维素酶、中性纤维素酶和漆酶与酸性纤维素酶同浴处理牛仔布的效果。

表 5－14　几种酶分别处理牛仔布的效果

酶种类	酶用量/%(owf)	牛仔布失重率/%	剥色率/%	牛仔布抛光效果	牛仔布返沾色程度/%
酸性纤维素酶	2.0	12.41	12.5	良好	100
中性纤维素酶	2.0	9.72	6.5	一般	18
漆酶＋酸性纤维素酶同浴	0.25＋2.0	13.14	13.7	良仔	64
	0.5＋2.0	13.48	14.6	良好	17
	0.75＋2.0	14.45	14.9	良好	15
	1.0＋2.0	14.71	15.0	良好	14

由表5－14可见，酸性纤维素酶对牛仔布的抛光效果好，剥色明显，但返沾色比较严重。中性纤维素酶水洗时返沾色程度很低。漆酶与酸性纤维素酶同浴协同整理既保持了酸性纤维素酶剥色率高、抛光效果好等优点，返沾色程度也很低，且协同水洗废水中靛蓝含量最低，废水放置1h后，因为漆酶继续作用，靛蓝基本消失，有利于环境保护。

实际上，漆酶单独作用于牛仔布时，剥色和抛光效果都较差。漆酶主要作用于水相中的靛蓝，使脱落到水相中的靛蓝分解，避免了水相中的靛蓝返沾到牛仔布上。

第三节 羊毛织物酶法防毡缩整理

羊毛织物具有弹性好、手感丰满、保暖性好等一系列优点，然而，在洗涤时，羊毛织物除了发生一般性的缩水外，还会发生毡缩现象，特别是在“机洗”时，这种现象更严重，引起织物尺寸缩小、呢面发毛和增厚、织纹模糊不清等外观变化，会严重影响织物的服用性能。所以毛织物及其服装只能采用低温手洗或者干洗。

毛织物毡缩主要是由羊毛鳞片层所引起的定向摩擦效应和羊毛的卷曲、弹性造成的，特别是羊毛鳞片层的定向摩擦效应。因此，毛织物的防毡缩整理主要建立在如何减小纤维的定向摩擦效应和改变羊毛弹性的基础上。目前，防毡缩的方法主要有破坏鳞片层的氯化法（又称减法）和使聚合物沉积在纤维表面的树脂法（又称加法）两种，实际生产中经常采用两种方法的组合，如氯化—树脂法。

氯化法又称氯化处理或氯氧化处理，是最早应用、迄今仍在使用的羊毛防毡缩整理技术，由于其防毡缩效果良好，因此得到了广泛应用，目前技术已相当成熟。但是氯化处理容易对羊毛纤维的弹性造成损伤，加工后的织物也易泛黄，特别是处理时有效氯（如氯气等）会与羊毛中的氨基酸残基反应生成各种可吸收有机卤化物（Absorbable Organic Halogens，AOX）。由于AOX具有致癌和致突变作用，对各种生物危害性巨大，所以欧盟已立法限制直接排放废水中AOX含量要小于0.1mg/L，间接排放废水中AOX含量要小于0.5mg/L，这严格限制了羊毛氯化处理的应用。

为此，人们开始研究各种非氯防缩工艺，如非氯氧化法、等离子体法以及酶法等。这其中以蛋白酶为代表的酶法防毡缩工艺自20世纪80年代以来得到了迅速发展。相比传统的化学防毡缩处理，酶法防毡缩工艺具有作用条件温和、催化效率高、环保无污染等突出优点，因此得到研究者的广泛青睐，广大科技工作者围绕蛋白酶展开了羊毛防缩、抗起毛起球、柔软整理以及生物丝光等大量研究，取得了许多有价值的研究成果。虽然，在蛋白酶的作用原理、作用方式、高效酶制剂的生产以及降低加工成本、提高酶制剂作用效率等方面仍有大量工作需要深入研究，但是羊毛酶法防缩加工的环保性已经得到业界的广泛认可，其中，氯化预处理→蛋白酶处理的二步、半酶法羊毛防毡缩工艺已实现产业化应用。

一、羊毛的组成、结构及其毡缩现象

1. 羊毛的化学组成　羊毛本质上属于蛋白质纤维，其主要化学成分是角蛋白，此外还含有少量的脂肪和矿物质。根据胱氨酸含量的不同，羊毛中的蛋白质分为高胱氨酸含量的角蛋白和低胱氨酸含量的非角蛋白，其中角蛋白约占羊毛总质量的82%，非角蛋白仅占17%。除此之外，羊毛还含有大约1%的脂类和多糖，这些成分在羊毛中的分布并不均匀，主要集中在一些特定区域，见表5－15。因此，从化学组成上看，羊毛是蛋白酶的理想作用底物。

表5－15　羊毛各结构成分

纤维结构		角蛋白质/%	非角蛋白质/%	其他/%
鳞片层	鳞片表层	0.1	—	—
	鳞片外层	6.4	—	—
	鳞片内层	—	3.6	—
皮质层	原纤	35.5	—	—
	无定形基质	38.5	—	—
	细胞残留物与细胞间质	—	12.6	—
	可溶性蛋白质	—	1.0	—
CMC层	惰性膜	1.5	—	—
	脂质	—	—	0.8
总计		82.0	17.2	0.8

羊毛角蛋白是由二十多种α－氨基酸以肽键形式连接而成的大分子聚合物。在组成角蛋白的这些氨基酸中，以二氨基酸（精氨酸、赖氨酸）、二羧基酸（谷氨酸、天门冬氨酸）和含硫氨基酸（胱氨酸）为主。这些氨基酸彼此以酰胺键相互连接成为肽链，肽链之间又通过盐式键、二硫键、氢键和疏水键横向连接。因此，在空间构象上，羊毛角蛋白大分子呈现出典型的α－螺旋结构，分子链间则为网状交联结构，其示意图如图5－30和图5－31所示。

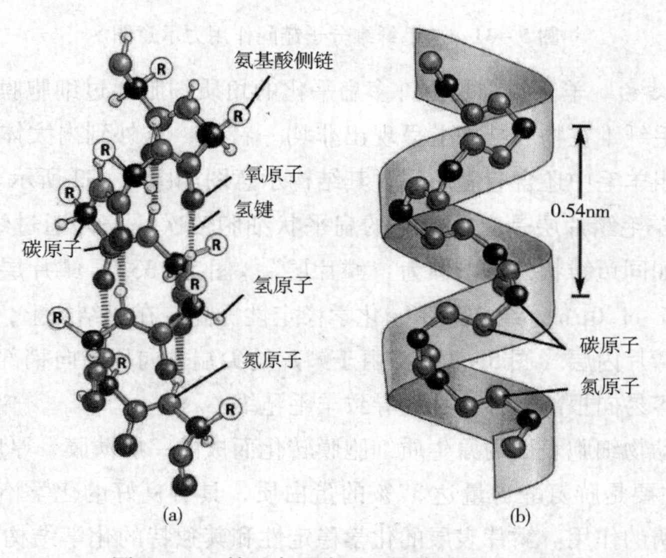

图5－30　羊毛角蛋白α－螺旋结构示意图

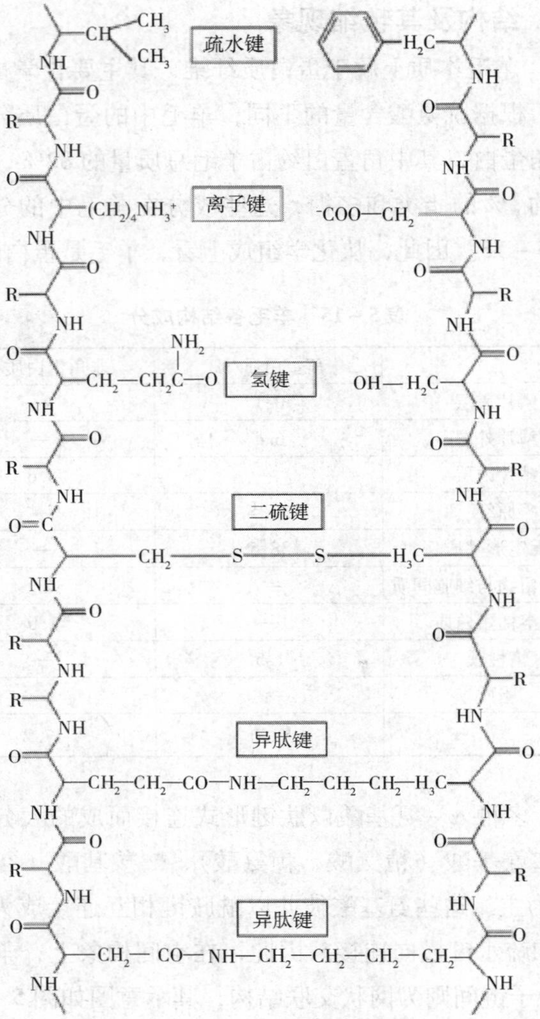

图5-31　羊毛纤维分子链间作用力示意图

2. 羊毛的物理结构　羊毛纤维是由许多扁平化的角质细胞通过细胞膜间复合物粘结而成的集合体，因此羊毛纤维在物理结构上呈现出非均一特性，从外到内大体可以分为鳞片层和皮质层两部分，在粗羊毛中还含有髓质层，其结构示意图如图5-32所示。

（1）鳞片层。羊毛鳞片层是由角质化的扁平状细胞依次叠盖并通过细胞间质CMC粘连而成，由于外观上如同鱼鳞状，所以称为“鳞片层”（图5-33）。鳞片层约占毛干总质量的10%，其厚度为0.5~1.0μm，结构致密，化学稳定性极高。在亚结构上，鳞片层又分为鳞片表层、鳞片外层和鳞片内层（图5-34）。由于鳞片的尖端方向均指向梢部，使得羊毛在受到外力扰动时，纤维容易向根部滑移，从而导致羊毛毡缩。

鳞片表层是由动物细胞表面的原生质细胞膜转化而成的一层薄膜，厚度约10nm，质量约占羊毛的0.1%，主要是胱氨酸含量达37%的蛋白质，具有良好的化学惰性，能耐碱、氧化剂、还原剂和蛋白酶的作用。鳞片表层的化学稳定性和其独特的化学结构有关。鳞片表层的

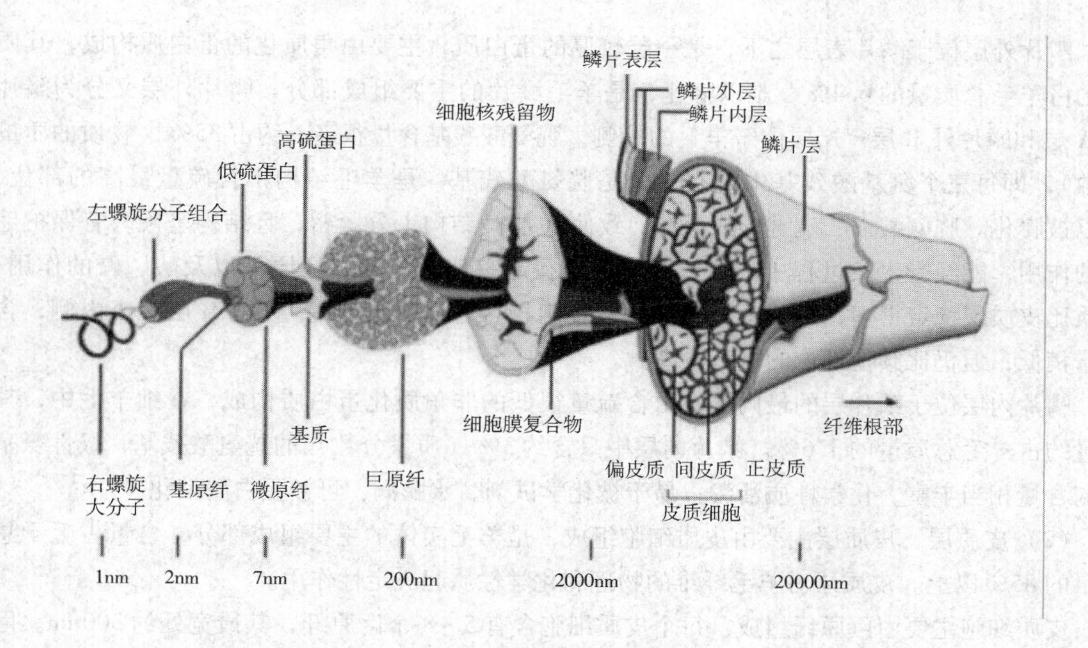

图 5－32　羊毛纤维结构示意图

表面排列有整齐的单类脂层结构（F 层），类脂层的主要成分为 18－甲基二十酸和二十酸，厚度为 3～5nm，非极性基团向外，使羊毛具有很强的疏水性。类脂层之下为蛋白层（A 层），类脂层和其下的蛋白层以酯键和硫酯键结合。该蛋白层在肽链间除有二硫键交联外，还有酰胺键交联，酰胺键交联由谷氨酸和赖氨酸残基反应而成。鳞片表层中 50% 的谷氨酸和赖氨酸残基形成了酰胺键交联，酰胺键交联的存在也是鳞片表层具有较强化学稳定性的原因之一。

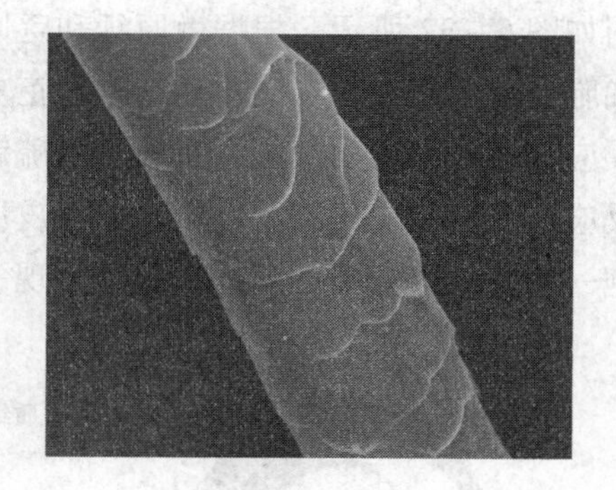

图 5－33　羊毛纤维表面的鳞片

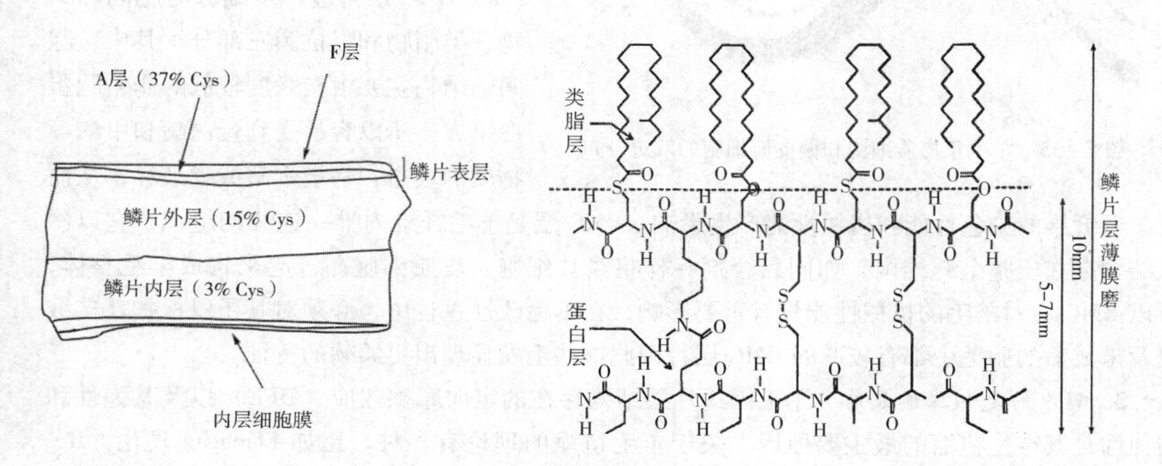

图 5－34　羊毛鳞片层结构示意图

鳞片外层位于鳞片表层之下，是一层较厚的蛋白质，主要由角质化的蛋白质构成，其质量约占羊毛总质量的6.4%，难以膨化，是羊毛鳞片的主要组成部分。鳞片外层又分为鳞片外A层和鳞片外B层。A层位于羊毛的外侧，胱氨酸残基含量很高，约占35%（物质的质量分数），即每三个氨基酸残基中就有一个是胱氨酸残基，是羊毛结构中含硫量最高的部位，难以被膨化。胱氨酸以二硫键形式存在，致使A层微结构十分紧密，且结构坚硬，有保护毛干的作用，能经受生长过程中的风吹日晒，经得起一般氧化剂、还原剂以及酸、碱的作用，性质比皮质层稳定得多，是羊毛漂、染过程中阻挡各种试剂扩散的障碍。B层位于内侧，含硫量稍低，但仍比其他部位的含硫量高。

鳞片内层位于鳞片层的最内层，由含硫量很低的非角质化蛋白质构成，在细羊毛中，其质量约占羊毛总质量的3.6%。鳞片内层中只含约3%（质量分数）的胱氨酸残基，极性氨基酸的含量相当丰富，化学性质活泼，易于被化学试剂、水膨润，可被蛋白酶消化。

（2）皮质层。皮质层主要由皮质细胞组成，是羊毛实体的主要组成部分，含量占毛干总质量的85%以上。皮质层对羊毛纤维的物理和化学性质起决定性作用。

皮质细胞主要由巨原纤组成，每个皮质细胞含有5~8个巨原纤，其最宽处约300nm。巨原纤又由杆状的微原纤和无定形基质两部分组成，微原纤镶嵌在无定形基质中，具结构示意图如图5-32所示。根据微原纤和巨原纤排列与堆砌方式的不同，皮质细胞可以分为正皮质细胞、偏皮质细胞和间皮质细胞。正皮质细胞含硫量比偏皮质细胞少，对酶及其他化学试剂反应活泼。偏皮质细胞含有较多的硫键，使羊毛分子联结成稳定的交联结构，对化学试剂的反应性差。间皮质细胞性质介于正皮质细胞和偏皮质细胞之间。由于正皮质细胞和偏皮质细胞一般呈双边分布，因此，羊毛呈现一定的天然蜷曲，如图5-35所示。

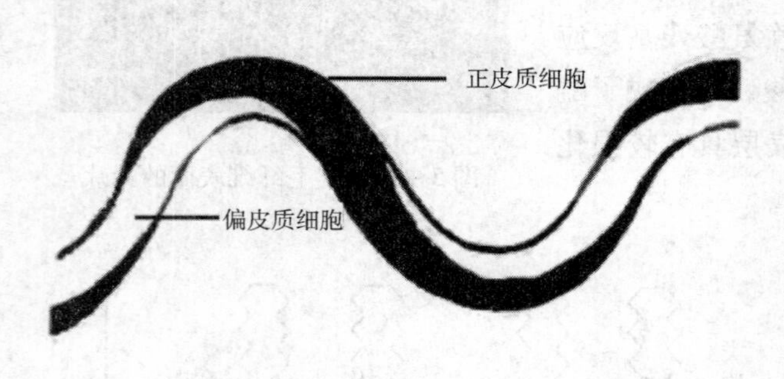

图5-35　羊毛正皮质细胞和偏皮质细胞的双边分布

（3）细胞膜复合物层。细胞膜复合物（CMC，Cell Membrane Complex）是由相邻的细胞膜原生质和细胞间质构成，含量占羊毛纤维总质量的3%~5%。CMC层可进一步细分为胞间黏结物、类脂物和阻抗膜三部分。其中，胞间黏结物主要由交联度较低的非角朊蛋白组成，所以容易受到蛋白酶和甲酸等物质的攻击，易被水解或者破坏，从而对羊毛纤维的染色性能和机械性能产生影响。CMC层是羊毛纤维内唯一连续的组织，它以网状结构存在于整个纤维内，如同黏合剂一样将鳞片细胞、皮质细胞黏合起来构成羊毛整体，所以CMC层对羊毛的机械性能具有重要影响，在羊毛改性过程中，必须对其予以保护。羊绒以及未成熟的胎毛中都有较厚的CMC层，因此这些毛发显现出更柔软的特征。

3. 鳞片的定向摩擦效应　羊毛因鳞片层结构存在的定向摩擦效应（DFE）以及其弹性和卷曲性是其产生毡缩的最主要原因。关于羊毛毡缩的理论有多种，比如Flanagan理论、Release-of-Strain理论、Link理论等，其中定向摩擦效应理论认可度最高。

羊毛鳞片具有显著的指向性，即鳞片的自由端均指向毛尖。羊毛纤维间发生摩擦时，逆鳞片方向的摩擦阻力要比顺鳞片方向的大，因此，纤维集合体在外力扰动下会出现纤维持续向根部单方向移动的趋势，再加上鳞片的“啮合”效应，导致纤维在新位置上停留，从而最终造成织物收缩，发生毡缩。

若设纤维逆鳞片方向的摩擦因数为μ_a，顺鳞片方向的摩擦因数为μ_s，纤维的定向摩擦效应DFE可以用下式表示：

$$DFE = \frac{\mu_a - \mu_s}{\mu_a + \mu_s} \times 100\%$$

因此，凡是增大DFE的措施都会增大其毡缩性能。其中，纤维的含湿状态对DFE效应的影响非常显著。在纤维的鳞片层结构中，鳞片外层结构坚硬，难以被化学试剂膨化，鳞片内层则具有极大的膨润性能，因此，当纤维吸湿后，鳞片内层剧烈膨胀，而鳞片外层保持不变，这就导致鳞片发生变形，其张角变大，最终DFE效应增大。

二、蛋白酶对羊毛的减量作用机理

蛋白酶是一类可以作用于蛋白质或者多肽等物质，通过水解肽键使蛋白质发生降解的生物催化剂。在蛋白酶的催化作用下，蛋白质被水解成胨和肽等小分子，随着反应的继续，这些物质最终被水解成氨基酸。羊毛的主要成分为角蛋白，理论上讲，羊毛是蛋白酶的理想底物，因此可以采用蛋白酶对羊毛表面鳞片层进行适度水解，以达到防毡缩目的。

目前，研究者普遍认为蛋白酶对羊毛的防毡缩机理主要是蛋白酶对纤维的鳞片层进行水解或者剥除，降低了纤维的DFE效应。不过，也有人认为，羊毛的鳞片层在酶作用下发生降解，特别是其中的胱氨酸二硫键断裂后会形成新的亲水性基团，使鳞片软化，也能降低纤维的毡缩性。

蛋白酶对羊毛鳞片层的破坏作用主要有两种模式，一种是水解鳞片根基的剥离模式，另一种是对纤维由外而内减量的水解模式。从目前的研究来看，在蛋白酶对纤维作用的过程中，两种模式均存在，但是剥离模式占据主要地位。两种作用模式虽然都能降低纤维的DFE，提高羊毛的防毡缩性，但剥离模式对纤维损伤严重，甚至会使纤维解体。

1. 剥离模式　剥离模式是指蛋白酶对羊毛作用时，其主要水解部位为羊毛鳞片底部的CMC球状蛋白，而非羊毛表面的鳞片层，从而使羊毛的鳞片细胞在未完全水解的情况下就从毛干发生脱落的减量模式。

这是因为羊毛是一个由不同类蛋白质组成的复杂混合体，而蛋白酶的专一性则使其对不同蛋白质底物的水解能力不同。其中，蛋白酶对CMC层和鳞片内层的非角质化蛋白以及皮质层原纤中的低硫角质蛋白的水解能力较强，而对鳞片外层中的高硫蛋白水解能力较弱。此外，鳞片表层的类脂层具有较强的疏水性和化学稳定性。因此，采用蛋白酶对羊毛进行整理时，蛋白酶分子首先会被鳞片表层的类脂层阻挡，很难在纤维表面发生吸附和作用，即使鳞片层发生了溶胀，蛋白酶也很难在高胱氨酸含量的鳞片外层中扩散，而当鳞片层完全溶胀并张开后，大量的蛋白酶则会从鳞片间隙进入纤维内部，之后快速地水解鳞片底部起粘连作用的

CMC 层，最终导致鳞片尚未被完全水解就从毛干发生剥离而脱落。

由于 CMC 层对羊毛的机械性能具有重要影响，一旦 CMC 层水解，羊毛就会受到严重损伤，因此，剥离模式对羊毛的机械性能影响很大。采用剥离模式时，蛋白酶在水解 CMC 层的同时可以水解皮质层，出现“烂芯”现象。一旦羊毛的鳞片细胞被剥离，羊毛内部已经受到蛋白酶的较大损伤，而且完全暴露在蛋白酶溶液中，羊毛结构会快速瓦解。因此，对羊毛蛋白酶进行防毡缩整理时最好不采用这种减量模式。

但遗憾的是，从目前的研究看，动物蛋白酶如胰蛋白酶和微生物蛋白酶（如 1398 中性蛋白酶、2709 碱性蛋白酶）都主要采用剥离模式对羊毛进行减量。事实上，目前还没有发现动物蛋白酶和微生物蛋白酶能对羊毛的鳞片表层蛋白明显进行水解的证据。这是因为微生物和动物分泌蛋白酶的目的是为了满足生命活动的需要，对细胞膜没有作用是基本要求，而羊毛鳞片表层蛋白实际上和微生物及动物的细胞膜结构类似，因而，目前的微生物和动物蛋白酶不能水解羊毛的鳞片表层就不足为奇了。

2. 水解模式　水解模式是指蛋白酶对羊毛作用时，其水解部位主要集中在鳞片层的角蛋白。与剥离模式相比，水解模式要求蛋白酶对化学惰性结构的鳞片表层蛋白或细胞膜蛋白有较高的水解专一性，能够以较快的速度水解。由于水解模式蛋白酶的作用集中在羊毛表面，不存在“烂芯”现象，因而对羊毛的机械性能损伤小。

植物蛋白酶和角蛋白酶对羊毛纤维鳞片角蛋白具有更好的水解效果，倾向于水解模式。例如，Koh 等应用菠萝蛋白酶（一种巯基蛋白酶）处理羊毛，电子显微镜观察显示纤维表面的鳞片得到有效剥离，而羊毛织物的强力下降较少，由此认为该菠萝蛋白酶对鳞片具有很高的酶解效率。这是因为植物蛋白酶的产生环境没有细胞膜存在，没有对细胞膜蛋白不能水解的生化要求，这就有可能对动物的细胞膜蛋白进行水解。因而在植物蛋白酶中寻找和开发羊毛防毡缩蛋白酶可能是一个行之有效的方法。

黄庞慧等人采用角蛋白酶对羊毛处理时，角蛋白酶也对纤维鳞片的水解显示出了迥异于蛋白酶的效果。图 5 - 36 分别是未处理羊毛、角蛋白酶处理羊毛和 Savinase 16L 蛋白酶处理羊毛的电镜图。

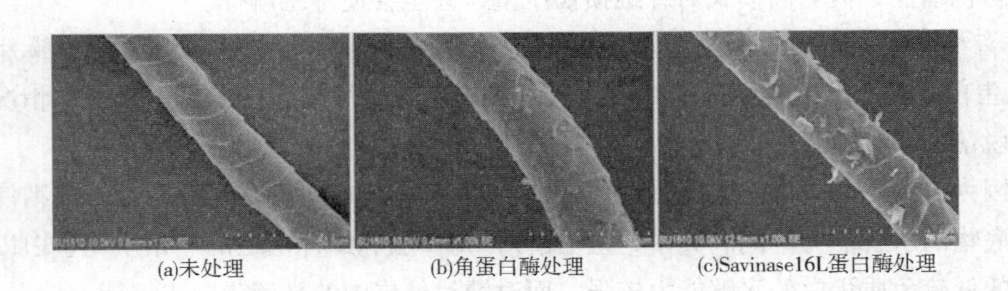

(a)未处理　　(b)角蛋白酶处理　　(c)Savinase16L蛋白酶处理

图 5 - 36　未处理羊毛、角蛋白酶处理羊毛和 Savinase 16L 蛋白酶处理羊毛的电镜照片

由图 5 - 36 可见，经过角蛋白酶处理，羊毛的鳞片变得模糊。这表明角蛋白酶是从鳞片外层角蛋白开始逐渐向里水解，使鳞片遭到破坏。Savinase 16L 蛋白酶处理后，鳞片边缘向上

翘起，鳞片根部空隙变大，小部分鳞片已脱离羊毛，表明 Savinase 16L 蛋白酶对鳞片的作用集中在根部，水解 CMC 层后使鳞片逐渐剥落。

图 5－37 和图 5－38 分别是毛织物经角蛋白酶和蛋白酶处理后的强力损失情况。由图可见，羊毛经蛋白酶处理后的强力损失远大于角蛋白酶处理样。

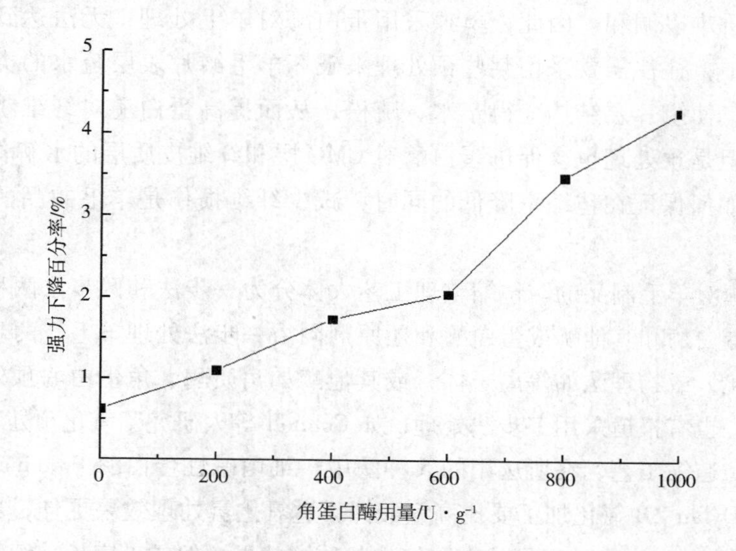

图 5－37　角蛋白酶用量对羊毛织物断裂强力的影响（处理 12h）

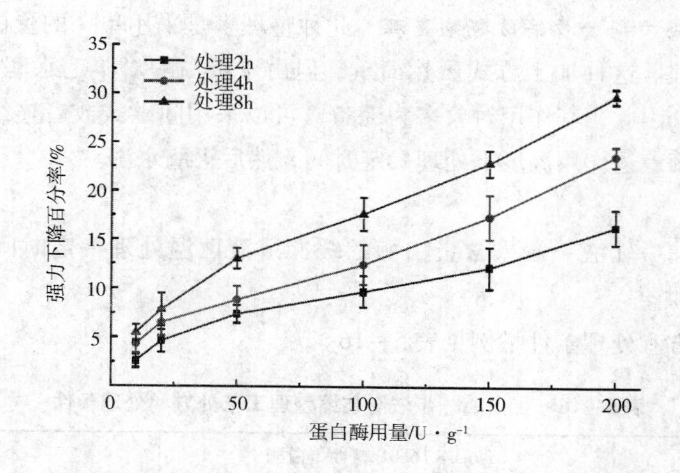

图 5－38　蛋白酶用量和处理时间对羊毛织物断裂强力的影响

目前植物蛋白酶以及角蛋白酶的获得和提纯比较困难，生产成本较高。

三、羊毛制品蛋白酶防毡缩整理工艺

虽然目前已经大量报道了蛋白酶对羊毛防毡缩整理的研究，但应用于工业生产的却很少，基本均停留在实验室研究或初步推广阶段，离真正产业化应用还有一定距离。主要原因是目前使用的蛋白酶主要来自微生物，如诺维信的 Savinase 16L 蛋白酶、1398 中性蛋白酶、2709 碱性蛋白酶等，这些蛋白酶主要以剥离方式作用于羊毛。一方面，羊毛疏水性的鳞片表层和高度交联的鳞片外层阻碍了这些蛋白酶对羊毛鳞片层的水解，使其作用效率低下，织物的毡缩率降低不明显。另一方面，若加强处理条件，则整理后织物的毡缩率与纤维损伤之间的矛盾难以调和。因此，单独采用蛋白酶对羊毛处理，无法达到有效的防缩效果。在实际生产中，往往需要采用某些预处理来破坏羊毛鳞片表层疏水的类脂结构和鳞片外层中的二硫键，使鳞片层结构变得亲水、疏松，从而提高蛋白酶对纤维鳞片的吸附能力以及水解能力，但是预处理也会促进蛋白酶对 CMC 层和纤维皮质层的水解作用，导致纤维强力损伤严重。如何保证在毡缩率降低的同时，减少纤维损伤是羊毛制品酶法防毡缩整理研究的重点。

目前，蛋白酶对羊毛制品的防毡缩整理工艺大体分为一步法和两步法两种。一步法是单独使用蛋白酶或蛋白酶和其他酶或蛋白酶和还原剂同浴一步法处理羊毛。两步法是先用化学方法如氯化或氧化，或物理法如等离子体，或其他酶如角质酶、角蛋白酶预处理羊毛，然后再用蛋白酶处理。也有报道采用三步法处理，如 Connell 等人研究了氧化预处理—酶处理—聚合物处理三步法防毡缩工艺，在所选用的 5 种酶中，细菌碱性蛋白酶 Proteinase D 效果最好，而氧化处理采用 Dylan ZB 氯化加工要比高锰酸钾、过氧化氢处理效果更佳，聚合物处理则推荐使用 Polymer PKS。三步法处理虽然有较好的防毡缩效果，但是工序长，织物手感也差，实用意义不大。

1. 羊毛制品的蛋白酶一步法防毡缩整理 此种整理多是采用单一的蛋白酶或采用多种酶同浴对羊毛进行处理。这种加工方式虽然简单，但由于蛋白酶对羊毛水解作用的极端不匀，导致处理效果不好。因此，其作用对象多为毛条，可以采用间歇式或者连续式加工，毛条浸渍酶液后，在蛋白酶最适作用温度下处理一定时间，然后灭酶水洗。

工艺流程如下：

毛条常温水浸渍→轧液→浸入含蛋白酶的缓冲溶液恒温处理一定时间→高温（90℃左右）灭酶→水洗→烘干

浸渍法工艺处方和处理条件举例见表 5－16。

表 5－16 蛋白酶一步法防毡缩整理工艺处方和处理条件

处方及处理条件	Savinase 16.0L 碱性蛋白酶	木瓜蛋白酶
蛋白酶用量/%（owf）	X	X
渗透剂 JFC/$g \cdot L^{-1}$	1.0	1.0
pH 值	7～9	5～7
处理温度/℃	50～60	50～60
处理时间/min	60	60
浴比	1:25	1:25

蛋白酶用量对羊毛失重率的影响见表5－17。

表5－17　蛋白酶用量对羊毛失重率的影响

酶用量/%（owf）	Savinase 16.0L 碱性蛋白酶	木瓜蛋白酶	酶用量/%（owf）	Savinase 16.0L 碱性蛋白酶	木瓜蛋白酶
0.25	1.58	1.10	2.0	2.81	2.23
0.5	2.32	1.63	4.0	3.27	2.45
1.0	2.62	2.12			

由表5－17可见，单独使用蛋白酶对羊毛进行处理的减量率不高，因此防缩整理效果非常有限，很难达到“机可洗”水平。这是因为羊毛纤维的鳞片表层含有疏水的类脂层，鳞片外层含有大量的胱氨酸二硫键等特殊结构，严重阻碍酶的进攻。

图5－39是以Savinase 16.0L碱性蛋白酶［2%（owf）］处理羊毛女衣呢试样后洗涤次数对毡缩率的影响。由图5－39可见，蛋白酶处理虽能降低羊毛女衣呢的毡缩率，但是经过7次洗涤后，其毡缩率仍在15%以上，显然达不到“机可洗”水平。

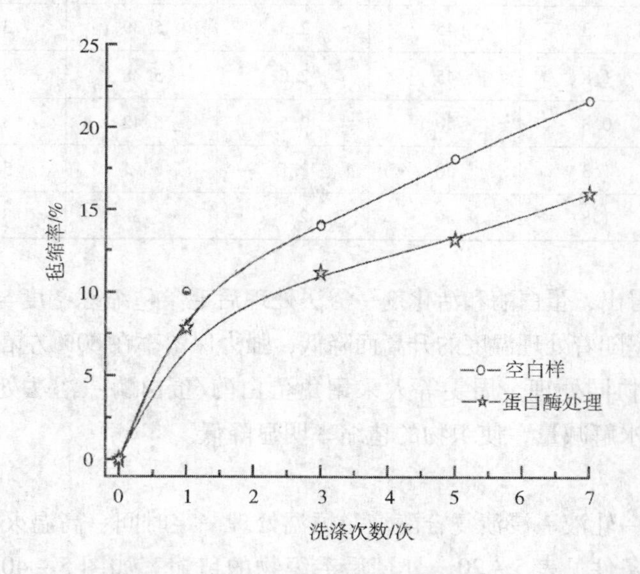

图5－39　Savinase 16.0L处理羊毛女衣呢洗涤次数对毡缩率的影响

为了提高蛋白酶的处理效果，可以在处理浴中加入活化剂或进行多酶同浴协同处理。

（1）在酶处理液中添加还原性活化剂，提高酶的作用效果。还原性活化剂如三羧乙基膦（TCEP）［P（$CH_2CH_2COOH)_3$］，它是一种弱的还原性物质，对二硫键的还原选择性极强，可以显著提升蛋白酶对鳞片的水解效果。殷秀梅等人以TCEP作为蛋白酶的活化剂，对羊毛毛条进行连续浸轧处理，处理后的毛条基本可以达到防缩要求，但是仍然存在一定的强力损失，其工艺处方见表5－18，处理后的毛条性能见表5－19。

表 5－18 蛋白酶和活化剂一浴法处理工艺处方

毛条	70 公支（18.5μm）澳毛	pH 值	7.8～8.2
Savinase 16.0L 碱性蛋白酶	xg/L	温度	40～50℃
渗透剂	1.0g/L	车速	4m /min
活化剂—610（主要成分 TCEP）	3.0g/L	浴比	1:25

表 5－19 蛋白酶和活化剂一浴法处理后的毛条性能

活化剂—610 /g·L^{-1}	酶用量 /g·L^{-1}	温度/℃	时间/min	强力/cN	伸长/cm	毡缩球密度 /g·cm^{-3}
0	0	0	0	6.66	4.68	121.11
3	0.8	40	2	6.41	3.62	43.75
3	1.3	40	2.5	6.40	3.53	41.18
3	1.8	40	2.5	6.88	3.50	43.73
3	0.8	45	2.5	5.42	3.60	40.30
3	1.3	45	2.5	5.39	3.51	44.22
3	1.8	45	2.5	5.38	3.57	44.12
3	0.8	50	2.5	5.42	3.50	44.92
3	1.3	50	2.5	5.91	3.92	42.04
3	1.8	50	2.5	5.38	3.66	40.87

从表 5－19 可以看出，蛋白酶和活化剂一浴法处理后毛条毡缩球密度与原毛相比降低 2/3，断裂强力和断裂伸长率随着处理温度的升高而降低，强力保留率在 80% 左右。

（2）多酶一浴法协同处理。周雯等人采用角蛋白酶/蛋白酶一浴法处理羊毛织物，角蛋白酶可促进蛋白酶的水解减量，使织物的毡缩率明显降低。

工艺流程如下：

织物浸渍常温水→轧液→浸渍复合酶液→恒温处理一定时间→高温灭酶→水洗→烘干

工艺处方和工艺条件见表 5－20，处理后毛织物的毡缩率如图 5－40 所示，力学性能见表 5－21。

表 5－20 角蛋白酶/蛋白酶一浴法浸渍处理工艺

织物	女衣呢（220g/m^2）	pH 值	8.5
角蛋白酶	50%（owf，酶活 19U/mL）	温度	55℃
Savinase16.0L 碱性蛋白酶	2.0 %（owf，酶活 20kU/mL）	时间	18h
渗透剂 JFC	1.0g/L	浴比	1:25

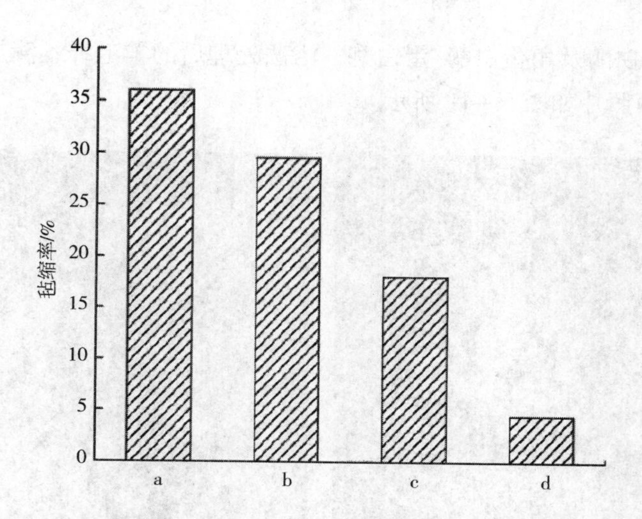

图 5-40　角蛋白酶/蛋白酶一浴法浸渍处理织物的毡缩率

a—未处理样　b—50%（owf）角蛋白酶处理样　c—2%（owf）蛋白酶处理样

d—50%（owf）角蛋白酶 +2%（owf）蛋白酶处理样

表 5-21　角蛋白酶/蛋白酶一浴法浸渍处理织物的性能

样品处理方式	润湿接触角/(°)	纤维直径/μm	强力/N	强力损失率/%
未处理	120.78	25.28	458	—
50%（owf）角蛋白酶处理	104.79	25.10	440	3.9
2%（owf）蛋白酶处理	101.69	24.41	358	21.8
50%（owf）角蛋白酶 +2%（owf）蛋白酶处理	95.71	23.42	299	34.7

从处理后的织物性能可以发现，单独使用蛋白酶处理的女衣呢织物毡缩率比较高，无法达到防缩效果，经过角蛋白酶/蛋白酶一浴法处理后，织物毡缩率下降到 4.46%，防毡缩性能显著提高，已达到“机可洗”效果。这是因为角蛋白酶可使羊毛鳞片外层的角蛋白丧失不溶性和抗酶解的能力，而蛋白酶可在角蛋白酶作用鳞片处进一步降解鳞片内层含硫量很低的非角质化蛋白质。蛋白酶对鳞片的降解也使得更多角蛋白暴露，为角蛋白酶进一步水解鳞片提供了更多位点，两种酶的协同作用能使羊毛鳞片充分降解，因此，织物的防毡缩性能提高，但织物的强力损失很大。

当羊毛纤维浸入饱和溴水溶液时，纤维表面会出现很多囊泡，这种现象称为 Allwörden 反应。其原因是羊毛鳞片表层、鳞片外层的 A 层含有大量胱氨酸二硫键，受到溴水作用时，其中的二硫键会氧化分解成亲水的磺酸基，同时一些蛋白质肽键断裂，产生可溶性多肽。由于其相对分子质量较大，不能透过半渗透膜（即鳞片表层）向外扩散，使鳞片表层内渗透压增大，膨化成囊泡整齐排列在纤维四周。如果鳞片表层严重损伤或被去除，则囊泡会延迟或根本不会发生。因此，通过 Allwörden 囊泡的均匀性、形状、大小和形成时间的长短等参数，可以考察鳞片表层、鳞片外层的受损程度。

对角蛋白酶、蛋白酶及角蛋白酶/蛋白酶一浴法处理后的羊毛纤维滴加饱和溴水溶液，其Allwörden 反应的显微照片如图 5-41 所示。

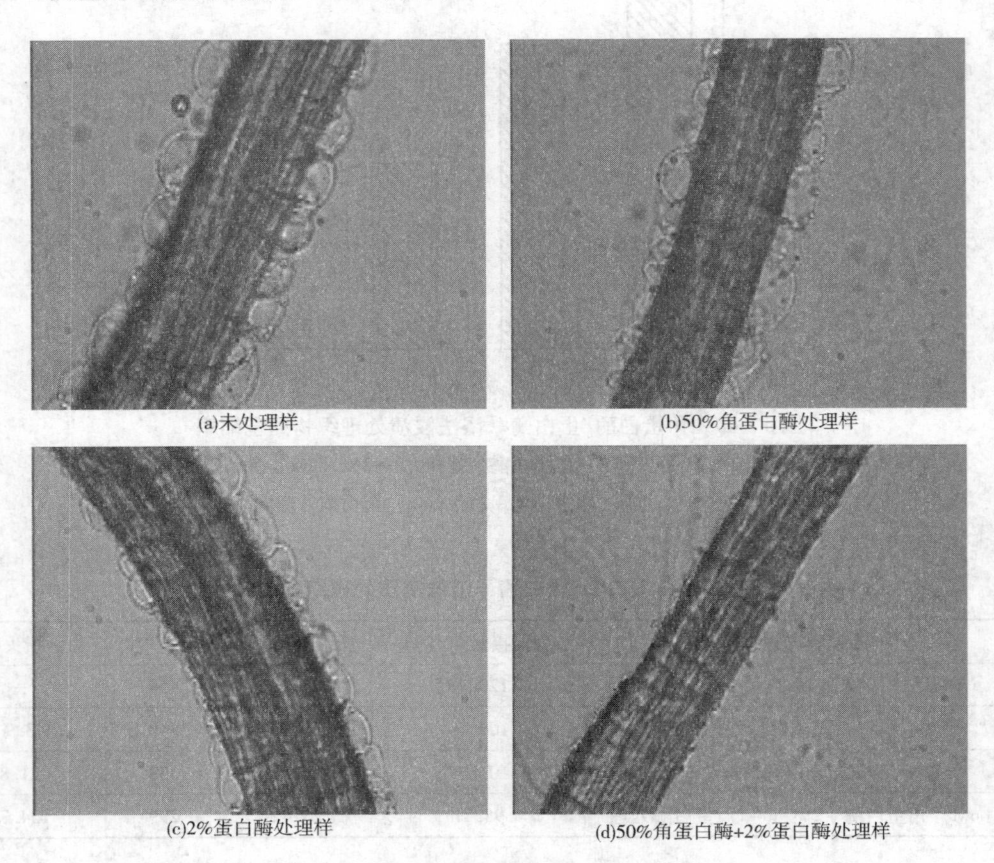

(a)未处理样　(b)50%角蛋白酶处理样

(c)2%蛋白酶处理样　(d)50%角蛋白酶+2%蛋白酶处理样

图 5-41　经不同酶处理羊毛的 Allwörden 现象

由图 5-41 可以看出，未处理的羊毛纤维四周存在大而密的液泡。角蛋白酶处理虽然破坏了羊毛鳞片外层的部分二硫键，但是水解程度极低，因此对 Allwörden 反应没有太大影响。蛋白酶单独处理后的羊毛，其 Allwörden 反应囊泡仍然存在，但部分区域囊泡变小，形状变得扁平。经角蛋白酶 + 蛋白酶一浴法处理后的羊毛纤维，没有产生 Allwörden 囊泡，证明在两种酶的协同作用下，鳞片类脂层、蛋白质肽键和有可能支撑起 Allwörden 囊泡的酰胺交联均受到破坏，鳞片蛋白水解较完全。

对角蛋白酶处理、蛋白酶处理以及角蛋白酶 + 蛋白酶一浴法处理的羊毛纤维拍摄扫描电镜照片，结果如图 5-42 所示。

对比电镜图可以发现，角蛋白酶处理后的羊毛鳞片依然很完整，只是边缘有一点凸起。这是因为单独角蛋白酶处理对鳞片的降解不够强烈，鳞片破坏不大。单独蛋白酶处理后，羊毛纤维表层变得粗糙，鳞片张开且边缘翘起。经角蛋白酶/蛋白酶一浴法处理后，羊毛表面鳞片明显受到破坏，大部分鳞片已不存在。由此可以证明角蛋白酶/蛋白酶一浴法处理的协同效果相当明显，可以有效去除羊毛的鳞片。

(a)未处理样　(b)50%角蛋白酶处理样

(c)2%蛋白酶处理样　(d)50%角蛋白酶+2%蛋白酶处理样

图 5－42　不同酶处理的羊毛纤维电镜照片

黄庞慧等人在角蛋白酶处理时加入角质酶，经角质酶/角蛋白酶一浴法处理可以明显改善羊毛织物的表面性能和防毡缩性。

工艺流程为：

浸渍常温水→轧液→浸渍复合酶液→恒温处理一定时间→高温灭酶→水洗→烘干

工艺处方见表 5－22，处理后的织物性能见图 5－43 和表 5－23。

表 5－22　角质酶/角蛋白酶一浴法处理工艺

织物	华达呢（330g/m^2）	pH 值	8.0
角质酶	6U/g 织物	处理温度	50℃
角蛋白酶	400U/g 织物	处理时间	60min
渗透剂 JFC	1.0g/L	浴比	1:50

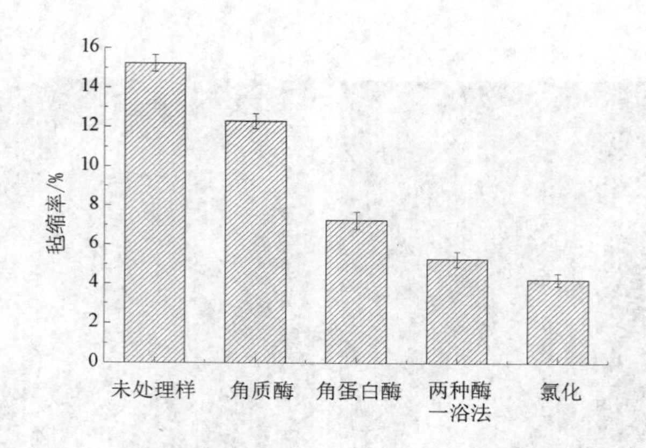

图 5-43 角质酶/角蛋白酶一浴法处理后织物的毡缩率

表 5-23 角质酶/角蛋白酶一浴法处理后织物的强力损失

试样	断裂强力/N	强力下降百分率/%	碱溶解度/%
未处理样	623 ± 5	—	4.23 ± 0.09
角质酶处理样	618 ± 3	0.80	5.12 ± 0.12
角蛋白酶处理样	584 ± 9	6.26	7.83 ± 0.07
两种酶一浴法处理样	576 ± 6	7.54	8.46 ± 0.08
氯化处理样	524 ± 7	15.89	9.86 ± 0.11

经过角质酶/角蛋白酶一浴法处理后的华达呢织物防毡缩性明显提高，基本达到“机可洗”的要求，而且断裂强力损伤不大。这是因为角质酶可以针对鳞片的类脂结构进行水解，降低其疏水性能，从而有效促进角蛋白酶对鳞片的吸附和水解。

2. 羊毛制品的蛋白酶两步法防毡缩整理 两步法整理是指在以蛋白酶为主的整理过程中辅以物理、化学或酶等预处理方法，提高蛋白酶对羊毛纤维鳞片层的水解作用。

（1）化学法预处理 + 蛋白酶整理。化学法预处理一般是通过氧化剂或氯化剂对羊毛进行预处理。这些试剂不仅能破坏羊毛纤维表面类脂层的连续分布状态，增加羊毛纤维表面的亲水性，而且可以断裂鳞片层中的二硫键，使鳞片层结构变得更加亲水和疏松。经过预处理后的羊毛再经蛋白酶处理，蛋白酶对鳞片的去除效果显著增加，从而提升了处理后织物的防毡缩性能。

目前，化学预处理常用的氧化剂有高锰酸钾和双氧水，常用的氯化剂有次氯酸盐、亚氯酸盐、二氯异氰酸盐（DCCA）等。其中，高锰酸钾处理后的毛织物由于呈现明显的深褐色，手感较硬，需要进一步还原处理和对废水中的锰离子回收，因此其应用不如双氧水和 DCCA 预处理广泛。双氧水氧化预处理的效果不如氯化预处理，先氯化预处理再蛋白酶处理的半生物法羊毛防毡缩整理工艺已实现了工业化应用。

①高锰酸钾氧化预处理工艺。

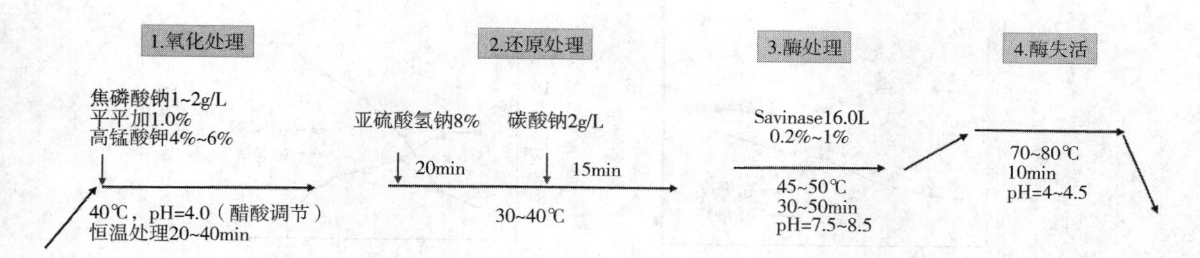

由于高锰酸钾氧化预处理时还原锰的不断产生，处理过程中毛纤维的颜色会逐渐变成棕褐色，因此在氧化处理后需要继续对其还原脱色，将棕褐色完全脱尽，然后再加入碳酸钠处理15min。

②双氧水预处理工艺。

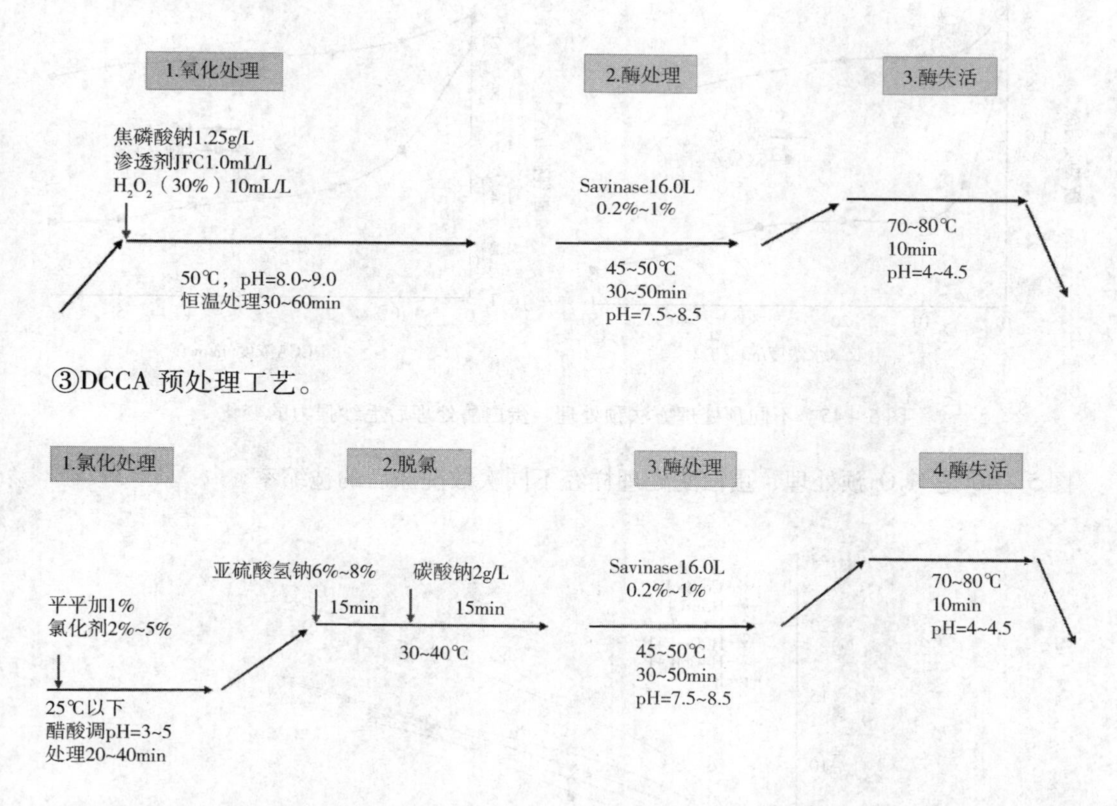

氯化预处理的关键是要均匀。加料时先加入平平加或渗透剂并调节好pH值，再将稀释好的氯化剂缓慢加入，时间以15min左右为宜。温度以25℃以下为好，较高的温度会使氯化剂分解过快。pH值以4左右为好，pH值过低虽处理快，但不易均匀。可用碘化钾淀粉试纸确认反应终点。

还原处理中也可以选用焦亚硫酸氢钠、亚硫酸钠、连二亚硫酸钠等还原剂，关键是彻底还原残留的活性氯和氯胺类物质。

周爱晖等人比较了双氧水和DCCA两种预处理方法处理后再用蛋白酶处理对毛织物（女衣呢白坯，325g/m²）性能的影响，结果如图5-44和图5-45所示。

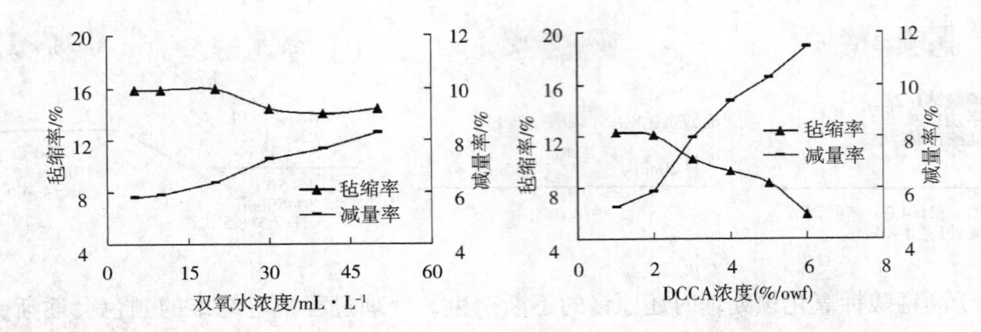

图 5-44 不同预处理方法预处理、蛋白酶处理后女衣呢的减量率与毡缩性能

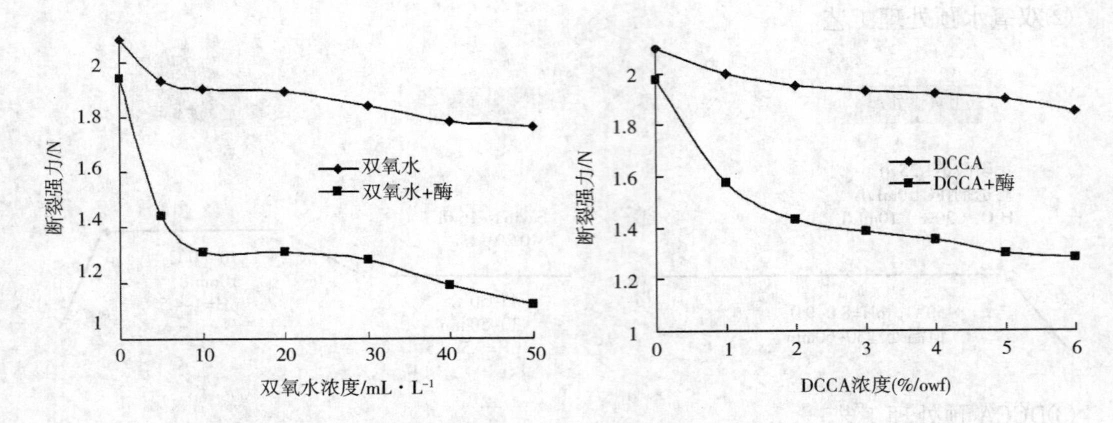

图 5-45 不同预处理方法预处理、蛋白酶处理后毛纱强力的变化

图 5-46 是 H_2O_2 预处理、蛋白酶处理样经不同次数洗涤后的毡缩率。

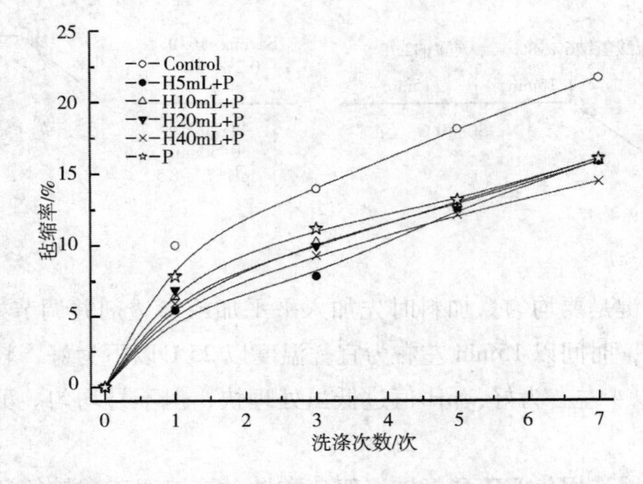

图 5-46 H_2O_2 预处理、蛋白酶处理样经不同次数洗涤后的毡缩率

Control—对照样 H—双氧水 P—蛋白酶

图 5-47 是 DCCA 预处理、蛋白酶处理样经不同次数洗涤后的毡缩率。

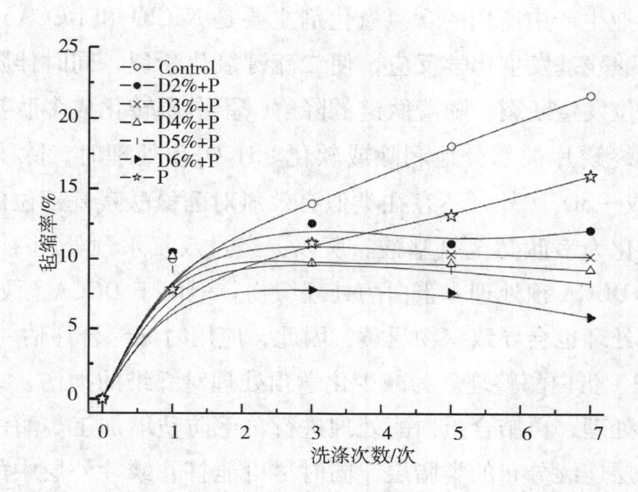

图5－47　DCCA预处理、蛋白酶处理样经不同次数洗涤后的毡缩率

Control—对照样　D—DCCA　P—蛋白酶

研究发现，双氧水和DCCA两种预处理方法对蛋白酶处理的促进效果不同，这主要是两种预处理方式对羊毛纤维表面的作用程度不同，致使后续酶处理效果也不同。

图5－48分别是H_2O_2预处理、DCCA预处理、H_2O_2预处理＋蛋白酶处理、DCCA预处理＋蛋白酶处理羊毛纤维的Allwörden现象。

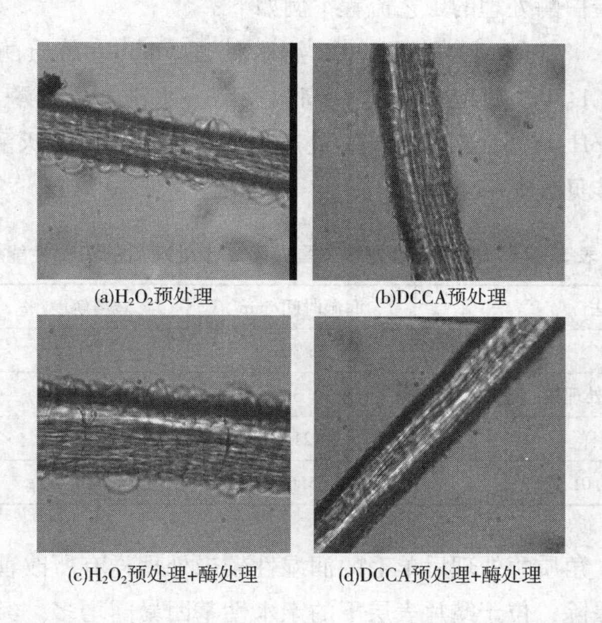

图5－48　H_2O_2、DCCA、H_2O_2＋蛋白酶、DCCA＋蛋白酶处理羊毛纤维的Allwörden现象

与双氧水预处理相比，经3%（owf）DCCA处理后羊毛的Allwörden反应囊泡的大小和形状发生了很大改变，只有微小的气泡覆盖在鳞片表面。经3% DCCA＋酶两步法处理后的羊毛不再出现Allwörden反应囊泡。这说明鳞片层基本被去除殆尽。

含氯氧化剂（工业生产中所用的含氯氧化剂主要是 NaClO 和 DCCA）中的有效氯可与羊毛鳞片外层中的胱氨酸残基发生化学反应，使二硫键氧化断裂，同时伴随有肽链断裂，尤其是在肽链的酪氨酸部位发生断裂。随着肽链的降解，蛋白质转化成多肽甚至氨基酸，并透过鳞片表层而溶出，最终鳞片被部分地剥除或软化。H_2O_2预处理时，除了羊毛鳞片层中的—S—S—被 H_2O_2 氧化成—SO_3H 外，不存在类似有效氯对酪氨酸残基部位的氧化反应，不能降解肽键，使蛋白质转化为多肽乃至氨基酸。所以，经过双氧水预处理 + 蛋白酶处理的织物，其防毡缩效果远不如 DCCA 预处理 + 蛋白酶处理织物。但由于 DCCA 预处理废水中存在 AOX 问题，而且含氯试剂处理也会导致织物泛黄，因此，应用时应综合评估。

（2）酶法预处理 + 蛋白酶整理。为减少化学预处理对纤维的损伤，近年来不断有研究人员应用酶法对羊毛预处理，再结合蛋白酶处理进行羊毛防毡缩加工。酶法预处理是利用某些酶来破坏羊毛鳞片表层连续分布的类脂层，同时尽可能打开鳞片外层中的部分二硫键，提高羊毛纤维表面的亲水性和蛋白酶分子对角蛋白的可及度。目前报道的具有一定预处理效果的酶主要是角质酶和角蛋白酶。

①角质酶预处理 + 蛋白酶处理。角质酶是丝氨酸酯酶的一种，对直链脂肪酸酯具有较好的水解效果。将其应用于羊毛防毡缩预处理时，角质酶可以水解羊毛纤维表面的类脂层，提高纤维表面的润湿性能，并对后续的蛋白酶处理产生定向引导，提高蛋白酶对鳞片层的水解效率，最终促进羊毛鳞片层的降解，提高织物的防毡缩性能。

角质酶预处理 + 蛋白酶处理的工艺流程举例如下：

毛织物（华达呢，328g/m^2）先用 90℃ 热水处理 5min→角质酶处理［2.0%（owf），55℃，pH = 8.0，浴比 1:50，处理 6.0h］→高温灭酶→水洗→蛋白酶处理［Savinase 16.0L 0.5%（owf），55℃，pH = 8.5，浴比 1:50，处理 1.0h］→90℃高温灭酶→水洗→烘干

处理后的织物性能见表 5 – 24。

表 5 – 24　角质酶预处理、蛋白酶二步处理后的织物性能

酶处理方法	润湿时间/min	碱溶解度/%	毡缩率/%
未处理样	>30	11.9	11.2
Savinase 16.0L 处理样	>30	14.2	9.0
角质酶处理样	21	11.6	10.8
角质酶→Savinase 16.0L 处理样	5.6	15.6	8.1

由表 5 – 24 可见，角质酶处理后羊毛的润湿性较未处理样有所改善，这表明随着纤维鳞片表层部分类脂物的去除，位于鳞片表层下的亲水性基团暴露增多。经角质酶 + 蛋白酶二步法处理后，试样表面的润湿时间进一步缩短。

碱溶解度和毡缩性能的变化进一步说明角质酶预处理可以促进后续蛋白酶对羊毛的水解。二步法联合处理后试样碱溶解度略有增加，说明纤维内部组分被蛋白酶水解的程度加大，而毡缩率明显下降，表明羊毛表面鳞片去除程度增加。

②角蛋白酶预处理+蛋白酶处理。角蛋白酶是一类专一降解角蛋白的酶类，它能水解化学结构稳定、二硫键交联密度高和亲水性低的角蛋白。

角蛋白酶实际上具有二硫键还原酶和多肽水解酶的活性。目前普遍认为角蛋白酶降解角蛋白的过程分3个步骤，即变性作用、水解作用和转氨基作用。首先，二硫键还原酶作用于角蛋白二硫键，将胱氨酸（—S—S—）还原为半胱氨酸（—SH），使角蛋白高级结构解体而形成变性角蛋白；其次，变性角蛋白在多肽水解酶的作用下逐渐水解成多肽、寡肽和游离氨基酸；最后，由转氨基作用产生氨气和硫化物而使角蛋白彻底水解。

王平等人的研究显示角蛋白酶对羊毛鳞片层的作用机制以变性作用为主，而水解作用或转氨基作用较弱。因此，利用角蛋白酶对羊毛鳞片层中部分二硫键的还原变性作用对纤维进行预处理，后续的蛋白酶分子可借助于部分还原打开的二硫键通道向纤维鳞片内扩散，促进提高酶解反应效率，从而有助于鳞片层剥落，降低毡缩率。

羊毛纤维鳞片层中含有大量的胱氨酸，一旦这些胱氨酸的二硫键被破坏，即生成半胱氨酸。由于半胱氨酸中含有巯基（—SH），采用5，5′-二硫代-2-硝基苯甲酸（DTNB）比色法可测出巯基含量，通过羊毛表面巯基的含量即可知道羊毛纤维中二硫键的断裂情况。羊毛纤维经过不同酶处理后表面的巯基含量如图5-49所示。

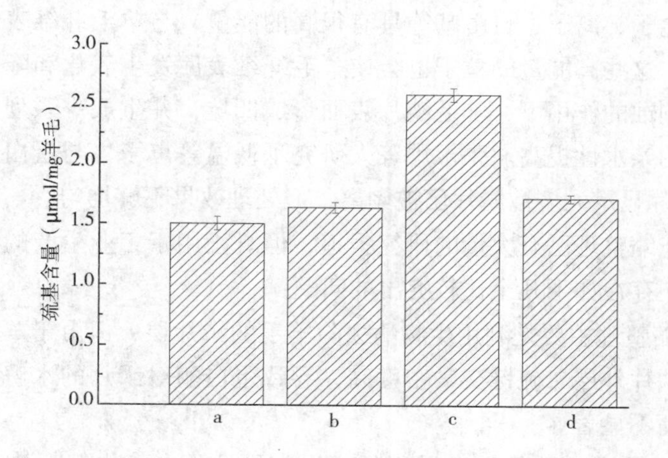

图5-49　不同酶处理后羊毛表面的巯基含量

a—原样　b—角质酶处理样　c—角蛋白酶处理样　d—蛋白酶处理样

由图5-49可见，角质酶和蛋白酶处理不会增加羊毛纤维表面的巯基含量，说明这两种酶处理不会对二硫键产生影响。经角蛋白酶处理后，纤维表面巯基含量明显增加，这表明角蛋白酶能破坏二硫键，使之形成巯基化合物。

角蛋白酶预处理+蛋白酶处理的工艺流程举例如下。

羊毛织物（华达呢，328 g/m^2）预先用90℃热水处理5min→角蛋白酶处理［20%(owf)，55℃，pH=8.5，浴比1∶50，处理6.0h］→高温灭酶→水洗→蛋白酶处理［Savinase 16.0L 2.0%(owf)，55℃，pH=8.5，浴比1∶50，处理1.0h］→90℃高温灭酶→水洗→烘干

经过角蛋白酶预处理+蛋白酶处理后的织物性能见表5-25。从表5-25中碱溶解度和毡缩率数据可以看出，与蛋白酶处理样相比，角蛋白酶+蛋白酶二步法处理样减量率略有提高，碱溶解度相近，表明角蛋白酶预处理削弱了蛋白酶对鳞片层胞间质和内部皮质层的作用，促进了纤维鳞片外层蛋白的酶解反应，在获得鳞片层水解去除效果的同时，纤维内部损伤较少。因此，将角蛋白酶应用于羊毛预处理，不但可适度提高蛋白酶的水解效率，而且对纤维损伤较小。但遗憾的是，目前角蛋白酶的酶活很低，处理时酶的用量很高，而且没有商品酶供应。

表5-25 角蛋白酶预处理+蛋白酶处理后的织物性能

处理条件	失重率/%	碱溶解度/%	毡缩率/%
未处理	—	11.3	10.5
角蛋白酶处理	0.40	11.2	10.3
蛋白酶处理	2.54	13.8	7.3
角蛋白酶+蛋白酶处理	3.59	13.9	6.0

(3) 物理法预处理+蛋白酶处理。物理法预处理主要是采用低温等离子体处理。低温等离子体中的分子、电子、离子、自由基等具有很高的能量，与羊毛纤维表面发生碰撞，可形成物理刻蚀。同时，这些高能量的粒子也会使羊毛纤维表面发生氧化和降解，从而产生化学微刻蚀。在这两种刻蚀的作用下，羊毛鳞片表面形成凹坑，并生成一系列含氧、含氮的极性基团，使羊毛表面的亲水性提高。张永烨等人研究了低温等离子体与蛋白酶的复合整理，处理后羊毛的SEM照片显示大多数鳞片已被剥离，但处理效果不够均匀。

羊毛的酶法防毡缩整理已有大量的研究报道，但真正用于工业生产的实例却很少，这主要是因为酶法整理还存在如下几个比较突出的问题：

(1) 酶法防毡缩整理主要是利用生物酶去除羊毛的鳞片层，但由于羊毛的磷片表层存在疏水性的类脂层，鳞片外层二硫键交联密度高，导致蛋白酶对鳞片的水解效率低，去除效果差，防毡缩性能提高不显著。

(2) CMC层和皮质层的胱氨酸含量很低，很容易被蛋白酶水解，从而造成强力损伤严重，在防毡缩效果与强力损失之间存在难以调和的矛盾。

(3) 目前能够有针对性水解鳞片表层类脂层的角质酶和水解鳞片层中二硫键的角蛋白酶的活力很低，致使其作用效果并不理想，而且没有商品化酶供应。

(4) 羊毛磷片表层疏水性类脂层的存在，使羊毛表现出强的疏水性，致使蛋白酶处理时均匀性差。

只有这些关键问题得到解决，酶法防毡缩整理技术才能真正应用于工业生产。

主要参考文献

[1] Shah S R. Chemistry and applications of cellulase in textile wetprocessing [J]. Research Journal of Engineering Sciences, 2013, 2 (7): 1-5.

[2] 周文龙. 酶在纺织中的应用 [M]. 北京：中国纺织出版社，2002.
[3] 沈勇，孙铠. 纤维素酶对纤维素纤维吸附参数的研究 [J]. 纺织学报，2000，21 (5)：21-24.
[4] 沈勇，王黎明，孙铠. 纤维素酶对纤维素纤维酶解动力学的研究 [J]. 东华大学学报（自然科学版），2001，27 (1)：14-19.
[5] LinderM，Lindeberg G，Reinikainen T，et al. The difference in affinity between two fungal cellulose-binding domains is dominated by a single amino acid substitution [J]. FEBS Letters，1995，372 (1)：0-98.
[6] 高凤菊，李春香. 真菌与细菌纤维素酶研究进展 [J]. 唐山师范学院学报，2005，27 (2)：7-10.
[7] 郑斐. 包含双纤维素结合域（CBD）重组蛋白的分子构建、表达及其吸附性能的研究 [D]. 南京：南京林业大学，2008.
[8] 刘俊. 纤维素酶用于纤维改性及其相关机理的研究 [D]. 天津：天津科技大学，2012.
[9] 郝龙云，蔡玉青. 机械搅动条件对酸性纤维素酶性能及其处理效果的影响 [J]. 印染助剂，2008，25 (10).
[10] 刘磊，陆必泰. 纤维素酶在棉织物生物抛光中的应用 [J]. 武汉纺织大学学报，2011 (6)：34-36.
[11] 吕景春，杜丽萍. 纤维素酶在棉织物抛光工艺中的应用 [J]. 纺织科技进展，2008 (4)：40-42.
[12] 余圆圆. 纤维素酶修饰及其对纤维素纤维作用的研究 [D]. 无锡：江南大学，2014.
[13] 宋心远，沈煜如. 新型染整技术 [M]. 北京：中国纺织出版社，1999.
[14] 李甜甜. 苎麻织物的刺痒感评价及抗刺痒整理技术研究 [D]. 杭州：浙江理工大学，2012.
[15] 王芳. 纤维素酶后处理对苎麻织物刺痒感和手感的影响 [D]. 上海：东华大学，2010.
[16] 田喆. 改善苎麻织物刺痒感的研究 [D]. 上海：东华大学，2013.
[17] 高锡光. 纤维素酶整理消除苎麻针织物刺痒感的研究 [D]. 西安：西安工程大学，2011.
[18] 吴明辉，李国生. 浅谈苎麻织物刺痒感的评价方法 [J]. 中国纤检，2013 (20)：80-81.
[19] 范雪荣. 纺织品染整工艺学 [M]. 北京：中国纺织出版社，2006.
[20] 李长龙，陈旭炜，李毓陵. Lyocell 的原纤化及整理 [J]. 东华大学学报（自然科学版），1999 (4)：95-98.
[21] 翟黎莉. Lyocell 织物原纤化的研究及评价 [D]. 青岛：青岛大学，2006.
[22] 蒋少军，吴红玲，张红. Lyocell 纤维原纤化酶处理技术的研讨 [J]. 染整技术，2005，27 (9)：11-14.
[23] 唐人成，赵建平，梅士英. Lyocell 纺织品染整加工技术 [M]. 北京：中国纺织出版社，2001.
[24] 周彬. 牛仔布纤维素酶返旧整理工艺简介 [J]. 化纤与纺织技术，2009 (4)：23-25.
[25] 林丽霞. 牛仔成衣后整理 [J]. 印染，2009，35 (18)：29-34.
[26] 周爱晖. 纤维素酶在纺织品返旧整理中的应用 [J]. 印染助剂，2011，28 (2)：10-13.
[27] Andreaus J，Campos R，Cavaco-Paulo A，et al. 减轻后水洗中的靛蓝再沾色 [J]. 国际纺织导报，2001 (4)：64-68.
[28] 郝龙云. 纤维素酶对靛蓝染色棉织物的作用及反沾色机理的研究 [D]. 青岛：青岛大学，2008.
[29] 刘晓波，闫世梁，李宗伟，等. 漆酶/HBT 介质系统对靛蓝染料及废水脱色的初步研究 [J]. 环境污染与防治，2008，30 (6)：27-30.
[30] Gusakov A V，Sinitsyn A P，Markov A V，et al. Study of protein adsorption on indigo particles confirms the existence of enzyme-indigo interaction sites in cellulase molecules [J]. Journal of Biotechnology，2001，87 (1)：83-90.
[31] Gusakov A V，Sinitsyn A P，Markov A V，et al. Study of protein adsorption on indigo particles confirms

the existence of enzyme—indigo interaction sites in cellulose molecules [J]. Journal of Biotechnology, 2001, 87 (1): 83 – 90.

[32] Montazer M, Maryan A S. Application of laccases with cellulases on denim for clean effluent and repeatable biowashing [J]. Journal of Applied Polymer Science, 2010, 110 (5): 3121 – 3129.

[33] Nigel C. Veitch. Horseradish peroxidase: a modern view of a classic enzyme [J]. Phytochemistry, 2004 (65): 249 – 259.

[34] 郝龙云，蔡玉青．漆酶在靛蓝牛仔布水洗中的应用 [J]. 印染，2007 (17): 19 – 20.

[35] Campos R, Kandelbauer A, Robra K H, et al. Indigo degradation with purified laccases from Trametes hirsuta and Sclerotium rolfsii [J]. Journal of Biotechnology, 2001, 89 (2 – 3): 131 – 139.

[36] 林丽霞．漆酶在牛仔成衣洗水中的研究 [J]. 染整技术，2016, 38 (8): 19 – 21.

[37] 高恩丽，张树江，夏黎明，等．云芝漆酶在牛仔布生物整理中的应用 [J]. 纺织学报，2007, 28 (4): 73 – 79.

[38] 姚穆．毛纤维材料学 [M]. 北京：中国财政经济出版社，1960.

[39] Mclaren J A, Milligan B. Wool Science – The Chemical Reactivity of the Wool Fibres [M]. Marrickville: Science Press, 1981.

[40] Rippon J A. The structure of wool [M]. Bradford: Society of Dyers and Colorists, 1992.

[41] Lewin M, Pearce M. Handbook of fiber chemistry (Second edition) [M]. NewYork: Marcel Dekker, 1998.

[42] 姚金波，滑均凯，刘建勇．毛纤维新型整理技术 [M]. 北京：中国纺织出版社，2000.

[43] Bradbury J H. Advances in Protein Chemistry [M]. New York: Academic Press, 1973.

[44] Makinson K R. Shrinkproofing of Wool [M]. New York: Marcel Dekker, 1979.

[45] 陈杰瑢．等离子体清洁技术在纺织印染中的应用 [M]. 北京：中国纺织出版社，2005.

[46] 范雪荣，黄庞惠，王强．羊毛的酶法防毡缩整理综述 [J]. 针织工业，2015 (3): 30 – 35.

[47] 王乐．无氯羊毛条连续防缩加工新方法研究 [D]. 天津：天津工业大学，2016.

[48] 王平，王强，崔莉，等．Savinase 和木瓜蛋白酶处理对羊毛性能的影响 [J]．纺织学报，2011, 32 (9): 74 – 77.

[49] 周爱晖．不同预处理对羊毛酶法防毡缩及其他性能的影响 [D]. 无锡：江南大学，2008.

[50] 周雯．羊毛角蛋白酶—蛋白酶一浴法防毡缩整理 [D]. 无锡：江南大学，2010.

[51] 黄庞慧．多酶协同处理的羊毛防毡缩整理研究 [D]. 无锡：江南大学，2014.

[52] 王平，王强，范雪荣，等．羊毛蛋白酶防毡缩加工综述 [J]. 印染，2010 (5): 46 – 49.

第六章　纺织品的酶催化功能整理技术

目前，纺织品的功能整理主要采用化学方法，应用一些具有特殊性能的整理剂对纺织品进行处理，使纺织品获得原来所不具备的性能，如气候适应整理（防水透湿、调温）、卫生保健整理（抗菌消臭、芳香）、易护理整理（机可洗、免烫）和防护整理（阻燃、防紫外线、拒水拒油）等；或采用物理方法对纺织品处理，改变纺织品的表面结构和表面性能，赋予其特殊功能，如电磁屏蔽整理等。

高分子材料和纺织品的酶催化功能整理是近年发展起来的一种新型整理方法，主要是利用氧化还原酶的催化氧化作用或转移酶如谷氨酰胺转氨酶的催化基团的转移作用，将外源功能性物质接枝到高分子材料表面，也有利用水解酶对纤维表面的水解作用，改变纤维材料的表面组成、表面结构和表面性质，从而赋予其特殊功能。酶催化功能整理具有选择性强、处理条件温和等特点，特别是能把一些化学方法无法接枝的功能性单体接枝到纤维表面。

第一节　多酚氧化酶在纺织品功能整理中的应用

多酚氧化酶（Polyphenol oxidase，PPO）是自然界中分布极广的一种金属结合酶，普遍存在于植物、真菌、昆虫的质体中，甚至在土壤腐烂的植物残渣上都可以检测到多酚氧化酶的活性。PPO 又细分为漆酶（Laccase，EC 1.10.3.2）、单酚单氧化酶（酪氨酸酶，Tyrosinase，EC 1.14.18.1）和双酚氧化酶（儿茶酚氧化酶，Catechol oxidase，EC 1.10.3.1）。在这三大类多酚氧化酶中，漆酶和酪氨酸酶主要分布在植物和微生物中，在纤维材料功能改性中得到了较多研究。儿茶酚氧化酶主要分布在植物中，在纤维材料改性中的研究较少。

与漆酶相似，酪氨酸酶也是一种含铜的金属酶，广泛存在于自然界的动植物（如人体、马铃薯等）及微生物（如蘑菇）中。酪氨酸酶能够调控黑色素的产生，是合成黑色素的关键酶种，在生物体内发挥着重要生理作用。酪氨酸酶的催化活性中心是耦合双铜结构，每个铜离子由三个组氨酸残基协调。根据铜离子价态以及铜离子是否与氧结合及结合形式的不同，活性中心存在三种不同状态，即氧化态、还原态和脱氧态。酪氨酸酶在还原态下能与邻苯酚类物质结合，并发生催化氧化生成邻苯醌类物质。随着邻苯醌类物质的释放，酪氨酸酶转变为脱氧态，在氧气的参与下，又从不稳定的脱氧态转变为氧化态，在这种状态下，酪氨酸酶既能催化单酚类底物，又能催化邻苯二酚类底物，其催化机理如图 2-24 所示。

多酚氧化酶中的漆酶和酪氨酸酶能够催化氧化酚类或芳胺类小分子单体，不仅可以使酚类或芳胺类小分子单体间相互聚合，还可催化这些单体与含酚羟基或伯氨基的纤维大分子发生反应，将这些单体接枝到纤维大分子上。在常见的纺织纤维中，黄麻、亚麻等韧皮纤维素纤维含有大量木质素（黄麻含10%～13%，亚麻含2.5%～5%），真丝和羊毛纤维含有一定数量的酪氨酸（羊毛中含5.25%，桑蚕丝素中含11.8%）和伯氨基侧链（R—NH_2），根据多酚氧化酶的上述催化特性，可将其应用于富含木质素的纤维素纤维及富含酪氨酸和伯氨基的蛋白质纤维的功能整理，赋予纤维制品新的应用性能。

一、多酚氧化酶催化富木质素纤维素纤维和蛋白质纤维功能整理的反应机理

酪氨酸酶和漆酶有相似的作用底物类型和催化氧化反应机制，两者均可以催化氧化酚类和芳香胺类单体用于富含木质素的韧皮纤维素纤维及富含酪氨酸和伯氨基的蛋白质纤维材料的功能改性。

1. 漆酶和酪氨酸酶催化酚类单体接枝富含木质素纤维素纤维及蛋白质纤维的反应机理

在天然富含木质素的纤维素纤维中，麻纤维的化学组成主要包括纤维素、半纤维素和木质素等。其中，木质素富含酚羟基，结构最为复杂，其基本结构单元为苯丙烷，有愈创木基、紫丁香基和对羟基苯基三种基本结构，如图6－1所示。木质素基本结构单元中的酚羟基可被多酚氧化酶催化氧化，生成活性自由基，从而引发与外源酚类单体或芳胺小分子单体的接枝。

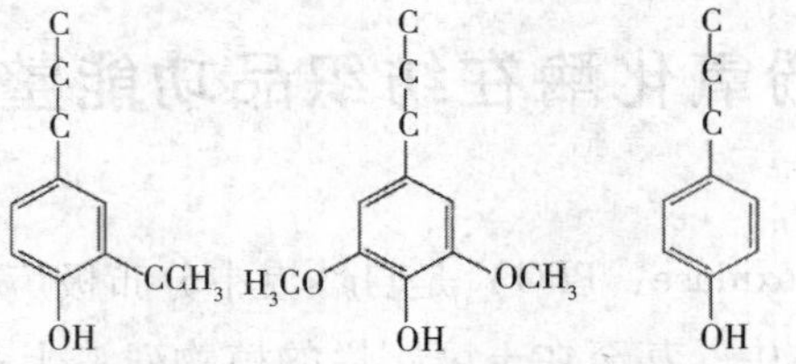

愈创木基丙烷　　紫丁香基丙烷　　对羟基苯丙烷

图6－1　木质素的基本结构单元

以黄麻纤维为例，漆酶可催化氧化黄麻纤维中木质素上的酚羟基，产生酚氧自由基或苯环碳自由基（由酚氧自由基转移而来），这些自由基可与体系中外加的酚类单体（如没食子酸月桂酯）发生接枝，使麻纤维表面改性（图6－2）。

酪氨酸酶也可以催化酚类小分子单体与含伯氨基侧基的蛋白质纤维接枝。以没食子酸为例，在酪氨酸酶的催化作用下，没食子酸被催化氧化成具有反应活性的邻苯醌，所生成的邻苯醌可与蛋白质纤维中的伯氨基侧基发生接枝反应，从而实现蛋白质纤维材料的功能化。

上述酪氨酸酶催化蛋白质纤维接枝酚类小分子单体的反应，可能通过两种酶促反应途径实现，如图6－3所示。一种是迈克尔加成反应，即没食子酸芳环上的羟基被催化氧化生成醌基（═C═O），醌基进一步与蛋白质纤维大分子链端或赖氨酸残基侧基上的伯氨基发生加成反应，在生成酚类结构的同时，实现酚类小分子与蛋白质纤维的接枝；另一种是席夫碱反应，即蛋白质纤维上的伯氨基和没食子酸上的活性羰基缩合，形成亚胺键（—RC═N—），并通

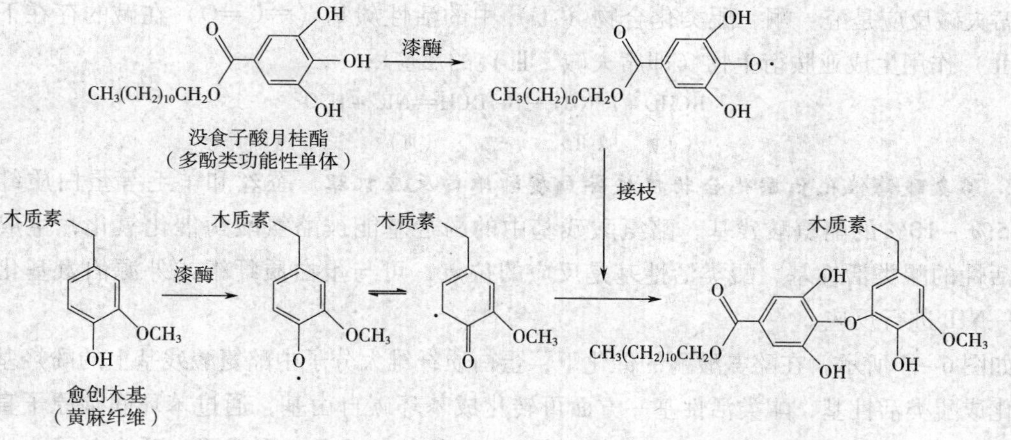

OH

OH

OH

$CH_3(CH_2)_{10}CH_2O$

漆酶

O·

$CH_3(CH_2)_{10}CH_2O$

没食子酸月桂酯
（多酚类功能性单体）

接枝

木质素

木质素

木质素

木质素

漆酶

OCH_3

OH

愈创木基
（黄麻纤维）

图6-2　漆酶催化多酚类单体在麻纤维木质素上的接枝反应机理

过该键将多酚类单体与蛋白质纤维连接，或者说接枝到蛋白质纤维上。

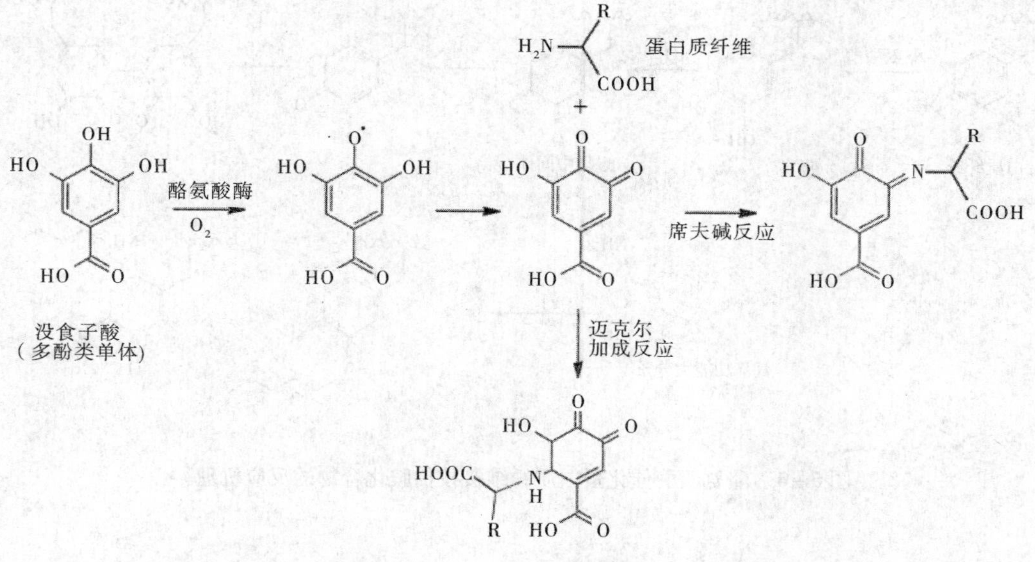

R

H_2N

蛋白质纤维

COOH

+

HO　OH　OH

酪氨酸酶

O_2

席夫碱反应

N

COOH

HO　O

没食子酸
（多酚类单体）

迈克尔
加成反应

HOOC

N
H

R

图6-3　酪氨酸酶催化多酚类单体接枝蛋白质纤维的反应机理

迈克尔加成反应也称共轭加成反应，是亲核试剂对α，β-不饱和体系进行的1，4-加成反应，其反应原理如下：

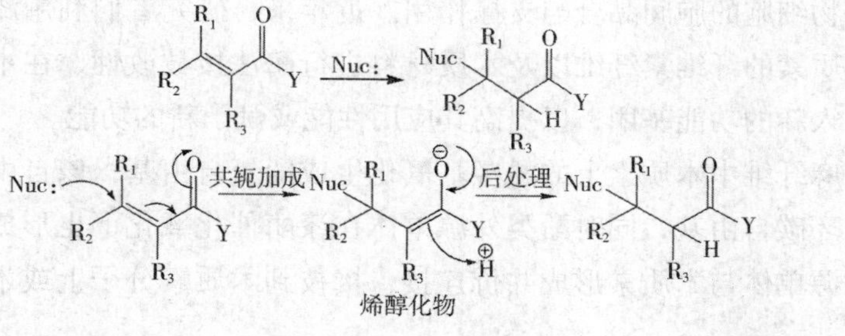

R_1　R_2　R_3　Y　Nuc:　H

共轭加成

后处理

烯醇化物

席夫碱反应是醛、酮、醌类化合物（Ⅰ）中的活性羰基（$=C=O$）在碱的存在下和伯胺（Ⅱ）作用生成亚胺衍生物（即席夫碱，Ⅲ）的反应：

$$\underset{(\text{Ⅰ})}{RCHO} + \underset{(\text{Ⅱ})}{R'NH_2} \longrightarrow \underset{(\text{Ⅲ})}{RCH{=}NR'} + H_2O$$

2. 酪氨酸酶催化伯胺化合物接枝蛋白质纤维的反应机理 蚕丝和羊毛等蛋白质纤维含有约5%～10%的酪氨酸残基，酪氨酸残基中的酚羟基能被酪氨酸酶催化氧化，生成具有反应活性的醌类活性基，醌类活性基是反应的位点，可与蛋白质纤维或外源伯氨基化合物上的—NH_2进行反应。

如图6－4所示，在酪氨酸酶的催化下，蛋白质纤维大分子中酪氨酸残基上的酚羟基被催化氧化成醌类活性基，醌类活性基一方面可转化成苯环碳自由基，通过苯环间碳原子直接连接，或与蛋白质分子链上的端氨基或赖氨酸残基上的氨基反应，形成蛋白质大分子内或分子间交联；另一方面，醌类活性基可通过席夫碱或迈克尔加成反应，与伯胺化合物或含氨基的功能性分子反应，将功能性氨基化合物接枝到蚕丝或羊毛等蛋白质纤维上。

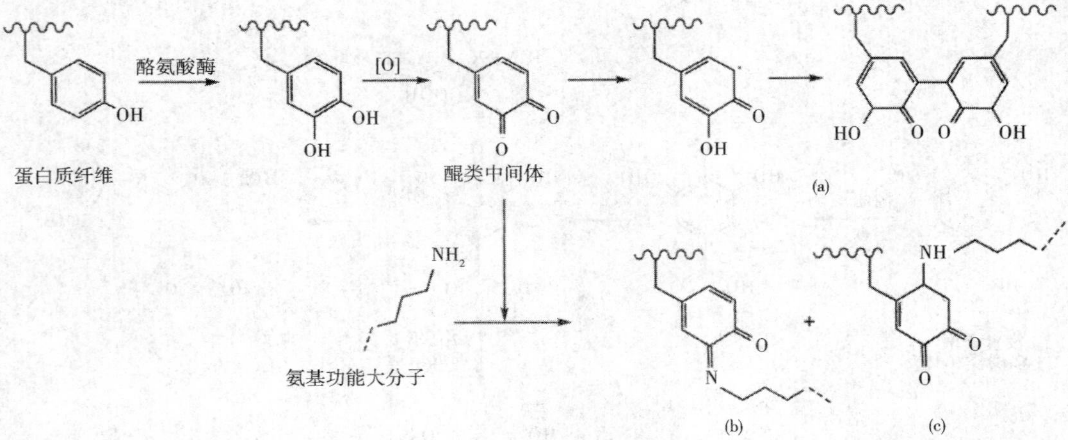

蛋白质纤维 —酪氨酸酶→ —[O]→ 醌类中间体 → → (a)

氨基功能大分子 → (b) + (c)

图6－4 酪氨酸酶催化蛋白质纤维接枝伯胺化合物的反应机理

二、漆酶在麻纤维和蛋白质纤维功能整理中的应用

1. 漆酶催化麻纤维疏水化改性 麻纤维如黄麻、亚麻等富含木质素，木质素是一种天然芳香族高分子聚合物，含有酚羟基，主要存在于植物细胞的细胞壁中，与纤维素、半纤维素伴生，起到对植物细胞的胞间黏合与支撑作用。近年来，研究者们利用漆酶对包括麻纤维在内的多种富含木质素的纤维素纤维以及木质材料进行酶法接枝改性，在木质素大分子骨架或木质材料表面引入新的功能基团，以提高其应用性能或赋予新的功能。

漆酶能催化麻纤维中木质素上的酚羟基氧化生成酚氧自由基，该自由基可进一步发生转移反应，生成苯环碳自由基，同时酚类外源单体在漆酶催化氧化下也形成自由基，两自由基交联耦合，使外源单体与木质素形成共价连接，接枝到木质素分子上或木质材料表面。若外源单体足够活泼（即在漆酶作用下可产生多个自由基），还可引发外源单体的聚合反应，包括在木质素大分子上的接枝聚合和外源单体的自身聚合。

以漆酶催化黄麻织物疏水改性为例，先在体系中加入疏水性酚类单体没食子酸月桂酯（Dodecyl gallate，DG），利用漆酶 Denilite IIS 催化氧化黄麻织物表面木质素上的酚羟基，形成酚氧自由基，并与催化氧化 DG 产生的自由基发生接枝聚合，其反应路径如图 6－5 所示。

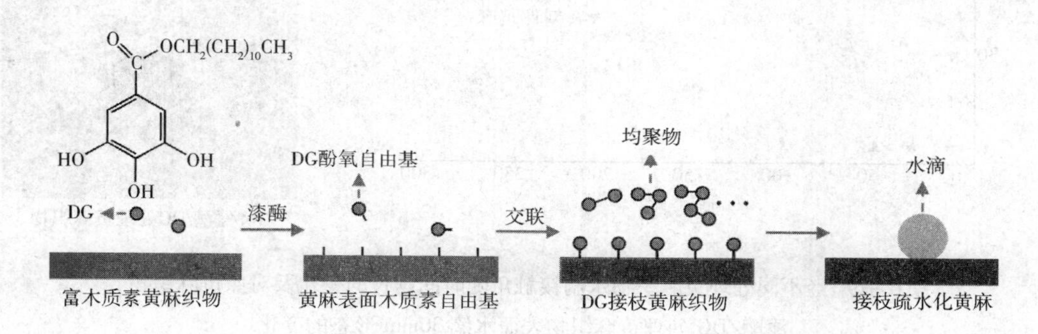

图 6－5　漆酶催化没食子酸月桂酯接枝黄麻织物疏水化改性

采用皂化反滴定法，可测得漆酶催化黄麻织物表面接枝没食子酸月桂酯的接枝率为 5.1%。测定对照黄麻织物（未处理黄麻织物）、漆酶单独处理黄麻织物、DG 单独处理黄麻织物和漆酶/DG 组合处理黄麻织物的水接触角评价其亲疏水性。结果表明，对照黄麻织物在水滴 3s 时的接触角为 29.75°，润湿时间为 3.6s，亲水性较强；经漆酶处理后，接触角变为 96.67°，水滴润湿织物表面的时间为 45.7s，黄麻织物疏水性略有提高；DG 单独处理黄麻织物的接触角为 93.48°，平均润湿时间为 25.2s，这是因为少量 DG 单体的物理吸附使织物表面的疏水性有所提高；漆酶/DG 处理黄麻织物的接触角为 111.49°，水滴于黄麻织物表面 300s 与织物间的接触角基本维持不变，在改性黄麻织物表面滴一滴含有亚甲基蓝的水溶液，30min 后织物仍不能被润湿，水滴基本保持刚滴入时的形态。这说明在漆酶催化下含长链烷基的外源疏水单体没食子酸月桂酯成功接枝到黄麻织物表面并赋予织物优良的疏水性能，如图 6－6 所示。

2. 漆酶催化真丝纤维抗菌整理　蛋白质纤维（如羊毛、蚕丝）中含有 5%～10% 的酪氨酸，这些酪氨酸残基能被漆酶催化氧化，并进一步与多酚类单体、氨基化合物或外源蛋白发生接枝反应。ε－聚赖氨酸（ε－PLL）是含有 25～30 个赖氨酸残基的同型单体聚合物，侧链上含有多个伯氨基，抑菌效果好，抑菌谱广，安全性高。利用漆酶催化羊毛或真丝织物接枝 ε－聚赖氨酸可实现羊毛或真丝织物的抗菌整理。

以真丝织物为例，利用漆酶催化真丝纤维接枝 ε－聚赖氨酸的工艺举例如下。

真丝织物以 6%（owf）漆酶在 pH 值 6.0、55℃下氧化处理 30min，然后再以 20%（owf）的 ε－PLL 接枝处理 120min。真丝经上述漆酶催化改性处理后，赖氨酸含量从未处理样的 0.35% 增加至 2.66%，增加了 660%，证明在漆酶催化作用下，真丝纤维与 ε－PLL 发生接枝反应。抗菌性能

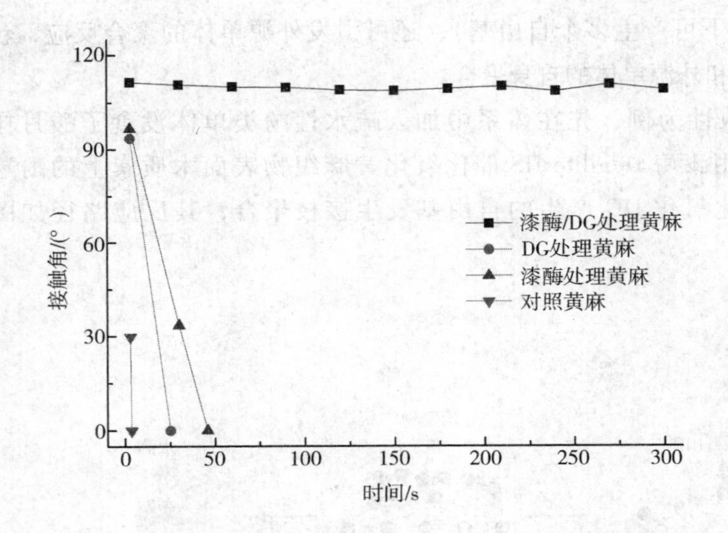

(a) 对照黄麻织物

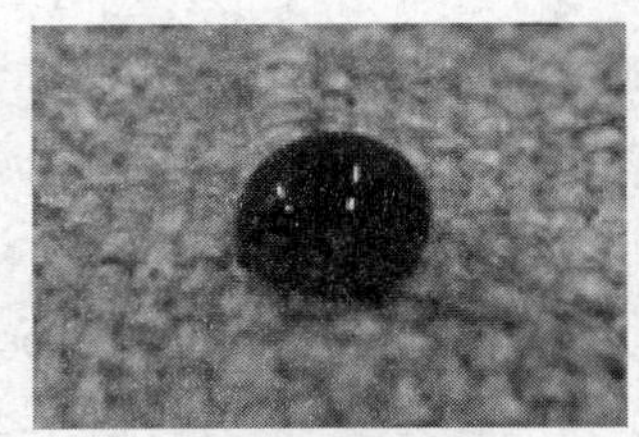
(b) 漆酶/DG处理黄麻织物

图 6－6 经不同处理黄麻织物水滴接触角随时间延长的变化及对照黄麻织物、漆酶/DG 处理黄麻织物表面水滴 30min 形态的变化

测试表明，漆酶催化 ε－PLL 接枝的真丝织物对金黄色葡萄球菌和大肠杆菌均具有良好的抗菌性，对金黄色葡萄球菌的抑菌率达到 99%，水洗 10 次后织物的抑菌率仍大于 95%。

漆酶催化 ε－PLL 接枝真丝，不仅提高了真丝的抗菌性能，织物的防皱效果也得到改善，干态折皱回复角略有增加，湿态折皱回复角明显增加，见表 6－1。这表明漆酶催化引发了丝素分子间或丝素与 ε－PLL 间发生了交联，所形成的共价交联使得蚕丝纤维在形变过程中，因氢键拆散而导致的永久形变减少，形变回复能力提高，抗皱性能得到改善。

表 6－1 漆酶催化 ε－PLL 接枝真丝织物折皱回复性能的变化

样品	干态折皱回复角/(°)	湿态折皱回复角/(°)
	经＋纬	经＋纬
未接枝样	284.5	182.3
接枝样	291.2	237.5

三、漆酶/TEMPO 介体体系在纤维素纤维和丝蛋白改性中的应用

漆酶/介体体系是在漆酶对介体单电子氧化的基础上建立的，这些介体经漆酶催化氧化后能形成稳定的氧化中间体，这种中间体具有扩散和与底物反应的能力，可以解决由于底物存在空间位阻而不能被漆酶分子直接催化氧化的问题。作为漆酶氧化体系中的介体，不仅要求其氧化还原电位低于漆酶的氧化还原电位，而且介体的相对分子质量要小，能克服位阻与漆酶活性中心结合。此外，介体被漆酶氧化后生成的活性中间体在反应体系中要有足够的稳定性。在漆酶催化氧化中，可根据氧化底物类型选择相应的介体，常见的漆酶介体包括 2，2′－联氮－二（3－乙基苯并噻唑－6－磺酸）二铵盐（ABTS）、1－羟基苯并三唑（HBT）和 2，2，6，6－四甲基哌啶－1－氧化物（TEMPO）等。

TEMPO 及其衍生物是较好的可应用于含醇羟基化合物氧化的漆酶介体，具有捕获自由基、猝灭单线态氧和选择性氧化的功能。在有机化学合成中具有高选择性，可选择性催化氧化醇羟基生成相应的醛基，也可将仲羟基氧化生成相应的酮。TEMPO 和其衍生物已经作为漆酶催化体系的介体被广泛应用，其协同漆酶催化氧化醇羟基的反应途径如图 6－7 所示。

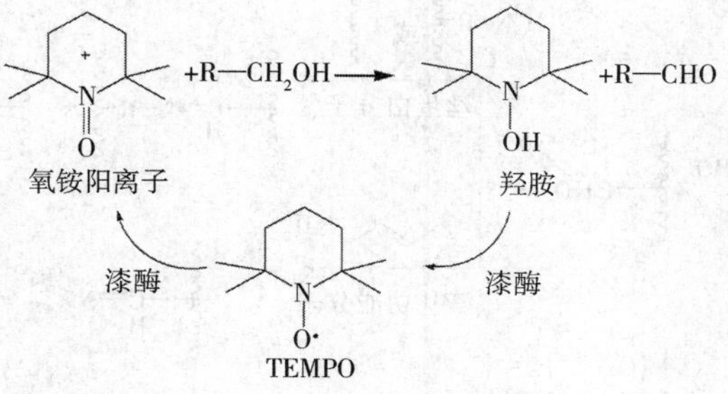

图 6－7　漆酶/TEMPO 体系催化氧化醇羟基化合物的反应途径

TEMPO 经过漆酶的催化氧化作用（氧气存在下）变成氧铵阳离子，氧铵阳离子和伯羟基形成一种加合物，这种加合物随后经过双电子氧化变为醛和羟胺，而羟胺可以继续被漆酶催化氧化生成 TEMPO。

1. 漆酶/TEMPO 介体体系催化纤维素纤维接枝改性　棉纤维大分子的基本结构单元是 β－D－葡萄糖剩基，六元环上 C_6 位的伯羟基反应位阻较小，能在一定条件下被漆酶/TEMPO 体系催化氧化，生成反应性的醛基。利用这一原理可实现对纤维素纤维分子结构的修饰和功能化整理。

以漆酶/TEMPO 催化棉织物疏水整理为例（图 6－8），利用该体系催化氧化棉纤维中伯羟基生成醛基，并将十八胺接枝到纤维表面，实现棉织物的疏水化。结果表明，与未处理的棉织物相比，接枝织物的润湿性明显下降，水滴在布面上 300s 后接触角仍大于 90°，经 10 次洗涤后接触角仍较高，表明漆酶/TEMPO 催化氧化棉纤维与十八胺形成了共价结合。

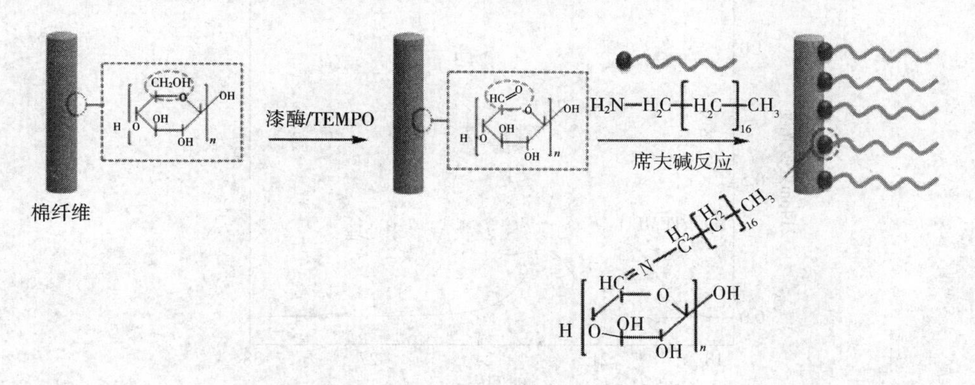

图 6－8　漆酶/TEMPO 体系催化棉纤维接枝十八胺疏水化改性示意图

2. 漆酶/TEMPO 介体体系催化丝蛋白功能化改性 利用漆酶/TEMPO 体系催化氧化丝素或丝胶蛋白中的丝氨酸残基上的羟基，可生成具有反应性的醛基，所生成的醛基能与丝蛋白分子中的端氨基或赖氨酸剩基的侧氨基发生希夫碱反应，实现丝蛋白分子间的交联，也可以与含伯氨基的外源功能分子反应，实现丝蛋白功能化改性（图 6 -9）。

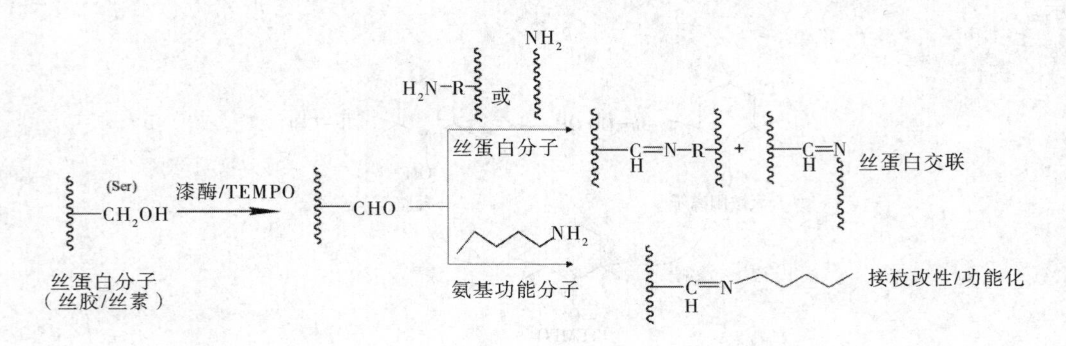

图 6 -9 漆酶/TEMPO 体系催化丝蛋白改性和功能化反应示意图

以漆酶/TEMPO 体系催化氧化丝胶为例，对比经不同方法处理的丝胶溶液样品的体积排阻色谱图，结果如图 6 -10 所示。从图中可以看出，经漆酶/TEMPO 体系催化处理后丝胶蛋白的出峰时间提前，表明漆酶/TEMPO 体系催化处理后丝胶大分子间发生了共价交联，这些共价交联既包括如图 6 -9 所示的由漆酶/TEMPO 体系催化氧化丝氨酸产生的丝胶蛋白分子间的交联，也包括由漆酶催化氧化酪氨酸产生的酪氨酸残基之间的交联，因此体系的相对分子质量明显增加。

仅经漆酶处理的丝胶蛋白溶液，出峰时间也较未处理对照样有明显前移，但相对分子质量增加程度不及漆酶/TEMPO 体系处理样，这是由于在没有介体 TEMPO 参与的条件下，漆酶仅对酪氨酸残基有催化作用，而对含醇羟基的丝氨酸残基无催化作用。由此可见，漆酶/TEMPO 体系增加了漆酶可作用底物的范围，在纤维素及蛋白材料改性中有应用前景。

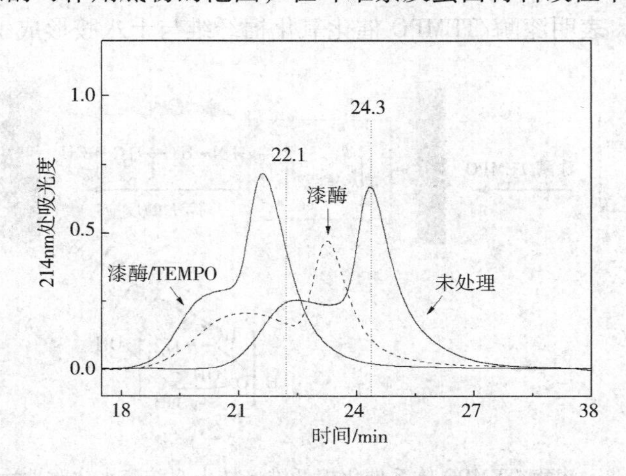

图 6 -10 漆酶/TEMPO、漆酶处理丝胶蛋白的体积排阻色谱图

四、酪氨酸酶在真丝功能整理和丝蛋白功能材料制备中的应用

利用酪氨酸酶的催化特性，进行真丝或丝素蛋白材料功能改性的相关研究较多，这些研究一方面以真丝纤维为对象，利用酪氨酸酶进行催化接枝改性，赋予真丝织物抗菌和防皱等功能；另一方面以水溶性丝素蛋白为对象，在均相体系下进行酶促改性，制备丝素基再生功能蛋白材料，以拓展其在生物材料领域的应用。

1. 酪氨酸酶催化真丝织物功能改性　真丝中含有一定数量的酪氨酸剩基，壳聚糖是氨基含量丰富的天然整理剂，因此，可利用酪氨酸酶催化真丝与壳聚糖分子的接枝和共价交联，在温和条件下实现真丝织物的防皱和抗菌整理（图 6－11）。

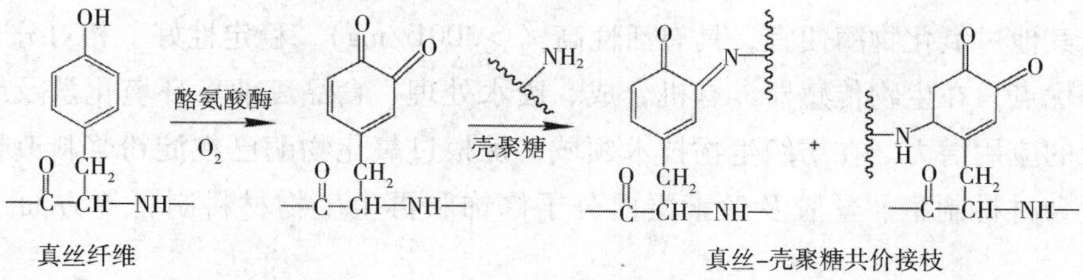

图 6－11　酪氨酸酶催化真丝接枝壳聚糖机理

采用壳聚糖和酪氨酸酶，在 pH 值 6.5、30℃条件下浸渍处理真丝织物 12h，水洗后测定织物的折皱回复角（经向＋纬向）、断裂强力和对金黄色葡萄球菌的抑菌率，结果见表 6－2。

表 6－2　酪氨酸酶催化壳聚糖接枝对真丝织物性能的影响

处理条件	折皱回复性/(°)	断裂强力/N	抑菌率/%
未处理	203	378	2.8
2g/L 壳聚糖	198	381	63.5
6U/mL 酪氨酸酶	214	376	2.1
6U/mL 酪氨酸酶＋2g/L 壳聚糖	265	405	82.1

结果表明，与未处理样或仅经壳聚糖整理的真丝织物相比，单独酪氨酸酶处理、酪氨酸酶与壳聚糖组合处理均能改善织物的防皱效果，织物的经、纬折皱回复角之和较未处理样有明显提高。与仅经壳聚糖处理样相比，经酪氨酸酶和壳聚糖组合整理后的真丝织物对金黄色葡萄球菌的抑菌率较高，织物断裂强力也略有增加。

2. 酪氨酸酶催化丝蛋白改性及功能材料制备　真丝纤维不仅用于纺织品加工，而且有良好的生物相容性，在生物材料领域也有潜在的应用价值。与结晶度较高的真丝纤维相比，丝素蛋白溶液中酪氨酸残基暴露较多，酪氨酸酶催化氧化中底物的可及度较高，具有更高的催化改性效率，有利于制备功能化丝素材料。研究表明，酪氨酸酶催化丝素蛋白溶液与儿茶素接枝，利用儿茶素具有清除自由基的功效，可制备具有抗氧化功效的丝素蛋白膜材料；采用酪氨酸酶催化丝素蛋白溶液接枝聚赖氨酸，可制备具有抗菌效果的丝素膜材料，在医用敷料中有潜在用途。

由此可见，多酚氧化酶中的漆酶、酪氨酸酶均具有高效、专一的催化氧化特性，不仅可用于含酪氨酸较多的羊毛和蚕丝等蛋白质纤维材料的功能化改性，对含木质素较多的麻纤维材料也具有显著的改性效果。

第二节 辣根过氧化物酶在纺织品功能整理中的应用

辣根过氧化物酶（Horseradish peroxidase，HRP 酶，EC 1.11.1.7）是一种植物过氧化物酶，从常年生香草辣根中提取，是商品化较早、应用最广泛的一种过氧化物酶。辣根过氧化物酶价格比其他过氧化物酶便宜，具有活性高（>300U/mg）、稳定性好、相对分子质量低和存储方便等优点，在生物传感器、有机合成、废水处理、食品工业、环境化学及纺织工业领域都有广泛的应用潜力。在纺织生物技术领域，辣根过氧化物酶已在淀粉浆料改性、麻纤维功能化及复合材料制备、丝胶及丝素蛋白分子修饰和再生生物材料制备等方面开展了相关研究。

一、辣根过氧化物酶的催化特性

HRP 酶有较强的催化活性，以 H_2O_2 为氧化剂、β－二酮类化合物还原性底物为引发剂和 HRP 酶组成的氧化还原催化体系，可催化乙烯基单体（如丙烯酸、丙烯酸甲酯、丙烯酰胺、苯乙烯）、芳胺类（如苯胺、对苯二胺）、酚类单体（如苯酚、邻苯二酚、儿茶素）及其衍生物聚合，生成具有特殊结构的聚合物。研究表明，不同 β－二酮类化合物对 HRP 酶催化乙烯基单体聚合的聚合物产率和相对分子质量有影响，其中以乙酰丙酮（ACAC）的引发效果最好，能有效形成酶氧化还原催化体系，产生活性自由基，引发上述单体及其衍生物之间发生聚合反应。

HRP/H_2O_2/ACAC 三元催化体系有宽泛的底物范围，可替代紫外辐照或化学引发剂（如过硫酸盐、偶氮二异丁腈等）引发自由基聚合反应。如图 6－12 所示，该三元体系催化过程主要分为三步：首先，HRP 与 H_2O_2 发生双电子氧化反应，HRP 失去 2 个电子生成高价态的中间体 HRP－Ⅰ；其次，HRP－Ⅰ与还原底物 ACAC 发生单电子氧化还原反应，生成 ACAC 活性自由基和部分氧化中间体 HRP－Ⅱ；最后，HRP－Ⅱ会被 ACAC 进一步还原到初始价态，并再次产生 ACAC 活性自由基。在上述整个催化体系循环过程中，生成的 ACAC 自由基不仅可引发单体间相互聚合，而且能催化乙烯基单体与淀粉或纤维素材料中的活性位点接枝共聚。

二、辣根过氧化物酶催化淀粉接枝改性

HRP/H_2O_2/ACAC 三元体系可催化淀粉接枝改性，反应途径如图 6－13 所示。首先，HRP 酶/H_2O_2/ACAC 三元体系催化淀粉分子链上的—C—OH 生成活性氧自由基（—C—O·）或活性炭自由基（—C·），所生成的活性氧或活性炭自由基与单体丙烯酸甲酯（MA）中的双键

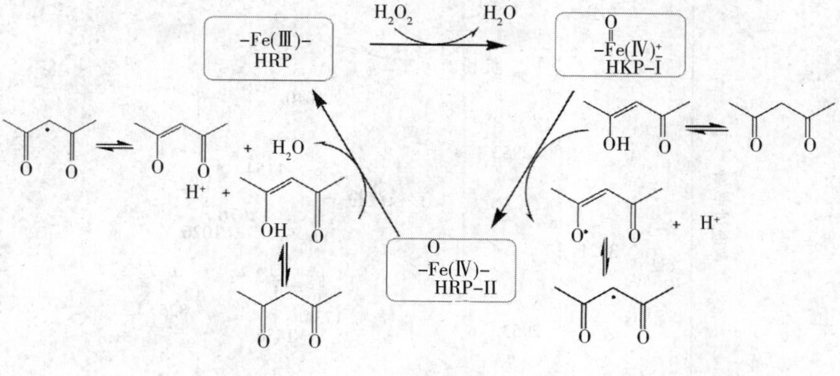

图 6 - 12　HRP/H_2O_2/ACAC 催化机理

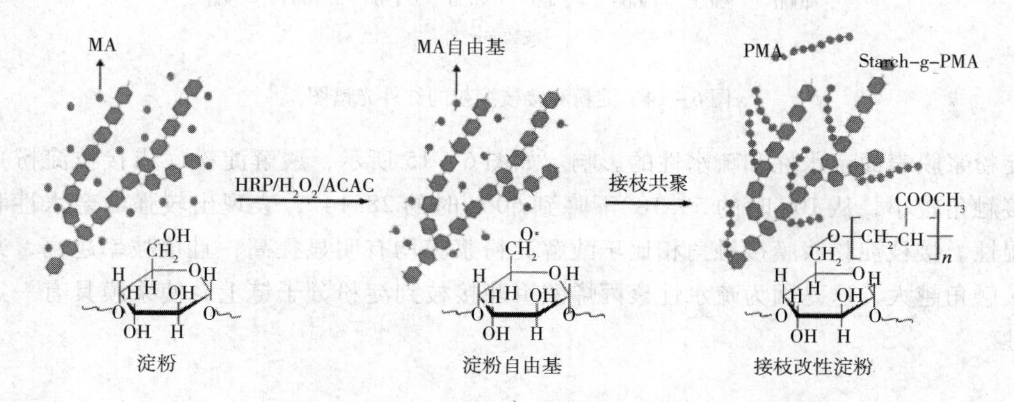

图 6 - 13　HRP 酶催化淀粉接枝丙烯酸甲酯反应示意图

加成，生成淀粉［—CH_2—CH（$COOCH_3$）·］自由基，［淀粉—CH_2—CH（$COOCH_3$）·］自由基继续与单体加成，进入链增长，最终在淀粉分子链上形成柔性聚合物支链聚丙烯酸甲酯（PMA），所形成的柔性聚合物支链不仅可改善淀粉浆膜的脆性，而且能提升淀粉浆料对疏水性纤维的黏附性。

HRP 酶也能催化单体丙烯酸甲酯中的双键形成单体自由基，单体自由基再引发其他单体聚合，生成均聚物聚丙烯酸甲酯。

HRP 酶催化淀粉接枝乙烯基单体时，糊化淀粉的接枝效率和接枝率远高于未糊化淀粉。这是因为淀粉糊化后，分子链充分展开，接触单体的概率增加，所以接枝效率和接枝率提高。

采用称重法测定 HRP 酶催化糊化淀粉接枝 MA 的接枝率（GP）、接枝效率（GE）和单体转化率（MC），结果表明当淀粉用量为 5g、丙烯酸甲酯 3g、HRP 酶 4mg，反应时间为 6h，温度 40℃，pH 值 7.0 时，接枝效果最好（GP 30.21%，GE 45.13%，MC 69.38%）。淀粉接枝改性后的红外光谱图中有明显的羰基特征吸收峰（1734cm^{-1}），如图 6 - 14 所示，表明 HRP 酶能催化糊化淀粉与 MA 发生接枝共聚反应。

测试水滴在经不同处理淀粉浆膜上的动态接触角，可分析 HRP 酶催化丙烯酸甲酯接枝改

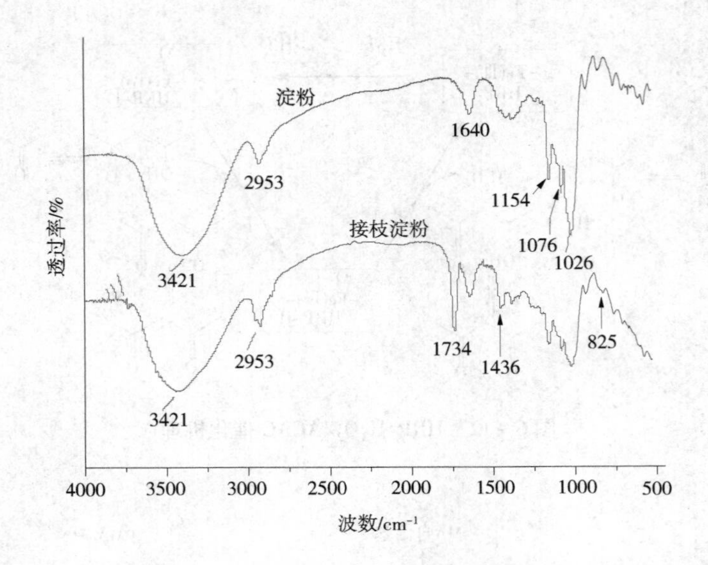

图 6 – 14 淀粉和接枝淀粉的红外光谱图

性对淀粉浆膜表面亲水性和疏水性的影响。如图 6 – 15 所示，酸解淀粉（未接枝淀粉）浆膜的接触角较小，从 10s 时的 59. 18°下降到 600s 时的 28. 14°，表现出较强的亲水性和表面润湿性。接枝淀粉浆膜接触角相比于酸解淀粉浆膜均有明显提高，且接枝率越高，浆膜表面接触角越大，这是因为疏水性聚丙烯酸甲酯接枝到淀粉分子链上，使浆膜具有一定的疏水性。

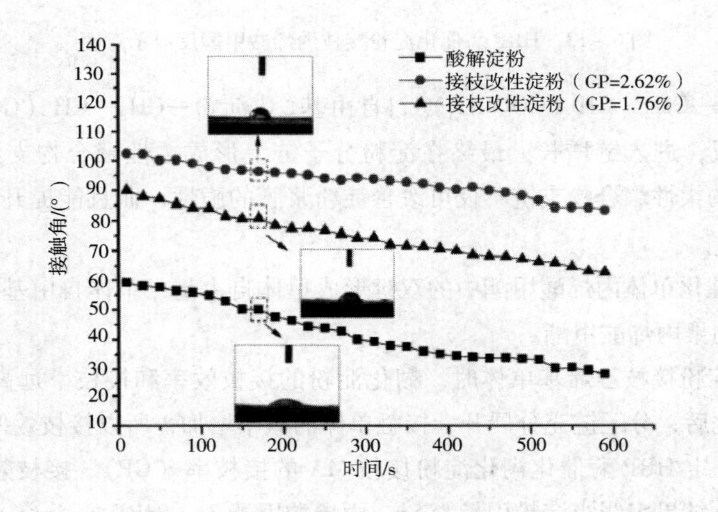

图 6 – 15 HRP 催化接枝的淀粉浆膜水滴接触角随时间的变化

在 HRP 酶/H_2O_2二元催化体系的催化作用下，淀粉也可以和酚类单体接技共聚。淀粉与酚类单体间苯三酚和对羟基苯磺酸钠接枝共聚的反应示意式如图 6 – 16 所示。

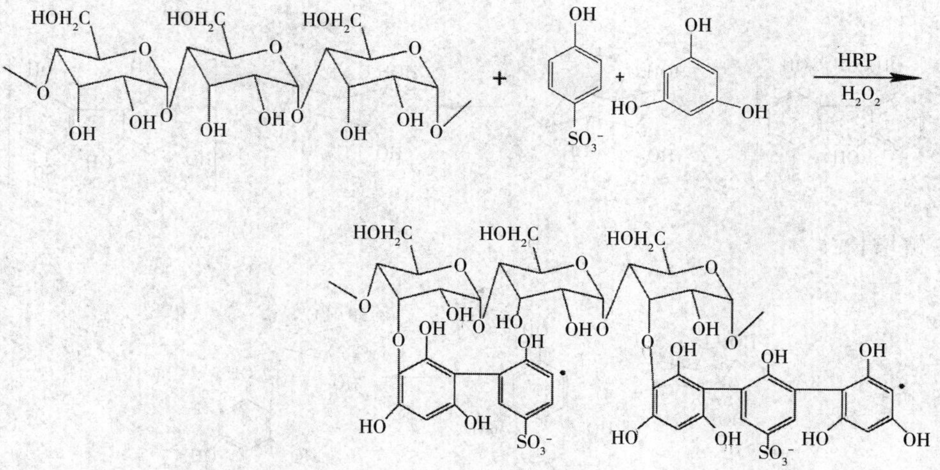

图 6－16　接枝共聚反应示意式

接枝共聚机理如下：

（1）自由基引发：

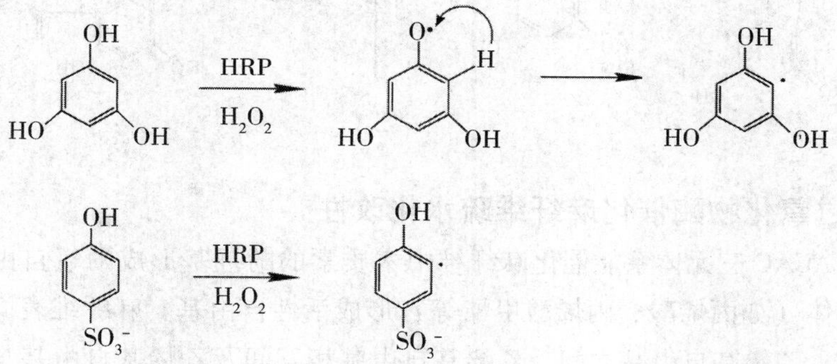

（2）自由基偶合：

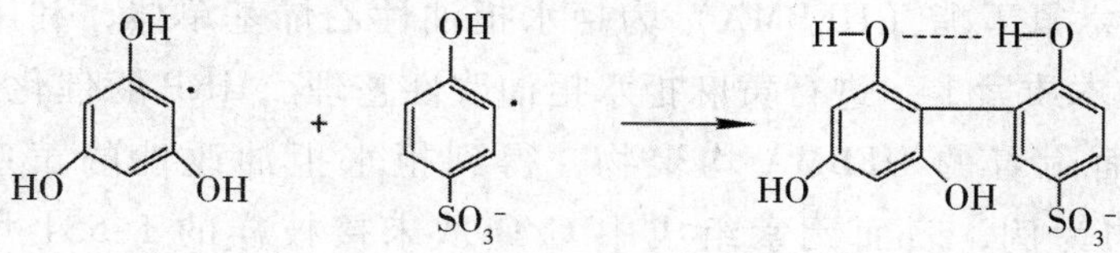

（3）自由基转移：

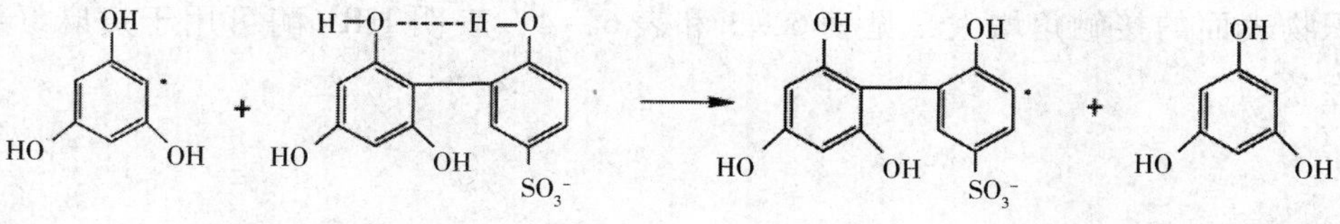

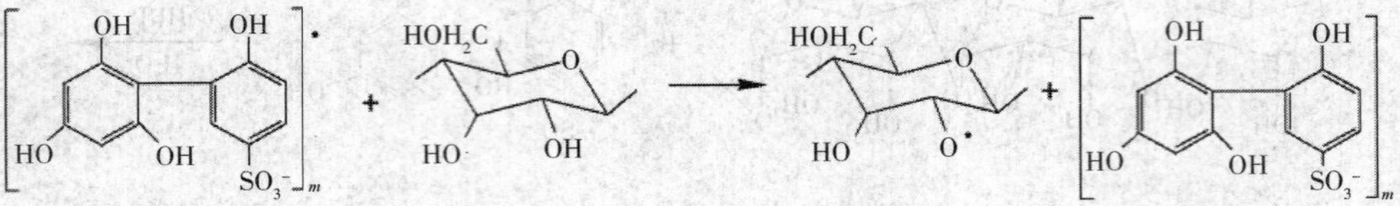

(4) 链增长:

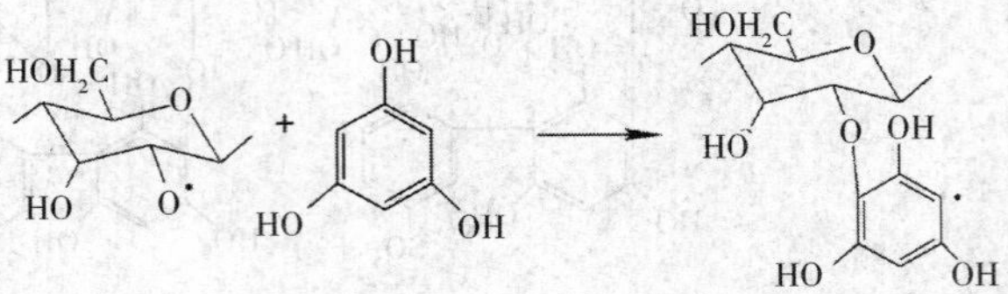

(5) 链终止:

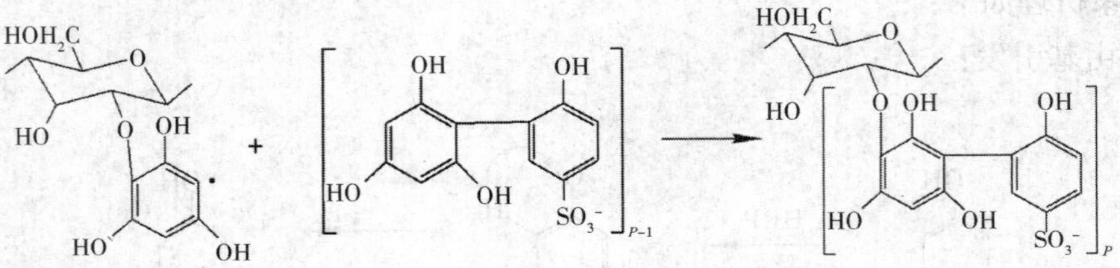

三、辣根过氧化物酶催化麻纤维疏水化改性

$HRP/H_2O_2/ACAC$ 三元体系能催化麻纤维中木质素的酚羟基形成酚氧自由基，同时也可以催化乙烯基单体（如丙烯酸、丙烯酸甲酯等）形成活性自由基。麻纤维表面所形成的酚氧自由基与乙烯基、乙烯基自由基之间，乙烯基自由基相互间及乙烯基自由基与乙烯基之间均能发生聚合反应，形成接枝聚合物和均聚物。HRP 酶催化黄麻纤维上的木质素与疏水性乙烯基单体接枝共聚的反应途径如图 6-17 所示。

以甲基丙烯酸六氟丁酯（HFBMA）为拒水拒油性乙烯基单体，利用 HRP 酶催化其接枝到黄麻纤维的木质素上，进行黄麻拒水拒油改性整理。HRP 酶催化接枝后，以丙酮抽提去除织物表面附着的 HFBMA 均聚物，得到拒水拒油改性的黄麻。以接枝率为 7.99% 的黄麻织物为例，表面元素组成中 C/O 从未接枝样的 1.551 增加到接枝样的 1.938，氟元素的含量从未接枝样的 0 增加到接枝样的 29.41%，表明接枝聚合后黄麻表面的氟元素含量增加。$HRP/H_2O_2/ACAC$ 三元体系催化 HFMBA 与黄麻纤维接枝后，水和油在织物表面的接触角增大，见表 6-3 和表 6-4，表明 HRP 酶可用于黄麻纤维拒水拒油改性整理。

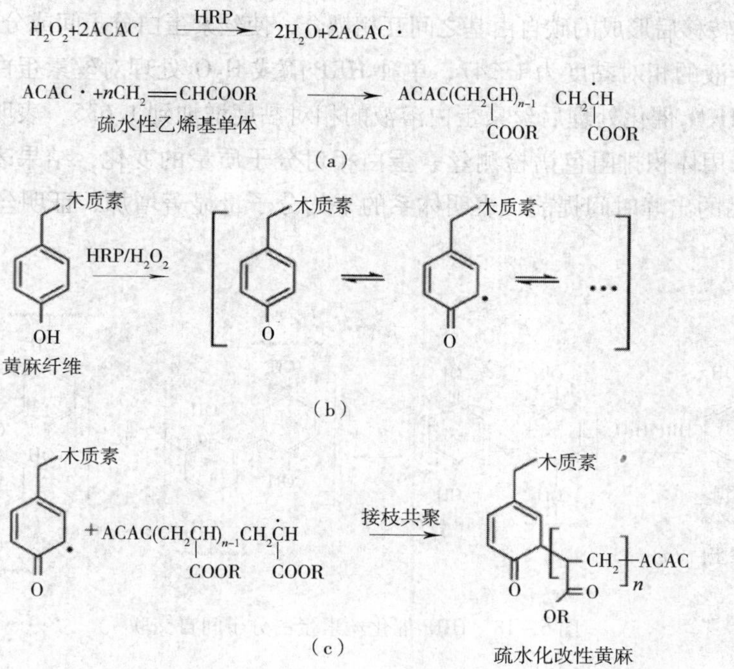

$$H_2O_2 + 2ACAC \xrightarrow{HRP} 2H_2O + 2ACAC\cdot$$

$$ACAC\cdot + nCH_2{=}CHCOOR \longrightarrow ACAC(CH_2\underset{|}{C}H)_{n-1}\ CH_2\dot{C}H$$

疏水性乙烯基单体 COOR COOR

（a）

木质素 HRP/H_2O_2 木质素 木质素 OH O O 黄麻纤维

（b）

木质素 +ACAC$(CH_2CH)_{n-1}CH_2\dot{C}H$ COOR COOR 接枝共聚 木质素 CH_2—ACAC n O O OR

（c） 疏水化改性黄麻

图 6－17 HRP 酶催化黄麻木质素与疏水性乙烯基单体接枝共聚反应示意图

表 6－3 甲基丙烯酸六氟丁酯接枝黄麻织物的疏水性

样品	接触角/(°)	润湿时间/ s
空白样	83.57 ± 4.79	2.1 ± 0.42
仅 HRP 酶处理样	98.32 ± 3.23	2.3 ± 0.52
仅 H_2O_2 处理样	84.65 ± 3.09	3.0 ± 0.63
HFBMA—接枝样	132.57 ± 1.65	>30min

表 6－4 甲基丙烯酸六氟丁酯接枝黄麻织物的疏油性（石蜡油）

样品	0s 接触角/(°)	3s 接触角/(°)	5s 接触角/(°)	30s 接触角/(°)	60s 接触角/(°)
空白样	79.0	0	0	0	0
HFBMA—接枝样	103.19	97.18	95.93	93.33	91.17

四、辣根过氧化物酶催化丝蛋白功能化改性及再生材料制备

与酪氨酸酶类似，HRP 酶也能催化丝素中含酚羟基的酪氨酸剩基产生酚氧自由基，所产生的酚氧自由基可引发丝素蛋白分子自交联或与外源乙烯基功能性单体接枝聚合，实现丝素基蛋白材料的功能化。

1. 辣根过氧化物酶催化丝素蛋白分子自交联 HRP/H_2O_2催化氧化丝素蛋白自交联的反应

机理如图 6－18 所示。首先，丝素蛋白分子中的酚羟基被氧化产生酚氧自由基，所产生的酚氧自由基或自由基转移后形成的碳自由基之间互相耦合，使丝素蛋白分子间或分子内发生交联。

丝素蛋白溶液的相对黏度为 1.247，单独 HRP 酶或 H_2O_2处理对丝素蛋白溶液黏度的影响很小，HRP 酶/H_2O_2催化处理后丝素蛋白溶液的相对黏度增加到 1.635，表明丝素蛋白发生了分子间交联。采用体积排阻色谱检测丝素蛋白相对分子质量的变化，结果表明，经 HRP 酶/H_2O_2处理后样品的出峰时间提前，表明体系的平均分子量显著增加，证明丝素蛋白分子间发生了自交联。

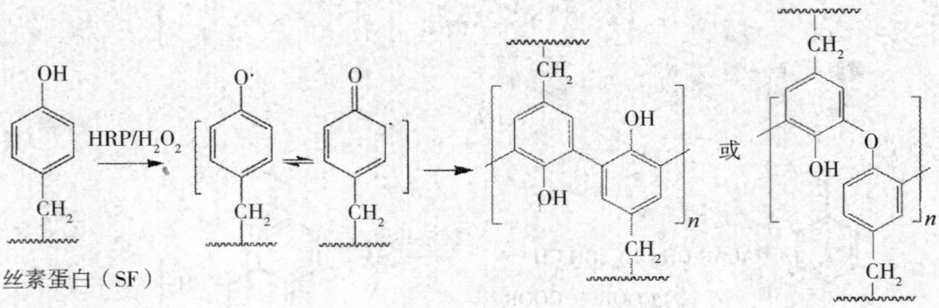

丝素蛋白（SF）

图 6－18　HRP 催化丝素蛋白分子间自交联

丝素基蛋白材料的水溶性很大程度上取决于其相对分子质量和二级结构。考察 HRP/H_2O_2体系处理后丝素冻干膜在热水中的溶失率，结果表明，未经酶处理的丝素蛋白膜在 37℃振荡处理 1h 后几乎全部溶解，而经 HRP/H_2O_2处理的丝素膜的溶失率低于 60%，明显低于未处理样品，这归咎于 HRP/H_2O_2体系催化丝素蛋白分子间发生了交联，使丝素相对分子质量增加、水溶性降低，丝素膜材料的溶失率随之降低。

2. 辣根过氧化物酶催化丝素接枝丙烯酸及生物医用材料的制备　HRP/H_2O_2/ACAC 三元体系也可以催化丝素蛋白中的酚羟基与亲水性、疏水性或其他功能性的乙烯基单体接枝共聚，制备丝素基生物材料。如丙烯酸能被 HRP/H_2O_2/ACAC 三元体系催化聚合，接枝在丝素大分子链酪氨酸残基的酚羟基上，所形成的聚丙烯酸接枝支链具有较强的亲水性，可用于制备丝素基改性膜材料。其反应过程如图 6－19 所示。

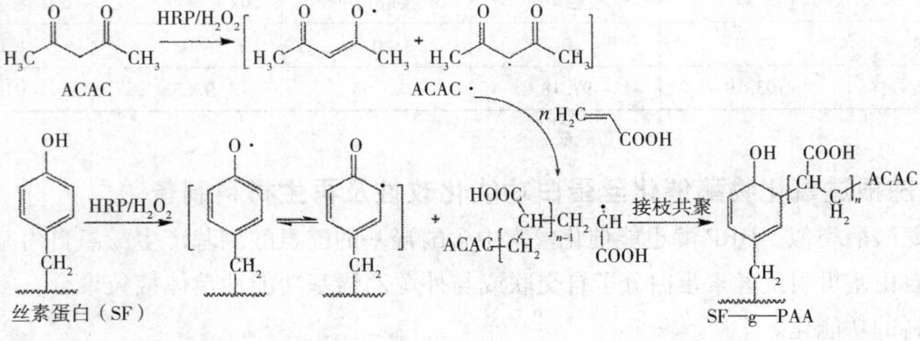

ACAC　ACAC·　接枝共聚　丝素蛋白（SF）　SF—g—PAA

图 6－19　HRP 酶催化丝素与丙烯酸接枝共聚制备 SF—g—PAA 示意图

以 $HRP/H_2O_2/ACAC$ 三元体系催化丝素接枝丙烯酸，得到丝素与丙烯酸接枝共聚的材料 SF—g—PAA，经醇化处理促进丝素蛋白中 β - 折叠结构形成，可降低丝素蛋白膜的水溶性。在此基础上，采用交替矿化法对 SF—g—PAA 膜材料仿生矿化，在丝素膜表面沉积羟基磷灰石晶体，可制备以丝素为有机相的医用骨组织仿生材料。

3. 辣根过氧化物酶催化丝胶接枝改性及再生蛋白材料的制备　桑蚕丝中丝胶（Silk sericin，SS）约占蚕丝的25%。由于丝胶的水溶性较高，材料成型性较差，因此在纺织工业中多作为废弃物处理。随着人们对丝胶的结构、性能、生物活性及功能性（如抗菌、抗氧化等）认识的逐步深入，发现丝胶在日化及生物材料领域具有潜在用途。但以丝胶制作再生蛋白材料，存在结构不稳定、材料成型性较差的缺陷。利用 $HRP/H_2O_2/ACAC$ 三元催化体系催化丝胶蛋白交联，或催化丝胶与疏水性单体如甲基丙烯酸甲酯（MMA）接枝共聚，可降低丝胶蛋白的水溶性，提高丝胶基再生蛋白材料的结构稳定性。

如图 6 - 20 所示，与未处理丝胶（SS）相比，HRP 酶催化处理后交联的丝胶蛋白（SS—SS）在水中的溶解度降低，接枝甲基丙烯酸甲酯后，所制备的丝胶/聚甲基丙烯酸甲酯膜材料（SS—g—PMMA）水溶性更低。因此，HRP 酶催化接枝疏水性乙烯基单体对丝胶蛋白材料成型性具有明显的改善作用。

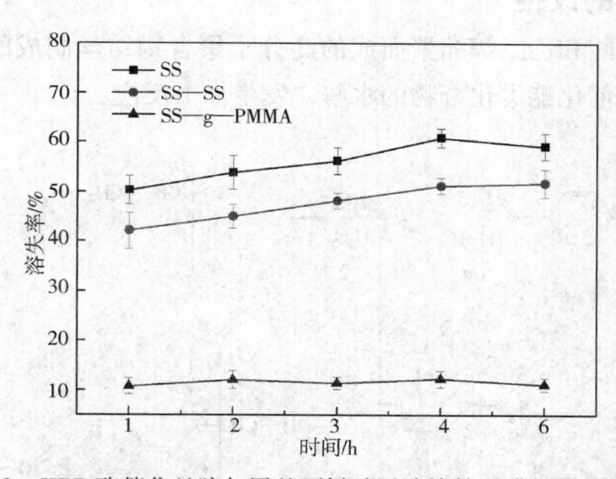

图 6 - 20　HRP 酶催化丝胶与甲基丙烯酸甲酯接枝后膜材料的溶失率

综上所述，HRP 酶具有高效、专一和反应条件温和的催化特性，HRP/H_2O_2 二元及 $HRP/H_2O_2/ACAC$ 三元催化体系在淀粉基纺织浆料和麻纤维改性、桑蚕丝蛋白功能化、丝素和丝胶蛋白分子改造及再生生物材料制备等领域具有广泛的应用前景。这一方法将为纤维材料的功能化和再生生物材料的制备及性能提升提供新的途径。

第三节　酯酶聚酯纤维改性

一、酯酶的分类和作用机理

酯酶（Esterases，EC 3.1）是一种催化羧酸酯、磷酸酯、硫酸酯等酯中酯键水解和合成的酶的总称，广泛存在于动物、植物和微生物中，其中动物胰脏酯酶和微生物酯酶是酯酶的主要来源。水解时，酯酶将酯类切割成酸类与醇类；合成时，把酸的羧基与醇的羟基脱水缩合，产物为酯类。常说的酯酶一般指羧酸酯水解酶类（Carboxylesterase，EC 3. 1. 1），主要包括脂肪酶（Lipase，Triacylglycerol hydrolases，EC 3. 1. 1. 3）、羧酸酯酶（Carboxylesterases，carboxyl ester Hydrolases，EC 3. 1. 1. 1）、角质酶（Cutinase，EC 3. 1. 1. 74）和聚酯酶等。羧酸酯酶和脂肪酶在底物特异性上有质的区别，羧酸酯酶倾向于水解酰基链长度小的底物（碳原子数≤10），而脂肪酶倾向于水解酰基链长度大的底物（碳原子数≥10）。脂肪酶能够从天然非水溶性酯中释放长链脂肪酸。角质酶可以水解各种可溶性酯、不溶性甘油三酯、天然聚酯角质以及合成聚酯聚对苯二甲酸乙二醇酯（PET）；聚酯酶（Polyesterase，简称 PETase）可将聚对苯二甲酸乙二醇酯（PET）催化水解成对苯二甲酸双羟乙酯（BHET）、2－羟乙基对苯二甲酸酯（MHET）、对苯二甲酸（TPA）和乙二醇（EG）等物质。

酯酶的催化反应如下式所示。

$$RCOOR' + H_2O \xrightleftharpoons{\text{酯酶}} RCOOH + R'OH$$

二、酯酶对涤纶的改性

涤纶是由对苯二甲酸和乙二醇缩聚而成的高分子聚合物纺丝制成的合成纤维，分子结构中含有酯键，酯酶可以催化酯类化合物的水解，发生如下反应：

$$HO\left[CH_2-CH_2-O-\overset{O}{\overset{\|}{C}}-C_6H_4-\overset{O}{\overset{\|}{C}}-O\right]_m H \xrightarrow[H_2O]{\text{酯酶}} HO\left[CH_2-CH_2-O-\overset{O}{\overset{\|}{C}}-C_6H_4-\overset{O}{\overset{\|}{C}}-O\right]_{m-n-1} H +$$

$$HO-\overset{O}{\overset{\|}{C}}-C_6H_4-\overset{O}{\overset{\|}{C}}-O-CH_2-CH_2\left[O-\overset{O}{\overset{\|}{C}}-C_6H_4-\overset{O}{\overset{\|}{C}}-O-CH_2-CH_2\right]_n OH$$

涤纶中的酯键理论上在酯酶的催化作用下可以水解为羧基和羟基。与酯基相比，羧基和羟基的极性较强，可以结合更多的水分子，从而改善涤纶的亲水性和抗静电性。另一方面，涤纶是线性大分子聚合物，结构紧密，酶分子很难渗入涤纶分子内部，所以如果酶对涤纶分子中的酯键发生作用，那么这种作用仅限于纤维的表面，涤纶改性程度容易控制，涤纶的强度变化不大。1998 年，Hsieh Y L 等首先报道了脂肪酶处理对涤纶织物润湿性和吸水性能的影响；2002 年，Mee－Young Yoon 等报道涤纶织物经聚酯酶作用后，织物的各项性能得到了改善。此外，也有报道角质酶处理对涤纶织物各项性能的影响。

（一）聚酯酶对涤纶织物的改性作用

1. 水解产物分析 对苯二甲酸盐和对苯二甲酸酯在 240～244nm 波长处有很强的特征吸收峰。

因此，如果酶水解后产生这类物质，其反应液的吸光度将在这些波长处增大。涤纶织物用不同浓度的聚酯酶处理16h，在250nm下测其反应液的吸光度（图6－21），发现底物释放出的对苯二甲酸盐或酯的量随酶处理浓度的增加而增大，这一结果有力地证明了PET纤维可被聚酯酶水解。

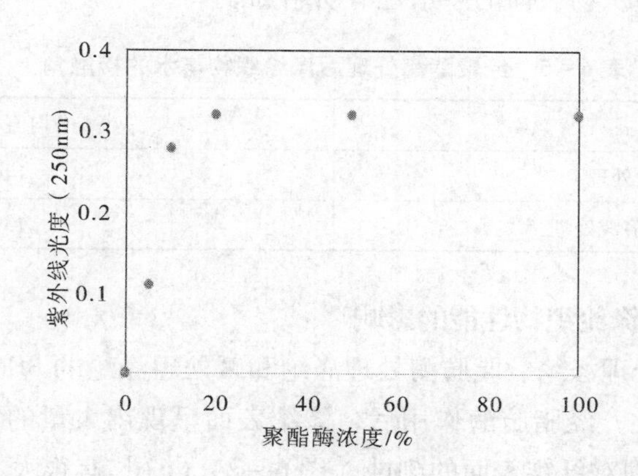

图6－21　聚酯酶用量对涤纶酯酶水解产物释放量的影响

2. 聚酯酶处理对涤纶及织物表观形态的影响　经聚酯酶处理后涤纶表面产生大面积的鳞状体［图6－22（b）］，而且表面失去光泽。这种降解显然不同于经NaOH处理后纤维表面产生的典型凹穴。

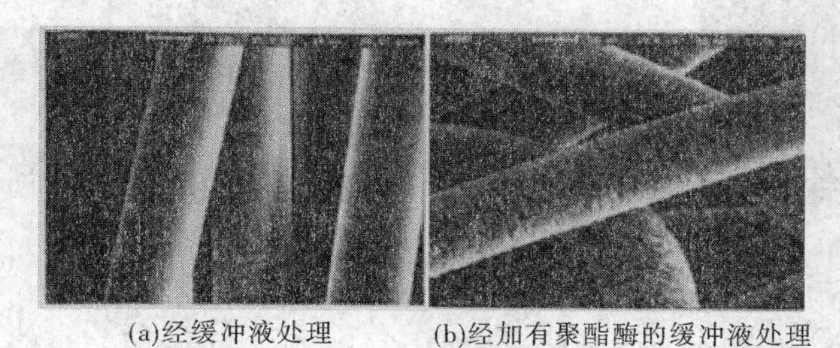

(a)经缓冲液处理　(b)经加有聚酯酶的缓冲液处理

图6－22　涤纶经缓冲液和加有聚酯酶的缓冲液处理后的SEM照片

对涤纶织物先预起球，然后用聚酯酶处理。实验发现预起球的织物用聚酯酶处理后，几乎所有的绒球都被去掉，而仅经缓冲液处理的织物仍有很多绒球，如图6－23所示。

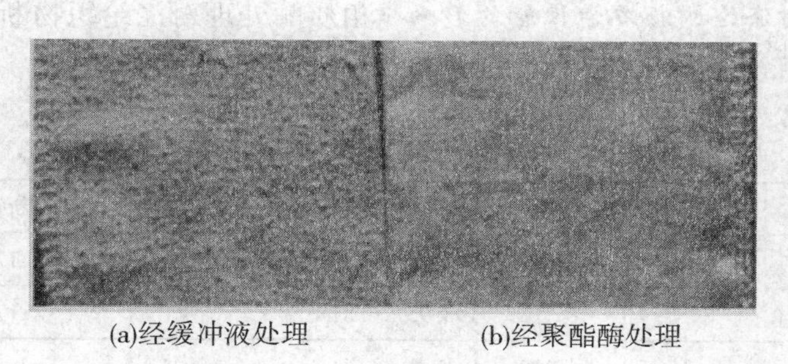

(a)经缓冲液处理　(b)经聚酯酶处理

图6－23　缓冲液处理和聚酯酶处理对预起球涤纶织物表面形态的影响

3. 聚酯酶作用对涤纶织物亲水性的影响 涤纶织物经聚酯酶处理后与水接触角的变化见表6-5。由表6-5可见，涤纶织物经聚酯酶处理后，与水的接触角变小，说明涤纶织物的亲水性经酶处理后有所提高。这是由于酶的催化水解作用，使聚酯表面的部分酯键水解成亲水性强的羧基和羟基，使织物表面的亲水性有所增加。

表6-5 经聚酯酶处理后涤纶织物与水的接触角

处理方式	平均值/（°）
缓冲溶液处理	146
聚酯酶缓冲溶液处理	139

（二）脂肪酶处理对涤纶织物性能的影响

图6-24分别是未处理涤纶、脂肪酶处理涤纶和碱处理涤纶的SEM照片。与未处理的涤纶［图6-24（a）］相比，经脂肪酶作用后，涤纶表面呈现出大量的裂纹和孔隙［图6-24（b）］，这与典型的碱处理对纤维表面的刻蚀［图6-24（c）］有很大不同。

(a)未处理涤纶

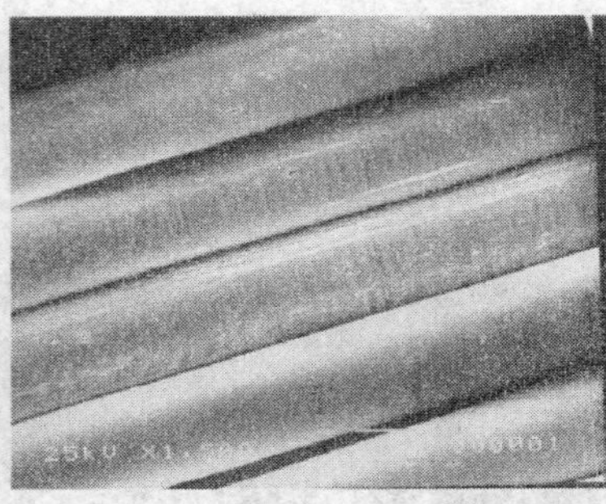

(b)脂肪酶处理后的涤纶

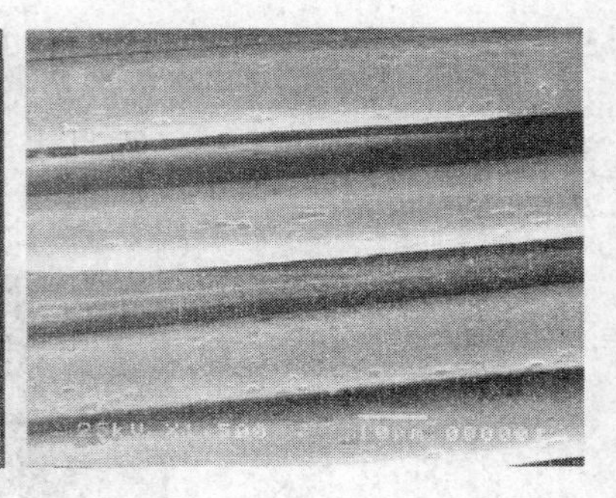

(c)碱处理后的涤纶

图6-24 脂肪酶处理对涤纶表观形态的影响

经脂肪酶处理后，水与涤纶织物表面的接触角由96.4°［图6-25（a）］降至57.1°［图6-25（b）］。脂肪酶对涤纶表面的降解作用是涤纶表面润湿性改善的主要原因。

（三）角质酶处理对涤纶织物性能的影响

1. 角质酶处理对涤纶织物力学性能的影响 角质酶处理对涤纶织物断裂强力和断裂伸长的影响见表6-6。图6-26所示是角质酶处理对涤纶表观形态的影响。

表6-6 角质酶处理对涤纶织物机械性能的影响

织物	断裂强力/N	断裂伸长率/%
对照样	211.33±10.80	17.52±1.60
角质酶改性涤纶	198.95±6.87	17.43±1.10

由表6-6和图6-26可见，与未经任何处理的涤纶相比，角质酶的作用仅使涤纶表面呈

(a)未处理涤纶织物

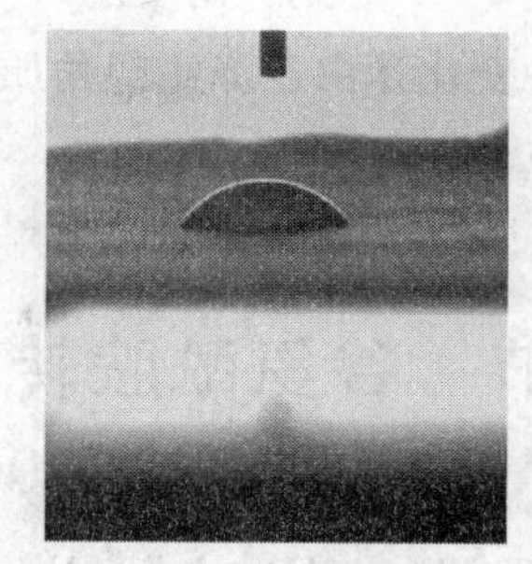

(b)脂肪酶粗粒涤纶织物

图 6-25　脂肪酶处理对涤纶织物表面接触角的影响

(a)涤纶

(b)角质酶改性涤纶

图 6-26　角质酶处理对涤纶表观形态的影响

现出微小刻蚀和裂纹，对涤纶织物的物理机械性能没有造成显著影响。这是因为角质酶的作用仅限于涤纶表面，这种酶促表面改性具有保持纺织材料表面特性以及织物性能的优点。

2. 角质酶处理对涤纶织物染色性能的影响　图 6-27 和表 6-7 所示是角质酶处理对涤纶织物活性染料染色性能的影响。

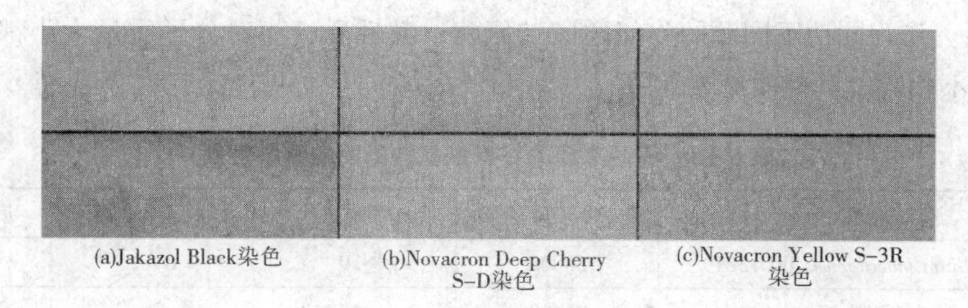

(a)Jakazol Black染色　(b)Novacron Deep Cherry S-D染色　(c)Novacron Yellow S-3R染色

图 6-27　角质酶处理对涤纶织物活性染料染色性能的影响

上：角质酶改性涤纶织物；下：未处理涤纶织物

表 6-7　角质酶处理对涤纶织物活性染料染色 *K/S* 值的影响

染色 K/S 值	Jakazol Black	Novacron Deep Cherry S-D	Novacron Yellow S-3R
$K/S_{角质酶改性涤纶织物} - K/S_{涤纶织物}$	0.02	0.27	0.14

由图6－27和表6－7可见，角质酶改性涤纶织物经三种活性染料染色后，色深值均有不同程度的提高，这种变化是由于涤纶经角质酶酶促水解产生了更多的端羟基，增加了染料分子与纤维的反应位点。

第四节　谷氨酰胺转氨酶在羊毛改性中的应用

谷氨酰胺转氨酶（Transglutaminase EC 2.3.2.13，全称 R－glutaminyl－peptide：amine－γ－glutayle－transferase，简称 TGase），又称转谷氨酰胺酶或蛋白质－谷氨酰胺－γ－谷氨酰胺基转移酶，是一种催化蛋白质分子间或分子内形成ε－（γ－谷氨酰基）赖氨酸共价键的酶，可对各种蛋白质进行改性，引起蛋白质分子内、分子间发生交联，蛋白质和氨基酸之间的连接以及蛋白质分子内谷氨酰胺基的水解，被交联的产物通常具有较高的相对分子质量，对机械力的破坏作用和对蛋白酶的水解有较高的抵抗能力。该酶在食品、医药、纺织等工业领域具有广阔的应用前景。

一、TGase 的性质和作用机理

谷氨酰胺转氨酶广泛存在于自然界中，其来源主要有两类，一类是哺乳动物的肝脏、血液、毛囊及毛皮中；另一类由微生物生产。在一些植物组织中也发现了此酶的存在。微生物来源的 TGase（简称 MTG）属于胞外酶，可直接分泌到培养基中，分离纯化较动植物来源的 TGase 容易，并且微生物发酵原料廉价、产酶周期短，已实现规模化工业生产。

不同来源的谷氨酰胺转氨酶之间性质存在很大差异。由动植物组织和器官提取的 TGase 的相对分子质量由 50kDa 到 350kDa 不等，最适 pH 值 6～9，等电点 4.5，并都需要 Ca^{2+} 激活。MTG 是一种胞外酶，与动植物来源的酶一样可以催化蛋白质之间的交联反应，但它不需要 Ca^{2+} 激活。作为同功不同源的谷氨酰胺转氨酶，其性质、相对分子质量大小都有所不同，等电点也各不相同，其性质见表6－8。

表6－8　不同来源的谷氨酰氨转氨酶的酶学性质

酶的来源	相对分子质量/Da	等电点	最适 pH 值	最适温度/℃
Streptoverticillium mobaraensis IFO13819	38000	8.9	6～7	50
豚鼠肝脏	76600	4.5	6	50～55

谷氨酰胺转氨酶可催化如下反应。

（1）当蛋白质中的赖氨酸残基的ε－氨基作为酰基受体时，蛋白质在分子内或分子间形成ε－（γ－谷氨酰基）赖氨酸共价键，使蛋白质分子发生交联。

（2）可催化蛋白质以及肽键中谷氨酰胺残基的γ－羧酰胺基和伯氨基之间的酰基转移反应。

（3）当不存在伯胺时，水会成为酰基受体，其结果是谷氨酰胺残基脱去氨基生成谷氨酸残基，该反应可用于改变蛋白质的等电点及溶解度。

谷氨酰胺转氨酶催化蛋白质分子交联反应的模型如图 6-28 所示。

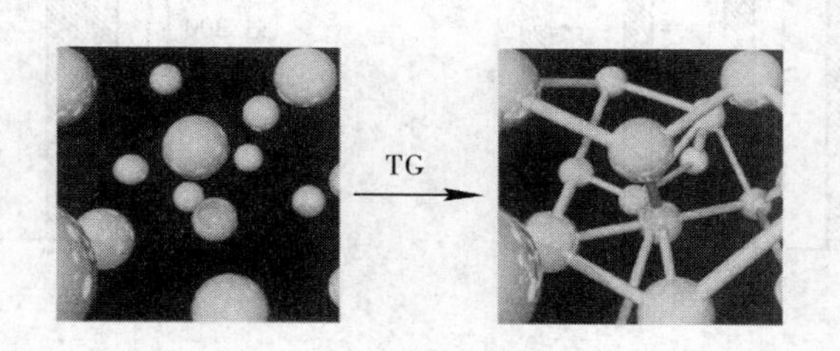

图 6-28　TGase 催化蛋白质分子交联反应的模型

二、谷氨酰胺转氨酶在羊毛改性中的应用

TGase 目前广泛用于食品工业，若对底物蛋白进行一定的变性处理（如化学改性、加热、蛋白酶处理或物理改性），可使谷氨酰胺转氨酶更易接近底物，显著提高酶的催化效率。除了食品工业、医药行业中所涉及的蛋白质可以作为谷氨酰胺转氨酶催化反应的底物外，纺织工业中的羊毛是由十几种 α-氨基酸组成的天然蛋白质纤维，含有一定量的谷氨酸和赖氨酸残基，使得羊毛角蛋白理论上可作为 TGase 催化的底物，从而对羊毛进行改性。

1. TGase 对羊毛强力的修复作用　羊毛经化学试剂或蛋白酶作用易造成纤维的过度损伤而引起羊毛强力严重损失。在羊毛纤维形成的过程中，尽管二硫键是保持羊毛稳定性的主要因素，但羊毛角蛋白结构中仍然有其他几种类型的键来维持羊毛的机械性能。肽链中谷氨酰胺残基的 γ-羧酰胺基和赖氨酸残基的 ε-氨基形成的 ε-（γ-谷氨酰基）赖氨酸异肽键，进一步加固了纤维的网络链接。角蛋白中的这种键主要是由羊毛纤维的角质细胞和表皮细胞中的谷氨酰胺转氨酶（Type Ⅰ，Type Ⅲ transglutaminase）催化生成的，这种键非常稳定，很不容易断裂，对酶和化学试剂的破坏作用有一定的抵抗能力，从而可以改善羊毛纤维的性能。外源的 TGase 可以催化同样的反应，因此对羊毛织物因化学或蛋白酶处理造成的强力损伤具有一定的修复作用。

将经过不同化学处理的羊毛织物用 MTG 处理，然后对羊毛织物断裂强力进行测试，结果如图 6-29 所示。

由图 6-29 可见，不经任何处理的羊毛，MTG 的作用对羊毛织物断裂强力没有明显的影响。这是因为羊毛纤维表面覆盖着一层以共价键形式结合的排列整齐的单类脂层结构，使得羊毛纤维具有一定的疏水性，MTG 分子很难接触羊毛角质蛋白进行催化反应。然而化学试剂的作用可以部分除去这些疏水性物质，同时引起织物强力损伤，MTG 的作用使得由于化学试剂作用损失的强力得到较为明显的恢复。

以蛋白酶 Savinase 16L 对羊毛织物进行处理，再经 MTG 作用，织物的断裂强力变化如图 6-30 所示。

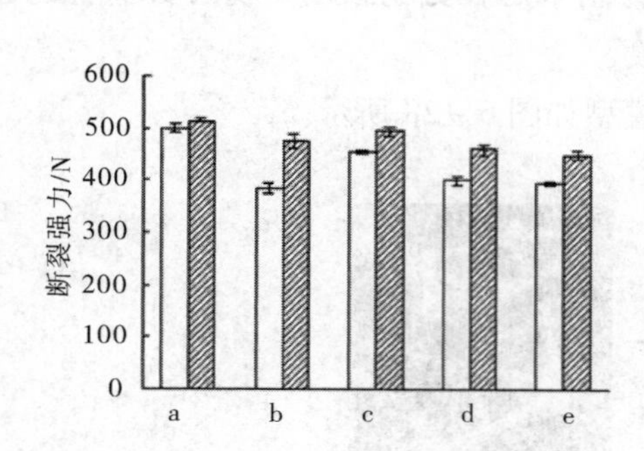

图 6 - 29　MTG 对化学处理后羊毛织物断裂强力的修复作用

a—未经化学处理　b—高锰酸钾处理

c—过氧化氢处理　d—亚硫酸钠处理

e—次氯酸钠处理

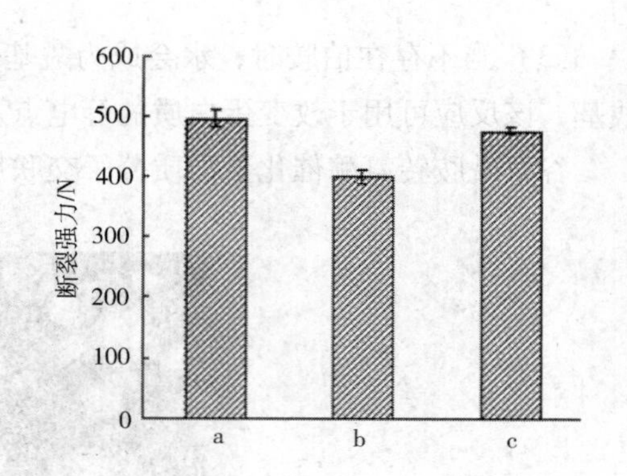

图 6 - 30　MTG 对蛋白酶 Savinase 16L 处理后羊毛织物断裂强力的修复作用

a—原样　b—蛋白酶作用后的织物

c—蛋白酶与 MTG 相继作用后的织物

经过蛋白酶处理，织物断裂强力损失了 19.4%。但随后的 MTG 处理基本恢复了由于蛋白酶水解作用而造成的织物强力损伤。

在碱性溶液中，羊毛蛋白质间的二硫键易被破坏，甚至多肽链易发生水解。羊毛在一定条件下的碱溶解度可用于评价湿加工中的损伤程度，碱溶解度越大，羊毛纤维受损程度越大。

将不同方式处理过的羊毛再经过 MTG 处理后测定羊毛织物的碱溶解度，其结果如图 6 - 31 所示。由图 6 - 31 可知，高锰酸钾的氧化作用使羊毛角蛋白结构中的二硫键氧化分解，羊毛纤维结构受到一定程度的损伤，除了强力下降外，碱溶由 12.0% 增加到 15.3%。随后蛋白酶的水解作用使得羊毛的结构破坏程度更为剧烈，在碱液中的溶解度显著增加到 18.0%。MTG 处理使蛋白分子间形成了 ε -（γ - 谷氨酰基）赖氨酸异肽键，修复了纤维的网络链接，羊毛纤维受到的损伤得到恢复。同时这种键对酶和化学试剂的破坏作用有一定的抵抗能力，因此纤维的碱溶分别降至 13.5% 和 15.9%。这与前面 MTG 对织物断裂强力的影响相一致。

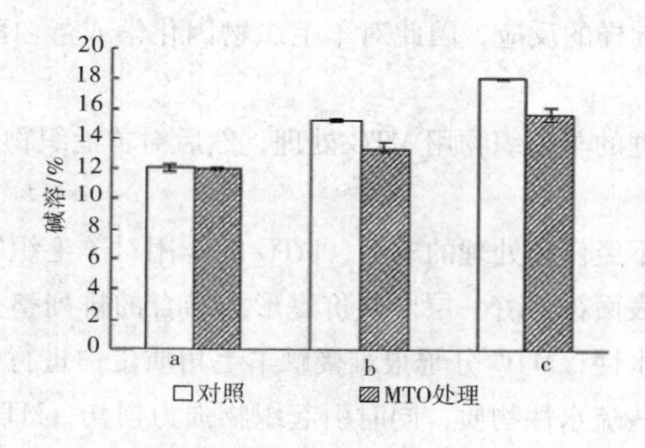

图 6 - 31　MTG 的作用对羊毛织物碱溶解度的影响

a—原样　b—高锰酸钾处理后的织物　c—高锰酸钾与蛋白酶 Savinase 16L 相继处理后的织物

2. TGase 对羊毛的功能整理　TGase 不仅能够催化羊毛角蛋白自身的交联反应，还可以以含有伯氨基团的功能性物质作为酰基的受体，与羊毛角蛋白发生反应连接到羊毛纤维上，从而对羊毛进行功能化改性（图 6－32）。尸胺、磷酸乙醇胺、聚赖氨酸以及外源蛋白，如丝胶蛋白、明胶、酪蛋白、溶菌酶等都可以通过 TGase 的催化作用接枝到羊毛纤维表面，赋予羊毛织物一定的功能性质，如防毡缩性和抗菌性能。需要指出的是，这些作用都是利用 TGase 催化羊毛和功能分子之间发生接枝反应而实现的。然而羊毛表面具有以共价键结合的排列整齐的单类脂层结构，使得羊毛表面具有疏水性和化学惰性，在对 TGase 分子的扩散造成困难的同时又可能覆盖 TGase 催化羊毛作用的接枝位点谷氨酰胺残基，因此，TGase 直接催化羊毛之间以及羊毛和伯胺化合物之间的交联反应比较困难。

谷氨酰胺残基

TGase酶

$R—NH_2$=任何伯胺

图 6－32　TGase 催化蛋白质与伯胺化合物反应示意图

在酶促接枝改性前，先对羊毛表面进行适当预处理，使羊毛表面接枝位点的位置暴露并增加接枝位点数量，提高酶分子对毛纤维作用位点的可及度，将会很大程度提高 TGase 对羊毛功能化改性的效率。

羊毛表面鳞片层引起的定向摩擦效应是羊毛产生毡缩的主要原因。外源的蛋白，如丝胶蛋白、酪蛋白及明胶等作为 TGase 作用的良好底物，在 TGase 的催化作用下可在羊毛纤维表面交联或与羊毛蛋白发生交联反应，赋予羊毛织物一定的防毡缩性。

图 6－33 是以荧光素马来酰亚胺（FM）标记的丝胶蛋白（SS）在 TGase 催化作用下对经过硫酸预处理的羊毛处理后纤维横截面的激光共聚焦扫描显微镜图。表 6－9 是 MTG 催化丝胶蛋白对羊毛处理后毡缩性的影响。

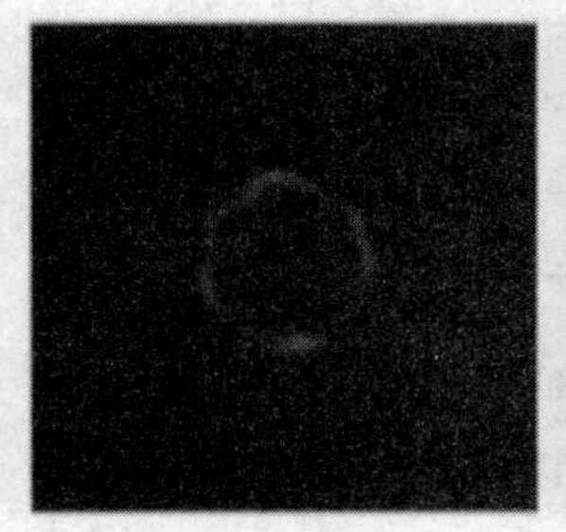

(a)0.1mg/mL FM-SS

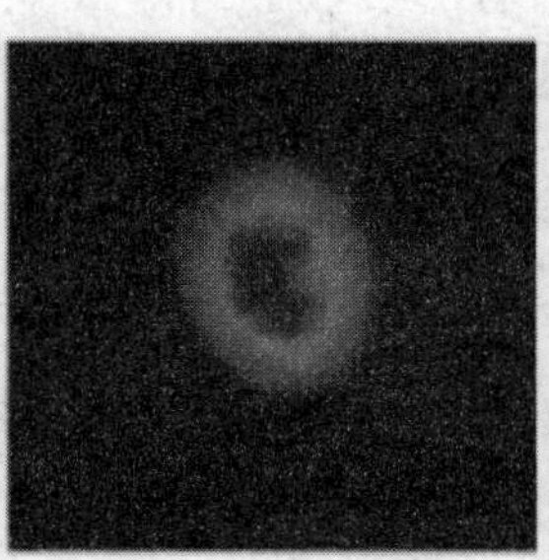

(b)1mg/mL FM-SS

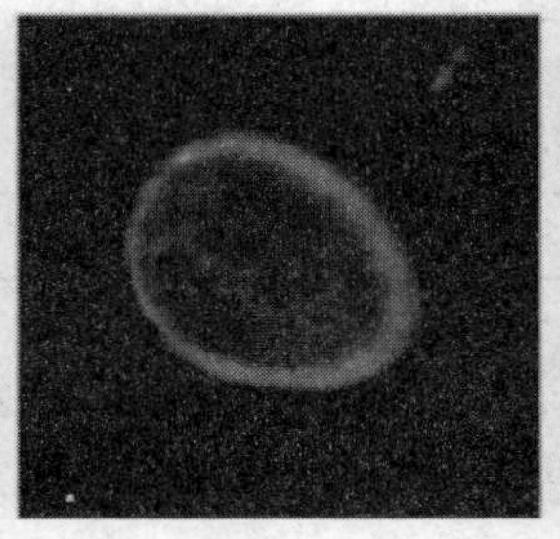

(c)0.1mg/mL FM-SS+MTG

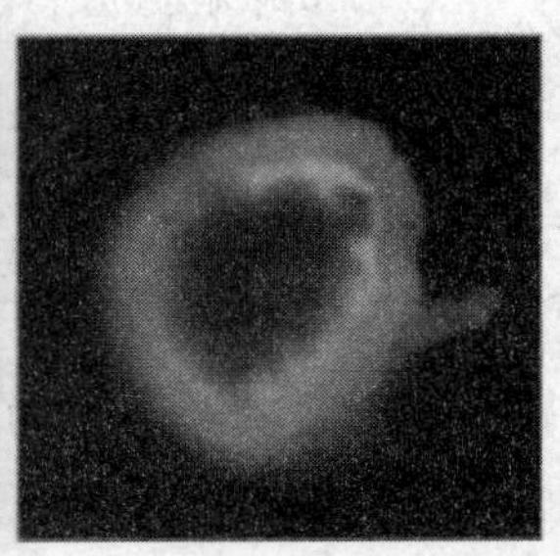

(d)1mg/mL FM-SS+MTG

图 6－33　FM 标记 SS 在 TGase 催化作用下处理羊毛的激光共聚焦扫描显微镜图

由图 6－33 可以看出，MTG 的作用可以使丝胶蛋白交联接枝到羊毛上。该作用使得羊毛织物的毡缩率从 13.8% ±0.6% 下降至 4.5% ±0.4%。

表 6－9　MTG 催化丝胶蛋白对羊毛处理后毡缩性的影响

对照样与处理工艺	毡缩率/%	对照样与处理工艺	毡缩率/%
对照	13.8 ± 0.6	丝胶蛋白处理	7.8 ± 0.7
MTG 处理	9.8 ± 0.8	MTG + 丝胶蛋白处理	4.5 ± 0.4

ε－聚赖氨酸（ε－PLL）是含有 25～30 个赖氨酸残基、具有抗菌功效的同型单体聚合物，因结构中含有伯氨基，可以作为 TGase 催化的底物与羊毛发生接枝反应。

图 6－34 所示是 DCCA 预处理后 TGase 催化 ε－聚赖氨酸接枝羊毛的扫描电镜图。TGase 催化 ε－聚赖氨酸接枝羊毛后的抗菌效果见表 6－10。

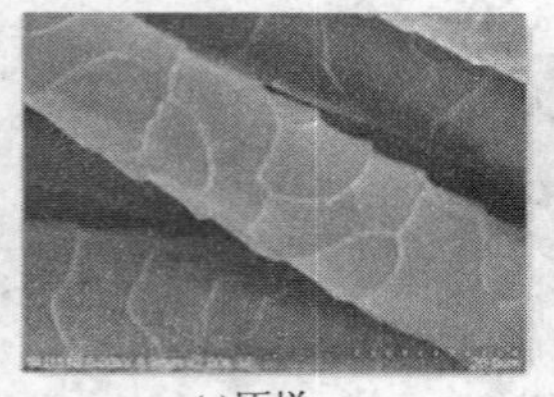
(a)原样

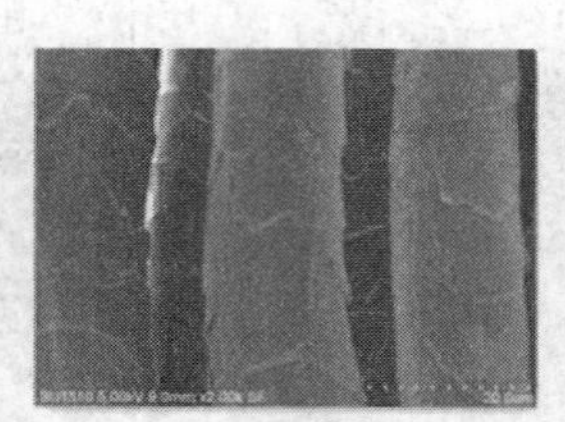
(b) ε－PLL接枝羊毛

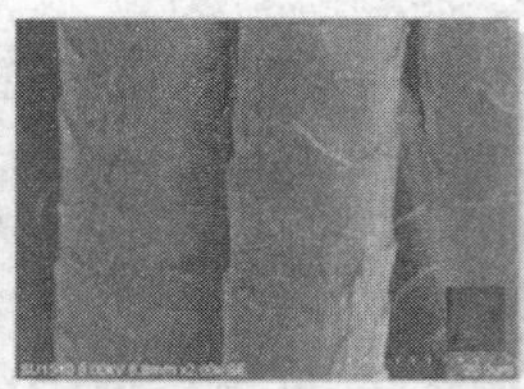
(c)DCCA预处理羊毛

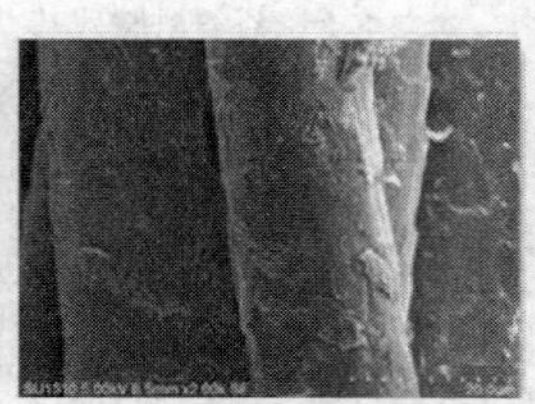
(d)DCCA预处理后 ε—PLL接枝羊毛

图 6－34　TGase 催化 ε－PLL 接枝羊毛的扫描电镜图

由图 6－34 可以看出，未经任何预处理的羊毛纤维，表面结构完整，具有特殊的鳞片结构；TGase 催化对 ε－聚赖氨酸与未预处理羊毛的接枝反应未产生太大影响；DCCA 预处理对羊毛纤维鳞片破坏程度较大，从而显著促进了 TGase 酶促接枝反应，相应的接枝 ε－聚赖氨酸的羊毛织物获得了 67.63% 的抑菌率。

表 6－10　TGase 催化 ε－PLL 接枝羊毛织物抗金黄色葡萄球菌的效果

项目	稀释液及菌落数			菌落总数/个	抑菌率/%
	10^{-1}	10^{-2}	10^{-3}		
0 时刻接触菌样	多不可计	173	15	17300	—
振荡 12h 后菌液	多不可计	168	17	16800	—
未处理羊毛接枝样	多不可计	150	14	15000	13.29
DCCA 预处理羊毛接枝样	多不可计	56	4	5600	67.63

酶催化纤维材料的表面功能化改性是近年发展起来的一种新型整理方法，具有专一性强、反应条件温和、反应可控等特点，并且可以实现一些传统化学方法难以实现的反应，已引起国内外的重视。但由于酶催化纤维材料的反应属于非均相反应，且受到纤维材料结构等因素的制约，还难以实现高效率的催化反应。

主要参考文献

[1] 王曼玲，胡中立，周明全，等．植物多酚氧化酶的研究进展［J］．植物学通报，2005，22（2）：215－222.

[2] 鲁卫斌．酪氨酸酶的提取及其参与的羊毛抗菌整理［D］．无锡：江南大学，2009.

[3] Faccio G，Kruus K，Saloheimo M，et al. Bacterial tyrosinases and their applications［J］. Process Biochemistry，2012（47）：1749－1760.

[4] Qi C L，Wang P，Cui L，et al. Enhancement of antioxidant ability of *Bombyx mori* silk fibroins by enzymatic coupling of catechin［J］. Applied Microbiology and Biotechnology，2016（100）：1713－1722.

[5] Dong A X，Yu Y Y，Yuan J G，et al. Hydrophobic modification of jute fiber used for composite reinforcement via laccase－mediated grafting［J］. Applied Surface Science，2014（301）：418－427.

[6] 袁萌莉．羊毛织物生物酶同浴染色与功能改性［D］．无锡：江南大学，2016.

[7] Hong Y Q，Zhu X K，Wang P，et al. Tyrosinase－mediated construction of a silk fibroin/elastin nanofiber bioscaffold［J］. Applied Biochemistry and Biotechnology，2016，178（7）：1363－1376.

[8] 董爱学．提高与树脂界面复合性能的黄麻纤维酶促接枝疏水化改性研究［D］．无锡：江南大学，2017.

[9] Lund M，Ragauskas A J. Enzymatic modification of kraft lignin through oxidative coupling with water－soluble phenols［J］. Applied Microbiology and Biotechnology，2001，55（6）：699－703.

[10] Elegir G，Kindl A，Sadocco P，et al. Development of antimicrobial cellulose packaging through accase－mediated grafting of phenolic compounds［J］. Enzyme and Microbial Technology，2008，43（2）：84－92.

[11] Schroeder M，Aichernig N，Guebitz G M，et al. Enzymatic coating of lignocellulosic surfaces with polyphenols［J］. Biotechnology Journal，2007，2（3）：334－341.

[12] 袁萌莉，王强，范雪荣，等．羊毛织物的漆酶催化没食子酸原位染色与改性［J］．印染，2016（22）：8－12.

[13] 郭守娇．基于生物酶的真丝功能改性［D］．苏州：苏州大学，2013.

[14] 许士玉．基于漆酶/TEMPO 体系的纸浆纤维改性和应用研究［D］．哈尔滨：东北林业大学，2013.

[15] Xu S，Song Z，Qian X，et al. Introducing carboxyl and aldehyde groups to softwood－derived cellulosic fibers by laccase/TEMPO－catalyzed oxidation［J］. Cellulose，2013，20（5）：2371－2378.

[16] Aracri E，Vidal T，Ragauskas A J. Wet strength development in sisal cellulose fibers by effect of a laccase－TEMPO treatment［J］. Carbohydrate Polymers，2011，84（4）：1384－1390.

[17] Pei J，Yin Y，Shen Z，et al. Oxidation of primary hydroxyl groups in chitooligomer by a laccase－TEMPO system and physico－chemical characterisation of oxidation products［J］. Carbohydrate Polymers，2016（135）：234－238.

[18] Quintana E，Roncero M B，Vidal T，et al. Cellulose oxidation by Laccase－TEMPO treatments［J］. Carbohydrate Polymers，2017（157）：1488－1495.

[19] Yu Y Y，Wang Q，Yuan J，et al. Hydrophobic modification of cotton fabric with octadecylamine via laccase/TEMPO mediated grafting［J］. Carbohydrate Polymers，2016（137）：549－555.

[20] 张谦．基于漆酶/TEMPO 催化的丝胶蛋白改性及再生材料构建［D］．无锡：江南大学，2017.

[21] Wang P，Yu M L，Cui L，et al. Modification of *Bombyx mori* silk fabrics by tyrosinase－catalyzed grafting of chitosan［J］. Engineering in Life Sciences，2014，14（2）：211－217.

[22] 齐成龙. 基于酶促改性的抗氧化丝素膜的制备 [D]. 无锡：江南大学，2015.

[23] 洪言情. 基于酪氨酸酶催化交联的丝素/弹性蛋白 [D]. 无锡：江南大学，2015.

[24] Sampaio S，Taddei P，Monti P，et al. Enzymatic grafting of chitosan onto Bombyx mori silk fibroin：kinetic and IR vibrational studies [J]. Journal of Biotechnology，2005（116）：21 – 33.

[25] Zhou C Z，Confalomieri F，Medina N，et al. Fine origaniation of*Bombyx mori* fibroin heavy chain gene [J]. Nuleic Acid Research. 2000（28）：2413 – 2419.

[26] Zhu X K，Wang P，Cui L，et al. Enhancement reactivity of *Bombyx mori* silk fibroins via genipin – mediated grafting of a tyrosine – rich polypeptide [J]. The Journal of the Textile Institute，2017，108（12）：2115 – 2122.

[27] 朱雪珂. 丝素表面接枝多肽对酶促改性效果的影响 [D]. 无锡：江南大学，2016.

[28] Wang P，Zhu X K，Yuan J G，et al. Grafting of tyrosine – containing peptide onto silk fibroin membrane for improving enzymatic reactivity [J]. Fibers and Polymers，2016，17（9）：1323 – 1329.

[29] Nigel C V. Horseradish peroxidase：a modern view of a classic enzyme [J]. Phytochemistry，2004（65）：249 – 259.

[30] 洪伟杰，张朝晖，芦国营. 辣根过氧化物酶的结构与作用机制 [J]. 生命的化学，2005，25（1）：33 – 36.

[31] Singh A，Ma D，Kaplan D L. Enzyme – mediated free radical polymerization of styrene [J]. Biomacromolecules，2000，1（4）：592 – 596.

[32] Zhao J，Guo Z，Liang G，et al. Enzyme – mediated grafting of acrylamide to ultrahigh molecular weight polyethylene fiber：A novel radical initiation system [J]. Journal of Applied Polymer Science，2005，96（4）：1011 – 1016.

[33] Fan G，Zhao J，Yuan H，et al. Solvents effect in horseradish peroxidase catalyzed modification of UHMWPE fiber [J]. Journal of Applied Polymer Science，2006，102（1）：674 – 678.

[34] Fan G，Zhao J，Zhang Y，et al. Grafting modification of Kevlar fiber using horseradish peroxidase [J]. Polymer Bulletin，2006，56（4 – 5）：507 – 515.

[35] Wang J，Liang G，Zhao W，et al. Enzymatic surface modification of PBO fibres [J]. Surface and Coatings Technology，2007，201（8）：4800 – 4804.

[36] Gao G，Karaaslan M A，Kadla J F，et al. Enzymatic synthesis of ionic responsive lignin nanofibres through surface poly（N – isopropylacrylamide）immobilization [J]. Green Chemistry，2014，16（8）：3890 – 3898.

[37] Vachouda L，Chen T，Payne G F，et al. Peroxidase catalyzed grafting of gallate esters onto the polysaccharide chitosan [J]. Enzyme Microbial Technology，2001，29（6）：380 – 385.

[38] 赵凯. 淀粉非化学改性技术 [M]. 北京：化学工业出版社，2015.

[39] Lee J S，Kumar R N，Rozman H D，et al. Pasting，swelling and solubility properties of UV unitiated starch – graft – poly（AA）[J]. Food Chemistry，2005，91（2）：203 – 211.

[40] Lv X H，Song W Q，Ti Y Z，et al. Gamma radiation – induced grafting of acrylamide and dimethyl diallyl ammonium chloride onto starch [J]. Carbohydrate Polymers，2013，92（1）：388 – 393.

[41] Mino G，Kaizerman S. A new method for the preparation of graft copolymers. Polymerization initiated by ceric ion redox systems [J]. Journal of Polymer Science，1985，31（122）：242 – 243.

[42] Meshram M W, Patil V V, Mhaske S T, et al. Graft copolymers of starch and its application in textiles [J]. Carbohyudrate Polymers, 2009, 75 (1): 71 -78.

[43] 杨庆荣,黄庭刚. 丙烯腈接枝淀粉高吸水树脂的制备 [J]. 化学推进剂与高分子材料, 2005, 3 (4): 43 -44.

[44] 王苏. 辣根过氧化物酶催化淀粉接枝丙烯酸酯改性研究 [D]. 无锡: 江南大学, 2017.

[45] 刘锐锐. HRP 酶催化黄麻织物接枝改性 [D]. 无锡: 江南大学, 2015.

[46] Liu R R, Dong A X, Fan X R, et al. HRP - mediated polyacrylamide graft modification of raw jute fabric [J]. Journal of Molecular Catalysis B: Enzymatic, 2015 (116): 29 -38.

[47] 吴慧敏. 黄麻织物酶促接枝疏水化功能改性 [D]. 无锡: 江南大学, 2016.

[48] ZhouB G, He M, Wang P, et al. Synthesis of silk fibroin - g - PAA composite using H_2O_2 - HRP and characterization of the in situ biomimetic mineralization behavior. Materials Science and Engineering: C, 2017 (81): 291 -302.

[49] Zhou B G, Wang P, Cui L, et al. Self - crosslinking of silk fibroin using H_2O_2 - horseradish peroxidase system and the characteristics of the resulting fibroin membranes. Applied Biochemistry and Biotechnology, 2017 (182): 1548 -1563.

[50] Hsieh Y L, Cram L A. Enzymatic hydrolysis to improve wetting and absorbency of polyester fabric [J]. Textile Res J. 1998, 68 (5): 311 -319.

[51] Yoon M Y, Kellis J, Poulose A J. Enzymatic modification of polyester [J]. AATCC Review, 2002, 2 (6): 33 -36.

[52] Yoon M Y, Kellis J, Poulose A J. Enzymatic modification of the surface of a polyester fiber or article, Patent Number: USP 6254645. 1999 -11 -5.

[53] Bornsch EUT. Microbial carboxyl esterases: classification, properties and application in biocatalysis [J]. FEMS Microbiology Reviews, 2002, 26 (1): 73 -81.

[54] Kim H R, Song W S. Lipase Treatment of Polyester Fabrics [J]. Fibers and Polymers, 2006, 7 (4): 339 -343.

[55] Kanelli M, Vasilakos Sozon. et al. Surface modification of poly (ethylene terephthalate) (PET) fibers by a cutinase from *Fusarium oxysporum* [J]. Process Biochemistry, 2015 (50): 1885 -1892.

[56] Suzuki S, Izawa Y, Kobayashi K, et al. Purification and characterization of novel transglutaminase from *Bacillus subtilis* spores [J]. Biosci Biotechnol Biochem, 2000 (64): 2344 -2351.

[57] Icekson I, Apelbaum A. Evidence for transglutaminase activity in plant tissue [J]. Plant Physiology, 1987 (84): 972 -974.

[58] Worratao A, Yongsawatdigul J. Purification and characterization of transglutaminase from Tropical tilapia (Oreochromis niloticus) [J]. Food Chem, 2005 (93): 651 -658.

[59] Ando H, Adachi M, Umeda K, et al. Purification and characterization of a novel transglutaminase derived from micro - organisms [J]. Agric Biol Chem, 1989 (53): 2613 -2617.

[60] Ho ML, Leu SZ, Hsieh JF, et al. Technical Approach to Simplify the Purification Method and Characterization of Microbial Transglutaminase Produced from *Streptoverticilliun ladakanu* [J]. J Food Sci, 2000 (65): 76 -80.

[61] Cortez J, Bonner Phillip L R, Griffin M. Application of transglutaminase in the modification of wool textile

[J]. Enzyme Microb Technol, 2004 (34): 64 - 72.

[62] Cortez J, Bonner Philip L R, Griffin M. Transglutaminase treatment of wool fabrics leads to resistance to detergent damage [J]. J Biotechnol, 2005 (116): 379 - 386.

[63] Cortez J, Anghieri A, Bonner P L R, et al. Transglutaminase mediated grafting of silk proteins onto wool fabrics leading to improved physical and mechanical properties [J]. Enzyme Microb Technol, 2007 (40): 1698 - 1704.

[64] Du G, Cui L, Zhu Y, et al. Improvement of shrink - resistance and tensile strength of wool fabric treated with a novel microbial transglutaminase from Streptomyces hygroscopicus [J]. Enzyme and Microbial Technology, 2007 (40): 1753 - 1757.

[65] 韩雪. 预处理对 TGase 催化羊毛接枝聚赖氨酸的促进作用研究 [D]. 无锡: 江南大学, 2014.

[66] 弓瑞. HRP 催化合成淀粉与酚类接枝共聚物的研究 [D]. 西安: 陕西科技大学, 2012.